·人工智能技术丛书·

TensorFlow 2.x
深度学习从入门到实战

陈屹◎编著

北京理工大学出版社
BEIJING INSTITUTE OF TECHNOLOGY PRESS

版权专有 侵权必究

图书在版编目(CIP)数据

TensorFlow 2.x 深度学习从入门到实战 / 陈屹编著
. -- 北京：北京理工大学出版社，2023.11
（人工智能技术丛书）
ISBN 978-7-5763-3000-7

Ⅰ. ①T… Ⅱ. ①陈… Ⅲ. ①人工智能－算法 Ⅳ.
①TP18

中国国家版本馆 CIP 数据核字(2023)第 203015 号

责任编辑：钟　博　　　　**文案编辑**：钟　博
责任校对：刘亚男　　　　**责任印制**：施胜娟

出版发行 / 北京理工大学出版社有限责任公司
社　　址 / 北京市丰台区四合庄路 6 号
邮　　编 / 100070
电　　话 /（010）68944451（大众售后服务热线）
　　　　　（010）68912824（大众售后服务热线）
网　　址 / http：//www.bitpress.com.cn

版 印 次 / 2023 年 11 月第 1 版第 1 次印刷
印　　刷 / 三河市中晟雅豪印务有限公司
开　　本 / 787 mm × 1020 mm 1/16
印　　张 / 22.75
字　　数 / 498 千字
定　　价 / 129.00 元

图书出现印装质量问题，请拨打售后服务热线，负责调换

前言

我国已将"人工智能"上升为国家战略级的科技产业。随着"中国制造 2025"的推进，人工智能技术将成为推进我国产业升级，实现中国制造向中国"智造"转向的关键引擎。人工智能由于其数学密集型的特性，对初学者而言有着相当陡峭的学习曲线。

学习"人工智能"的难点表现在两个方面：第一是算法及其数学原理的掌握；第二是相应开发框架和工程实践技术的把握。这两点都是"难啃的骨头"，对于没有太多实践经验积累的初学者而言，它们往往会成为"拦路虎"，严重打击初学者的学习积极性。

笔者作为一名开发和研究人工智能的"老兵"，对人工智能的理论研究浸淫日久，同时又拥有十几年的软件开发经验，因此能够较为准确地针对这两大学习难点，为读者打通入门人工智能的通道。这正是笔者花费巨大精力写作本书的原因。

本书是笔者研究和实践人工智能算法的经验总结。本书采用图表、案例和代码相结合的方式，先帮助读者在理论上奠定扎实的基础，然后从实践上将掌握的理论付诸实践，通过"干中学"的方式帮助读者全面吃透复杂的算法理论。

本书主要着眼于人工智能开发框架 TensorFlow 的使用技巧。在初步介绍其基本原理和相关应用技术后，带领读者进入算法实践阶段，使用 TensorFlow 开发一系列经典的深度学习算法，不但能够让读者熟练地应用 TensorFlow 框架的强大功能进行工程实践，而且能通过代码反向"吃透"算法原理，由此就能有效地征服学习路途上的两大"拦路虎"。

本书特色

1. 讲述方式符合初学者的认知规律

本书先从 TensorFlow 框架的使用入手，逐步介绍 TensorFlow 的相关应用技巧和知识，每个知识点几乎都配有相应的实现代码，让读者通过编码的方式印证和理解所学的知识点。

2. 以实例引导学习，通过实战反向渗透理论难点

人工智能技术的核心其实是基于数学理论的算法。算法具备"道可道，非常道"的特点，单凭语言描述很难传达算法的真谛，最好的方法是用代码将其实现。读者在阅读算法描述时可能处于"云里雾里"的状态，但只要跟随笔者用代码将其实现，就能体会到"一切尽在不言中"的妙处，通过实战就能打破理论认知的盲点，实现对算法思想的通透领悟。

3．用例独特，能有效激发读者的学习兴趣

本书选择的实战案例具有一定的趣味性。例如，在讲解强化学习算法时，通过程序代码让计算机学会玩《超级玛丽》并顺利通关。再如，在讲解 GAN 原理时，通过翔实的案例，教会读者如何生成人脸，实现"男女变脸"等游戏。这些饶有趣味的实战案例能够激发读者的学习兴趣，并提高读者的思维能力。

本书内容

第1篇 TensorFlow基础

第 1 章"安装 TensorFlow"，详细介绍 TensorFlow 框架的安装流程、使用方法和注意事项，同时用代码实现 Hello World 示例，帮助读者快速熟悉 TensorFlow 程序开发的方法和步骤。

第 2 章"张量及其运算"，详细讲解 TensorFlow 运算的基本单元——张量，阐述 TensorFlow 框架运行的基础，同时给出代码示例，在讲解张量的概念和相关使用方法后直接给出相关案例，让读者在掌握了理论后立即进行实践，从而加深理解。

第 3 章"运算图和会话管理"，详细讲述 TensorFlow 框架的内在架构设计。本章涉及的概念较为抽象，如会话和运算图，通过大量的图示和代码示例，可以帮助读者更好地理解本章的知识点。

第 4 章"模型训练"，详细介绍变量、张量和损失函数等在人工智能算法中非常重要的概念，为使用 TensorFlow 开发人工智能应用打下理论基础。本章详细介绍渐进下降法原理，可以帮助读者理解人工智能模型自我训练的原理。

第2篇 TensorFlow进阶

第 5 章"机器学习的基本概念"，通过较为简单且好理解的数据回归和分类实例，让读者初步感受 TensorFlow 框架在数据处理上的便利性。

第 6 章"使用 TensorFlow 开发神经网络"，正式进入人工智能算法和模型构建阶段，通过使用 TensorFlow 框架建立最简单的神经网络，让读者了解其基本原理，通过误差反向传播，让读者了解网络训练的基本原理。

第 7 章"使用 TensorFlow 实现卷积网络"，详细介绍常用的图像识别网络——卷积网络的构建方法：首先介绍卷积运算的原理，然后构造一个完整的卷积网络，实现图像识别的功能，让读者通过实例深入理解卷积网络。

第 8 章"构造重定向网络"，详细介绍自然语言处理和文本识别的常用网络，其中重点介绍重定向网络内部组件的机理，以及构建该网络需要使用的 TensorFlow 接口，最后通过构造一个具有文本识别功能的网络案例，帮助读者融会贯通各个概念并加深对它们的理解。

第 9 章"数据集的读取与操作",详细介绍 TensorFlow 框架的数据管理功能,以及如何使用其接口提高数据处理效率。由于神经网络训练时需要大量的数据,并且需要对数据进行各种复杂的预处理,所以前期的数据准备工作对网络训练的效果非常重要。

第 10 章"使用多线程、多设备和机器集群",详细介绍 TensorFlow 框架对分布式计算的支持。网络训练非常消耗算力和时间,通过并行计算可以让模型运行在多个线程或机器上,这能成倍地提升训练速度,而 TensorFlow 提供了良好的并行计算功能。

第 11 章"TensorFlow 高级接口 Estimator",详细介绍 TensorFlow 框架对常用的深度学习网络进行封装的原理,以及如何使用已经训练好的神经网络完成各种任务,这样通过直接调用模型的方式,可以省去自行构建模型需要花费的时间、算力和精力。

第3篇　TensorFlow实战

第 12 章"实现编解码器网络",详细介绍编解码器网络的组成结构及其对应算法的数学原理,并通过翔实的代码让读者深刻理解编解码网络的运行机理。

第 13 章"使用 TensorFlow 实现增强学习",详细介绍增强学习的基本概念和算法原理,通过一些简单的实例帮助读者掌握强化学习的相关算法的实现流程,为后续实战做准备。

第 14 章"使用 TensorFlow 实现深 Q 网络",详细介绍增强学习算法的经典模型及其构建过程,并通过 TensorFlow 实现该模型,帮助读者提高框架的应用能力,还通过让计算机玩 pong 游戏这个有趣的案例,让读者体会强化学习的趣味性。

第 15 章"TensorFlow 与策略下降法",详细介绍强化学习的几个重要算法的原理及其实现过程。其中,重点介绍 Actor-Critic、A3C 和 PPO 等经典算法,以提升读者对框架和强化学习的理论水平。

第 16 章"使用 TensorFlow 2.x 的 Eager 模式开发高级增强学习算法",详细介绍 TensorFlow 2.x 提出的新开发模式。首先通过示例介绍 TensorFlow 2.x 框架的特色和开发特点,然后基于该框架实现 DDPG、概率化深 Q 网络和 D4PG 等算法,让读者既能了解 TensorFlow 2.x 的开发原理,又能掌握更多的强化学习算法模型。

第 17 章"使用 TensorFlow 2.x 实现生成型对抗性网络",结合案例详细介绍各种经典 GAN 的网络原理及其应用,帮助读者进一步提高工程实践能力。

读者对象

本书主要面向人工智能技术的初学和进阶人员,阅读本书需要读者具备一定的高等数学基础。本书主要适合以下人员阅读:
- TensorFlow 框架初学与进阶人员;
- 人工智能初学与进阶人员;
- 深度学习技术的初学者与爱好者;
- 想转行到人工智能领域的技术人员;

- 高校人工智能相关专业的学生；
- 专业培训机构的学员。

配套资源获取方式

本书涉及的所有源代码等配套资源需要读者自行下载。关注微信公众号"方大卓越"并回复数字"14"，即可获取下载链接。

售后支持

所谓"君子善假于物"。衷心地希望每一位人工智能技术爱好者通过阅读本书能够掌握 TensorFlow 这个强大的工具，提高技术水平，为智能时代的发展"添砖加瓦"，成为遨游在时代浪尖上的弄潮儿。

感谢在本书写作和出版期间给予笔者大量帮助的各位编辑！

由于笔者水平和写作时间有限，书中可能存在一些疏漏和不足之处，敬请读者批评指正。联系邮箱：bookservice2008@163.com。

最后祝读书快乐！

陈屹

目录

第 1 篇　TensorFlow 基础

第 1 章　安装 TensorFlow ……………………………………………………………… 2
1.1　TensorFlow 的安装流程 ………………………………………………………… 2
1.2　运行 TensorFlow 的第一个程序 ………………………………………………… 3

第 2 章　张量及其运算 ………………………………………………………………… 4
2.1　常量张量的创建 ………………………………………………………………… 4
2.2　张量维度的转换 ………………………………………………………………… 9
2.3　张量的运算 ……………………………………………………………………… 12

第 3 章　运算图和会话管理 …………………………………………………………… 15
3.1　运算图的形成 …………………………………………………………………… 15
3.2　运算图的数据结构 ……………………………………………………………… 17
3.3　使用会话对象执行运算图 ……………………………………………………… 19
3.3.1　交互式会话执行流程 …………………………………………………… 19
3.3.2　使用会话日志 …………………………………………………………… 20
3.4　使用 TensorBoard 实现数据可视化 …………………………………………… 20
3.4.1　启动 TensorBoard 组件 ………………………………………………… 21
3.4.2　显示 TensorBoard 中的数据 …………………………………………… 22

第 4 章　模型训练 ……………………………………………………………………… 24
4.1　变量张量 ………………………………………………………………………… 24
4.2　损失函数 ………………………………………………………………………… 25
4.3　渐进下降法 ……………………………………………………………………… 26
4.3.1　如何将数据读入模型 …………………………………………………… 27
4.3.2　模型训练的基本流程 …………………………………………………… 28
4.3.3　渐进下降法运行实例 …………………………………………………… 29
4.3.4　渐进下降法的缺陷和应对 ……………………………………………… 30
4.4　运算图的存储和加载 …………………………………………………………… 32

第 2 篇　TensorFlow 进阶

第 5 章　机器学习的基本概念 ... 34
5.1　使用 TensorFlow 实现线性回归 ... 34
5.2　使用 TensorFlow 实现多项式回归 ... 36
5.3　使用逻辑回归实现数据二元分类 ... 38
5.3.1　逻辑函数 ... 38
5.3.2　最大概率估计 ... 39
5.3.3　用代码实现逻辑回归 ... 40
5.4　使用多元逻辑回归实现数据的多种分类 ... 41
5.4.1　多元分类示例——识别手写数字图像 ... 41
5.4.2　多元交叉熵 ... 41
5.4.3　多元回归模型代码示例 ... 43

第 6 章　使用 TensorFlow 开发神经网络 ... 44
6.1　神经元和感知器 ... 44
6.1.1　神经元的基本原理 ... 44
6.1.2　感知器的基本原理 ... 45
6.1.3　链路权重 ... 46
6.1.4　激活函数 ... 46
6.2　神经网络的运行原理 ... 47
6.2.1　神经网络层 ... 47
6.2.2　误差反向传播 ... 48
6.3　构造神经网络识别手写数字图像 ... 50

第 7 章　使用 TensorFlow 实现卷积网络 ... 53
7.1　卷积运算 ... 53
7.2　卷积运算的本质 ... 54
7.3　卷积运算的相关参数和操作说明 ... 55
7.4　使用 TensorFlow 开发卷积网络实例 ... 56
7.5　卷积网络的训练与应用 ... 59

第 8 章　构造重定向网络 ... 61
8.1　什么是重定向网络 ... 61
8.1.1　重定向网络的基本结构 ... 61
8.1.2　cell 部件的运算原理 ... 62
8.2　使用 TensorFlow 构建 RNN 层 ... 63
8.2.1　cell 组件类简介 ... 63
8.2.2　创建 RNN 层接口调用简介 ... 64

8.3	使用 RNN 实现文本识别	65
	8.3.1 文本数据预处理	65
	8.3.2 网络模型的构建和训练	66
8.4	长短程记忆组件	68
	8.4.1 长短程记忆组件的内部原理	68
	8.4.2 使用接口创建 LSTM 节点	70
	8.4.3 使用 LSTM 网络实现文本识别	72

第 9 章 数据集的读取与操作 74

9.1	TensorFlow 的数据集对象	74
	9.1.1 创建数值型数据集	74
	9.1.2 数据生成器	75
	9.1.3 从文本中读入数据集	76
9.2	数据集的处理和加工	77
	9.2.1 数据集的分批处理	77
	9.2.2 基于数据集的若干操作	78
	9.2.3 数据集条目的遍历访问	80

第 10 章 使用多线程、多设备和机器集群 84

10.1	多线程的配置	84
10.2	多处理器分发执行	85
10.3	集群分发控制	86

第 11 章 TensorFlow 的高级接口 Estimator 88

11.1	运行 Estimator 的基本流程	88
11.2	Estimator 的初始化配置	90
11.3	Estimator 导出模型应用实例	91
	11.3.1 使用线性模型实例	91
	11.3.2 使用神经网络分类器	93
	11.3.3 使用线性回归——深度网络混合模型	94
	11.3.4 给 Estimator 添加自己的网络模型	99

第 3 篇 TensorFlow 实战

第 12 章 实现编解码器网络 104

12.1	自动编解码器的原理	104
12.2	一个简单的编解码器网络	105
12.3	使用多层编解码器实现图像重构	107
12.4	使用编解码网络实现图像去噪	112

12.5 可变编解码器 ··· 115
    12.5.1 可变编解码器的基本原理 ··· 115
    12.5.2 编解码器的数学原理 ··· 117
    12.5.3 用代码实现编解码网络 ··· 123

第 13 章 使用 TensorFlow 实现增强学习 ··· 127

13.1 搭建开发环境 ··· 127
13.2 增强学习的基本概念 ··· 129
13.3 马尔可夫过程 ··· 132
13.4 马尔可夫决策模型 ··· 133
13.5 开发一个增强学习示例 ··· 135
    13.5.1 示例简介 ··· 135
    13.5.2 使用神经网络实现最优策略 ··· 136
13.6 冰冻湖问题 ··· 139
    13.6.1 状态值优化 ··· 141
    13.6.2 贝尔曼函数 ··· 142
    13.6.3 编码解决冰冻湖问题 ··· 145

第 14 章 使用 TensorFlow 实现深 Q 网络 ··· 148

14.1 深 Q 算法的基本原理 ··· 149
14.2 深 Q 算法项目实践 ··· 150
    14.2.1 算法的基本原则 ··· 151
    14.2.2 深 Q 网络模型 ··· 155

第 15 章 TensorFlow 与策略下降法 ··· 163

15.1 策略导数 ··· 164
    15.1.1 策略导数的底层原理 ··· 164
    15.1.2 策略导数算法应用实例 ··· 166
    15.1.3 策略导数的缺点 ··· 169
15.2 Actor-Critic 算法 ··· 169
    15.2.1 Actor-Critic 算法的底层原理 ··· 169
    15.2.2 Actor-Critic 算法的实现 ··· 171
15.3 A3C 算法原理 ··· 173
    15.3.1 改变量回传模式的代码实现 ··· 175
    15.3.2 训练数据回传模式的代码实现 ··· 187
15.4 使用 PPO 算法玩转《超级玛丽》 ··· 192
    15.4.1 PPO 算法简介 ··· 192
    15.4.2 PPO 算法的数学原理 ··· 193
    15.4.3 PPO 算法的代码实现 ··· 194

第 16 章　使用 TensorFlow 2.x 的 Eager 模式开发高级增强学习算法 ... 201

16.1　TensorFlow 2.x Eager 模式简介 ... 201
16.2　使用 Eager 模式快速构建神经网络 ... 202
16.3　在 Eager 模式下使用 DDPG 算法实现机械模拟控制 ... 204
16.3.1　DDPG 算法的基本原理 ... 204
16.3.2　DDPG 算法的代码实现 ... 206
16.4　DDPG 算法改进——TD3 算法的原理与实现 ... 211
16.4.1　TD3 算法的基本原理 ... 212
16.4.2　TD3 算法的代码实现 ... 213
16.5　TD3 算法的升级版——SAC 算法 ... 218
16.5.1　SAC 算法的基本原理 ... 218
16.5.2　SAC 算法的代码实现 ... 221
16.6　概率化深 Q 网络算法 ... 226
16.6.1　连续概率函数的离散化表示 ... 226
16.6.2　算法的基本原理 ... 228
16.6.3　让算法玩转《雷神之锤》 ... 229
16.7　D4PG——概率化升级的 DDPG 算法 ... 236
16.7.1　D4PG 算法的基本原理 ... 236
16.7.2　通过代码实现 D4GP 算法 ... 237

第 17 章　使用 TensorFlow 2.x 实现生成型对抗性网络 ... 245

17.1　生成型对抗性网络的基本原理与代码实战 ... 245
17.2　WGAN——让对抗性网络生成更复杂的图像 ... 253
17.2.1　推土距离 ... 253
17.2.2　WGAN 算法的基本原理 ... 255
17.2.3　WGAN 算法的代码实现 ... 256
17.3　WGAN_PG——让网络生成细腻的人脸图像 ... 262
17.3.1　WGAN_PG 算法的基本原理 ... 262
17.3.2　WGAN_GP 算法的代码实现 ... 263
17.4　使用 CycleGAN 实现"指鹿为马" ... 269
17.4.1　CycleGAN 技术的基本原理 ... 269
17.4.2　用代码实现 CycleGAN ... 272
17.5　使用 CycleGAN 实现"无痛变性" ... 284
17.5.1　TensorFlow 2.x 的数据集接口 ... 284
17.5.2　网络代码的实现 ... 290
17.6　利用 Attention 机制实现自动谱曲 ... 297
17.6.1　乐理的基本知识 ... 298
17.6.2　网络训练的数据准备 ... 299

17.6.3　Attention 网络结构说明 ·················· 302
　　17.6.4　用代码实现预测网络 ·················· 304
17.7　使用 MuseGAN 生成多声道音乐 ·················· 310
　　17.7.1　乐理的基本知识补充 ·················· 310
　　17.7.2　曲谱与图像的共性 ·················· 311
　　17.7.3　MuseGAN 的基本原理 ·················· 313
　　17.7.4　MuseGAN 的代码实现 ·················· 314
17.8　使用自关注机制提升网络人脸的生成能力 ·················· 322
　　17.8.1　Self-Attention 机制的算法原理 ·················· 322
　　17.8.2　引入 spectral norm 以保证训练的稳定性 ·················· 324
　　17.8.3　用代码实现自关注网络 ·················· 330
17.9　实现黑白图像自动上色 ·················· 338
　　17.9.1　算法的基本原理 ·················· 338
　　17.9.2　网络内部结构设计 ·················· 339
　　17.9.3　代码实现 ·················· 340

第 1 篇
TensorFlow 基础

▶▶ 第 1 章　安装 TensorFlow

▶▶ 第 2 章　张量及其运算

▶▶ 第 3 章　运算图和会话管理

▶▶ 第 4 章　模型训练

第 1 章 安装 TensorFlow

TensorFlow 是一个开放源代码的软件库，用于进行高性能数值计算。它的功能非常强大，但是它的"体型"也很庞大且结构复杂，要使用它，第一步就是找到适合它安装和运行的有利环境。

1.1 TensorFlow 的安装流程

本节先介绍 TensorFlow 在各大系统上的安装方法。鉴于大多数读者可能使用的是 Windows 系统，因此我们先介绍它在 Windows 上的安装过程。由于 TensorFlow 是基于 Python 语言开发的，因此需要安装一个能运行 Python 程序的运行环境。

目前最好的 Python 代码运行环境是 Anaconda，在其官网 https://www.anaconda.com/distribution/#download-section 上下载安装包，打开网页后，显示有两个选择，一个是 Python 3.7 版，一个是 Python 2.7 版，本书选择 Python 3.7 版 64 位安装包。依照指示安装完 Anaconda 后，可以在系统中找到一个名为 Anaconda Promot 的控制台程序。

启动 Anaconda Promot 控制台，便能执行 Anaconda 的相关命令，特别是可以通过命令来安装 TensorFlow 框架。打开控制台后，输入如下命令：

```
conda install tensorflow
```

执行上面的命令后会出现选择安装包的请求，一律选择 y 选项（表示同意）即可。由于 TensorFlow 体量庞大，而且还需要安装很多与其相关的组件，因此命令的运行需要一些时间。

对于使用 MacOS 或 Linux 系统的读者，同样需要先到 Anaconda 官网下载 Anaconda 安装包并进行安装。不同之处在于，在 MacOS 或 Linux 系统下，在控制点输入 conda 命令就可以启动 Anaconda Promot 程序，然后执行前面指定的 TensorFlow 安装程序即可。

完成安装后，在控制台输入以下命令：

```
jupyter notebook
```

这样就可以启动 Python 程序的执行环境。通常情况下会启动默认的浏览器，在打开的页面右上角 new 下拉菜单中选择 python 3 选项，可以启动一个新的代码输入页面。

在输入页面的第一个输入框中输入以下代码检验 TensorFlow 的安装情况：

```
import tensorflow as tf
print(tf.__version__)                    #打印TensorFlow版本
```

如果安装正确，上面的代码运行后会出现图1-1所示的结果。

图1-1　代码运行结果

1.2　运行TensorFlow的第一个程序

一般而言，在刚开始学习编程技术时，总是以一个Hello World程序的编写作为敲门砖，本书也不例外。下面使用TensorFlow编写一个Hello World程序，先让读者对TensorFlow编程有一个初步的认识，相关代码如下：

```
msg = tf.string_join(["Hello", "World"])   #连接两个字符串
with tf.Session() as sess:                 #构建会话管理对象
    print(sess.run(msg))                   #运行TensorFlow，输出连接的字符串
```

运行以上代码后，输出结果如下：

```
b'HelloWorld'
```

可以看到，TensorFlow程序与其他程序不太一样，其代码的执行需要建立一个Session对象，然后通过调用其run接口才能启动并运行，这个run接口类似编写C++或Java程序时的main入口。

有关会话管理、TensorFlow代码的运行机制等内容在后续章节会深入讲解，有条件的读者可以直接使用谷歌提供的Colab开发环境，可以免去安装TensorFlow和所需组件的烦琐过程。

第 2 章　张量及其运算

TensorFlow 创建的目的在于帮助用户快速建立数学模型，然后从数据中抽取隐藏的规律和模式。而数学模型所要解读的数据往往具备非结构化的特点，如图像、声音和文章等，这些数据往往需要用多维向量来表示。例如：图像和声音往往需要用二维向量来表示；视频是一系列含有时间戳的图像集合，需要用三维向量来表示。我们可以忽略向量的维度，统一用张量来表示，因此图像对应的就是二维张量，文章对应的就是一维张量，而单个数字可以看作 0 维张量。

2.1　常量张量的创建

在 TensorFlow 中，所有的运算单元都必须以张量来表示。在 C++或 Java 等编程语言中，需要设定很多字符常量，这些常量的特点是一旦固定下来就不能更改，也不能对其进行赋值，如语句 5 = 3 是非法的。

在 TensorFlow 中有一类张量叫常量张量，与传统编程语言中的常量类似，唯一的区别在于常量张量可能是多维度的常量。下面看一下构建常量张量的几个常用接口，这里用 tf 来表示 TensorFlow 框架的对象：

```
tf.constant(value, dtype = None, shape = None, name = 'Const',
verify_shape = False)
```

其中，value 用于指定常量的数值，dtype 用于指定张量的数值类型，shape 用于指定张量的维度，name 用于对张量对象命名，以便对张量对象进行管理，在后续章节中会介绍相关接口的作用。

verify_shape 表示框架检测输入的 value 和 shape 参数指定的维度是否一致。通过一个示例更容易理解该接口的使用，代码如下：

```
t1 = tf.constant([1, 2, 3])                    #一维张量，每个分量为整型
t2 = tf.constant([['a', 'b'], ['c', 'd']])     #二维张量，每个分量为字符串
t3 = tf.constant(3.14, shape = [2, 2])
with tf.Session() as sess:
    print("t1 before run: ", t1)
    print("t1 content: ", sess.run(t1))
    print("t2 content: ", sess.run(t2))
    print("t3 content: ", sess.run(t3))
```

运行以上代码后,输出结果如下:
```
t1 content: [1 2 3]
t2 content: [[b'a' b'b']
 [b'c' b'd']]
t3 content: [[3.14 3.14]
 [3.14 3.14]]
```

从输出结果可以看到,t1 对应一维张量,其实就是一维数组,t2 对应二维张量,其实是二维数组,数组的每个分量对应字符串。读者应该已经注意到,在显示字符串内容时,TensorFlow 会在前面加上一个符号 b。

这里需要注意的是 t3,我们设置了它的 value,同时通过 shape 参数指定了该张量的维度。从输出结果看,维度[2,2]表示一个两行两列的二维数组。张量的维度是一个容易让人混乱的概念。

下面介绍张量的维度。维度一般使用中括号表示,中括号里的数值个数表示维度数,每个数值表示该维度包含的分量个数。0 维常量用[]表示,含有 N 个分量的一维张量用[N]表示。以此类推,[M,N]表示二维张量,它由 M 个一维张量组成,每个一维张量含有 N 个分量。同理,[Q, M, N]表示三维张量,它由 Q 个维度为[M,N]的二维张量组成。由此,更高维度的张量可以依据同样的逻辑扩展下去。

如果在指定 value 参数时已经设置了张量的维度,如 t2 对应的 value 参数已经包含维度信息,那么无须再指定 shape 参数。如果 value 只是一个数值,那么可以通过 shape 来指定张量的维度,就像 t3 所示。

为了保证 value 对应内容的维度与设想的张量维度一致,可以在设置 value 内容时包含维度信息,同时也可以通过 shape 指定维度,然后将参数 verify_shape 设置成 True,这样框架就会检验 value 对应的维度是否与 shape 设置一致。下面看一个例子:
```
t3 = tf.constant([[[1,2,3], [4, 5,6]], [[7,8,9],[11,12,13]]], shape =
[2,2,2], verify_shape = True)
```

在上面的代码中,value 对应的维度是[2,3],但是 shape 指定的维度是[2,2,2],此时将 verify_shape 设置为 True,执行上面的代码时就会检测到 value 维度与 shape 指定的维度矛盾,于是会显示错误信息。

如果把 verify_shape 设置为 False,框架就会忽略 shape 的内容,直接按照 value 来建立张量。TensorFlow 还提供了将张量分量初始化为特定数值的接口,其形式如下:
```
tf.zeros(shape, dtype = tf.float32, name = None)     #将分量初始化为0
tf.ones(shape, dtype = tf.float32, name = None)      #将分量初始化为1
```

下面通过代码片段来理解上面的接口的使用:
```
zero_tensor = tf. zeros([4])                #含有4个分量的张量,每个分量都为0
one_tensor = tf.ones([4, 4])                #每个分量都为1
one_int_tensor = tf.ones([4, 4], dtype = tf.uint8)
with tf.Session() as sess:
    print("zero tensor: ", sess.run(zero_tensor))
    print("one tensor with type float32: ")
```

```
    print(sess.run(one_tensor))
    print("one tensor with type uint8:")
    print(sess.run(one_int_tensor))
```

运行以上代码后,输出结果如下:

```
zero tensor: [0. 0. 0. 0.]
one tensor with type float32:
[[1. 1. 1. 1.]
 [1. 1. 1. 1.]
 [1. 1. 1. 1.]
 [1. 1. 1. 1.]]
one tensor with type uint8:
[[1 1 1 1]
 [1 1 1 1]
 [1 1 1 1]
 [1 1 1 1]]
```

这里需要注意的是,对于两个 tf.ones 接口调用,第二个调用设置 dtype 为 tf.unit8,默认情况下该参数的值为 tf.float32。从显示结果可以看到,第一个 tf.ones 用浮点数 1.0 来初始化各个分量,第二个 tf.ones 用整数 1 来初始化各个分量。

dtype 用于指定分量的数值类型。常用的类型有 tf.uint8 和 tf.uint16,表示 8 位和 16 位无符号整数。tf.int8、tf.int16、tf.int32、tf.int64 分别表示 8 位、16 位、32 位、64 位有符号整数。tf.float16/tf.float32/tf.float64 表示 16 位、32 位、64 位浮点数。

TensorFlow 还提供了更灵活的填充分量的接口:

```
tf.fill(dims, value, name = None)          #用给定数值填充指定维度的张量
```

下面通过代码片段来理解上面接口的调用:

```
fill_tensor = tf.fill([1, 2, 3], 23.0)     #将每个分量设置为 23.0
with tf.Session() as sess:
    print("fill tensor:")
    print(sess.run(fill_tensor))
```

运行以上代码后,输出结果如下:

```
fill tensor:
[[[23. 23. 23.]
  [23. 23. 23.]]]
```

上面的代码调用接口并使用给定数值填充了一个维度为[1, 2, 3]的三维张量。框架提供了其他接口初始化常量张量,相关接口类型如下:

```
#将区间[start,stop]切分成 num 小块
tf.linspace(start, stop, num, name = None)
#该调用作用同上
tf.range(start, limit, delta = 1, dtype = None, name = 'range')
#默认区间起始点为 0
tf.range(limit, delta = 1, dtype = None, name = 'range')
```

下面通过代码片段来分析上面的接口的作用:

```
#将区间[1.0, 10.0]分成 5 小块并返回分阶段
lin_tensor = tf.linspace(1.0, 10.0, 5)
```

```
#将区间[3.0, 7.0]分成小块，每个小块长度为0.5
range_tensor1 = tf.range(3., 7.0, delta = 0.5)
#如果没有区间起始点，那么默认起始点为0，于是该调用将区间[0, 2.0]分成长度为0.3的多
#个小块
range_tensor2 = tf.range(2.0, delta = 0.3)
with tf.Session() as sess:
    print("lin_tensor:")
    print(sess.run(lin_tensor))
    print("range_tensor1:")
    print(sess.run(range_tensor1))
    print("range_tensor2:")
    print(sess.run(range_tensor2))
```

执行以上代码后，输出结果如下：

```
lin_tensor:
[ 1.    3.25  5.5   7.75 10.  ]
range_tensor1:
[3.  3.5 4.  4.5 5.  5.5 6.  6.5]
range_tensor2:
[0.         0.3        0.6        0.90000004 1.2        1.5
 1.8       ]
```

在构建很多机器学习模型或神经网络时，需要使用特定概率分布来初始化张量的每个分量，这样有助于增强模型数据运算和识别的效率。常用的概率分布为正态分布，它的函数图形如图2-1所示。

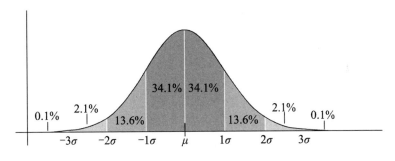

图 2-1　正态分布概率函数图形

在图2-1中，μ 表示正态分布的均值，σ 表示方差。当依靠正态分布取随机值 x 时，x 落入区间 $[\mu-\sigma,\mu+\sigma]$ 的概率是 34.1%×2=64.2%，落入区间 $[\mu-2\times\sigma,\mu+2\times\sigma]$ 的概率是 96%。

使用正态分布随机初始化张量分量的接口如下：

```
tf.random_normal(shape, mean = 0.0, stddev = 1.0, dtype = tf.float32, seed
= None, name = None)           #根据正态分布概率随机初始化张量分量
tf.truncated_normal(shape, mean = 0.0, stddev = 1.0, dtype = ft.float32,
seed = None, name = None)      #将随机值分布限制在两个方差范围之内
```

其中，参数 mean 对应的是正态分布的均值 μ，stddev 对应的是正态分布的方差 σ。下面看看代码示例：

```
normal_tensor = tf.random_normal([2, 2])    #使用标准正态分布分别初始化二维张量
#使用标准正态分布分别初始化一维张量，不考虑两个标准差之外的数值
truncated_normal_tensor = tf.truncated_normal([5])
with tf.Session() as sess:
    print("normal tensor:")
    print(sess.run(normal_tensor))
    print("truncated tensor:")
    print(sess.run(truncated_normal_tensor))
```

运行以上代码后，输出结果如下：

```
uniform tensor:
[[0.288406   0.48018658 0.21521473]
 [0.93571246 0.05478442 0.4851377 ]
 [0.23367548 0.69459355 0.65976524]]
shuffle tensor
[1 5 3 2 4]
```

除了正态分布外，其他常用的随机初始化方法还有单位统一分布，也就是在区间[minval,maxval]之间随机取值，通常情况下会让张量分量在区间[0,1]中随机取值。该接口格式如下：

```
tf.random_uniform(shape, minval = 0, maxval = None, dtype = tf.float32, seed = None, name = None)
```

下面通过代码示例看看该接口的调用方法：

```
#将二维张量的每个分量初始化为[0,1]之间的数值
uniform_tensor = tf.random_uniform([3, 3])
with tf.Session() as sess:
    print("uniform tensor:")
    print(sess.run(uniform_tensor))
```

运行以上代码后，输出结果如下：

```
uniform tensor:
[[0.5699872  0.10090482 0.57383704]
 [0.95175743 0.65134287 0.18165803]
 [0.16932654 0.83422446 0.9410782 ]]
```

从输出结果来看，我们构造了维度为[3,3]的张量，每个向量的取值在[0,1]之间。最后再看一个张量分量处理接口：就是把张量分量随机排列。在构造神经网络时，要将数据输入网络中进行识别，为了提高效率需要对数据进行随机排列。相关接口格式如下：

```
tf.random_shuffle(tensor, seed = None, name = None)    #随机重新排列张量中的分量
```

下面通过代码示例来理解接口的调用方法：

```
shuffle_tensor = tf.random_shuffle([1, 2, 3,4, 5])    #将分量重新进行随机排列
with tf.Session() as sess:
    print("shuffle tensor")
    print(sess.run(shuffle_tensor))
```

运行以上代码后，输出结果如下：

```
shuffle tensor
[5 4 2 1 3]
```

从输出结果可以看出，张量的分量排列情况与使用正态分布时不同。

2.2 张量维度的转换

在使用张量构建机器学习模型时，往往需要将张量按照需求转换维度。例如，可以将一个维度为[6]的一维张量转换为维度为[2,3]的二维张量。张量的维度转换是一个重要的知识点。

先看一个简单的维度转换接口，格式如下：

```
tf.reshape(tensor, shape, name = None)
```

其中，tensor 是要转换维度的张量，shape 是指定的要转换的维度。下面通过代码示例来介绍这个接口：

```
tensor = tf.constant([1,2,3,4,5,6])          #一维张量包含 6 个分量
#转换为二维张量，每个元素包含 3 个分量
transform_tensor = tf.reshape(tensor, [2, 3])
with tf.Session() as sess:
    print("transform tensor:")
    print(sess.run(transform_tensor))
```

运行上面的代码后，结果如下：

```
transform tensor:
[[1 2 3]
 [4 5 6]]
```

从输出结果看，我们把一个包含 6 个分量的一维张量转换成维度为[2,3]的二维张量。在多维张量中，数值为 1 的维度是冗余的，例如，张量[[1, 2, 3]]对应的维度为[1,3]，张量[1,2,3]对应的维度为[3]，因此可以压缩数值为 1 的维度而不影响张量内容。相关压缩接口如下：

```
tf.squeeze(tensor, axis = None, name = None)
```

上面的这个接口会把 tensor 对应数值为 1 的维度压缩，如果有多个维度数值为 1，但是在压缩时需要保留其中某个数值为 1 的维度，那么可以在 axis 中指出。下面通过代码示例来讲解接口的调用方法：

```
tensor = tf.constant(0, shape = [1, 2, 1, 3])
tensor_seq = tf.squeeze(tensor)
shape = tf.shape(tensor_seq)
with tf.Session() as sess:
    print("tensor shape after squeeze")
    print(sess.run(shape))
```

运行以上代码后，输出结果如下：

```
tensor shape after squeeze
[2 3]
```

前面在初始化张量时,它的维度为[1, 2, 1, 3],压缩后的维度为[2,3],也就是所有数值为 1 的维度都被压缩了。如果想保留某个数值为 1 的维度,如右边倒数第二个数值为 1 的维度,那么可以设置参数 axis 的值为 2。

TensorFlow 还支持在某个维度上对数据进行倒转操作,这里先介绍如何使用数值来指定数据的维度。对于多维数据,用 0 表示最左边的维度,用 1 表示左起第二个维度。例如,[N,M,O]三个维度,用坐标 0 表示数值 N 对应的维度,用 1 表示数值 M 对应的维度,以此类推。在给定维度上对分量进行倒转的接口如下:

```
tf.reverse(tensor, axis = None, name = None)
```

参数 axis 指定要倒转的维度数值。下面通过代码示例来讲解该接口的调用:

```
tensor = tf.constant([[1, 2, 3], [4, 5, 6]]) #维度为[2, 3]
with tf.Session() as sess:
    print("reverse on dimension 0:")
    print(sess.run(tf.reverse(tensor, [0])))
    print("reverse on dimension 1:")
    print(sess.run(tf.reverse(tensor, [1])))
    print("reverse on dimension 0 and 1:")
    print(sess.run(tf.reverse(tensor, [0, 1])))
```

运行代码后,输出结果如下:

```
reverse on dimension 0:
[[4 5 6]
 [1 2 3]]
reverse on dimension 1:
[[3 2 1]
 [6 5 4]]
reverse on dimension 0 and 1:
[[6 5 4]
 [3 2 1]]
```

从输出结果可以看出,当在维度 0 上转换时,是把两个一维张量转换位置,在维度 1 上转换时,是把一维张量内部的分量进行转换。TensorFlow 还支持从一个高维度的张量中"切割"出一个低维度的张量,相应的调用接口如下:

```
tf.slice(tensor, begin, size, name = None)
```

参数 begin 用于指定要切分的入口,size 用于指定切分的大小。下面通过代码示例来讲解该接口的使用:

```
tensor = tf.constant([[1, 2, 3], [4, 5, 6], [7, 8, 9]]) #维度为[3,3]的张量
#从第一行第一列开始抽取 2 行 2 列元素作为新的张量
tensor_slice = tf.slice(tensor, begin = [1, 1], size = [2, 2])
with tf.Session() as sess:
    print(sess.run(tensor_slice))
```

运行代码后,输出结果如下:

```
[[5 6]
 [8 9]]
```

从输出结果可以看出，从维度为[3,3]的大张量中切割出了一个维度为[2,2]的小张量。既然能从大张量中切割出小张量，那么也可以将多个小张量组合成一个大张量。相关接口如下：

```
tf.stack(tensors, axis = 0, name = 'stack')
```

参数 axis 用于把给定维度的分量抽取出来进行组合。下面通过代码示例来讲解接口的调用：

```
t1 = tf.constant([[1,2],[3,4]])
t2 = tf.constant([[5,6], [7,8]])
t3 = tf.constant([[9, 10], [11, 12]])
t_stack = tf.stack([t1, t2, t3])
t_stack_1 = tf.stack([t1, t2, t3], axis = 1)
with tf.Session() as sess:
    print("tensor after stack:")
    print(sess.run(t_stack))
    print("tensor stack on axis 1")
    print(sess.run(t_stack_1))
```

代码运行结果如下：

```
tensor after stack:
[[[ 1  2]
  [ 3  4]]

 [[ 5  6]
  [ 7  8]]

 [[ 9 10]
  [11 12]]]
tensor stack on axis 1
[[[ 1  2]
  [ 5  6]
  [ 9 10]]

 [[ 3  4]
  [ 7  8]
  [11 12]]]
```

从输出结果可以看出，当设置 axis = 0 时，接口把 3 个维度相同的张量叠加在一起，原来是 3 个维度为[2,2]的张量，叠加后变成维度为[3, 2, 2]的张量。如果指定要叠加的维度，那么接口会把维度对应的数据抽取出来进行叠加。

由于每个张量对应的维度 1 是含有 2 个分量的一维张量，因此把这些一维张量抽取出来依次叠加就可以形成两个维度为[3,2]的张量。

2.3 张量的运算

对张量进行各种运算是 TensorFlow 框架的主要任务，因此它有众多导出接口用于对张量进行指定运算。先看最常见的四则运算，相应的接口如下：

```
tf.add(x, y, name = None)
tf.subtract(x, y, name = None)
tf.multiply(x, y , name = None)
tf.divide(x,y y, name = None)
```

上面的 4 个接口接收两个维度相同的张量，张量间对应的分量执行相应的运算。代码如下：

```
a = tf.constant([3, 2, 1])
b = tf.constant([6, 4, 5])
tensor_sum = tf.add(a,b)                    #将分量相加
tensor_subtract = tf.subtract(b, a)         #将分量相减
tensor_product = tf.multiply(a, b)          #将分量相乘
tensor_divide = tf.divide(b, a)             #将分量相除
with tf.Session() as sess:
    print("tensor_sum:")
    print(sess.run(tensor_sum))
    print("tensor_subtract:")
    print(sess.run(tensor_subtract))
    print("tensor_product:")
    print(sess.run(tensor_product))
    print("tensor_divide:")
    print(sess.run(tensor_divide))
```

代码运行结果如下：

```
tensor_sum:
[9 6 6]
tensor_subtract:
[3 2 4]
tensor_product:
[18 8 5]
tensor_divide:
[2. 2. 5.]
```

TensorFlow 除了支持对多个张量进行运算外，还支持对单个张量中的各个分量进行运算。看一段示例代码：

```
t = tf.constant([-6.5, -3.5, 3.5, 6.5, 6.6, 6.4])
t1 = tf.round(t)        #获取距离该分量最近的整数，如 6.6 变成 7，6.4 变成 6
t2 = tf.rint(t)         #获取大于分量最近的偶数，如 3.5 变成 4，6.5 变成 6
t3 = tf.ceil(t)         #获取大于分量的最小整数
t4 = tf.floor(t)        #获取小于分量的最大整数
t5 = tf.argmin(t)       #获取最小分量对应的下标
t6 = tf.argmax(t)       #获取最大分量对应的下标
```

```
with tf.Session() as sess:
    print("round:")
    print(sess.run(t1))
    print("rint:")
    print(sess.run(t2))
    print("ceil:")
    print(sess.run(t3))
    print("floor:")
    print(sess.run(t4))
    print("argmin:")
    print(sess.run(t5))
    print("argmax:")
    print(sess.run(t6))
```

代码运行结果如下:

```
round:
[-6. -4.  4.  6.  7.  6.]
rint:
[-6. -4.  4.  6.  7.  6.]
ceil:
[-6. -3.  4.  7.  7.  7.]
floor:
[-7. -4.  3.  6.  6.  6.]
argmin:
0
argmax:
4
```

读者可以根据代码中的注释及输出结果来理解每个接口的作用。对张量中分量的数值计算是机器学习的重要内容,TensorFlow 提供了不少接口对分量进行数值操作,如开方、平方和求对数等。代码示例如下:

```
t = tf.constant([4., 9.])        #很多计算如开方等需要数据类型为浮点数
t1 = tf.square(t)                #计算每个分量的平方
t2 = tf.sqrt(t)                  #计算每个分量的开方
t3 = tf.log(t)                   #计算每个分量的对数
t4 = tf.exp(t)                   #计算每个分量对 e 的指数
with tf.Session() as sess:
    print("square:")
    print(sess.run(t1))
    print("sqrt:")
    print(sess.run(t2))
    print("log:")
    print(sess.run(t3))
    print("exp:")
    print(sess.run(t4))
```

代码运行结果如下:

```
square:
[16. 81.]
sqrt:
[2. 3.]
log:
```

```
[1.3862944 2.1972246]
exp:
[  54.59815 8103.084   ]
```

对张量进行矩阵运算同样是张量运算的重点,可以对两个一维张量进行点乘运算,也可以对维度兼容的二维张量和一维张量进行乘法运算。一维张量的点乘运算其实就是将张量分量相乘后加总。下面看一个代码示例:

```
t1 = tf.constant([4, 3, 2])
t2 = tf.constant([3, 2, 1])        #两个张量进行点乘运算时分量个数要一致
dot = tf.tensordot(t1, t2, 1)      #最后一个参数表示维度
with tf.Session() as sess:
    print("tensor dot:")
    print(sess.run(dot))
```

代码运行结果如下:

```
tensor dot:
20
```

tf.tensordot 执行的运算是 4×3+3×2+2×1,不难确定计算结果是 20。两个二维张量相乘时,需要保证它们的维度要兼容。例如,相乘时左边向量维度是[M,N],那么右边张量的 0 维对应的数值必须是 N,如[N,T],于是相乘后的结果就是维度为[M,T]的二维张量。示例代码如下:

```
t1 = tf.constant([[1.0,2.0,3.0],[4.0,5.0,6.0]])
#第一个矩阵的行数等于第二个矩阵的列数
t2 = tf.constant([[1.0, 2.0], [3.0, 4.0], [5.0, 6.0]])
matrix_dot = tf.matmul(t1, t2)
with tf.Session() as sess:
    print("matrix multiply:")
    print(sess.run(matrix_dot))
```

代码运行结果如下:

```
matrix multiply:
[[22. 28.]
 [49. 64.]]
```

第 3 章 运算图和会话管理

本章将介绍 TensorFlow 框架的两个非常重要的概念：运算图和会话管理。在前面章节的代码示例中，当指定一系列张量操作时，相关操作并没有立刻被执行，而是调用 sess.run 后才得以执行。原因在于，使用接口指定的操作其实只是构建了运算图的一个节点，而多个接口调用构建了多个节点，这些节点组合在一起形成一个运算图，会话对象负责推动运算图的运行。

3.1 运算图的形成

每次调用 TensorFlow 框架的接口执行张量操作时，框架都会在后台创建一个运算节点，这些节点相互连接形成了完整的数据处理逻辑链。下面通过代码示例来理解这个概念：

```
import tensorflow as tf
tf.reset_default_graph()
a = tf.constant([1,2], name="a")              #构建张量节点
b = tf.constant([3,4], name="b")
c = tf.add(a, b, name = "c")                  #构建运算节点
d = tf.constant([5,6], name = "d")
e = tf.multiply(c, d, name = "e")
```

上面的代码创建了若干个张量常量，同时指定了作用在这些张量上的操作。这些调用其实并没有生成张量对象或者立即执行给定的操作，而是构建了一张运算图用于指导框架按照给定次序执行相应的操作。运算图如图 3-1 所示。

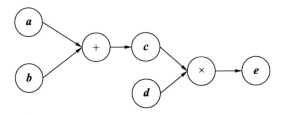

图 3-1 运算图示意

TensorFlow 会根据如图 3-1 所示的顺序来推动运算的执行。当执行 sess.run 时，最左边是两个张量常量节点，用于将张量对应的各个分量的数值写入内存，节点后面是加法运

算，用于将 *a* 和 *b* 两个张量常量相加后形成新的张量 *c*，以此类推。

在 TensorFlow 框架中，运算图其实对应一个具体的对象实例。可以使用如下接口获得对应的运算图对象：

```
tf.get_default_graph()
```

通过 tf.get_default_graph()接口能获得当前运算图对象，由此可以获取运算图中包含节点的各种信息。例如，可以通过节点名称从运算图对象中获取节点对象，调用接口如下：

```
tf.get_tensor_by_name(name)          #根据指定名称获取张量对象
tf.get_operation_by_name(name)       #根据名称获取运算符节点
tf.get_operations()                  #获取所有运算符节点
```

下面通过一个代码示例来理解这些接口的调用：

```
graph = tf.get_default_graph()              #获取图对象
print(graph.get_operations())               #获取所有节点
print(graph.get_tensor_by_name("a:0"))      #根据名称获取张量节点
```

代码执行结果如下：

```
[<tf.Operation 'a' type=Const>, <tf.Operation 'b' type=Const>,
<tf.Operation 'c' type=Add>, <tf.Operation 'd' type=Const>, <tf.Operation
'e' type=Mul>]
Tensor("a:0", shape=(2,), dtype=int32)
```

接口 tf.get_operations()返回了所有节点，在图 3-1 中，节点 *a,b* 其实隐含了一种操作，那就是创建给定张量，因此在返回的信息中还包括创建的张量。tf.get_tensor_by_name 返回了给定名称的张量 *a*，是因为在创建张量时赋予的名称为 *a*，因此它的相关信息被显示出来。

这里需要理解的是，在生成张量 *a* 时指定的名称为 *a*，为何显示的名称是"a:0"呢？其实，冒号后面的数值是为了区分同名张量，有些张量操作会一次性产生两个拥有相同名称的张量对象，为了将它们区分开，TensorFlow 在名称后面添加了数值标号。

下面的代码示例就能解释为何要在名称后面加标号：

```
tf.reset_default_graph()                    #清空原有的图对象
newgraph = tf.Graph()                       #构建一个新的图对象
with newgraph.as_default() as graph:
    a = tf.constant([1,2,3,4,5], name="a")
    #返回张量中第一大和第二大的两个分量值及分量对应的下标
    values, indixes = tf.nn.top_k(a, 2, name="top_k")
    print(values.name)
    print(indixes.name)
```

使用接口 tf.nn.top_k 会同时返回多个张量对象，在上面的代码中是返回前两个大的分量，即两个对象，而这两个对象拥有相同的名称，后面跟着不同的标号以便区分。代码运行结果如下：

```
top_k:0
top_k:1
```

3.2 运算图的数据结构

TensorFlow 能够构建数学模型识别非结构化数据，但有意思的是 TensorFlow 的核心是一种名为运算图的数据结构，而这种数据结构有明确的结构化特征。在运算图中，节点或相关数据以名为 protocol buffer 的二进制结构进行存储，这种数据结构可以转换为如下文本结构：

```
node {
  name: "…",
  op: "…",
  attr: {…},
  attr: {…}
}
```

如果读者对 JavaScript 编程了解的话，会觉得上面的结构对应 JavaScript 中常用的 JSON 结构。TensorFlow 提供了相应结构把计算图的相关信息以 JSON 结构的方式写成文件的接口，接口说明如下：

```
tf.train.write_graph(graph, logdir, name, as_text = True)
```

接口的第一个参数对应要输出的运算图对象，logdir 用于指明信息存储的文件目录，最后一个参数指定文件是否以文本的方式存储。我们通过下面的代码示例来理解：

```
import tensorflow as tf
import os
tf.reset_default_graph()
a = tf.constant(1.45)
b = tf.constant(3.14)
sum_a_b = tf.add(a, b)
#将运算图节点JSON信息存储到当前目录下的graph.dat文件中
tf.train.write_graph(tf.get_default_graph(), os.getcwd(), 'graph.dat')
```

上面的代码运行后，输出结果如下：

```
'/Users/apple/Documents/tensorflow出书/代码/graph.dat'
```

读者可在当前执行环境对应的路径下找到名为 graph.dat 的文件，使用文本编辑软件打开该文件可以看到如下内容：

```
node {
  name: "Const"
  op: "Const"
  attr {
    key: "dtype"
    value {
      type: DT_FLOAT
    }
  }
  attr {
    key: "value"
```

```
      value {
        tensor {
          dtype: DT_FLOAT
          tensor_shape {
          }
          float_val: 1.45
        }
      }
    }
  }
  node {
    name: "Const_1"
    op: "Const"
    attr {
      key: "dtype"
      value {
        type: DT_FLOAT
      }
    }
    attr {
      key: "value"
      value {
        tensor {
          dtype: DT_FLOAT
          tensor_shape {
          }
          float_val: 3.1400001
        }
      }
    }
  }
  node {
    name: "Add"
    op: "Add"
    input: "Const"
    input: "Const_1"
    attr {
      key: "T"
      value {
        type: DT_FLOAT
      }
    }
  }
  versions {
    producer: 27
  }
```

上面文本内容是对运算图结构的描述。不难看出，以上文本呈现出了明显的结构化特征，因此运算图也具有相应的结构化特征。

3.3 使用会话对象执行运算图

从示例代码中可以看出,调用 TensorFlow 一系列接口只是建立了张量和运算符节点,要想执行指定的操作,需要调用 sess.run 函数,它就像 Java 编程中的 main 入口函数。sess 对应 TensorFlow 框架的会话对象,它负责接收数据然后按照运算图指定的方式驱动各种运算。

之所以看似多此一举地使用会话对象来管理运算图,原因在于运算图可以并行运行,有可能同一个运算图的不同部分被分配给计算机集群中的不同主机同时运行,然后再通过会话对象把结果统一起来。

运算图对应的模型在运行时需要输入大量的数据,因此数据读取的相关操作需要会话对象配合。下面先看一个使用会话对象实现运算图节点并行执行的例子:

```
t1 = tf.constant(3.14)
t2 = tf.constant(2.78)
with tf.Session() as sess:
    res1, res2 = sess.run([t1, t2])        #t1 和 t2 对应的运算可以并行执行
    print(res1)
    print(res2)
```

在上面的代码中,我们先建立两个张量对象,然后在 sess.run 接口中同时输入这两个张量对象,因此这两个张量节点可以并行执行。并行执行可以成倍提升运算效率,但管理好并行运算流程,防止计算逻辑出错是非常复杂的,因此需要有一个专门的对象来负责此项工作。

3.3.1 交互式会话执行流程

使用会话对象来管理运算图的好处是可以选择性地执行运算图。TensorFlow 提供了 InteractiveSession 会话对象让我们可以选择性地执行运算图中的指定节点。代码示例如下:

```
t1 = tf.constant(3.2)
t2 = tf.constant(4.8)
t12 = tf.add(t1, t2)
t3 = tf.constant(5.6)
t4 = tf.multiply(t12, t3)
sess = tf.InteractiveSession()
print("sum: ", t12.eval())                 #只执行加法部分
```

代码执行结果如下:

```
sum:  8.0
```

可以看出,只有加法运算被执行了,无须使用 run 执行运算图节点,只需要调用节点的 eval() 接口即可实现对应的操作。使用 InteractiveSession 会话对象的好处是无须每次在

执行运算图时都调用 tf.Session() 来创建会话对象，这样可以提高工作效率。

3.3.2 使用会话日志

使用 TensorFlow 将运算图形构建成数学模型后，我们在模型中输入大量数据，然后驱动运算图进行运算。执行的流程可能需要几小时甚至几天，在运行过程中需要随时掌握程序的运行状态。

常用的监控程序运行状态的方式是日志，TensorFlow 也提供了日志输出接口，可以把运算图在运行过程中的关键信息输出到指定文件中，从而方便开发人员掌握程序的运行状态。TensorFlow 提供了以下接口用于输出不同性质的信息：

```
tf.logging.debug(msg)                              #输出调试信息
tf.logging.warn(msg)                               #输出警告信息
tf.logging.error(msg)                              #输出错误信息
tf.loggin.fatal(msg)                               #输出致命信息
tf.logging.flush()                                 #把所有缓存的信息输出到文件
tf.logging.log_if(level, msg, condition,*args)     #根据条件输出信息
```

下面通过代码来理解接口的调用：

```
tf.logging.set_verbosity(tf.logging.INFO)
t1 = tf.constant(1)
t2 = tf.constant(2)
t3 = tf.constant(10)
t_add1 = tf.add(t1, t2)
t_add2 = tf.add(t1, t3)
with tf.Session() as sess:
    output1, output2 = sess.run([t_add1, t_add2])
    tf.logging.info('Output1: %f', output1)         #输出日志信息
    tf.logging.log_if(tf.logging.INFO, 'Output: %f', (output2 > 10),
output2)                                            #根据条件输出日志
```

代码运行结果如下：

```
INFO:tensorflow:Output1: 3.000000
INFO:tensorflow:Output: 11.000000
```

从运行结果中可以看出，相关信息被输出到控制台上，特别是第二条日志信息在满足给定条件 output2＞10 的情况下才输出，根据输出日志信息，我们可以随时监控模型运行时的状态变化从而及时采取相应的措施。

3.4 使用 TensorBoard 实现数据可视化

使用日志输出的方式只能在一定程度上对程序运行状态进行监控，它有几个明显的缺陷：

- 增加了代码量，由此增大了程序引入错误的概率；
- 无法实时反映程序运行的变化趋势，因为我们获得的只是离散的静态信息，如果不能及时对这些信息进行统计和运算，就不能详细了解程序的运行状态；
- 日志以纯文本的方式展示数据，这种方式不能像数据可视化那样让用户一目了然。

为了解决日志输出存在的这些缺陷，TensorFlow 框架引入了一个可视化组件 TensorBoard，它能实时以可视化的方式展现当前程序运行状态的各项指标。

3.4.1 启动 TensorBoard 组件

运行 TensorBoard 组件需要用户指定数据目录，在命令行下输入以下命令即可启动该组件：

```
tensorboard --logdir = output
```

其中，logdir 用于指定 TensorBoard 显示数据所在的路径。把要显示的数据以特定格式写入 output 路径所在的特定文件中，TensorBoard 会自动读取该文件，将写入的信息以图形方式展现出来。

TensorBoard 其实是一个小型的 HTTP 后台服务器，因此它的运行前端就是浏览器。通过上面的命令启动 TensorBoard 后，打开浏览器，输入 URL:http://localhost:6006 就可以查看 TensorBoard 的数据了。

例如，通过以下命令启动 TensorBoard：

```
tensorboard --logdir="/Users/apple/Documents/tensorflow出书/代码"
```

然后打开浏览器，输入前面给出的 URL，显示如图 3-2 所示。

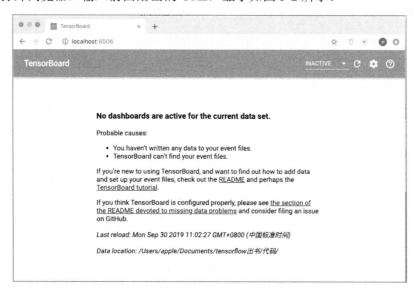

图 3-2　TensorBoard 运行情况

在图 3-2 中还看不到任何数据，这是因为我们还没有将要显示的数据通过写入特定文件的方式传递给 TensorBoard，接下来学习如何让 TensorBoard 显示数据。

3.4.2 显示 TensorBoard 中的数据

要想让 TensorBoard 显示数据，就需要把数据以"流"的方式传递给 TensorBoard。在开发 TensorFlow 程序时，只要调用给定接口并向其中写入数据，该数据就可以被框架传递给 TensorBoard 组件。通常调用 tf.summary 系列接口来传递数据，相关接口信息如下：

```
tf.summary.scalar(name, tensor, collections = None)    #显示常量数据
#以柱状图的方式呈现 TensorBoard 中的数据
tf.summary.histogram(name, values, collections = None)
tf.summary.audio(name, tensor, sample_rate, max_outputs = 3, collections
= None)                                                #显示音频数据
#显示图像数据
tf.summary.image(name, tensor, max_output = 3, collections = None)
#将输入数据进行合并
tf.summary.merge(inputs, collections = None, name = None)
tf.summary.merge_all(key = tf.GraphKeys.SUMMARIES)  #合并所有需要显示的数据
```

这些接口只是告诉 TensorFlow 框架有哪些数据需要显示。要想显示这些数据，需要调用 tf.summary.FileWriter 接口把数据传递给 TensorBoard。

示例代码如下：

```
a = tf.constant(3.14)
b = tf.constant(2.78)
total = a + b
tf.summary.scalar("a", a)  #将常量注入 TensorBoard，第一个参数是注入数据的名称
tf.summary.scalar("b", b)
tf.summary.scalar("total", total)
merged_op = tf.summary.merge_all()               #将多种数据合并在一起
with tf.Session() as sess:
    _, summary = sess.run([total, merged_op])
writer = tf.summary.FileWriter("/Users/apple/Documents/tensorflow出书/代
码/", graph = tf.get_default_graph())
with tf.Session() as sess:
    writer.add_summary(summary)
    writer.close()
```

在代码中调用 FileWriter 接口时传递了两个参数，一个是启动 TensorBoard 时指定的路径，另一个是当前的运算图对象，该接口会把数据写入指定目录下的一个特殊文件中。

TensorBoard 会定期读取文件内容，一旦发现文件中有新写入的信息，TensorBoard 就会把这些信息显示在页面上，运行上面的代码后，刷新前面打开的浏览器页面，在 SCALARS 标签中可以看到写入的变量值，单击 Graph 可以看到代码建立的运算图结构，如图 3-3 所示。

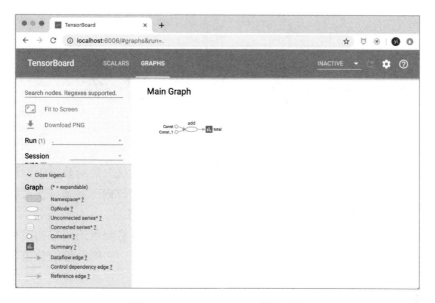

图 3-3　TensorBoard 显示数据内容

第 4 章 模 型 训 练

TensorFlow 的主要作用就是构建复杂的数学模型,以便从大量的数据中发现潜藏的规律。模型由一系列可变参数组成,模型读入数据后不断地修改内部参数,使最终的输出结果与数据对应的正确结果越来越接近,这个过程就叫作**训练**。

前面提到的模型内部可变参数与常量张量有所不同。常量张量的值在初始化时就已经确定,后面不能再更改。而与常量张量相对应的是变量张量,它的分量的数值可以根据需要不断发生变化。

4.1 变 量 张 量

变量张量对应 Java 编程中的变量类型,可以把它看作由多个变量组合在一起形成的向量。TensorFlow 提供了定义变量张量的接口形式:

```
tf.Variable(value, name)
```

通过下面的代码示例来理解变量的定义方式:

```
import tensorflow as tf
tensorA = tf.constant([1,2,3,4])
variableA = tf.Variable(tensorA)                    #使用常量初始化变量
#用正态分布来初始化 tf.Variable 对应的变量
variableB = tf.Variable(tf.random_normal([3]))
```

上面的代码定义了一个常量和两个变量,其中,第一个变量还用了一个常量 tf.Variable 对应的变量来赋初值。变量与常量的区别是,变量定义后不能直接使用,而必须调用一个初始化接口才能使用。只有调用初始化接口后,框架才会给变量分配内存并进行实例化。初始化接口如下:

```
tf.global_variables_initializer()
```

这个接口会把当前运算图中的所有变量实例化,然后才可以使用前面定义的变量。下面是 tf.global_variables_initializer()接口的使用方法:

```
init = tf.global_variables_initializer()  #初始化所有变量型张量
with tf.Session() as sess:
    sess.run([init])
```

只有执行了上面的代码后,前面定义的变量 VariableA 和 VariableB 才能被赋值和读取。

4.2 损失函数

前面已经提到，TensorFlow 用于构建数学模型，这些模型内部由一系列变量张量组成。模型的训练就是对输入的大量数据进行运算，然后根据运算结果不断调整模型的内部参数，使模型的输出结果与预期的结果尽可能接近。

这里需要量化所谓的"接近"，下面先看一个线性拟合的例子。在二维平面上散列着一系列数值点，用一条直线来模拟点的分布规律，如图 4-1 所示。

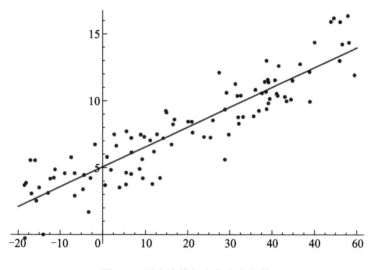

图 4-1　用直线模拟点集分布规律

使用方程 $m \times x + b$ 表示直线，这里的参数 m,b 对应模型的内部参数，因此模型的输出结果就是把平面上某个点的 x 坐标输入直线方程后的计算结果。

如何描述"模型输出结果与给定结果尽可能接近"呢？把 x 点的坐标输入直线方程后，计算出来的结果与二维点对应 y 坐标差值的大小作为"接近"标准，因此模型输出结果与给定结果越接近，意味着 $y - (m \times x + b)$ 所得的结果越小。

由于我们需要考虑所有点，而将每个点的 x 坐标输入直线方程后与该点 y 坐标求差值所得的结果有正有负，为了衡量直线与所有点的"接近"程度，先把所有点的 y 坐标与直线的计算结果进行平方运算，然后再加总求均值，这种量化描述模型结果与指定结果差异的数值函数称为损失函数。对应此例，其损失函数为：

$$\text{loss} = \frac{1}{N} \times \sum_{i=0}^{N-1} [y_i - (m \times x + b)]^2 \qquad (4\text{-}1)$$

如此可以使用下面的代码来建立模型及损失函数：

```
m = tf.Variable(tf.random_normal([]))
b = tf.Variable(tf.random_normal([]))
y = tf.add(tf.multiply(x, m), b)            #直线方程对应的模型
loss = tf.reduce_mean(tf.pow(y - y_obs, 2))  #损失函数，y_obs 对应点 y 的左边
```

4.3　渐进下降法

前面已经说过，调整模型参数可以使输出结果与指定结果的差值尽可能小。这意味着要调整参数 m,b 的值，让公式（4-1）的计算结果尽可能小。可以把公式（4-1）看成是关于参数 m,b 的函数 loss(m,b)。

要调整 m,b 的值，只有两种可能，要么在当前基础上增加它的值，要么在当前基础上减少它的值，问题是采取哪种行动能让公式（4-1）的运算结果变小。根据微积分原理，可以在当前点求导数，由此得到在当前点处的损失函数切线，如图 4-2 所示。

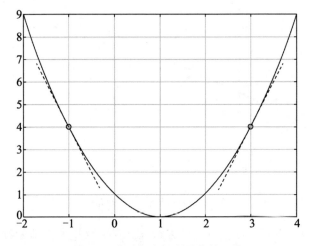

图 4-2　在给定点处求导数的切线

如图 4-2 所示，分别在两点处求导数得到对应的切线，中间是函数的最低点，可以看到沿着切线下降的方向，所在点的值也发生了变化，与函数最小值更接近。在给定点处求导数，如果结果大于 0，那么减少当前点的值就对应切线"下降"方向，如图 4-2 右边所示。

如果在给定点处求导数，所得结果小于 0，那么增加当前点的值就对应切线的下降方向，如图 4-2 左边所示。现在我们又面临一个问题，要增加或减少当前点的值时，如何把握增加或减少的量。

这里引入一个学习率参数 η，它用来控制增加或减少量的大小，如果将这个值设置得大一些，那么增加或减少的量就会大，如果将这个值设置得小一些，那么增加或减少的量就会小。

在图 4-2 中，右边的切线随着 x 值的增加而不断上升，在这种情况下对应该点处的导

数就大于 0，左边的切线随着 x 值的增加而不断下降，在这种情况下对应该点处的导数就小于 0。

由此可以用当前点的值，减去学习率，再乘以导数值，无论当前点处于图 4-2 左边还是右边，其值都会随着切线下降的方向而改变，对应于公式（4-1）两个参数的改变方式为：

$$m = m - \eta \times \frac{\partial loss(m,b)}{\partial m}, b = b - \frac{\partial loss(m,b)}{\partial b} \tag{4-2}$$

执行完公式（4-2）对应的运算步骤后，我们得到新的 m,b，将它们代入公式（4-1）后所得到的结果相比原来的结果会有所减小。由此我们反复执行公式（4-2），不断改变公式（4-1）的输出结果，当结果与改变公式（4-1）前的值相差很小时，已经接近最低点，模型训练结束。

根据公式（4-2）不断改变参数值求取损失函数最小值的方法就叫渐进下降法。TensorFlow 框架提供了如下接口可以很方便地执行相关的运算流程：

```
tf.train.GradientDescentOptimizer(learning_rate, use_locking=False, name = 'GradientDescent')
```

调用上面的接口完成模型参数的修改：

```
learning_rate = 0.01
gradient_optimizer = tf.train.GradientDescentOptimizer(learning_rate)
op = gradient_optimizer.minmize(loss)
with tf.Session() as sess:
    sess.run(op)            #程序运行后 m 和 b 的值被不断修改，使损失函数接近最小值
```

4.3.1 如何将数据读入模型

本节通过一段完整代码实例来展示渐进下降法在给定模型上的运行过程。首先需要将数据输入模型，这里需要一种新类型的张量叫 placeholder，顾名思义它是 TensorFlow 专门开辟的一块内存，用于存储数据。

先看看 placeholder 的接口形式：

```
tf.placeholder(dtype, shape, name = None)
```

在公式（4-1）中，二维点对应的两个值分别是 x,y，它们都是 0 维常量，对应一维平面坐标，相关数值需要从外部读入，因此我们可以先定义这两个变量：

```
x = tf.placeholder(tf.float32, [], name ="x")
y = tf.placeholder(tf.flaot32, [], name = "y")
```

有了 placeholder，就有了接收数据的内存，现在还需要将数据读入 placeholder 对应的内存中。前面提到的会话对象对应的 run 接口其实还有一个输入参数 feed_dict，它是一个字典类型，可以将数据通过该参数传入对应的 placeholder 中，通过下面的代码示例来了解该接口的调用：

```
import numpy as np
data = tf.placeholder(tf.float32, shape = (3, 3)) #用于接收数据的内存
```

```
#设定要读入的数据
data_src = np.array([[1., 2., 3.], [4., 5., 6.], [7., 8., 9.]])
add_one = tf.add(data, 1.)
with tf.Session() as sess:          #使用feed_dict参数将数据输入placeholder
    res = sess.run(add_one, feed_dict = {data: data_src})
    print(res)
```

在上面的代码中,data 是用于接收输入数据的变量,data_scr 表示计算的数据内容,这些数据需要输入 data 对应的内存中。我们通过 run 函数的 feed_dict 参数,把 data 作为 key,输入的数据 data_src 作为 value,当运行 run 函数时数据就会输入 data 中。

代码运行结果如下:

```
[[ 2.  3.  4.]
 [ 5.  6.  7.]
 [ 8.  9. 10.]]
```

可以看出,输出的结果其实是对输入数据的每个分量进行加 1 操作。

4.3.2 模型训练的基本流程

相信每位读者都有过背课文的经验。当老师布置一篇长文让学生背诵时,通常使用的背诵方法是将文章切分成多个段落,然后针对每个段落反复念读直到记牢为止。当所有段落都背熟后,整篇课文也就背熟了。

模型训练也遵循这个步骤。当有大量数据需要输入模型进行识别时,我们通常不会一次将所有数据都输入模型,而是把数据分割成多个部分,每次向模型中输入一部分数据。然后让模型对输入的数据进行计算,期间应用渐进下降法来调整内部参数。

当第一部分数据计算完成后,再输入第二部分,当最后一部分数据输入模型并结算完毕后,重新将第一部分数据输入模型,如此反复给定次数。下面用一段代码来描述模型训练的基本流程:

```
#记录模型循环计算的次数,trainable=False 表示不改变模型的变量
global_step = tf.Variable(0, trainable = False)
learning_rate = 0.001
batch_size = 60                                #数据被分割成60个批次
optimizer = tf.train.GradientDescentOptimizer(learning_rate)
init = tf.global_variables_initializer()
epochs = 10
with tf.Session() as sess:
    sess.run(init)                             #先初始化变量类型
    for epoch in range(epochs):
        for batch in range(batch_size):         #模型不断读入批次数据进行识别
            _, step, result = sess.run([optimizer, global_step])
```

上面的代码无法执行,仅用于对本节所描述的模型训练流程进行说明。batch_size 表示把数据分割成相应部分,epochs 表示反复训练的次数,global_step 用于记录模型反复训练的次数。

4.3.3 渐进下降法运行实例

本小节用代码实例展现如何使用 TensorFlow 导出的渐进下降法接口实现损失函数最小化运算。首先指定一个形式简单的损失函数 loss=x^2-6x+7，目的是求出能让该函数取得最小值的 x。

根据微积分原理，先对 x 求导，然后计算 x 的值使得它的导函数结果为 0，即：

$$\frac{\partial \text{loss}(x)}{\partial x} = 0 \rightarrow 2x - 6 = 0 \rightarrow 3 \tag{4-3}$$

当使用渐进下降法调整 x 的值来获得 loss 函数的最小值时，最后求得的 x 值应该与 3 非常接近，以下是相应的代码示例：

```
import os
tf.reset_default_graph()
x = tf.Variable(0., name = 'x_result')          #从 x=0 处开始查找最小值点
step_var = tf.Variable(0., trainable = False)   #记录循环训练的次数
loss = x * x - 6.0*x + 7.0                      #损失函数
learning_rate = 0.1
num_epochs = 40                                  #最多循环训练 40 次
optimizer = tf.train.GradientDescentOptimizer(learning_rate).minimize
(loss, global_step = step_var)
init = tf.global_variables_initializer()
saver = tf.train.Saver()                        #准备将模型信息进行存储
summary_op = tf.summary.scalar('x', x)          #将信息在 TensorBoard 中显示
file_writer = tf.summary.FileWriter("/Users/apple/Documents/tensorflow 出
书/代码/", graph = tf.get_default_graph())
with tf.Session() as sess:
    sess.run(init)
    for epoch in range(num_epochs):        #通过不断使用渐进下降法查找最小值点
        _, step, result, summary = sess.run([optimizer, step_var, x, summary_op])
        print('Step %d: Computed result = %f' % (step, result))
        #让 TensorBoard 显示变量信息
        file_writer.add_summary(summary, global_step = step)
        file_writer.flush()
    saver.save(sess, os.getcwd() + '/output')    #将模型信息存储成文件
    print('Final x is %f' % sess.run(x))
```

上面的代码我们反复执行渐进下降法将近 40 次来调整变量 x 的值，代码运行结束后，输出结果的最后一部分信息如下：

```
Step 35: Computed result = 2.998783
Step 36: Computed result = 2.999026
Step 37: Computed result = 2.999221
Step 38: Computed result = 2.999377
Step 39: Computed result = 2.999501
Step 40: Computed result = 2.999601
Final x is 2.999601
```

从输出结果中可以看出，一开始 x 的初始值为 0，经过多次渐进下降法修正后，代码输出的 x 的值为 2.999601 与最小值 3 非常接近，我们可以认为此时代码找到了让损失函数取最小值的对应参数值。

注意，在上面的代码中加入将数据信息在 TensorBoard 中显示的代码，由于我们把模型参数输出到了 TensorBoard 中，因此可以看到它在渐进下降法作用下数值不断调整的变化过程，如图 4-3 所示。

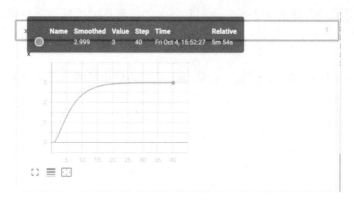

图 4-3　在 TensorBoard 中显示参数变化过程

4.3.4　渐进下降法的缺陷和应对

渐进下降法存在一个严重的缺陷，那就是它会陷入局部最小值而找不到全局最小值，如图 4-4 所示。

在图 4-4 中，箭头所示的是渐进下降法调整 x 值的过程。从图中可以看出箭头所抵达的地方不是函数的最小值点，一旦落入箭头所指的局部最小值点，渐进下降法将不再起作用，从而就找不到左边的全局最小值点。

为了应对这种情况，TensorFlow 框架引入了多种渐进下降法的变种，一种叫 Momentum，它在原来的参数调整方式上引入了一个叫 accumulation 的控制参数，该参数的调整方式如下：

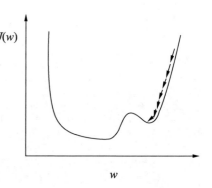

图 4-4　陷入局部最小值点

$$v = \alpha \times v - \eta \times \frac{\partial loss(x)}{\partial x},$$
$$x = x + v$$
（4-4）

其中，α 即 accumulation，取值为 0~1，通常将它取为 0.9。使用公式（4-4）调整模型参数使损失函数抵达最小值的速度更快，而且由于参数 α 的存在，还可以避免陷入局部最小值点的陷阱。

TensorFlow 提供了相应接口可以让我们快速执行相关的运算，接口如下：

```
tf.MomentunOptimizer(learning_rate, momentum, use_locing = False, name = 'Momentum', use_nesterov = False)
```

如果最后一个参数设置为 True，那么 TensorFlow 会在公式（4-4）的基础上再做一些变化，变化方式如下：

$$v = \alpha \times v - \frac{\partial loss(x - \alpha \times v)}{\partial x}$$
$$x = x + v \tag{4-5}$$

渐进下降法还面临在最低点处反复震荡的问题，如图 4-5 所示。

可以看到，在图 4-5 中，点 8 对应处是最低点，如果学习率设置的不合适，使用渐进下降法一旦抵达点 6，就有可能一下子串到点 7，在点 7 又串到点 6，如此反复震荡不停，就是无法达到点 8。

如果能动态调整学习率，就能动态调整参数变化的幅度，由此便能有效解决最低点处的震荡问题。对应的方法叫 Adagrad，它能够动态调整学习率，其对应的参数调整方法如下：

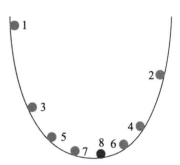

图 4-5 最低点处震荡

$$\eta = \frac{\eta}{\sqrt{G}},$$
$$x = x - \eta \times \frac{\partial loss(x)}{\partial x} \tag{4-6}$$

其中，数值 G 是通过特定运算得到的结果，TensorFlow 框架会负责它的运算，我们不必关心它的由来。注意，在公式（4-6）中，当每次调整参数时学习率都会发生改变。TensorFlow 提供了如下接口让我们可以根据公式（4-6）来调整参数：

```
tf.AdagradOptimizer(learning_rate, initial_accumulator_value = 0.1, use_locking = False, name = 'Adagrad')
```

然而公式（4-6）的计算也存在问题，那就是学习率只能减少，不能增加。Adam 算法在公式（4-6）的基础上进行了改进，相关计算流程如下：

$$m_t = \beta_1 \times m_{t-1} + (1 - \beta_1) \times \frac{\partial loss(x)}{\partial x}$$
$$v_t = \beta_2 \times v_{t-1} + (1 - \beta_2) \times [\frac{\partial loss(x)}{\partial x}]^2$$
$$\eta = \frac{\eta \times \sqrt{1 - \beta_2^t}}{1 - \beta_1^t} \tag{4-7}$$
$$x = x - \frac{\eta \times m_t}{\sqrt{v_t} + \varepsilon}$$

其中，$m_t, \beta_1, \beta_2, v_t$ 是预先设置的参数，下标 t 表示参数的迭代次数，ε 是接近 0 的值，用来防止 v_t 值为 0 时参数除以 0 发生错误，TensorFlow 提供的如下接口可以让我们方便地使用上面的参数更新方法：

```
tf.AdamOptimizer(learning_rate=0.01,beta1=0.9,beta2=0.999,epsilon=1e-08,
use_locking=False,name='Adam')
```

这个方法特别适用于识别图像的场景。

4.4 运算图的存储和加载

使用 TensorFlow 构建好模型后，即可输入数据，调整模型参数。这个过程可能会持续数小时甚至数天，我们花费大量算力和时间训练好的模型参数必须保存起来，如果丢失了，我们还需要耗费大量的算力和时间做重复运算。

我们可以把训练好的模型参数存储起来，并且分发到需要使用它的场景，从而提高工作效率。TensorFlow 提供的 Saver 类可以快速地将运算图的所有节点信息存储在指定目录的文件中，调用方式如下：

```
saver = tf.train.Saver()
saver.save(sess, os.getcwd() + "/output")    #存储到当前路径的 output 文件中
```

上面的代码运行后，本地目录会生成以 output 为名的三个文件，分别为 output.data-00000-of-000001、output.index 和 output.meta，这三个文件用于存储运算图的不同信息。既然信息能存储，就能进行相应加载。

TensorFlow 中提供了接口可以把存储的信息重新加载到内存中，直接将运算图还原。首先调用接口 tf.train.import_meta_graph('output.meta')将运算图加载到内存，然后调用 saver.restore(sess, os.getcwd()+'/output')将运算图对应的节点信息也加载到内存中。

在 4.3.3 小节的代码示例中，我们已经使用 saver 相关接口对运算图进行了存储，下面通过代码示例展示如何将存储的运算图在内存中重新加载。

```
with tf.Session() as sess:
    #读入存储在文件中的运算图信息
    saver = tf.train.import_meta_graph('output.meta')
    saver.restore(sess, os.getcwd() + '/output')          #恢复运算图
    print('Variable value: ', sess.run('x_result:0'))     #读取保存的变量信息
```

代码运行结果如下：

```
INFO:tensorflow:Restoring parameters from /Users/apple/Documents/tensorflow
出书/代码/output
Variable value:  2.9996011
```

从输出结果中可以看出，通过读取数据文件，能够将数据反序列化到内存中，由于给定节点的对应参数已经存储在文件中，因此反序列化后，内存中对应运算图的节点就具备了已经计算好的参数值。

第 2 篇
TensorFlow 进阶

- ▶▶ 第 5 章　机器学习的基本概念
- ▶▶ 第 6 章　使用 TensorFlow 开发神经网络
- ▶▶ 第 7 章　使用 TensorFlow 实现卷积网络
- ▶▶ 第 8 章　构造重定向网络
- ▶▶ 第 9 章　数据集的读取与操作
- ▶▶ 第 10 章　使用多线程、多设备和机器集群
- ▶▶ 第 11 章　TensorFlow 的高级接口 Estimator

第 5 章　机器学习的基本概念

TensorFlow 的主要功能是快速构建机器学习和深度学习模型，以便从大量的数据中找出潜在的规律。机器学习主要以各种统计回归模型为主，如线性回归、多项式回归和逻辑回归，而深度学习主要以各种神经网络为主。

本章将学习使用 TensorFlow 构建机器学习的几种基本统计模型的方法，了解机器学习在数据识别方面的基本应用。

5.1　使用 TensorFlow 实现线性回归

在 4.2 节中我们学习了通过一条直线来模拟二维平面上点集的分布规律，这种方法在统计学上称为线性回归。我们希望找到一种方法能够识别点的分布规律，获得点集中某个点的 x 坐标后能预测出它对应的 y 坐标。

最简单的方法就是构造一条直线函数来模拟点的分布情况。如图 5-1 所示，图中直线的增长方向与点集随着 x 坐标值增加时点的分布规律基本相符。

从图 5-1 可以看出，随着 x 坐标值的增加，点集的 y 坐标值也在增长，同时，随着 x 坐标值的增大，对应的 y 坐标值也在增大。于是给定一点的 x 坐标值后，就可以根据直线方程计算 y 坐标值，并将它作为该点在 y 坐标的预测值。

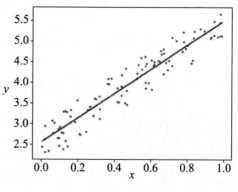

图 5-1　直线与点的分布

由于直线的方程是 y=m×x+b，在 4.2 节中提出过它对应的损失函数是 $\text{loss} = \frac{1}{N} \times \sum_{i=0}^{N-1}[y_i - (m \times x + b)]^2$，线性回归的目的是通过点集数据不断调整参数 m 和 b，使损失函数的计算结果尽可能小。下面介绍如何使用 TensorFlow 实现这个功能：

```
import matplotlib.pyplot as plt
N = 60                                          #随机点的个数
x = tf.random_normal([N])                       #依靠正态分布取点集的 x 坐标值
```

```python
#依靠正态分布分别随机设置 m 和 b 的值
m_real = tf.truncated_normal([N], mean = 2.5)
b_real = tf.truncated_normal([N], mean = 3.5)
y = m_real * x + b_real                          #让点集的 x 和 y 呈线性关系
m = tf.Variable(tf.random_normal([]))            #要预测 m_real 和 b_real 的值
b = tf.Variable(tf.random_normal([]))
model = tf.add(tf.multiply(x, m), b)             #预测模型就是直线方程
loss = tf.reduce_mean(tf.pow(y - model, 2))      #损失函数
learning_rate = 0.01
num_epochs = 200                                 #模型循环计算的最大次数
num_batches = N                                  #模型一次性计算的数据量
optimizer = tf.train.GradientDescentOptimizer(learning_rate).minimize
(loss)                        #用渐进下降法降低损失函数值并调整参数 m 和 b
init = tf.global_variables_initializer()
average_m_real = tf.reduce_mean(m_real)
average_b_real = tf.reduce_mean(b_real)
with tf.Session() as sess:
    sess.run(init)
    print("real average value of m is :", sess.run(average_m_real))
    print("real average value of b is :", sess.run(average_b_real))
    #反复读入数据,用渐进下降法降低损失函数值,从而不断调整参数 m 和 b 的取值
    for epoch in range(num_batches):
        for batch in range(num_batches):
            sess.run(optimizer)
    m_eval = sess.run(m)
    b_eval = sess.run(b)
    print('value of m after training is:', m_eval)
    print('value of b after trainning is:', b_eval)
    x_real_array = sess.run(x)
    y_real_array = sess.run(y)
    #将随机生成的点集合拟合的直线绘制出来
    plt.plot(x_real_array, y_real_array, 'o', color='black');
    plt.plot(x_real_array, x_real_array * m_eval + b_eval)
    ax.set_xlabel('x-points')
    ax.set_ylabel('y-points')
    fig.show()
```

在上面的代码中,通过基于线性规律的方式生成了 60 个数据点,这些点的 *x* 坐标和 *y* 坐标存在线性关系,该线性关系由参数 m_real 和 b_real 来决定。接下来使用一条直线来模拟这些点的分布规律,直线对应的参数就是 m 和 b。

如果直线对数据点分布的模拟准确的话,那么直线对应的参数 m 和 b 的值应该与产生点集的参数 m_real 和 b_real 的值非常接近。设定好损失函数后,使用渐进下降法调整直线参数,获取损失函数的最小值。

最后在 for 循环中,在直线方程 *y=m×x+b* 中反复输入点集数据,然后使用渐进下降法不断地调整参数值,训练结束后输出结果如下:

```
real average value of m is : 2.5139108
real average value of b is : 3.7462854
value of m after training is: 2.5428984
value of b after trainning is: 3.508857
```

从输出结果可以看出，训练后得到的参数值与用于生成点集的参数值还是比较接近的，程序生成的直线对点集的拟合效果如图 5-2 所示。

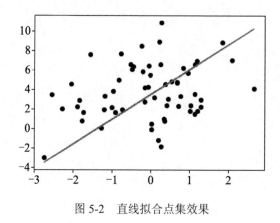

图 5-2　直线拟合点集效果

5.2　使用 TensorFlow 实现多项式回归

从图 5-2 中可以看出，虽然直线延伸的形态与点集的分布有相似之处，但直线并不能很好地反映点的分布情况，因为在直线的上下方有很多点距离直线比较远。主要原因是直线过于简单，如果点集的分布形态复杂，那么线性回归的效果就会比较差。

一种改进方法是使用曲线来模拟点集的分布。由于曲线的变化形式更加灵活，因此在点集分布比较复杂的情况下，使用曲线模拟点集的分布效果更好。由于曲线对应高阶多项式，因此用曲线模拟点集的分布也称为多项式回归。

多项式的基本方程为：$a_0 + a_1 x + a_2 x^2 + \cdots + a_n x^n$，当 n 的值越大时，曲线表现得就越灵活，就越能根据点的变化"扭曲"自己以适应点的分布规律。如果 n 的值很大但点的数量不够多就会产生过度拟合的问题，在后面章节中会详细说明。

接下来看一个多项式回归的示例。在代码中生成以某种规律分布的点集，然后使用多项式 $a_0 + a_1 x + a_2 x^2 + a_3 x^3$ 模拟点集分布。我们使用渐进下降法不断调整参数 a_0, a_1, a_2, a_3，以使损失函数结果尽可能小，相关代码如下：

```
import matplotlib.pyplot as plt
N = 60                                              #随机点的个数
x = tf.random_normal([N])                           #依靠正态分布取点集的 x 坐标
#依靠正态分布分别随机设置 m 和 b 的值
a_real_0 = tf.truncated_normal([N], mean = 1.5)
a_real_1 = tf.truncated_normal([N], mean = 2.5)
a_real_2 = tf.truncated_normal([N], mean = 3.5)
a_real_3 = tf.truncated_normal([N], mean = 4.5)
#设置坐标点的 x 和 y 值
y =  a_real_0 + a_real_1 * x + a_real_2 * tf.pow(x,2) + a_real_3 * tf.pow(x, 3)
```

```
a_0 = tf.Variable(tf.truncated_normal([]))
a_1 = tf.Variable(tf.truncated_normal([]))
a_2 = tf.Variable(tf.truncated_normal([]))
a_3 = tf.Variable(tf.truncated_normal([]))
#预测模型是多项式
model = a_0 + a_1 * x + a_2 * tf.pow(x,2) + a_3 * tf.pow(x, 3)
loss = tf.reduce_mean(tf.pow(y - model, 2)) #损失函数
learning_rate = 0.01
num_epochs = 1000          #由于模型比线性方程复杂，因此循环次数要多一些
num_batches = N            #模型一次计算的数据量
optimizer = tf.train.GradientDescentOptimizer(learning_rate).minimize
(loss)                     #用渐进下降法降低损失函数值并调整参数m和b的取值
init = tf.global_variables_initializer()
average_m_real = tf.reduce_mean(m_real)
average_b_real = tf.reduce_mean(b_real)
with tf.Session() as sess:
    sess.run(init)
    #反复读入数据，用渐进下降法降低损失函数值从而不断调整参数m和b的取值
    for epoch in range(num_batches):
        for batch in range(num_batches):
            sess.run(optimizer)
    x_real_array = sess.run(x)
    y_real_array = sess.run(y)
    fig, ax = plt.subplots(1, 1)
    ax.set_ylim(0, 100)
    #将随机生成的点集合拟合的直线绘制出来
    plt.plot(x_real_array, y_real_array, 'o', color='black');
    a_eval_0 = sess.run(a_0)
    a_eval_1 = sess.run(a_1)
    a_eval_2 = sess.run(a_2)
    a_eval_3 = sess.run(a_3)
    x = np.linspace(-5, 5, 30)
    p_x = a_eval_0 + a_eval_1 * x + a_eval_2 * (x**2) + a_eval_3 * (x**3)
    plt.plot(x, p_x)
    ax.set_xlabel('x-points')
    ax.set_ylabel('y-points')
    fig.show()
```

上面的代码运行后会绘制出点的分布和最后形成的曲线，效果如图5-3所示。

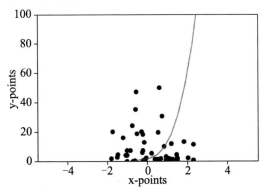

图5-3 曲线拟合点集效果

从图 5-3 中可以看出，曲线变化的方向与点的分布基本一致，当曲线向上延伸时，对应的数据点也向高处"升起"，显然在这种情况下使用曲线拟合点集的效果比直线更好。

5.3 使用逻辑回归实现数据二元分类

前面介绍的线性回归和多项式回归的作用是预测数据点的分布规律。在具体应用中还需要对数据进行分类，典型情况是对数据进行二元分类，如给模型输入一张包含猫或狗的特征的图像，让模型识别图像中是猫还是狗。

在很多应用场景，数据其实具备泾渭分明的分布特征，也就是数据点会形成两个集合，如图 5-4 所示。

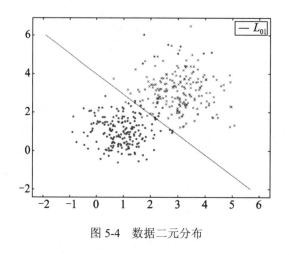

图 5-4　数据二元分布

从图 5-4 中可以看出，数据点其实分成了两个集合，模型的目的就是找到两个集合的分界点，这样当我们面对一个新的数据点时，通过检验点在分界线的哪一边就可以确认数据点属于哪个集合。

5.3.1　逻辑函数

通常情况下，模型不会对数据点属于哪一边给出确定的结论，而是用概率来描述数据的取值情况。例如，我们丢一枚硬币，不能肯定地说硬币落地时一定是正面或反面，只能说出现正面或负面的概率各为 0.5。

同理，当模型识别出给定数据点后，它只会给出数据点属于哪种情况的概率，然后我们再通过概率值来确定数据点属于哪个集合。这就需要使用能给出概率的函数，在机器学习或深度学习中，负责这项工作的函数是逻辑函数，它的公式如下：

$$\sigma(x) = \frac{1}{1+e^{-x}} \quad (5\text{-}1)$$

公式（5-1）根据 x 的变化，取值范围在 0～1 之间，它的计算结果可以用来表示概率大小，可以使用如下代码绘制公式（5-1）对应的函数图像：

```
import math
x = np.linspace(-10, 10, 50)
y = 1 / (1 + np.exp(-x))
fig, ax = plt.subplots(1, 1)
plt.plot(x, y)
ax.set_xlabel('x-points')
ax.set_ylabel('y-points')
fig.show()
```

代码运行结果如图 5-5 所示。

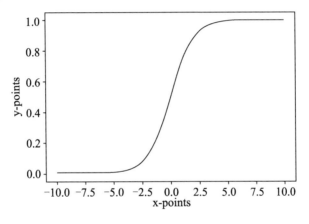

图 5-5　逻辑函数图像

从图 5-5 中可以看出，当 x 趋向于负无穷时，函数取值趋向于 0，当 x 趋向于正无穷时，函数取值趋向于 1。那应该怎么使用它对数据点进行二元划分呢？通常情况下使用模型 $\sigma(m \times x + b)$ 来计算数据点的归属概率。

假设有一堆训练数据点，每个点对应所属的集合要么是集合 0，要么是集合 1，同时我们设置一个判断分界线，也就是概率为 0.5，如果模型计算结果大于 0.5 就认为数据属于集合 1，如果小于 0.5 就认为数据属于集合 0，由此引入一个叫最大概率估计的概念。

5.3.2　最大概率估计

在前面章节中，我们使用点到直线距离的平方和求平均后作为损失函数的值，现在要判断给定点所属集合的概率，那么如何制定损失函数呢？我们使用 y_i 表示第 i 个数据点所属集合，如果数据点属于集合 1 那么就取值为 1，如果数据点属于集合 0 那么就取值为 0。

因此需要调整模型参数 m 和 b，使得公式（5-2）的取值尽可能大：

$$L(y_i) = \sigma(mx+b)^{y_i} \times [1-\sigma(mx+b)]^{y_i} \qquad (5\text{-}2)$$

如果数据点属于集合 1，那么 $\sigma(mx+b)$ 的结果应尽可能大，以便超过 0.5。注意，当数据点属于集合 1 时，y_i 取值为 1，公式（5-2）变成 $\sigma(mx+b)$，当数据点属于集合 0 时，y_i 取值为 0，于是公式（5-2）变成 $1-\sigma(mx+b)$。

由此就有了判断数据点属于哪个集合，让公式（5-2）取最大值以满足当结果大于 0.5 时数据点属于集合 1，小于 0.5 时数据点属于集合 0 这个逻辑要求。通常情况下，机器学习偏向于获取最小值，因此把公式（5-2）两边取对数后加个符号作为损失函数：

$$\text{loss}(x) = -\log(L(y_i)) = -y_i \times \log(\sigma(mx+b)) - (1-y_i) \times \log(1-\sigma(mx+b)) \qquad (5\text{-}3)$$

对公式（5-3）求最小值相当于对公式（5-2）求最大值。由于需要对多个数据点进行计算，因此可以把数据点输入公式（5-3）后加总求均值来作为损失函数，最终的损失函数如下：

$$\text{loss}(x) = \frac{1}{N}\sum_{i=0}^{N-1} -y_i \times \log(\sigma(mx+b)) - (1-y_i) \times \log(1-\sigma(mx+b)) \qquad (5\text{-}4)$$

5.3.3 用代码实现逻辑回归

本小节我们把前两小节讲解的理论付诸实践。首先，将构造一系列随机点，并将点分配给两个不同的集合，其次，将点对应的 x 坐标代入公式（5-4），并使用渐进下降法调整参数 m 和 b 的值使得公式（5-4）能趋向于最小值，相关代码如下：

```
N = 40                                                    #数据点的数量
x = tf.lin_space(0., 5., N)
y = tf.constant([0., 0., 0., 0., 0., 0., 1., 1., 1., 0.,
                 1., 0., 1., 0., 1., 0., 0., 0., 0., 0.,
                 1., 0., 1., 1., 1., 0., 1., 0., 1., 0.,
                 1., 1., 1., 1., 1., 1., 1., 1., 1., 1.])#模拟点所属的集合
m = tf.Variable(0.)                                       #需要调整的两个参数
b = tf.Variable(0.)
#sigmoid 对应逻辑函数
model = tf.nn.sigmoid(tf.add(tf.multiply(m, x), b))
#对应公式（5-4）
loss = -1. * tf.reduce_sum(y * tf.log(model) + (1. - y) * (1. - tf.log(model)))
learning_rate = 0.01
num_epochs = 400                                          #模型重复训练次数
optimizer = tf.train.GradientDescentOptimizer(learning_rate).minimize
(loss)                                                    #使用渐进下降法减少损失函数值
init = tf.global_variables_initializer()
with tf.Session() as sess:
    sess.run(init)
    for epoch in range(num_epochs):
        sess.run(optimizer)
    print("m = ", sess.run(m))
    print("b = ", sess.run(b))
```

代码运行结果如下:

```
m = 3.9143116
b = -13.682138
```

当有新的数据点 x 时,我们可以将其代入逻辑函数 $\sigma(3.9143116x+(-13.682138))$ 中,如果计算结果大于或等于 0.5,那么认为该点属于集合 1,要么就属于集合 0。

5.4 使用多元逻辑回归实现数据的多种分类

很多情况下,我们需要判断给定的数据属于多种分类中的哪一种,分类的数量要大于前面小节描述的两种情况,我们建立的模型对数据进行计算后能够得出多个结果,每个结果的取值都在 0~1 之间,而且加总得 1,于是每个结果均表示数据属于给定分量的概率。

5.4.1 多元分类示例——识别手写数字图像

先看一个在机器学习或深度学习中典型的多元分类示例,那就是识别手写数字图像。图像为手写的 0~9 十个数字,对应 10 种不同的分类,模型的任务是读入数字图像后给出它所属分类的概率,也就是判断图像中是哪个数字。

TensorFlow 框架附带了手写数字图像示例,我们可以加载到程序中查看一下具体情况,数据的加载代码如下:

```
import tensorflow.contrib.learn as learn
data_set = learn.datasets.mnist.read_data_sets('MNIST-data')
print("Trainning images: ", data_set.train.images.shape)#用于训练的图像数量
digit = data_set.train.images[1]
digit = np.reshape(digit, (28, 28))            #转换为二维图像
import matplotlib.pyplot as plt
plt.figure()
plt.imshow(digit, cmap=plt.cm.binary)          #将一张手写数字图像绘制出来
plt.show()
```

上面的代码将数据集加载到内存中,然后把其中一张图像显示出来,代码运行后的结果如图 5-6 所示。

从图 5-6 中可以看出,图像内的数字是 3。下面我们开发一个模型,当它读入这幅图像后,给出 10 个小于 1 大于 0 的数值,这些数值加总得 1,同时对应集合 3 的数值尽可能大。

5.4.2 多元交叉熵

前面我们采用逻辑函数来判断给定数据属于两个集合的对应概率,现在我们需要使用新函数给出数据属于多个不

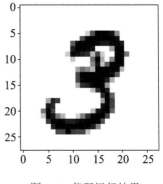

图 5-6 代码运行结果

同集合的概率，该函数称为 softmax，函数公式如下：

$$\sigma(x)_j = \frac{e^{x_j}}{\sum_{i=0}^{N-1} e^{x_i}} \tag{5-5}$$

其中，N 为类别数量，当模型收到数据后，经过一番计算，得出 N 个数值 $x_0, x_1, \ldots, x_{N-1}$，然后把这些数值代入公式（5-5）计算它们的概率。在训练模型时，训练数据都会附带它对应的类别。

例如，图 5-6 对应的二维数组就相当于要输入模型的数据，同时该数组会预先配置它所属的类别 3，因此当模型给出最终结果时，就可以将它与预先给定的类别进行比较，从而判断模型输出的准确度。

这里需要引入 one-hot-vector 的概念，如果数据所属类别有 N 种情况，而当前数据属于类别 j，那么用一个包含 N 个元素的一维向量来表示数据所属类别，其中向量的 $N-1$ 个分量全部设置为 0，只有第 j 个分量设置为 1。

由此对应图 5-6 的类别标签就是 [0,0,0,1,0,0,0,0,0,0]。如果模型对数据判断准确，那么在通过公式（5-5）得到的 N 个值中，下标为 3 的输出值应该是所有值中最大的。为了衡量模型的输出结果，可以使用下面的公式：

$$L = h(x)_0^{y^0} \times h(x)_1^{y^1} \times \cdots \times h(x)_{N-1}^{y^{N-1}} \tag{5-6}$$

其中，$h(x)_i$ 表示模型接收数据后在输出的 N 个值中第 i 个值的大小，同时 $y_0, y_1, \ldots, y_{N-1}$ 对应 one-hot-vector 中给定下标的分量值，如果输入的数据属于分量 j，那么除了 y_j 值为 1 外，其他都为 0，于是公式（5-6）退化为 $L = h(x)_j$。

因此模型训练的目的就是调整模型内部参数，使得它的输出结果根据公式（5-6）运算后取值尽可能大，由于我们要使用多个数据点对模型进行训练，假设数据数量为 M，那么就需要调整模型使得公式（5-7）取值最大：

$$L = \sum_{i=1}^{M} h(x)_0^{y^0} \times h(x)_1^{y^1} \ldots h(x)_{N-1}^{y^{N-1}} \tag{5-7}$$

由于在机器学习或深度学习中更倾向于求取最小值，因此把公式（5-7）取对数加个负号，即有：

$$\text{loss} = -\frac{1}{M} \sum_{i=1}^{M} \sum_{j=0}^{N-1} y_i^j \times \log(h(x)_j) \tag{5-8}$$

其中，y_i^j 表示第 i 条数据对应 one-hot-vector 中第 j 个分量的值。公式（5-8）也称为多元交叉熵，模型训练的目的是通过渐进下降法调整模型内部参数，使得公式（5-8）输出的结果尽可能小。TensorFlow 提供的接口可以让我们方便地计算公式（5-5），接口类型如下：

```
tf.nn.softmax(tensor)
```

同时 TensorFlow 也有相应接口计算公式可以把公式（5-5）和公式（5-8）合并在一起计算：

```
tf.nn.softmax_cross_entropy_with_logits_v2(logits, labels)
```

其中，参数 logits 对应输入的数据，lables 对应输入数据附带的 one-hot-vector。

5.4.3 多元回归模型代码示例

前面章节说过，多元回归模型的目的是调整内部参数，使得它的输出结果代入公式（5-8）后的计算结果尽可能小，如何设置模型的内部参数呢？本节介绍一种简单的情况。由于数据对应图像，因此输入数据是二维数组。

假设数组的大小为$[m,m]$，那么可以设置两个内部参数 m 和 b，其中，m 是维度为$[m,n]$的二维向量，n 对应所有分类数量，b 是维度为$[n]$的一维向量。假设输入数据为 x，对 $mx+b$ 运算后将所得的结果输入公式（5-5）。然后再将公式（5-5）的运算结果输入公式（5-8），然后使用渐进下降法调整参数 m 和 b，实际上就是调整 m 和 b 中每个分量的值，使得公式（5-8）输出的结果越来越小，代码示例如下：

```
data_set = learn.datasets.mnist.read_data_sets('MNIST-data', one_hot = True)
#用于存储图像所有像素点的值
image_input = tf.placeholder(tf.float32, [None, 784])
#存储图像内对应的数字，如果图像是 3，那么它对应含有 10 个元素的分量，只有下标为 3 的分量
#为 1，其他分量为 0
label_input = tf.placeholder(tf.float32, [None, 10])
m = tf.Variable(tf.zeros([784, 10]))        #m 和 b 为内部参数
b = tf.Variable(tf.zeros([10]))
logits = tf.matmul(image_input, m) + b      #使用内部参数结合输入数据进行运算
loss = tf.reduce_mean(tf.nn.softmax_cross_entropy_with_logits_v2(logits = logits, labels = label_input))    #对应公式（5-5）和（5-8）
learning_rate = 0.01
num_epochs = 25
batch_size = 100                            #将所有图像分成 100 份
num_batches = int(data_set.train.num_examples / batch_size)
optimizer = tf.train.GradientDescentOptimizer(learning_rate).minimize(loss)
init = tf.global_variables_initializer()
with tf.Session() as sess:
    sess.run(init)
    for epoch in range(num_epochs):
        for batch in range(num_batches):
            #获取一个批次的图像及其标签
            image_batch, label_batch = data_set.train.next_batch(batch_size)
            _, final_loss = sess.run([optimizer, loss], feed_dict = {image_input: image_batch, label_input: label_batch})
            print("loss after training: ", final_loss)
```

运行代码，并多次调整输出模型内部参数后所得的损失函数计算结果如下：

```
loss after training: 0.2911942
```

这个结果对应的数值越小，表明算法模型内部参数的修改越合适，在后面章节中我们会继续对损失函数的输出结果做进一步解析。

第 6 章　使用 TensorFlow 开发神经网络

近年来，人工智能的一个分支——深度学习开始大放异彩。在人工智能的应用领域，无论是人脸识别还是自动驾驶，都以深度学习为基础。而深度学习之所以功能强大，要依赖一种称为"神经网络"的数学模型。

6.1　神经元和感知器

神经网络的发明得益于脑科学对人脑神经组织的了解。生物学家通过解剖解释了人脑内神经递质的运作原理，数学家和计算机科学家仿照人脑识别信息的原理构造了数学概念上的神经网络，并在计算机中驱动该网络进行数据识别。

6.1.1　神经元的基本原理

早在 19 世纪，医学工作者通过研究就已经了解了人脑具备强大认知能力的原因。研究发现，人脑其实是由大量的名为"神经元"的基本单位通过相互连接构成的庞大网络。神经元的基本结构如图 6-1 所示。

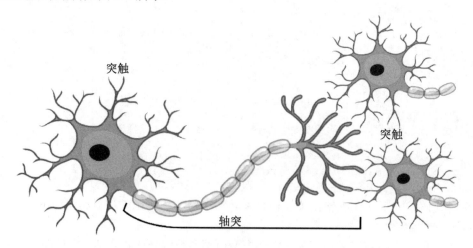

图 6-1　神经元结构

如图 6-1 所示，有点像眼睛的区域就是神经元，由它引出很多分叉即 Dendrites，也叫作突触，信息以电信号的方式从这些突触传入神经元，神经元把所有从突触传入的电信号汇集在一起进行一次特定运算。

接在神经元后面的"长尾巴"叫轴突，在轴突后部还会有多分支的突触与其他神经元的突触相连，神经元进行运算后得到的信号通过轴突传递到尾部的轴突，然后分解成多个小信号传入其他神经元。

神经元从轴突接收多个信号后，会把传入的信号集合成一个信号，然后进行一次处理运算，这个运算叫作激活运算，只有激活运算所得结果超过特定阈值，结果才会从轴突传播出去。大脑就是通过数量庞大的神经元连接而成的巨型网络来产生认知能力的。

6.1.2 感知器的基本原理

受神经元运行机制的启发，数学家设计了一种数学模型来模拟神经元对输入信号的处理，这种模型叫作感知器，如图 6-2 所示。

如图 6-2 所示，y 节点对应神经元，节点 x_0, x_1, x_2, x_3 表示输入神经元的信号。y 节点会把输入信号加总后进行一次激活运算，如果运算结果大于给定的阈值，那么它会向后方节点发出一个特定数值的信号，否则就传递数值 0，也就是没有信号发出。运算过程可以用如下公式表示：

$$y = \begin{cases} 1, \text{activation}(\sum_i x_i) > \text{threshold} \\ 0, \text{otherwise} \end{cases} \tag{6-1}$$

一个感知器其实无法形成强大的数据识别能力，如果像人脑海量神经元组成神经网络那样，海量的感知器首尾相连形成一个巨大的网络，那么它就会具备强大的数据识别能力，如图 6-3 所示。

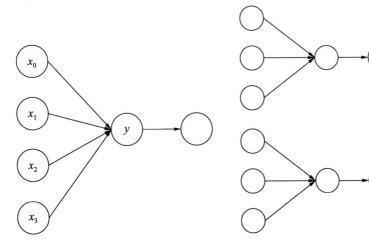

图 6-2　感知器的结构　　　　　图 6-3　感知器网络

不同的感知器能接收不同数量的输入信号，一个感知器的输出信号很可能对应另一个感知器的输入信号，多个感知器排成一列也称为一个网络层。

6.1.3 链路权重

感知器网络既然是对大脑神经元网络的模拟，那么它就必须像大脑那样具备学习能力。所谓"学习"，其实是根据不同场景不断调节认知从而做出不同反应的过程。如果感知器一成不变地做同一种运算，那么无论感知器的数量有多少，感知器网络也不会具备认知功能。

要想让感知器网络具备"学习"能力，就必须让网络能够根据输入数据不断调整自身的运算方式。为了增添这种灵活性，我们在感知器的链路上增加了可变参数，如图6-4所示。这样，当前面节点将信号传递给 y 节点，信号通过链路时会发生变化，信号值要乘以链路对应的参数才是 y 节点最终收到的参数。随着链路参数的不断变化，y 节点收到的信号也在不断变化，因此运算结果也在进行相应转变，则节点 y 的信号处理过程转变可用如下公式表示：

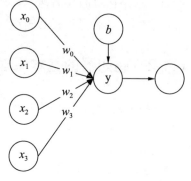

图 6-4　感知器的链路参数

$$y = \begin{cases} 1, \text{activation}(\sum_i w_i \times x_i + b) \geqslant \text{threshold} \\ 0, \text{otherwise} \end{cases} \quad (6-2)$$

有了链路参数后，感知器网络就会变得异常灵活，这些参数可以看作模型的内部参数，因此可以通过渐进下降法不断地调节它们的值，使最终的输出结果与输入数据对应的正确结果越来越接近，由此网络就具备了"学习"能力。

这里需要注意的是，感知器 y 上面多了一个输入 b，它称为 bias，该节点会始终给 y 节点传递固定信号，该节点的存在能够进一步增强感知器网络的灵活性，让网络更容易从数据中抽取规律。

6.1.4 激活函数

前面提到，当信号经过链路输入神经元后，它会将所有的信号加总然后执行一次激活函数运算。本小节将介绍几个常用的激活函数。第一个常用的激活函数称为 ReLU(x)。它的运算规则是，如果输入的参数值大于 0，那么就把输入值直接输出，如果输入的参数值小于 0，那么就输出 0，其运算过程如下：

$$\text{ReLU}(x) = \begin{cases} x, x \geqslant 0 \\ 0, x < 0 \end{cases} \quad (6-3)$$

使用下面的代码将函数图形绘制出来：

```
x = np.arange(-10, 10)
y = np.where(x < 0, 0, x)
plt.xlim(-12, 12)
plt.plot(x, y, label = "ReLU", color = "blue")
```

运行上面的代码后，输出结果如图6-5所示。

第二个激活函数叫sigmoid，它的计算流程可用以下公式表示：

$$\text{sigmoid}(x) = \frac{1}{1+e^{-x}} \tag{6-4}$$

使用下面的代码将函数图形绘制出来：

```
in_array = np.linspace(-np.pi, np.pi, 30)
out_array = np.tanh(in_array)
plt.plot(in_array, out_array, color = 'red', marker = 'o')
plt.xlabel("X")
plt.ylabel("Y")
plt.show()
```

运行上面的代码后，结果如图6-6所示。

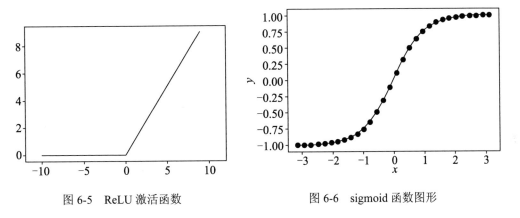

图6-5　ReLU激活函数　　　　　　　图6-6　sigmoid函数图形

6.2　神经网络的运行原理

深度学习以神经网络模型为基础识别数据，从而找到数据中隐藏的规律。神经网络的功能取决于网络的层次深度和每层的感知器数量，本节将介绍神经网络的各个组成部分，为后面使用TensorFlow开发神经网络做准备。

6.2.1　神经网络层

神经网络的最大特色是它的层级结构，多个感知器形成一层，前后两层之间的感知器通过连接链路来衔接，每层神经元的个数和整个网络的层数对网络最终的识别准确度影响很大。图 6-7 所示为一种常用的网络结构（也叫全连接网络）。

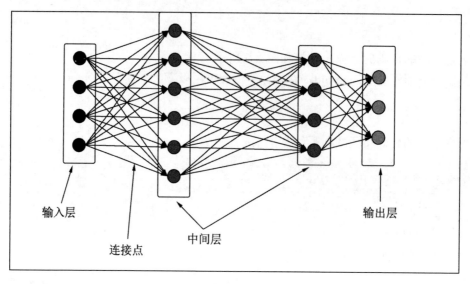

图 6-7　全连接网络

如图 6-7 为深度学习中使用最多的全连接网络。网络层分为三种类型，第一种是输入层，数据从该层传入网络进行计算；第二种是输出层，网络接收数据后将识别结果从该层向外输出；第三种是中间层，数据从输入层进入，经过一系列中间层运算后，将结果传递给输出层进行输出。如果使用 x 代表输入数据，那么 input_layer(x) 代表输入层对输入数据的运算，hidden_layer(x) 代表中间层收到输入层数据后所做的处理，output_layer(x) 表示输出层收到中间层数据后输出前的处理。于是整个神经网络本质上就是一种多层嵌套函数运算，如果把整个网络对数据的运算看作一个函数 $F(x)$，那么就有 $F(x)$=output_layer(hidden_layer(input_layer($x|\theta$)))，其中，θ 表示网络层间感知器的链路参数。

网络训练的目的其实就是用渐进下降法调整参数 θ，使得 $F(x)$ 的输出与给定结果的差异越来越小，根据前面章节的介绍，参数调整其实就是对其求导然后不断改变其值的过程，对于神经网络来说，训练其实就是对多层嵌套函数进行求导运算的过程。

6.2.2　误差反向传播

下面使用一个具体而简单的网络来了解参数调整的基本原理。图 6-8 所示为一个只有两层的全连接网络。

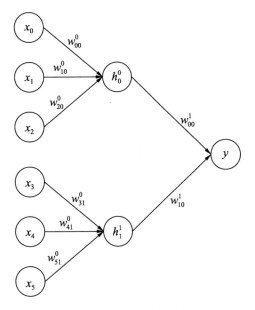

图 6-8 全连接网络示意

图 6-8 是复杂全连接网络的缩小版,但麻雀虽小,却五脏俱全,通过了解它的训练流程,我们就能掌握所有全连接网络的训练过程。从图 6-8 中可以看出,输入层对应两个网络层,它们与中间层连接链路对应的参数分别为 $w_{00}^0, w_{10}^0, w_{20}^0$ 和 $w_{31}^0, w_{41}^0, w_{51}^0$。

同时,中间层与输出层的连接链路参数为 w_{00}^1, w_{10}^1,网络训练的目的其实就是调整这些参数的数值。首先我们将这些参数随机初始化,然后将数据输入网络得到输出结果 $y(x_0, x_1, x_2, x_3, x_4, x_5)$。

根据前面的描述,需要使用损失函数来判断输出结果的好坏,我们用 $\mathrm{loss}(y(x_0, x_1, x_2, x_3, x_4, x_5))$ 来表示。如果用 f_0 表示节点 h_0^0 的激活函数,f_1 表示节点 h_1^1 的激活函数,f_2 表示节点 y 的激活函数,那么就有:

$$\mathrm{loss}(f_2(w_{00}^1 f_0(w_{00}^0 \times x_0 + w_{10}^0 \times x_1 + w_{20}^0 \times x_2) + w_{10}^1 f_1(w_{31}^0 \times x_3 + w_{41}^0 \times x_4 + w_{51}^0 \times x_5))) \quad (6\text{-}5)$$

如果想要调整参数 w_{00}^0 的值,则需要对它求导,于是有:

$$\frac{\partial \mathrm{loss}}{\partial w_{00}^0} = \mathrm{loss}'(f_2(w_{00}^1 f_0(w_{00}^0 \times x_0 + w_{10}^0 \times x_1 + w_{20}^0 \times x_2) + w_{10}^1 f_1(w_{31}^0 \times x_3 + w_{41}^0 \times x_4 + w_{51}^0 \times x_5)))$$
$$\times f_2'(w_{00}^1 f_0(w_{00}^0 \times x_0 + w_{10}^0 \times x_1 + w_{20}^0 \times x_2)) \times w_{00}^1 \times f_0'(w_{00}^0 \times x_0 + w_{10}^0 \times x_1 + w_{20}^0 \times x_2) \times x_0$$

$$(6\text{-}6)$$

这意味着需要先求函数 loss 在当前点处的导数值,然后再求函数 f_2 对应的导数值,最后求函数 f_0 的导数值,等同于信息从最外层一直传递到最内层,由于 loss 函数计算的网络输出结果与给定的结果有误差,因此这个过程也称作误差反向回传。

6.3 构造神经网络识别手写数字图像

本节将把前面讲过的要点综合起来,并使用一个具体实例来加深读者对知识点的理解。下面将构造一个五层神经网络,第一层用来接收输入图像的像素点,中间三层每层含有 200 个节点,用于对输入数据进行识别,最后一层含有 10 个感知器,分别输出图像属于 10 个不同分类的概率,网络基本结构如图 6-9 所示。

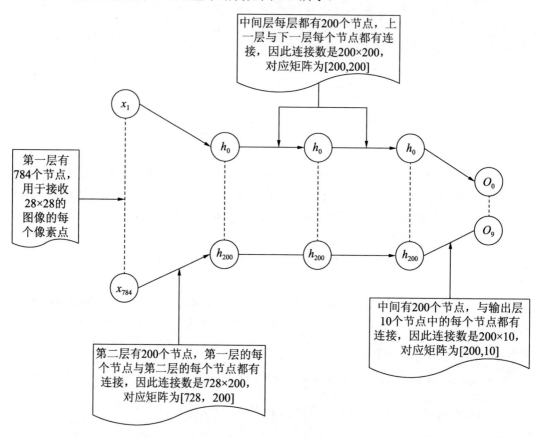

图 6-9 手写数字识别网络基本架构

接下来使用代码设计图 6-9 所示的神经网络,然后将手写数字图像输入网络,让网络从最后一层输出 10 个数值,每个数值对应输入图像所属类别,即图像对应的数字,我们把输出层的 10 个输出数值中最大的那个判断为图像所属类别,代码如下:

```
import tensorflow.contrib.learn as learn
dataset = learn.datasets.mnist.read_data_sets('MNIST-data', one_hot = True)
```

```python
#图像是28×28×1的数组，对应784个像素点
image_holder = tf.placeholder(tf.float32, [None, 784])
#图像标签是含有10个分量的数组，如果图像数字是3，那么向量下标为3的分量为1，其他为0
label_holder = tf.placeholder(tf.float32, [None, 10])
hidden_nodes = 200                  #中间层有200个节点
output_nodes = 10                   #输出层有10个节点，对应图像属于给定类别的概率
#输入层与中间层的每个节点都相互连接，因此连接的链路数为784×200
w0 = tf.Variable(tf.random_normal([784, hidden_nodes]))
#设置三个中间层，这是第一个中间层和第二个中间层之间的链路参数
w1 = tf.Variable(tf.random_normal([hidden_nodes, hidden_nodes]))
#第二个中间层与第三个中间层的链路参数
w2 = tf.Variable(tf.random_normal([hidden_nodes, hidden_nodes]))
#第三个中间层与输出层之间的链路参数
w3 = tf.Variable(tf.random_normal([hidden_nodes, output_nodes]))
#上一层节点输出信号乘以链路参数并加总后一般还要加上一个bias值，这样有利于提高网络判
#断的准确率
b0 = tf.Variable(tf.random_normal([hidden_nodes]))
b1 = tf.Variable(tf.random_normal([hidden_nodes]))
b2 = tf.Variable(tf.random_normal([hidden_nodes]))
b3 = tf.Variable(tf.random_normal([output_nodes]))
#将输入层信号乘以链路参数并加总后再加上bias值
layer_1 = tf.add(tf.matmul(image_holder, w0), b0)
layer_1 = tf.nn.relu(layer_1)    #第一个中间层对输入信号执行激活函数得到输出信号
#将第一个中间层输出信号乘以链路参数后加总再加上对应的bias值得到第二个中间层节点的输
#入信号
layer_2 = tf.add(tf.matmul(layer_1, w1), b1)
layer_2 = tf.nn.relu(layer_2)    #第二个中间层对输入信号执行激活函数后得到输出信号
#第二个中间层输出信号乘以链路参数加总再加上bias值得到第三个中间层节点的输入信号
layer_3 = tf.add(tf.matmul(layer_2, w2), b2)
#第三个中间层节点对输入信号执行激活函数后得到输出信号
layer_3 = tf.nn.relu(layer_3)
#第三个中间层的信号乘以链路参数加总再加上bias值后得到输出层的输入信号
output_layer = tf.add(tf.matmul(layer_3, w3), b3)
cross_entropy = tf.nn.softmax_cross_entropy_with_logits_v2(logits = 
output_layer, labels = label_holder)
loss = tf.reduce_mean(cross_entropy)
learning_rate = 0.01                #学习率
num_epochs = 40                     #重复循环训练次数
batch_size = 100                    #一次读入100幅图像进行训练
num_batches = int(dataset.train.num_examples / batch_size)
#使用渐进下降法调整网络链路参数
optimizer = tf.train.AdamOptimizer(learning_rate).minimize(loss)
init = tf.global_variables_initializer()
with tf.Session() as sess:
    sess.run(init)
    for epoch in range(num_epochs):
        for batch in range(num_batches):
            #获取图像和对应分类
            image_batch, label_batch = dataset.train.next_batch(batch_size)
            sess.run(optimizer, feed_dict = {image_holder: image_batch, 
label_holder: label_batch})
        prediction = tf.equal(tf.argmax(output_layer, 1), tf.argmax(label_
```

```
holder, 1))                                      #看网络输出结果与给定标签是否一致
    success = tf.reduce_mean(tf.cast(prediction, tf.float32)) #计算准确率
    print('Success rate:', sess.run(success, feed_dict = {image_holder:
dataset.test.images,
                                            label_holder: dataset.test.
labels}))                          #使用测试数据来验证网络准确性
```

在上面的代码中，构造了图 6-9 所示的神经网络后，将数据分成两部分，一部分用于输入网络训练感知器连接的链路参数，以便使最外层输出尽可能地与输入图像所属分类相近，然后使用测试数据检验网络的准确率，上面的代码运行后，结果如下：

```
Success rate: 0.8554
```

根据输出结果来看，网络对输入图像判断的准确率为 85%，在后续章节中我们会介绍如何构建用于识别图像的特定网络，从而提升网络判断的准确率。

第 7 章　使用 TensorFlow 实现卷积网络

在 6.3 节实现的网络实例中，实现了 85%左右的图像识别正确率，这个效果基本上还算可以。问题在于，手写数字图像是非常简单的灰度图，如果图像是内容复杂的 RGB 格式，则全连接网络难以适用。

本章将给出一种对图像识别非常有效的神经网络，叫作卷积网络。下面从多个角度详细地剖析卷积网络的运行原理。

7.1　卷 积 运 算

在图像处理领域，有一种常用的数值运算叫作卷积运算。在理解什么叫卷积运算之前，先看一种简单的向量运算——点乘，在前面章节中也曾经提过。假设有两个矩阵如下：

$$\boldsymbol{A} = \begin{bmatrix} 1 & 2 & 3 \\ 4 & 5 & 6 \\ 7 & 8 & 9 \end{bmatrix}, \boldsymbol{B} = \begin{bmatrix} -10 & -9 & -8 \\ -7 & -6 & -5 \\ -4 & -3 & -2 \end{bmatrix} \tag{7-1}$$

如果将矩阵 $\boldsymbol{A},\boldsymbol{B}$ 进行点乘运算，那就是将它们对应的分量相乘然后加总求和，于是有：

$$\begin{aligned}\boldsymbol{A} \bullet \boldsymbol{B} &= 1\times(-10)+2\times(-9)+3\times(-8)+4\times(-7)+5\times(-6)+6\times(-5)\\&\quad+7\times(-4)+8\times(-3)+9\times(-2)=-210\end{aligned} \tag{7-2}$$

如果左边的矩阵与右边的大小不一样，应如何进行点乘运算呢？例如把 $\boldsymbol{A},\boldsymbol{B}$ 转换为如下格式的矩阵：

$$\boldsymbol{A} = \begin{bmatrix} m_{00} & m_{01} & \cdots & m_{0N} \\ m_{10} & m_{11} & \cdots & m_{1N} \\ \vdots & \vdots & \vdots & \vdots \\ m_{M0} & m_{M1} & \cdots & m_{MN} \end{bmatrix}, \boldsymbol{B} = \begin{bmatrix} k_{00} & k_{01} & k_{02} \\ k_{10} & k_{11} & k_{12} \\ k_{20} & k_{21} & k_{22} \end{bmatrix} \tag{7-3}$$

此时，左边的矩阵 $\boldsymbol{A}$ 是一个维度为[M,N]的二维矩阵，右边的矩阵 $\boldsymbol{B}$ 依然是维度为[3,3]的矩阵，其中，$M \geq 3, N \geq 3$，由于两个矩阵规格不同，因此不能对它们进行简单的点乘运算。由于左边的矩阵 $\boldsymbol{A}$ 规格比右边的矩阵 $\boldsymbol{B}$ 大，因此可以从左边的矩阵 $\boldsymbol{A}$ 中"抠"出一块进行点乘运算。

假设从左边的矩阵 A 中下标为 $i-1, j-1$ 的元素开始"抠"出一块 3×3 的矩阵就可以和右边的矩阵 B 做点乘运算:

$$\begin{bmatrix} m_{i-1,j-1} & m_{i-1,j} & m_{i-1,j+1} \\ m_{i,j-1} & m_{i,j} & m_{i,j+1} \\ m_{i+1,j-1} & m_{i+1,j} & m_{i+1,j+1} \end{bmatrix} \cdot \begin{bmatrix} k_{00} & k_{01} & k_{02} \\ k_{10} & k_{11} & k_{12} \\ k_{20} & k_{21} & k_{22} \end{bmatrix} = m_{i-1,j-1}\times k_{0,0} + m_{i-1,j}\times k_{0,1} + m_{i-1,j+1}\times k_{i-1,j} +$$
$$m_{i,j-1}\times k_{1,0} + m_{i,j}\times k_{1,1} + m_{i,j+1}\times k_{1,2} + m_{i+1,j-1}\times k_{2,0} + m_{i+1,j}\times k_{2,1} + m_{i+1,j+1}\times k_{2,2}$$

(7-4)

如果一开始把 j 的值固定为 0,让 i 的值从 0 一直增长到 $N-3$,i 的值每增加一次就执行公式(7-4)所示的卷积操作,当 i 的值增加到 $N-3$ 后,把 i 重新设置为 0,然后让 j 增加为 1,然后继续让 i 从 0 增加到 $N-3$,同样 i 每增加 1 就执行一次公式(7-3)中的点乘计算。

如此当 j 增加到 M,同时 i 增加到 $N-3$ 时停止计算,整个过程共进行了 $(N-2)\times(M-2)$ 次点乘运算,最后得到一个维度为 $[M-2, N-2]$ 的结果矩阵,这一个运算过程就是所谓的卷积运算。

在卷积运算中,可以将左边的矩阵看作图像对应的二维矩阵,右边的矩阵称为 kernel,在 TensorFlow 中也称作 filter,卷积运算所得结果叫作 feature,同时 i,j 每次增加的量叫 stride,在本小节示例中,由于 i,j 的增长幅度为 1,因此 stride=1。

7.2 卷积运算的本质

为何要大费周折地去指向 7.1 节所描述的运算呢?那是因为通过卷积运算可以从图像中抽取出某种特性。打个简单的比方,你有一张里面是一群人的照片,如果拿着放大镜在照片上观察,就可以仔细查看放大镜下面的人物的细节。

如果在放大镜上刻上你的相貌形状,那么拿着放大镜在照片上慢慢移动,当有图案能把放大镜上的图案充满时,就会从照片中找到自己,如果你有多个放大镜,在每个放大镜上刻上家人的相貌形状,那么通过不同的放大镜就可以在照片上找到对应的家人。

在这里,放大镜就对应卷积运算中的 filter。filter 中的分量数值不同,就可以从图像中抽取出不同的信息。如图 7-1 所示,给定的 filter 或 kernel 可以将图像中的物体轮廓抽取出来。

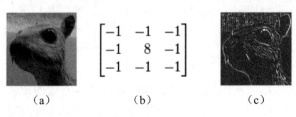

图 7-1 filter 抽取物体轮廓

(a)输入图案;(b)卷积核;(c)特征映射

人能够识别图像的内容，其实是大脑自动设置了一系列 filter，它从图像中抽取出一系列特征，不同内容的图像一旦被大脑 filter 抽取出类似特征时，就能判定两幅图像内的物体属于同一类别。

然而对于计算机而言，操作者不知道怎样设置 filter 中的分量才能抽取出识别特定物体的信息，像这种知道原理但不了解细节的情况就是神经网络适用的情景。可以把 filter 中的每个分量设置成可调整的参数。

然后把特定内容的图像，例如狗的图像输入网络，让网络使用 filter 去抽取图像中的信息，然后再像 5.4 节中所描述的多元回归模型那样，根据抽取信息来判断网络所属类别，网络的目的是不断调整 filter 中各个分量的值，使得网络的输出结果与给定结果尽可能地接近。

也就是通过网络不断自我调整的方式找到 filter 中的各个分量值，于是就能从图像中抽取出有效信息来对图像中的内容进行判断。通常情况下，不好理解网络训练后设置的 filter 到底从图像中抽取了何种信息，而只要关心网络最后输出的准确率足够高即可。

7.3 卷积运算的相关参数和操作说明

在卷积运算中，通常情况下不能直接设置 filter 中的分量数值，因为不知道如何设置，因此分量的调整需要交给网络去学习。但是可以设置一系列参数来控制网络如何执行卷积运算。

第一个可设置的参数就是前面提到的 stride，也就是在运算时下标 i,j 的一次增加值。通常情况下这个值默认为 1，也就是当"抠"出图像中[3×3]的一小块进行点乘运算后，会向右或向下平移一个像素点，再"抠"出[3,3]的小块进行点乘。

在使用 TensorFlow 进行卷积运算时需要设置横向移动和纵向移动的步伐，也就是针对 i 和 j 的增加量，在默认情况下会将其设置为(1,1)，表示点乘时沿着横向和纵向分别挪动 1 个像素点。如果设置成(2,3)，那么 TensorFlow 就会在每次点乘后使 i 一次增加 2，如果 i 抵达最右边，它会在当前 j 的基础上增加 3。增加点乘后的"步伐"有利于减少运算量，但同时也减少了 filter 从图像中抽取的信息量，因此不利于最终结果的准确性。

下面还需了解一种涉及卷积运算的操作叫 padding。在前面描述卷积运算时，看到运算结果会比原来的矩阵有所减小。例如，对于维度为[M,N]的二维矩阵，卷积运算的结果对应维度为[$M-2, N-2$]的矩阵。

padding 操作能确保卷积运算后的结果矩阵维度满足给定条件，可以在运算前先用 0 填充输入矩阵。例如，用 0 在矩阵的上下添加若干行，在矩阵的左右添加若干列，使得卷积运算后结果矩阵的大小满足 width = ceil(width / stride_i)且 height = ceil(height / stride_j)，其中 stride_i,stride_j 分别表示下标 i, j 的增加幅度。如果它们的值为 1，那么使用 padding 操作后结果矩阵的大小与输入时一样；如果值为 2，代入上面的公式计算后，结果矩阵的

· 55 ·

宽和高相较于原来就会"缩水"一半。

第三种重要的操作叫 max-pooling，也叫最大值过滤，它的操作过程如图 7-2 所示。

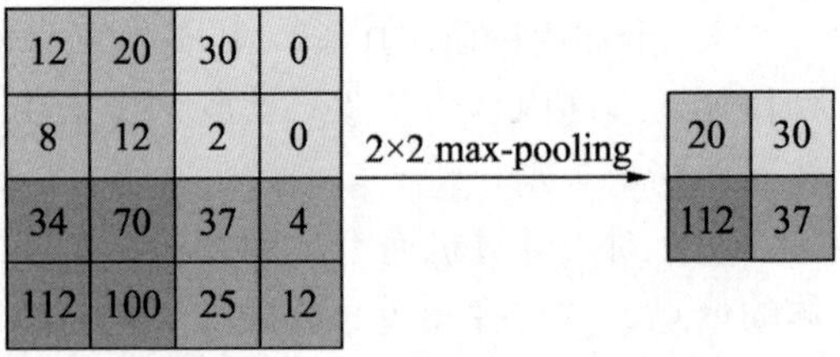

如图 7-2 所示，2×2 max-pooling 就是从上、下、左、右 4 点中抽取最大值点，然后丢弃其他元素值，由此得到规格小一半的结果矩阵。同理也可以进行[N,N]规格的 max-pooling 操作。

图 7-2 2×2 max-pooling 操作

max-pooling 操作往往跟在卷积操作的结果上进行，它有点类似于"拧毛巾"，将多余的"水分"去除，由此能减少计算量，加快网络的运行速度。

7.4 使用 TensorFlow 开发卷积网络实例

本节使用 TensorFlow 框架结合相关接口实现一个用于识别手写数字图像的卷积网络，其逻辑结构如图 7-3 所示。

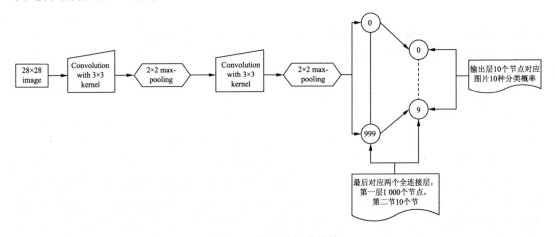

图 7-3 卷积网络的结构

如图 7-3 所示，构建一个含有两个卷积层的网络，输出层包含 10 个节点，用于输出图像对应 10 种分类的相应概率。先完成第一步，即读入数据并构造网络输入层，代码如下：

```
import tensorflow as tf
import tensorflow.contrib.learn as learn
dataset = learn.datasets.mnist.read_data_sets('MNIST-data', one_hot = True)
learning_rate = 0.0001
epochs = 10
```

```
batch_size = 50
#图像是28*28*1 的数组,也对应784 个像素点
image_holder = tf.placeholder(tf.float32, [None, 784])
#图像标签是含有10 个分量的数组,如果图像数字是3,那么向量下标为3 的分量1,其他为0
label_holder = tf.placeholder(tf.float32, [None, 10])
#卷积网络要求输入二维数组,因此把784 一维数组转换为28×28 的二维数组
image_shaped = tf.reshape(image_holder, [-1, 28, 28, 1])
```

注意,这次读入的数据与以前有所不同,因为卷积操作一般作用在二维数组上,但是读入时图像数据以含有 784 个分量的一维数组形式存在,因此要将它转换为 28×28 的二维数组。

接下来使用一个特定函数来定制卷积层:

```
def create_new_conv_layer(input_data, num_input_channels, num_filters,
filter_shape, pool_shape):
    conv_filter_shape = [filter_shape[0], filter_shape[1], num_input_
channels, num_filters]
    #初始化 filter 的各个分量
    weights = tf.Variable(tf.truncated_normal(conv_filter_shape))
    #点乘后再加上一个 bias 值
    bias = tf.Variable(tf.truncated_normal([num_filters]))
    out_layer = tf.nn.conv2d(input_data, weights, [1,1,1,1], padding =
'SAME')                             #填充输入矩阵,使得卷积后不缩水
    out_layer += bias
    #使用 ReLU 激活函数对卷积后结果矩阵中的每个分量做运算
    out_layers = tf.nn.relu(out_layer)
    ksize = [1, pool_shape[0], pool_shape[1], 1]
    strides = [1, 2, 2, 1]
    out_layer = tf.nn.max_pool(out_layer, ksize = ksize, strides = strides,
padding = 'SAME')
    return out_layer
```

下面需要详细解读一下这个函数的实现逻辑。回忆一下 7.3 节描述的卷积运算过程,假定矩阵 A 的维度为$[M,N]$,filter 对应矩阵 B 的维度,该维度为$[3,3]$,那么卷积运算后得到的结果矩阵维度为$[M-2, N-2]$。

卷积运算起始就是从 A 的给定元素开始"抠"出一个$[3,3]$的矩阵与矩阵 B 进行点乘运算。在 7.3 节给出的例子中,矩阵 A、B 中每个元素都是 0 维常量,因此点乘时将矩阵 A 中的常量元素与 B 中对应的常量元素相乘,例如 $A_{i-1,j-1} \times B_{00}$。

事实上,矩阵 A 和 B 中的分量不需要一定是 0 维常量,它可以是任意维度的张量,但通常情况下是一维向量。例如,对于 RGB 图像而言,矩阵 A 中的每个分量对应一个像素点,而像素点有 3 个数值分别对应 RGB 的色值,因此它是一个维度为$[3]$的一维向量。

这时候需要把矩阵 B 的每个分量同等扩展为维度为$[3]$的一维向量,于是原来对应的分量相乘变成了对应分量做点乘,假设矩阵 A 的第 $i-1,j-1$ 个分量为 $A_{i-1,j-1}=[a_0,a_1,a_2]$,那么矩阵 B 对应的分量也必须扩展为同样维度的一维向量,即 $B_{00}=[b_0,b_1,b_2]$。

于是两个分量相乘就变成两个向量做点乘,即 $A_{i-1,j-1} \times B_{0,0}=[a_0,a_1,a_2] \cdot [b_0,b_1,b_2] = a_0 \times b_0 + a_1 \times b_1 + a_2 \times b_2$,由此代码中对应的参数 num_input_channels 指的就是两个矩阵中

每个分量对应的维度。

其次，在 7.3 节的例子中只讲述了一个 filter，也就是矩阵 B 与 A 做卷积的过程。事实上可以有多个不同的矩阵 B 依次作用在矩阵 A 上，假设矩阵 A 的维度为$[M,N]$，有 k 个不同的矩阵 B，每个矩阵 B 与矩阵 A 做完卷积后得到的结果矩阵为$[M-2, N-2]$。

那么 k 个不同的矩阵 B 依次与矩阵 A 做完卷积后得到 k 个维度为$[M-2, N-2]$的结果矩阵，把这 k 个结果矩阵对应的分量结合在一起形成维度为$[k]$的一维向量，于是就能得到结果为$[M-2, N-2, k]$的三维张量。

举个具体例子。假设矩阵 A 的维度为$[5,5]$，矩阵 B 的维度为$[3,3]$，使用 $k=3$ 个矩阵 B 分别与矩阵 A 进行卷积后得到 3 个维度为$[3,3]$的结果矩阵：

$$\mathrm{conv}_1 = \begin{bmatrix} a_{00} & a_{01} & a_{02} \\ a_{10} & a_{11} & a_{12} \\ a_{20} & a_{21} & a_{22} \end{bmatrix}, \mathrm{conv}_2 = \begin{bmatrix} b_{00} & b_{01} & b_{02} \\ b_{10} & b_{11} & b_{12} \\ b_{20} & b_{21} & b_{22} \end{bmatrix}, \mathrm{conv}_3 = \begin{bmatrix} c_{00} & c_{01} & c_{02} \\ c_{10} & a_{11} & c_{12} \\ c_{20} & c_{21} & c_{22} \end{bmatrix} \quad (7\text{-}5)$$

将这 3 个矩阵对应的分量结合在一起最后形成的结果矩阵如下：

$$\mathrm{conv}_{1,2,3} = \begin{bmatrix} [a_{00},b_{00},c_{00}] & [a_{01},b_{01},c_{01}] & [a_{02},b_{02},c_{02}] \\ [a_{10},b_{10},c_{10}] & [a_{11},b_{11},c_{11}] & [a_{12},b_{12},c_{12}] \\ [a_{20},b_{20},c_{20}] & [a_{21},b_{21},c_{21}] & [a_{22},b_{22},c_{22}] \end{bmatrix} \quad (7\text{-}6)$$

可以看出，结果矩阵是一个维度为$[3,3,3]$的张量，它对应的 num_input_channels 就是 3，也就是每个分量包含的元素个数，显然可以继续对矩阵$\mathrm{conv}_{1,2,3}$做类似的卷积操作，于是就可以将多次卷积操作"串联"起来。

由此上一次卷积操作中对应的 filter 数量就是下一次卷积操作时输入上面接口的 num_input_channels 参数，根据该参数接口 tf.nn.conv2d 在构造 filter 时就可以确定它的每个分量作为一维向量时所包含元素的个数。

同时在调用函数 tf.nn.conv2d 时输入参数$[1,1,1,1]$，中间两个 1 对应 7.3 节描述的卷积操作中下标 i,j 的增加幅度，第一个和最后一个 1 暂时忽略。同时 padding="same"表示先使用 0 来填充输入句子，以保证卷积运算后的结果矩阵维度满足 7.3 节描述的条件。

tf.nn.max_pool 接口执行最大值过滤操作，ksize 用于指定抽取最大值时子矩阵的大小。例如，在 7.3 节的例子中，抽取最大值时考虑的是$[2,2]$维度总共有上、下、左、右 4 个元素值，因此 ksize 就对应$[1,2,2,1]$。

忽略第一个和最后一个 1，中间两个数值就指定了抽取最大值时的考虑范围，由于这个范围可以动态变化，因此在接口中以参数的形式传入，也就是函数定义中的 pool_shape 参数，大多数情况下都将它设置为$[2,2]$。

同时，在 tf.nn.max_pool 接口中，strides 参数表示 i,j 两个下标增加的幅度，其意义与卷积运算中 i,j 下标增加的幅度一样，strides=$[1,2,2,1]$表示每次抽取完最大值后下标 i 增加 2，如果 i 抵达末端，那么将 i 设置为 0 后再将 j 的值增加 2，这里暂时忽略前后两个 1 的意义。

padding=same 也是用 0 填充输入矩阵，以保证最大值抽取后结果矩阵满足 7.3 节所描述的条件。这里需要注意的是，下标 i,j 对应的幅度都是 2，因此根据 7.3 节对 padding 操作的描述，最大值抽取后所得结果矩阵的大小相对于原来就会"缩水"一半。

理解了该函数的逻辑细节后，就可以调用它来生成两个卷积层：

```
#32 个 filter，因此输出结果为[14,14,32]，因为 max-pool 操作会让结果缩水
layer1 = create_new_conv_layer(image_shaped, 1, 32, [3, 3], [2,2])
#64 个 filter，因此输出结果为[7,7,64]，因为 max-pool 操作会让结果缩水
layer2 = create_new_conv_layer(layer1, 32, 64, [3,3], [2,2])
```

接下来可以连接包含 10 个节点的全连接网络，用于输出图像所属分类的概率：

```
flattened = tf.reshape(layer2, [-1, 7*7*64]) #将前面卷积结果矩阵压成一维向量
#第一层全连接层有 1000 个节点
wd1 = tf.Variable(tf.truncated_normal([7*7*64, 1000], stddev = 0.03))
bd1 = tf.Variable(tf.truncated_normal([1000], stddev = 0.01))
dense_layer1 = tf.matmul(flattened, wd1) + bd1
dense_layer1 = tf.nn.relu(dense_layer1)
#第二层全连接层有 10 个节点输出图像所属分类概率
wd2 = tf.Variable(tf.truncated_normal([1000, 10], stddev = 0.03))
bd2 = tf.Variable(tf.truncated_normal([10], stddev = 0.01))
dense_layer2 = tf.matmul(dense_layer1, wd2) + bd2
y_ = tf.nn.softmax(dense_layer2)
```

7.5 卷积网络的训练与应用

在前面小节中完成了网络的搭建，接下来准备设置它的损失函数，然后将数据输入网络中进行训练。还是像第 6 章那样使用交叉熵作为损失函数，相关代码如下：

```
cross_entropy = tf.reduce_mean(tf.nn.softmax_cross_entropy_with_logits_v2(logits = dense_layer2, labels = label_holder))   #计算交叉熵作为损失函数
optimizer = tf.train.AdamOptimizer(learning_rate = learning_rate).minimize(cross_entropy)
#检验结果是否正确
correct_prediction = tf.equal(tf.argmax(label_holder, 1), tf.argmax(y_, 1))
accuracy = tf.reduce_mean(tf.cast(correct_prediction, tf.float32))
init = tf.global_variables_initializer()
with tf.Session() as sess:
    sess.run(init)
    total_batch = int(dataset.train.num_examples / batch_size)
    for epoch in range(epochs):
        avg_cost = 0
        for i in range(total_batch):
            #获取图像和对应的分类
            image_batch, label_batch = dataset.train.next_batch(batch_size)
            _, c = sess.run([optimizer, cross_entropy], feed_dict = {image_holder: image_batch, label_holder: label_batch})
            avg_cost += c / total_batch
```

```
            test_acc = sess.run(accuracy, feed_dict = {image_holder: dataset.
test.images,
                                     label_holder: dataset.test.labels})
        print("Epoch:", (epoch + 1), "cost = {:.3f}".format(avg_cost), "test 
accuracy: {:.3f}".format(test_acc))
```

这段代码与 6.3 节的代码最后部分没有太大差异。运行上面的代码后,输出结果如下:

```
Epoch: 1 cost = 0.596 test accuracy: 0.955
Epoch: 2 cost = 0.228 test accuracy: 0.961
Epoch: 3 cost = 0.137 test accuracy: 0.968
Epoch: 4 cost = 0.098 test accuracy: 0.979
Epoch: 5 cost = 0.075 test accuracy: 0.973
Epoch: 6 cost = 0.061 test accuracy: 0.981
Epoch: 7 cost = 0.046 test accuracy: 0.983
Epoch: 8 cost = 0.036 test accuracy: 0.979
Epoch: 9 cost = 0.029 test accuracy: 0.984
Epoch: 10 cost = 0.023 test accuracy: 0.982
```

从输出结果可以看出,10 次循环训练后网络对图像识别的准确率达到了 98%以上,这相对于第 6 章 85%的准确率,提升非常明显。

第 8 章 构造重定向网络

随着深度学习算法的发展,如今计算机不仅能识别图像内容,甚至还学会了写作。写作与识图是两种性质完全不同的任务,图像的特点是空间性,也就是不同颜色的像素点在二维平面上以某种方式进行分布,但文本识别与图像识别截然不同。

8.1 什么是重定向网络

神经网络识别图像的过程实际上就是掌握像素点在空间上的分布概率。然而对于文本数据,它其实是由多个基本单位(如单词)构成的一串组合,因此对于文本而言,它没有空间分布性质但却有时间分布性质。

8.1.1 重定向网络的基本结构

组成文本的基本单位按照时间次序依次出现,例如,句子 The cat jump over the dog 中的单词 cat 出现的时间就早于 dog。基本单位出现的时间次序不同,整个句子的意思就完全不同。例如,如果把单词 dog 放在 cat 的前面,句子传递的意思就会完全不同。

因此决定文本数据所表达含义的关键因素就在于组成它的基本单元在时间上出现的次序。同时文本数据与图像数据的一大差别在于,对文本数据的理解需要把握组成它的所有基本单元后才能获得。

例如,在读一句话时,必须读完这句话里面的每一个字,然后把所有的字串联起来才能抽取出这句话要表达的含义,但图像不一样,其某一部分和另一部分不一定有相关性,例如图像中有一只猫和一只狗,那么完全可以只看其中的一部分,也就是出现猫的那部分或狗的那部分,而不需要把出现猫和狗的两部分同时合在一起才能理解图像表达的含义。

这意味着组成文本数据的每个单位存在相关性,如果想要构造神经网络识别文本数据,那么网络不能将组成文本的基本单位割裂开来看待,它需要理解识别组成文本数据的基本单元相互间存在的因果联系。

用 $S = x_1 x_2 \cdots x_n$ 表示一个句子,其中,x 表示组成句子的单词或汉字,为了能够识别文本数据,深度学习专门发展出一种特别的网络——RNN 用于处理文本数据,其结构如图 8-1

所示。

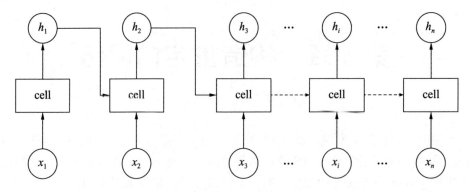

图 8-1　RNN 结构

从中可以看出,网络由多个名为 cell 的部件组成,每个 cell 部件接收文本序列中的组成单元,通常情况下会把这些单元转换为向量。例如,网络要识别英语文本,文本中使用的不同单词个数为 100 个,那么就对每个单词进行编号。

然后对每个单词都构造一个长度为 100 的一维向量,向量中除了把与单词对应编号的分量设置为 1 外,将其他分量全部设置为 0,这样的向量也叫 one-hot-vector,其对应的就是图 8-1 中的 x_i。

8.1.2　cell 部件的运算原理

cell 部件接收单词对应的向量后,经过计算会输出一个结果,即图 8-1 中的 h_i,可以认为它是 cell 识别输入单词后获得的信息。其中,输出的 h_i 也有一个向量,该向量的长度就称为部件 cell 的维度。

在图 8-1 中,cell 读取数据 x_{i-1} 后会输出结果 h_{i-1},该结果会输入下一个 cell,该 cell 接收单词 x_i 后结合上一个 cell 传入的 h_{i-1} 来计算它从输入单词 x_i 中获取的信息。这种模式不难理解,前面提到,文本数据中的每个基本单位间存在隐含的逻辑联系。

例如,看到一个句子"爸爸带着儿子小明去公园",句子中的词语"爸爸"与"小明"存在亲子关系,因此网络在解读这个句子时必须要把词语"爸爸"和"小明"联系起来理解。对应图 8-1,假设"爸爸"对应输入 x_{i-1},则"小明"对应输入 x_i。

网络把 cell 处理 x_{i-1} 时所得结果 h_{i-1} 传给用于接收输入 x_i 的 cell 部件,这类似于网络将它从词语"爸爸"中抽取的信息用于帮助它从词语"小明"中抽取信息,这也相当于网络把词语"爸爸"和"小明"结合在一起进行理解。

下面介绍 cell 部件如何对输入进行处理以便得到相应的输出。cell 部件在接收输入 x_{i-1} 时将做如下运算:

$$h_i = \tanh(w_{hh} \times h_{i-1} + w_{xh} \times x_{i-1}) \tag{8-1}$$

其中，w_{hh} 是一个二维矩阵，如果 cell 的处理维度为 n，那么它就是一个 $n \times n$ 的二维矩阵。同理，如果输入 x_{i-1} 是一个包含 m 个分量的向量，那么 w_{xh} 就是一个维度为 $n \times m$ 的二维矩阵。这里需要注意的是，图 8-1 中的每个 cell 部件都共享同一个 w_{hh} 和 w_{xh}。

8.2 使用 TensorFlow 构建 RNN 层

本节讲解如何使用 TensorFlow 来构建一个能识别文本数据的 RNN。TensorFlow 框架提供了相应的接口构建如图 8-1 所示的网络结构。其中，tf.nn.rnn.RNNCell 是创建所有 cell 类型对象的父类。

8.2.1 cell 组件类简介

所有 cell 组件都继承自 tf.nn.rnn.RNNCell，其中比较常用的 cell 创建接口为 tf.nn.static_rnn，该接口能接收文本序列 $S = x_1 x_2 \cdots x_n$，然后自动创建类似于图 8-1 所示的一连串 cell 组件。TensorFlow 提供的 cell 实例对象如图 8-2 所示。

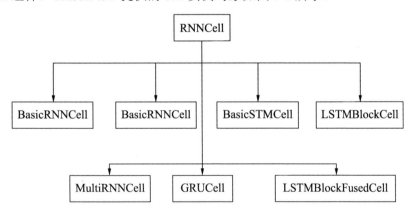

图 8-2 cell 实例对象

可以看出，TensorFlow 提供了很多不同种类的 cell 组件对象，它们各自适用于不同的文本识别任务，后文会针对几个实用的 cell 实例对象进行讲解。先看接下来会用到的 BasicRNNCell 类，它的调用方式如下：

```
BasicRNNCell(num_units, activation = tf.nn.tanh, reuse = None)
```

其中，参数 num_units 对应 cell 组件的维度，reuse 如果设置为 True，那么代码就可以把 cell 组件当作一个变量使用，也就是能手动修改 BasicRNNCell 内部的各个参数。

8.2.2 创建 RNN 层接口调用简介

在编写代码时，肯定希望能根据输入文本中的字符数自动创建相应数量的 cell 对象，由此 TensorFlow 提供了如下接口：

```
static_rnn(cell, inputs, initial_state = None, dtype = None, sequence_length = None, scope = None)
```

调用时，cell 参数可以对应按照图 8-2 所创建的 cell 实例，inputs 对应要分析的文本，对于英语文本就是单词序列，该调用会根据序列中包含的单词数自动创建一个给定的 cell 实例对象对其进行处理。

initial_state 对应 h_0，如果不指定，它会自动随机生成。在默认情况下，该调用认为每个 cell 对象的维度大小与输入单词对应的向量大小一样，如果希望每个 cell 对象采用不同的维度，那么就需要把每个 cell 对象对应的维度集合起来形成一个数组并通过参数 sequence_length 传递给 TensorFlow。

参数 dtype 用于设定输入数据的类型，它必须对应浮点型，允许指定的类型必须是 bfloat16、float16、float32、float64、complex64 和 complex128 中的一种，因此 inputs 对应的数据类型也必须与 dtype 指定的类型一致。

为了更好地理解这两个调用，下面看一个具体的例子：

```
import Tensorflow as tf
#构建维度为 10 的 cell 对象，如果 reuse 不设置为 AUTO_REUSE，那么本段代码连续运行两次
#以上就会出错
cell = tf.nn.rnn_cell.BasicRNNCell(10, reuse = tf.AUTO_REUSE)
inputs = [tf.constant([[1.,2.,3.,4.], [5.,6.,7.,8.]]), tf.constant
([[1.,2.,3.,4.], [5.,6.,7.,8.]]),
          tf.constant([[1.,2.,3.,4.], [5.,6.,7.,8.]])] #模拟文本单词对应的向量
output, state = tf.nn.static_rnn(cell, inputs, dtype = tf.float32)
```

运行上面的代码后将构建图 8-3 所示的 RNN 层。

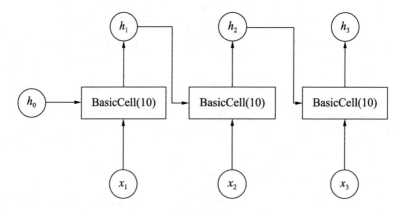

图 8-3　代码构建的 RNN 层

结合图 8-3 理解前面实现的代码细节。在调用 BasicRNNCell 初始化 cell 组件时，TensorFlow 为了保证代码的正确性并尽可能减少内存浪费，规定在同一个运算图中具有同一作用域名称的变量只能生成一个。

在调用 BasicRNNCell 生成 cell 组件对象时，TensorFlow 会自动给 cell 组件设置一个作用域名称，可以使用 print(cell.scope_name)来查看，这条语句调用后的输出结果为 rnn/basic_rnn_cell，这是 cell 组件生成后 TensorFlow 默认给它设置的名称。

在创建 cell 组件时，如果 TensorFlow 发现已经有相同名称的 cell 组件，且不设置 reuse = AUTO_REUSE，或者 reuse = True，那么框架就会报错，因为它不允许创建两个同名实例。

如果设置 reuse = AUTO_REUSE，那么在创建实例时，假如已经存在一个同名实例，那么框架会将该实例对象返回，如果不存在同名实例，它就会自动创建一个新的实例。

因此，如果不设置 reuse=AUTO_REUSE，那么如果连续执行两次前面的代码，在第二次执行时框架会报错，因为第一次执行会创建一个实例，第二次执行时框架会发现已经有同名实例，它就会认为需要再次创建一个同名实例，因此会报错。

如果设置 reuse=True，那么执行代码时框架会自动寻找同名实例，如果当前不存在同名实例，那么框架会报错，因此如果设置 reuse = True，代码在第一次运行时就会报错，因为第一次运行时 cell 实例还没有创建过，框架就无法寻找到同名实例。

函数 tff.nn.static_rnn 返回两个结果，分别为 output 和 state，其中 output 对应图 8-3 中 h_1, h_2, h_3 所形成的集合，而 state 对应 h_3。这里需要搞清楚这几个变量的形状。

注意看 inputs 变量，它的每个分量含有 2 个向量，每个向量含有 4 个分量，因此一个分量其实对应一个 2 行 4 列的矩阵。由于在构建 cell 组件时设置它的维度为 10，因此组件生成的 h_1, h_2, h_3 都是 2 行 10 列的二维矩阵。

8.3　使用 RNN 实现文本识别

本节学习如何使用 RNN 对文本数据进行识别。这次使用的文本数据来自一部英文小说中的章节，内容存储在文件 lovecraft.txt 中。先使用一部分文本训练网络，让网络把握住文本中单词出现的潜在规律。

8.3.1　文本数据预处理

把来自新文本中某个句子的前半部分输入网络，让网络预测句子下半部分应该出现的单词，如果预测准确率足够高，那意味着网络掌握了文本作者的写作手法。首先使用下面的代码对文本进行读取：

```python
import string
with open('lovecraft.txt', 'r') as f:          #读取文本内容
    input_str = f.read().lower()                #将字符转换为小写
    #将所有标点符号删除
    trans = input_str.maketrans('', '', string.punctuation)
    input_str = input_str.translate(trans)
    words = input_str.split()                   #将文本变成单词集合
    num_words = len(words)
    print(num_words)
```

上面的代码将文本读入内存，同时将文本中不表达任何信息的标点符号去除，最后将文本变成一系列单词的集合，最后打印出文本中单词的数量。运行上面的代码后输出结果是 300，也就是读取的文本中包含 300 个单词。接下来需要对单词集合进行预处理：

```python
import collections
import numpy as np
#将每个单词与它在文本中出现的频率关联起来
word_freq = collections.Counter(words).most_common()
vocab_size = len(word_freq)                     #统计不同单词的数量
lookup = {}
#将单词根据其出现频率的排序进行编号，例如 the 出现的频率最高，那么它的编号就是 1
for word, _ in word_freq:
    lookup[word] = len(lookup)
input_vals = np.asarray([[lookup[str(word)]] for word in words])
input_vals = input_vals.reshape(-1,)
```

上面的代码统计每个单词在文本中出现的频率，并根据频率排序对单词进行编号，在后面将句子输入网络进行训练时，句子将不再由单词组成，而是转换为单词对应编号组成的数组。

8.3.2 网络模型的构建和训练

接下来构建用于识别文本的 RNN：

```python
input_size = 6                                  #一个句子由 6 个单词构成
batch_size = 10                                 #一次传递给网络 10 个句子
num_hidden = 600                                #每个 cell 组件对应的维度
#存储传递给网络的句子集合
input_holder = tf.placeholder(tf.float32, [batch_size, input_size])
#对应句子后面跟着的单词
label_holder = tf.placeholder(tf.float32, [batch_size, vocab_size])
cell = tf.nn.rnn_cell.BasicRNNCell(num_hidden, reuse = tf.AUTO_REUSE)
outputs, last_state = tf.nn.static_rnn(cell, [input_holder], dtype = tf.float32)                                #构建 RNN 层
#RNN 层后面跟着全连接网络层，用于预测下一个单词
weights = tf.Variable(tf.random_normal([num_hidden, vocab_size]))
biases = tf.Variable(tf.random_normal([vocab_size]))
model = tf.matmul(last_state, weights) + biases
loss = tf.reduce_mean(tf.nn.softmax_cross_entropy_with_logits(logits = model, labels = label_holder))
```

```
#用梯度下降法训练网络
optimizer = tf.train.AdagradOptimizer(0.1).minimize(loss)
#检验网络预测是否准确
check = tf.equal(tf.argmax(model, 1), tf.argmax(label_holder, 1))
correct = tf.reduce_sum(tf.cast(check, tf.float32))            #计算准确率
```

上面的代码构建的网络结构如图 8-4 所示。

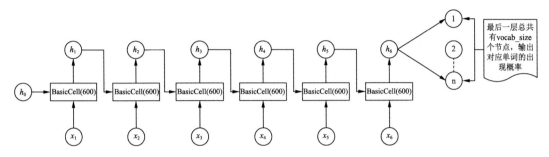

图 8-4　RNN 网络结构

代码规定一个句子含有 6 个单词，要训练网络读取 6 个单词后能预测第 7 个单词，需要将网络设置为两部分：第一部分为 RNN 层，包含 6 个 cell 节点，分别处理句子的 6 个单词；第二部分是全连接层，包含的节点数与单词个数一样，它的每个节点输出对应的单词作为句子第 7 个单词的概率。由于文本包含 300 个不同的单词，因此最后一层包含 300 个节点，假设第 7 个单词是 only，它对应的编号为 100，那么就构造含有 100 个分量的向量，同时把第 100 个分量设置为 1，其他分量设置为 0，用这个向量与如图 8-4 所示网络的最后一层输出结果进行比较，然后使用梯度下降法调整网络的内部参数，以便最后一层输出的向量与给定向量尽可能接近。

完整的训练代码如下：

```
import time
start_time = time.time()
with tf.Session() as sess:
    sess.run(tf.global_variables_initializer())
    input_block = np.empty([batch_size, input_size])
    label_block = np.empty([batch_size, vocab_size])
    step = 0
    num_correct = 0.
    accuracy = 0.
    while accuracy < 95.:                      #只要准确率不到95%就持续训练
        for i in range(batch_size):
            #随机从文本中的某一处截取 6 个单词作为训练的句子
            offset = np.random.randint(num_words - (input_size + 1))
            #构造输入句子所对应的 6 个单词
            input_block[i, :] = input_vals[offset : offset+input_size]
            #构造含有 vacb_size 个元素的向量，把所有分量设置为 0，并把第 7 个单词对应
            #编号的分量设置为 1
            label_block[i, :] = np.eye(vocab_size)[input_vals[offset + input_size]]
```

```
            _, corr = sess.run([optimizer, correct], feed_dict =
    {input_holder: input_block, label_holder:label_block})
            num_correct += corr
            #每循环训练1000次，就统计一次准确率
            accuracy = 100 * num_correct / (1000 * batch_size)
            if step % 1000 == 0:
                print('Step', step, '-Accuracy = ', accuracy)
                num_correct = 0
            step += 1
    duration = time.time() - start_time
    print("Time to reach 95% accuracy: {:.2f} seconds".format(duration))
```

上面的代码运行结果如下：

```
Step 0 -Accuracy = 0.0
Step 1000 -Accuracy = 45.54
Step 2000 -Accuracy = 66.21
Step 3000 -Accuracy = 76.96
Step 4000 -Accuracy = 82.41
Step 5000 -Accuracy = 85.98
Step 6000 -Accuracy = 87.57
Step 7000 -Accuracy = 89.08
Step 8000 -Accuracy = 90.19
Step 9000 -Accuracy = 92.58
Step 10000 -Accuracy = 93.28
Step 11000 -Accuracy = 93.26
Step 12000 -Accuracy = 93.54
Step 13000 -Accuracy = 94.14
Step 14000 -Accuracy = 94.84
Step 15000 -Accuracy = 94.59
Time to reach 95% accuracy: 22.25 seconds
```

从输出结果可以看出，网络经过了15 000轮训练（用时22.25秒），在读取前6个单词后就能预测出第7个单词，并且准确率达95%以上。

8.4 长短程记忆组件

在前面介绍的重定向网络中，使用的cell组件其实存在严重缺陷，由其构建的网络只能识别短句，也就是句子中包含的单词数量不能太多，一旦单词过多，网络就会出现所谓的 Vanishing Gradient 问题而极大地降低识别的准确率，具体原理可参考笔者的另一本书《神经网络与深度学习实战》。

8.4.1 长短程记忆组件的内部原理

显然，如果网络一次读入的单词越多，它就能更有效地从上下文中获取信息，从而对下一个单词的预测就越准确。但前面介绍的cell组件由于缺陷使得8.3.2小节中构建的网络无法读入超过10个单词以上的句子，这严重限制了网络对文本数据的识别能力。

为了克服相关缺陷，研究人员发明了一种长短程记忆组件，名为 LSTM，它能克服 RNN 组件的固有缺陷，该组件的内部结构如图 8-5 所示。

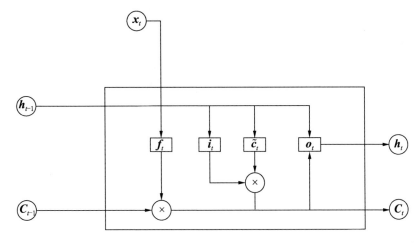

图 8-5 LSTM 组件的内部结构

详细解读一下 LSTM 组件的内部结构和运行原理。x_t 对应句子中的第 t 个单词，h_{t-1}, C_{t-1} 是上个节点运算后传过来的信息，h_t, C_t 是本节点运算后输出给下一个节点的信息，后两者表示网络读取 t 个单词后所掌握的句子含义。

LSTM 组件内部有几个变量的计算及其含义需要详细解释。先看 f_t 的运算：

$$f_t = \sigma(W_f \times [h_{t-1}, x_t] + b_f) \tag{8-2}$$

f_t 称为遗忘值，它的计算首先要把上个节点传入的变量 h_{t-1} 及当前输入单词对应的向量 x_t 合并成一个向量。假设 h_{t-1} 是包含 n 个分量的向量，x_t 是包含 m 个分量的向量，两者合并后变成 $m+n$ 个分量的向量。

W_f, b_f 是节点的内部变量，W_f 与 x_t 和 h_{t-1} 合并而成的向量做乘法运算，然后加上 b_f，最后做 sigmoid 运算，这使得 f_t 对应的每个分量在 0～1 之间，它的作用是帮助当前节点适当地剥离上个节点传过来的信息，类似于人类记忆中的"遗忘"作用。

接着看变量 i_t 的运算，其计算公式如下：

$$i_t = \sigma(W_i \times [h_{t-1}, x_t] + b_i) \tag{8-3}$$

其中，W_i, b_i 是节点的内部变量，计算过程首先将上个节点传过来的变量 h_{t-1} 与当前输入单词对应的向量 x_t 首尾连接合并成一个向量，然后分别与 W_i, b_i 做乘法与加法运算，在最后的结果上做 sigmoid 运算。

i_t 的计算过程与 f_t 相同，它也是一个向量，同时每个分量取值处于[0,1]，它的作用是决定节点如何从当前输入单词向量中抽取新信息，以便和上一个节点传来的信息进行结

合。接下来讲解变量 $\tilde{C}_t$ 的计算,其计算公式如下:

$$\tilde{C}_t = \tanh(W_c \times [h_{t-1}, x_t] + b_c) \tag{8-4}$$

tanh 函数的计算结果处于区间[-1,1],因此变量 $\tilde{C}_t$ 是每个分量都处于[-1,1]的向量,该变量表示当前节点结合上个节点传来的信息以及在当前输入单词向量的基础上获取的新信息,但当前节点并不是把新信息全部保留,而是有所取舍,这是因为变量 C_t 的计算如下:

$$C_t = f_t \times C_{t-1} + i_t \times \tilde{C}_t \tag{8-5}$$

变量 C_t 代表本节点结合以前节点抽取的信息,再加上考虑当前输入后所获得的最终信息。其中,$f_t \times C_{t-1}$ 表示将上个节点传来的信息进行一定程度的过滤,相当于人类记忆中的"遗忘"所产生的效应。

同时 $i_t \times \tilde{C}_t$ 表示节点从当前获取的新信息中抽取一部分,再把以前学习所获取的部分信息与根据当前输入所获得的部分信息结合起来就得到了当前节点所获得的总信息。接下来看变量 o_t 的计算:

$$o_t = \sigma(W_o \times [h_{t-1}, x_t] + b_o) \tag{8-6}$$

其中,W_o 和 b_o 是节点的内部变量,o_t 对应每个分量取值处于[0,1]的向量,它用于构成输出给下一个节点的变量 h_t,其对应的计算公式如下:

$$h_t = o_t \tanh(C_t) \tag{8-7}$$

变量 h_t 代表网络读取单词 $x_1 x_2 \cdots x_t$ 后所获得的句子的含义,显然整个句子的含义需要根据读取的单词不断地转变,而且读取新单词时所理解的含义必须建立在前面读取的单词所积累的含义之上,因此 LSTM 节点在某种程度上模拟了人脑对文本数据的理解过程。

8.4.2 使用接口创建 LSTM 节点

TensorFlow 提供了很多接口,用于快速构建 LSTM 节点。调用接口 BasicLSTMCell 和 LSTMCell 创建 8.4.1 小节描述的节点组件的区别不大,后者提供了更多的配置选项。

从图 8-5 中可以看出,一个 LSTM 节点需要接收 3 个输入,分别为 h_{t-1}, C_{t-1}, x_t,其中,h_{t-1}, C_{t-1} 来自上个 LSTM 节点,那么第一个 LSTM 节点从哪里获得这两个变量的信息呢?这就需要手动为其初始化,相关代码如下:

```
#为第一个LSTM节点初始化两个输入变量
cstate = tf.placeholder(tf.float32, [batch_size, state_size])
hstate = tf.placeholder(tf.float32, [batch_size, state_size])
```

```
init = tf.nn.rnn_cell.LSTMStateTuple(cstate, hstate)    #将两个输入状态结合起来
```

输入参数 state_size 表示两个变量所含分量的大小，batch_size 表示变量由几个向量来表示。从这里可以看出，变量 h_t, C_t 不一定只能是一维向量，它们完全可以是二维数组。

接着是 LSTM 节点对象的构建，相关接口的调用与前面调用 BasicRNNCell 差不多。具体调用接口的代码如下：

```
BasicLSTMCell(num_units, forget_bias = 1.0, state_is_tuple = True,
activation = tf.nn.tanh, reuse = None)         #创建 LSTM 节点接口
```

num_units 表示节点的维度，state_is_tuple = True 表示使用前面生成的 init 变量来初始化 LSTM 的首节点，forget_bias 对应变量 b_f。接下来介绍如何构建 LSTM 网络层：

```
lstm_cell = BasicLSTMCell(7)                      #节点维度为 7
output, state = tf.nn.dynamic_rnn(lstm_cell, lstm_input, dtype = tf.float32)
```

dynamic_rnn 根据输入单词的数量自动构建同样数量的 LSTM 节点。注意，这些节点共享同样的内部参数，也就是所有节点用于内部计算的变量（如 W_f, b_f, W_o, b_o 等）都相同，同时 output 对应 $h_1, h_2, \cdots, h_t$，而 state 对应最后一个节点输出的 (C_t, h_t)。

通过一个代码示例来理解上面的一系列调用：

```
def dynamic_rnn_example(rnn_type = 'lstm'):
    #模拟 3 个句子，每个句子包含 6 个单词，每个单词对应包含 4 个分量的向量
    X = np.random.randn(3, 6, 4)
    num_units = 5                                  #设置节点的维度
    if rnn_type == 'lstm':
        cell = tf.contrib.rnn.BasicLSTMCell(num_units = num_units,
state_is_tuple = True)
    else:
        cell = tf.contrib.rnn.GRUCell(num_units = num_units)
    output, state = tf.nn.dynamic_rnn(cell = cell, dtype = tf.float64, inputs
= X)                                               #根据输入构建 LSTM 或 GRU 节点网络
    with tf.Session() as session:
        session.run(tf.global_variables_initializer())
        o, s = session.run([output, state])
        print("output size: ", np.shape(o))
        print("output content: ", o)
        print("state size: ", np.shape(s))
        print(s)
tf.reset_default_graph()
dynamic_rnn_example(rnn_type = 'lstm')
```

上面的代码运行结果如下：

```
output size:  (3, 6, 5)
output content:  [[[-0.24987814 -0.14378016 -0.02205851 -0.14746576
0.06157758]
  [-0.07587536 -0.1876164  -0.01457746 -0.22040472  0.10520005]
  [-0.41489977 -0.01363152  0.01890188 -0.16817649  0.11104488]
  [-0.04913182 -0.08530323 -0.00317598 -0.10916019  0.00580174]
  [-0.07524667 -0.04537276  0.03077081 -0.08607247  0.02043123]
  [ 0.03753391 -0.02296086 -0.01241557  0.02947399 -0.12288377]]
```

```
  [[-0.37488245 -0.03284097 -0.0833718  -0.01511273  0.04690407]
   [-0.03291299  0.02205556 -0.10613781  0.11852884 -0.01221647]
   [ 0.05482131 -0.02083627 -0.24154674  0.13589256 -0.12216865]
   [ 0.14915827 -0.03827812 -0.31033093  0.20077954 -0.21904455]
   [ 0.08438022  0.01226456 -0.40670564  0.25923586 -0.42896854]
   [-0.16864022 -0.03426972 -0.22774412  0.25930179 -0.21614912]]

  [[ 0.10134266 -0.11277829 -0.09667312 -0.07068934 -0.00783748]
   [ 0.07497459 -0.28208436 -0.17449547 -0.19163661 -0.03837542]
   [-0.02005512 -0.04448258  0.00574017 -0.17786414  0.02050505]
   [-0.09909597  0.07876297 -0.05123402  0.00438985 -0.08896886]
   [-0.07657257  0.0454519  -0.1029289   0.02983813 -0.04848284]
   [-0.21205019  0.12194095 -0.07689903  0.04762169 -0.09239021]]]
state size: (2, 3, 5)
LSTMStateTuple(c=array([[ 0.12625514, -0.06378049, -0.02294769,
  0.07912855, -0.27541433],
       [-0.31427145, -0.05459871, -0.83039615,  0.52152647, -0.43916657],
       [-0.35720353,  0.24925781, -0.12357105,  0.10184697, -0.14600633]]),
h=array([[ 0.03753391, -0.02296086, -0.01241557,  0.02947399, -0.12288377],
       [-0.16864022, -0.03426972, -0.22774412,  0.25930179, -0.21614912],
       [-0.21205019,  0.12194095, -0.07689903,  0.04762169, -0.09239021]]))
```

下面仔细解读一下输出结果。在代码中用 X 模拟输入的文本数据，它表示有 3 个句子，每个句子含有 6 个单词，每个单词对应含有 4 个分量的向量，同时设定 LSTM 节点的维度为 5。

当执行 tf.nn.dynamic_rnn(cell = cell, dtype = tf.float64, inputs = X) 后，TensorFlow 框架会创建含有 6 个 LSTM 节点的网络层，将 X 输入网络运行后输出的变量 o,s 对应前面讲解的 output 和 state。

output 对应的数据类型为(3,6,5)，3 对应句子的数量，6 对应节点的个数，5 对应节点的内部维度。由于有 6 个节点，每个节点都向下一个节点输出子集的 C_t,h_t，而这两个变量都是维度为 5 的一维向量，因此 3 个句子的每个句子有 6 个单词，输入网络后对应的输出就是(3,6,5)。

同时代码输出了 output 和 state 的内容，output 就如同前面所说的对应每个节点输出的 h_t，由于有 3 个句子，因此它分为 3 个部分，每个部分包含 6 个一维向量，每个一维向量包含 5 个分量。state 对应最后一个节点输出的两部分内容，对照看输出对应的 h 部分，它与 output 中每部分的最后一个向量完全相同。通过这段代码实验就可以验证前面的解读。

8.4.3 使用 LSTM 网络实现文本识别

构建 LSTM 网络，只需要将 8.3.2 小节的代码略做修改即可。首先将
```
cell = tf.nn.rnn_cell.BasicRNNCell(num_hidden, reuse = tf.AUTO_REUSE)
```
改成

```
#测试LSTM节点
cell = tf.nn.rnn_cell.BasicLSTMCell(num_hidden, reuse = tf.AUTO_REUSE)
```

然后将语句

```
model = tf.matmul(last_state, weights) + biases
```

改成

```
#LSTM节点输出为两部分，选取h部分
model = tf.matmul(last_state[-1], weights) + biases
```

然后即可像8.4.2小节那样运行网络，最后输出结果如下：

```
Step 0 -Accuracy =  0.0
Step 1000 -Accuracy =  62.5
Step 2000 -Accuracy =  78.2
Step 3000 -Accuracy =  84.75
Step 4000 -Accuracy =  88.14
Step 5000 -Accuracy =  91.02
Step 6000 -Accuracy =  91.76
Step 7000 -Accuracy =  92.98
Step 8000 -Accuracy =  93.26
Step 9000 -Accuracy =  94.84
Step 10000 -Accuracy =  95.07
Time to reach 95% accuracy: 45.10 seconds
```

可以看出，LSTM网络相比于RNN，它训练循环的次数更少，但是计算时间更长，这是因为LSTM节点内部的运算步骤比普通RNN节点要复杂得多，因此网络运行所需的时间也就更多。

这里需要搞清楚tf.nn.static_rnn与tf.nn.dynamic_rnn的区别。前者会根据输入句子的单词数构造对应数量的节点，如果有3个矩阵，那么使用static_rnn时必须保证每个句子有相同个数的单词；而dynamic_rnn可以根据句子单词数动态构造相同的节点数，因此如果输入3个句子，那么无须保证每个句子的单词数一样，因为dynamic_rnn可以自行调整网络中LSTM节点的数量，而static_rnn不行，因为它构造的节点数已经固定，不能动态变化。

第 9 章 数据集的读取与操作

深度学习与机器学习的实践与应用主要分为两部分：第一部分是算法设计，涉及构建合适的网络模型来研究数据规律；第二部分是工程实践，涉及代码实现、性能优化和数据处理等。

在工程实践上面临的一个重要问题是，如何有效地处理大规模数据集，以及对海量数据进行读取、预处理，并以合适的方式将数据有序地输入网络进行运算，从而对整个应用的效率和准确性产生影响。

9.1　TensorFlow 的数据集对象

在前面章节的代码实践中，模型设计好后就得准备输入数据。本书提供的代码实例用来学习，它所处理的问题较为简单，因此需要的数据也不多。如果是工业级应用，如自动驾驶、人脸识别等，则需要处理的数据量将会是成千上万倍地增长。

当数据像海浪一样汹涌袭来时，需要强有力的应对手段，要不然会被淹没在数据的海洋里。在传统应对方法上，开发人员使用多线程或多进程将海浪数据进行分化处理。自 TensorFlow 1.4 之后，它提供了专用多线程对象 DataSet，来帮助开发人员有效地应对大数据的处理。

在实践上对海量数据的处理分为 3 个步骤：首先，从数据中创建数据集对象。其次，将数据集分成多个子集，然后以多线程或多进程的方式并行处理。最后，将多个子集的数据依次输入网络进行运算。

9.1.1　创建数值型数据集

TensorFlow 提供的 tf.data.Dataset 对象专门用于处理数据。先了解几个最常用的接口：

```
tf.data.Dataset.range(a)                  #创建数据集包含 1 到 a-1 的整数
tf.data.Dataset.range([a,b])              #创建数据集包含 a 到 b-1 之间的整数
#创建数据集包含 a 到 b-1 之间的整数，整数之间相隔数值 c
tf.data.Dataset.range(a,b,c)
```

通过下面的代码示例来理解上面的几个接口：

```
import tensorflow as tf
ds1 = tf.data.Dataset.range(5)   #[1,2,3,4]
ds2 = tf.data.Dataset.range(10, 13) #[10, 11, 12]
ds3 = tf.data.Dataset.range(2, 8, 2) #[2, 4, 6]
print(ds1)
```

运行上面的代码后，输出结果如下：

```
<DatasetV1Adapter shapes: (), types: tf.int64>
```

从输出结果看，range 返回了 DatasetV1Adapter 类型的对象，要想从该对象中读取数据需要有专门的手段，后面会详细讲解。再看两个从常量张量中创建数值数据集的接口：

```
tf.data.Dataset.from_tensors(tensors)
tf.data.Dataset.from_tensor_slices(tensor)
```

这两个接口的区别在于，第一个接口把输入张量当作一个整体来创建数据集，例如输入张量维度为[3,2,2]，那么它会将张量中的元素抽取出来形成一个维度同样是[3,2,2]的多维向量，但第二个接口会把输入张量拆解为 3 个维度为[2,2]的向量。下面看一个例子：

```
t = tf.constant([[1,2], [3, 4]])
ds = tf.data.Dataset.from_tensors(t)            #创建二维向量[[1, 2], [3, 4]]
print(ds)
#创建2个一维向量，分别是[1,2]和[3, 4]
ds1 = tf.data.Dataset.from_tensor_slices(t)
print(ds1)
```

运行上面的代码后，输出结果如下：

```
<DatasetV1Adapter shapes: (2, 2), types: tf.int32>
<DatasetV1Adapter shapes: (2,), types: tf.int32>
```

可以看出，两个数据集对应的维度不一样。后面会介绍如何访问数据集中的内容。

9.1.2 数据生成器

在读取海量数据时，由于对内存和读取效率的考虑，不可能把数据一次性全部读入，例如需要读入的数据有 10 亿条，那么一次性读入显然不合情理，因此读入的速度会非常缓慢，而且会占用大量内存。

最好的办法是分批读入，如依次读入 1 万条，当网络读取当前读入的 1 万条数据后再继续读取接下来的 1 万条，如此反复，直到全部读取完数据为止，这也就相当于前面说到的 batch。

TensorFlow 提供了生成器对象，以便分批读入数据。生成器的运行机制与 python 3 提供的 generator 很像。下面看一个例子：

```
def simple_gen():
    i = 0
    while i < 4:
        yield(i)
        i += 1
simple_iter = simple_gen()
```

```
print(next(simple_iter))                #使用 next 接口获取下一条数据
print(next(simple_iter))                #使用 next 接口获取下一条数据
print(next(simple_iter))                #使用 next 接口获取下一条数据
print(next(simple_iter))                #使用 next 接口获取下一条数据
```

运行上面的代码后输出结果为 0,1,2,3。TensorFlow 提供了子集的 generator 对象，但需要自己编写类似于 simple_gen 的函数，由开发者子集决定如何从数据中读入一个批次的数据。相关接口如下：

```
data_set = tf.data.Dataset.from_generator(simple_gen, output_types = tf.int32)
```

上面的代码创建的 data_set 包含 4 条数据，可以从 data_set 中依次获取数据，从而保证数据有序读入。在后面章节中会深入分析 data_set 的使用。

9.1.3 从文本中读入数据集

在很多情况下，数据其实是以文本的形式存在的，例如前文的例子是从硬盘的文本数据中读入文本内容，当然也可以从二进制文件中读入二进制数据。下面先看看文本数据的读取。

TensorFlow 提供了接口，可以从文本数据中创建数据集然后读入相应内容。一个常用接口如下：

```
TextLineDataset(filenames, compression_type = None, buffer_size = None)
```

在调用该接口时，把要读取的文件名输入，它就会从文件中一次性读入一行作为数据集中的条目。如果要读取的文件被压缩过，那么通过参数传入对应的压缩方式，例如将 compression_type 设置成 ZLIB 或 GZIP，则在执行该接口时会自动解压文件。

接口可以一次性读取多个文件。假设硬盘上存有两个文本文件，名字分别为 text1.txt 和 text2.txt，其中第一个文件含有 2 行内容，第二个文件含有 3 行内容，那么通过下面的代码创建的数据集就会包含 5 条数据，每条数据对应一行内容：

```
ds = tf.data.Dataset.TextLineDataset('text1.txt', 'text2.txt')
```

有了包含数据的数据集对象后，就可以使用专门的 Iterator 对象读取每条数据，后面会详细介绍其具体用法。

TensorFlow 对二进制数据的读取支持不是很好，其提供的接口也令人费解，最好通过代码实例的方式来理解相关接口的调用。TensorFlow 提供的 tf.train.Feature 对象可以将二进制数据作为数据集来存储。示例代码如下：

```
feature_a = tf.train.Feature(bytes_list = tf.train.BytesList(value = [b'123']))                           #将字符串转为整形数字后存储
feature_b = tf.train.Feature(float_list = tf.train.FloatList(value = [1.0 ,2.0, 3.0]))                    #浮点型数据集合
feature_c = tf.train.Feature(int64_list = tf.train.Int64List(value = [5, 6, 7]))                          #存储整形数字集合
```

```
container = tf.train.Features(feature = {'a': feature_a, 'b': feature_b,
'c':feature_c})              #将多条数据以字典形式集合在一起
example = tf.train.Example(features = container)   #包含多个条目的数据集对象
```

TensorFlow 要读取或存储二进制文件时必须遵守 TFRecord 二进制格式，该格式是 TensorFlow 存储或读取二进制数据的专有格式。可以把上面的数据写成 TFRecord 二进制文件存储起来，代码如下：

```
writer = tf.python_io.TFRecordWriter('example.tfrecord')
#将二进制数据转换为字符串格式进行存储
writer.write(example.SerializeToString())
writer.close()
```

运行上面的代码后，会在本地目录看到生成了一个名为 example.tfrecord 的文件。接下来通过给定接口从这类文件中读取数据。读取该类型文件的对应接口如下：

```
tf.data.TFRecordDataset(filename, compression_type = None, buffer_size = None)
```

要把存储成文件的数据重新读入内存，代码如下：

```
def parse_tfrecord_file(buff):
    features = {'feature': tf.FixedLenFeature(shape=[5], dtype = tf.float32)}          #将写入文件的向量读入内存，向量分量大小不超过 5
    tensor_dict = tf.parse_single_example(buff, features)
    return tensor_dict['feature']
dataset = tf.data.TFRecordDataset('example.tfrecord')
dataset = dataset.map(parse_tfrecord_file)
print(dataset)
```

运行上面的代码后，dataset 对象就包含前面代码写入文件的 3 个张量。读者第一次读到这些代码时可能会感觉很困惑，主要是因为 TensorFlow 在二进制数据的读取设计上很不友好，它提供的接口和使用逻辑晦涩难懂，因此使用起来比较困难，在后面的章节中会就这个问题做进一步的介绍。

9.2 数据集的处理和加工

Dataset 对象把数据集中起来后，接下来需要做的是如何通过 Dataset 对象实现对数据的多种处理。常见的数据集处理方式有分批、遍历、变换和各种相关操作，接下来详解如何在 Dataset 基础上对数据进行各种操作。

9.2.1 数据集的分批处理

前面已多次提到过，在处理大规模数据时需要将其分解成多个小规模数据，这样才能在保证内存和运行效率的情况下对数据进行读写计算等处理。因此先看看 Dataset 如何对数据进行分批。为此它提供了两个相关接口：

```
#把数据分成多个批次，每个批次包含的数据量为 batch_size
tf.data.Dataset.batch(batch_size)
tf.data.Dataset.padded_batch(batch_size, padded_shapes, padding_values =
None)      #将数据集分成多个批次，每个批次大小满足 batch_size，而且维度要满足 padded_
           shapes 指定方式，数据不足以按照给定维度分割时使用预先指定的数值进行填充
```

下面还是通过代码示例的方式来介绍如何调用相关接口。首先来看 batch 接口的使用方式：

```
tensor = tf.constant([1,2,3,4,5,6,7,8,9])
ds = tf.data.Dataset.from_tensors(tensor)        #获取包含 9 个数字的数据集
#将数据集以每批次包含 3 个元素的方式分割，于是有[1,2,3],[4,5,6],[7,8,9]
ds = ds.batch(3)
```

再看一下第二个接口的使用方式：

```
tensor = tf.constant([[1., 2.], [3., 4.]])
#生成包含两条数据的数据集[1.,2.],[3.,4.]
ds = tf.data.Dataset.from_tensor_slices(tensor)
#[[1., 2., 4.], [3., 4., 5.], [4., 4., 4.]]
ds = ds.padded_batch(3, padded_shapes = [3], padding_values = 4.)
```

上面这段代码的逻辑需要分析一下。from_tensor_slices 从给定张量中创建了包含两个条目的数据集，然后调用 padded_batch 创建包含 3 个条目的数据集，每个条目包含 3 个元素，如果数据量不足以进行对应的分割，则使用数值 4.来填充。

由于数据集已经包含两个条目，但每个条目只有两个数值，因此代码自动使用预先给定的数值 4.来添加到每个条目中，使得两个条目都包含 3 个数值。由于调用要生成 3 个条目，现在只有两个条目，还缺一个，于是代码自动使用预先给定的数值 4.来填充第三个维度为[3]的条目。

9.2.2 基于数据集的若干操作

在通常情况下，需要快速对数据集做一些简单的操作，例如统计数据集中的条目数，访问数据时忽略掉某些条目，将多个数据集合并成一个等，本小节介绍几种常用的操作。首先看两个较为简单的操作：

```
tf.data.Dataset.take(count)        #获取数据集前面 count 条数据条目
tf.data.Dataset.skip(count)        #忽略数据集前面 count 条数据后返回剩余数据
```

下面看一下如何使用这两个接口：

```
ds = tf.data.Dataset.range(1, 10)    #产生包含 1~9 这几个整形数字的数据集
ds1 = ds.take(4)                     #获得数据[1,2,3,4]
ds2 = ds.skip(5)                     #获得数据[6,7,8,9]
```

再看一下几个常用接口及其对应的操作：

```
tf.data.Dataset.concatenate(dataset)    #将指定数据集与当前数据集合并
```

```
tf.data.Dataset.repeat(count = None)    #将数据集中的数据复制count次形成新数据集
#从数据集中随机选出buffer_size个条目并随机排列
tf.data.Dataset.shuffle(buffer_size, seed=None)
```

下面通过代码示例来理解上面的接口操作：

```
ds1 = tf.data.Dataset.range(1,5)         #[1,2,3,4]
ds2 = tf.data.Dataset.range(6, 10)       #[6,7,8,9]
ds3 = ds1.concatenate(ds2)               #[1,2,3,4,6,7,8,9]
ds4 = ds1.repeat(2)                      #[1, 2, 3, 4, 1, 2, 3, 4]
ds5 = ds3.shuffle(3)          #从[1,2,3,4,6,7,8,9]中随机选出3个元素后随机排列
```

接下来看几种基于数据集的变换操作。首先介绍如何基于给定条件对数据集中的数据条目进行过滤，相应接口如下：

```
tf.data.Dataset.filter(predicate)    #根据predicate指定方式过滤数据集中的条目
```

下面通过代码示例看看上面接口的使用方式：

```
tensor = tf.constant([[1., 2.], [3., 4.], [5., 6.]])
#数据集包含三个条目[1.,2.],[3.,4.],[5.,6.]
ds = tf.data.Dataset.from_tensor_slices(tensor)
#把元素和大于4.0的数据条目挑选出来，因此得到[3.,4.],[5.,6.]
ds = ds.filter(lambda x: tf.reduce_sum(x) > 4.0)
```

下面介绍另一种变换操作，即将数据集中的每个条目进行给定转换。接口如下：

```
tf.data.Dataset.map(map_func, num_threads = None, output_buffer_size =
None)            #启用多线程并行，使用map_func函数对每个数据条目进行转换
#将每个条目输入map_func函数进行变换后将结果合成一个数据集
tf.data.Dataset.flat_map(map_func)
```

下面看看这个接口如何使用：

```
tensor = tf.constant([[2.,3.], [4.,5.], [6.,7.]])
#得到包含3个条目的数据集[2.,3.],[4.,5.],[6.,7.]
ds = tf.data.Dataset.from_tensor_slices(tensor)
#将条目中每个元素乘以3,[6.,9.],[12.,15.],[18.,21.]
ds1 = ds.map(lambda x : x * 3)
#将条目中每个元素乘以3后合成一个条目[6.,9.,12.,15.,18.,21.]
ds2 = ds.flat_map(lambda x: tf.data.Dataset.from_tensors(x * 3))
```

最后看一个将数据集条目中的元素结合在一起的接口：

```
tf.data.Dataset.zip(datasets)         #将每个条目中的元素交叉合并
```

下面通过代码片段来理解这个接口的作用：

```
ds1 = tf.data.Dataset.range(0, 3) #[0, 1, 2]
ds2 = tf.data.Dataset.range(4, 7) #[4, 5, 6]
ds3 = tf.data.Dataset.range(8, 11) #[8, 9, 10]
#数据集为[0, 4, 8], [1, 5, 9], [2, 7, 10]
ds4 = tf.data.Dataset.zip((ds1, ds2, ds3))
```

9.2.3 数据集条目的遍历访问

前面已经讲解了很多基于数据集的操作，但未讲解如何访问读取数据集中的条目内容。本节介绍如何读取数据集中的条目。要想遍历数据集中的条目，需要创建 Iterator 对象。

Iterator 对象共有 4 种，不同类别以不同方式遍历数据集中的数据条目。最简单的一种是 one-shot-iterator，它能遍历数据集中的条目一次。下面通过代码示例看看 one-shot-iterator 的使用方法：

```
tensor = tf.constant([1,2,3,4,5])
ds = tf.data.Dataset.from_tensors(tensor)
iterator = ds.make_one_shot_iterator()
next_elem = iterator.get_next()              #指向第一条数据
with tf.Session() as sess:
    print('Element: ', sess.run(next_elem))
```

运行代码后输出结果如下：

```
Element: [1 2 3 4 5]
```

one-shot-iterator 一次遍历一个条目。如果数据集包含多个条目，那么遍历完一个条目后要想遍历下一个条目，就得添加 for 循环来依次遍历每个条目。代码如下：

```
tensor = tf.constant([1,2,3,4,5])
ds = tf.data.Dataset.from_tensor_slices(tensor)
iterator = ds.make_one_shot_iterator()
next_elem = iterator.get_next()              #指向第一条数据
with tf.Session() as sess:
    for i in range(5):
        print('Element: ', sess.run(next_elem))
```

运行上面的代码后所得结果如下：

```
Element: 1
Element: 2
Element: 3
Element: 4
Element: 5
```

该遍历器的特点是只能用它来遍历一次数据条目。这是因为它只能一直往下滚动，一旦访问到最后一条数据，就不能再重新指向第一条数据，再对数据条目进行重新遍历。

第二种遍历器叫可初始化遍历器。目前讲过的数据集基本来自常量张量，也就是在遍历数据集中的数据时确定的，数据集还能来自 placeholder，当创建数据集时数据的内容还未确定，在后面需要时才将数据写入数据集。

对于来自 placeholder 的数据集，必须使用类型为 initializable_iterator 的遍历器来进行数据遍历，在遍历前可以将数据写入数据集，然后再使用该遍历器遍历每个条目。下面给出相应的代码示例：

```
holder = tf.placeholder(tf.float32, shape = [8])
#此时数据集中的数据内容尚未确定
ds = tf.data.Dataset.from_tensor_slices(holder)
iterator = ds.make_initializable_iterator()    #可初始化遍历器
next_elem = iterator.get_next()
with tf.Session() as sess:
    sess.run(iterator.initializer, feed_dict = {holder: [0.,1.,2.,3.,4.,
5.,6.,7.]})                            #初始化遍历器并将数据写入数据集
    for i in range(8):
        print("Element: ", sess.run(next_elem))
```

上面的代码运行结果如下:

```
Element:  0.0
Element:  1.0
Element:  2.0
Element:  3.0
Element:  4.0
Element:  5.0
Element:  6.0
Element:  7.0
```

在上面的代码中需要特别注意 sess.run(iterator.initializer, feed_dict = {holder: [0.,1., 2.,3.,4.,5.,6.,7.]})这行,它在初始化遍历器的同时将数据写入数据集。一旦遍历器初始化的同时数据集中有内容,就可以像 one-shot-iterator 那样访问每一条数据。

如果想用一个遍历器来访问多个数据集,那么就需要 reinitializable-iterator 类型的遍历器。前两种遍历器都需要从特定的数据集中创建,而 reinitializable-iterator 类型的遍历器则可以单独创建。示例代码如下:

```
tensor1 = tf.constant([1,2,3])
ds1 = tf.data.Dataset.from_tensor_slices(tensor1)
tensor2 = tf.constant([4,5,6, 7])
ds2 = tf.data.Dataset.from_tensor_slices(tensor2)
iterator = tf.data.Iterator.from_structure(ds1.output_types, ds1.output
_shapes)                            #创建能遍历两个数据集的遍历器
next_elem = iterator.get_next()
ds1_init = iterator.make_initializer(ds1)   #在两个数据集上分别初始化
ds2_init = iterator.make_initializer(ds2)
with tf.Session() as sess:
    sess.run(ds1_init)                  #执行对第一个数据集进行遍历的初始化
    for i in range(3):
        #遍历第一个数据集的数据条目
        print("element from ds1: ", sess.run(next_elem))
    sess.run(ds2_init)                  #执行对第二个数据集进行遍历的初始化
    for i in range(4):
        #遍历第二个数据集中的数据条目
        print("element from ds2: ", sess.run(next_elem))
```

从上面的代码可以看出,可以遍历多个数据集的遍历器,其创建需要调用接口 tf.data. Iterator.from_structure,该接口的输入参数对应遍历器要遍历数据集的数据类型和数据维度。

这就需要遍历器所遍历的数据集具有相同的数据类型和相似的数据维度。由于已经构造的两个数据集中的数据类型都是整型，数据集都是一维向量，只不过包含的个数不同，因此两个数据集在性质上相似，因此遍历器能遍历两个数据集。

如果把第二个数据集设置为二维向量，由于两个数据集在维度上不兼容，因此使用一个遍历器来遍历时就会产生错误。上面的代码运行结果如下：

```
element from ds1: 1
element from ds1: 2
element from ds1: 3
element from ds2: 4
element from ds2: 5
element from ds2: 6
element from ds2: 7
```

这三种遍历器都有一个共同特点，即必须一次性把遍历器指向的数据集遍历完。那能不能获得更大的灵活性呢？例如，先遍历第一个数据集中的前 3 条数据，然后遍历第二个数据集中的前 4 条数据，最后遍历第一个数据集中的 2 条数据。要实现这个功能，就必须使用第 4 种遍历器 feedable-iterator。下面看一下具体的代码示例：

```
t1 = tf.constant([1,2,3,4])
t2 = tf.constant([5,6,7,8])
ds1 = tf.data.Dataset.from_tensor_slices(t1)    #创建两个数据集
ds2 = tf.data.Dataset.from_tensor_slices(t2)
ds1_iterator = ds1.make_one_shot_iterator()
ds2_iterator = ds2.make_one_shot_iterator()
holder = tf.placeholder(tf.string, shape = [])
feedable_iterator = tf.data.Iterator.from_string_handle(holder, ds1.
output_types, ds1.output_shapes)                #创建 feedable_iterator
next_element = feedable_iterator.get_next()     #指向第一条数据
ds1_handle = ds1_iterator.string_handle()       #获得遍历器的字符串句柄
ds2_handle = ds2_iterator.string_handle()
with tf.Session() as sess:
    ds1_string = sess.run(ds1_handle)
    print("string handle of ds1 iteraotr: ", ds1_string)
    ds2_string = sess.run(ds2_handle)
    print("string handle of ds2 iterator: ", ds2_string)
    for i in range(2):                          #通过字符串句柄选择遍历器 1
        print("element from ds1: ", sess.run(next_element, feed_dict=
{holder: ds1_string}))
    for i in range(2):                          #通过字符串句柄选择遍历器 2
        print("element from ds2: ", sess.run(next_element, feed_dict =
{holder: ds2_string}))
    for i in range(2):                          #选择遍历器 1，完成剩下的数据条目的遍历
        print("element from ds1: ", sess.run(next_element, feed_dict =
{holder: ds1_string}))
```

上面的代码运行结果如下：

```
string handle of ds1 iteraotr:  b'\n,/job:localhost/replica:0/task:0/
device:CPU:0\x12\tlocalhost\x1a\x16_25_OneShotIterator_20 \x e0\xd5\x9a\
```

```
xfc\x10*%N10tensorflow4data16IteratorResourceE'
string handle of ds2 iterator: b'\n,/job:localhost/replica:0/task:0/
device:CPU:0\x12\tlocalhost\x1a\x16_26_OneShotIterator_21 \xe0 \xd5\x9a\
xfc\x10*%N10tensorflow4data16IteratorResourceE'
element from ds1: 1
element from ds1: 2
element from ds2: 5
element from ds2: 6
element from ds1: 3
element from ds1: 4
```

分析一下代码的逻辑。首先创建两个数据集，然后分别基于这两个数据集创建 one-shot-iterator，同时通过调用 string_handle() 获得两个遍历器字符串名称，在上面的输出中已经把它们对应的字符串名称显示了出来。

接着调用 from_string_handle 创建 feedable_iterator 实例对象。这里需要注意的是，创建接口需要接收一个尚未初始化的 placehodler 对象，而且该对象是字符串类型。在遍历数据时，如果把 ds1 创建的遍历器名称输入该 hodler 中，遍历器就能遍历第一个数据集。

同理，当把第二个数据集创建的遍历器名称输入 holder 中时，它就可以遍历第二个数据集。这意味着 feedable_iterator 本质上是指向遍历器的指针，它根据输入的遍历器名称来决定指向哪个遍历器。一旦指向特定的遍历器，就可以通过同样的接口来实现数据的遍历。显然这就带来了极大的灵活性，例如可以初始化多个数据集的遍历器，当想遍历哪个数据集时，只要将对应数据集的遍历器字符串名称输入 feedable_iterator 实例即可。

第 10 章 使用多线程、多设备和机器集群

在使用 TensorFlow 构建神经网络读取大数据进行模式识别时，一个需要考量的因素是速度。在实践中机器学习或深度学习项目非常耗时，原因有二：其一在于模型需要读写大量的数据，其二模型需要对数据进行大量且烦琐的运算。

要想加快执行速度，最好的方法是通过并行计算的方式同时执行多个操作，从而成倍地提升运算效率。目前常用于深度学习的 GPU 实际上是 CPU 的并行计算版本。GPU 能够将神经网络运算拆解成多种可并行运行的步骤，然后将其分发到多个运算核上执行，从而大大提升运算效率。

TensorFlow 开发的程序同样面临着运算效率的问题，因此它在设计时也考虑到如何使用并行计算的方式来提升效率。目前 TensorFlow 支持 3 种常用的并行计算方式：一是多线程；二是多核处理器，如 GPU；三是分布式集群。本章将探讨如何配置 TensorFlow 实现这 3 种运行方式。

10.1 多线程的配置

在单机运行的状况下，要想加快 TensorFlow 的处理速度，可以采用的方式是多线程。现代计算机大多以多核方式运行，在多线程情况下，每个线程能分配到 CPU 对应的计算核上，从而能成倍地提升处理效率。

多线程的应用主要有两种场景：第一种是在多个线程下并行加载和存储数据；第二种是将会话运行在多线程基础上，这样运算图的节点可以分配给不同线程运行，从而加快模型的执行速度。

在前面章节讲解的 Dataset 对象已经封装了多线程功能，这里主要看会话对象如何运行在多线程上。在使用会话对象执行运算图之前，可以进行相应的配置，这样会话就会把运算图的执行分发到多个线程上。下面看一个代码示例：

```
conf = tf.ConfigProto(intra_op_parallelism_threads = 4, inter_op_
parallelism_threads = 8)                #配置模型，让其以多线程的方式运行
tensor = tf.truncated_normal([7*7*64, 1000], stddev = 0.03)
```

```
with tf.Session() as sess:
    sess.run(tensor)
```

在上面的代码中，ConfigProto 接口用于配置多线程运行环境的相关参数，其中 intra_op_parallelism_threads 指定运算图单个节点在执行时可以使用的线程数。诸如矩阵的很多运算可以使用多线程并行执行。

将 intra_op_parallelism_threads 参数设置为 4，当运算图的某个节点被执行并可以并行进行时，TensorFlow 就会给它分配最多不超过 4 个线程，因此该参数是针对单个节点的执行而言。而参数 inter_op_parrallelism_threads 针对整个运算图而言，如果运算图能分解成多个分支并行驱动，那么该参数指定的线程数就会用于同时推动计算图的执行。

在通常情况下，TensorFlow 框架为自己维护一个线程池，当会话对象需要线程来执行操作时，它向框架申请所需数量的线程，框架从线程池中将可用线程分配给会话对象，当线程使用完后，框架会把线程回收到线程池中以便以后使用。

10.2 多处理器分发执行

前面提到过 TensorFlow 支持将任务运行在计算机形成的集群上，如此 TensorFlow 就可以使用不同的硬件设备来加快执行速度。例如，有些线程在 CPU 上运行时比较高效，有些线程在 GPU 上运行时比较高效。

如果集群中既有 CPU 又有 GPU，那么 TensorFlow 就可以根据所要执行运算的特性将其分发到对应的设备上去执行，当然这种分发可以由开发人员手动配置，要做到这一点首先需要知道当前有哪些设备可供使用。

TensorFlow 提供了相关接口用于列举当前可用设备。下面通过代码示例来了解设备列举接口的使用：

```
from tensorflow.python.client import device_lib
devices = device_lib.list_local_devices()    #列举可用设备
for device in devices:                        #打印可用设备名称
    print(device)
```

在笔者本人的机器上运行上面的代码时打印出如下内容：

```
name: "/device:CPU:0"
device_type: "CPU"
memory_limit: 268435456
locality {
}
incarnation: 15661110893385891615
```

这些信息显示笔者机器上只有一个 CPU 可供框架运行。从上述代码可以看出列举设备的接口是 device_lib.list_local_devices()。从输出的内容可以看出，"device:CPU:0" 表示设备所使用的运算核类型，最后的数值表示运算核的索引。

如果有多个运算核,就可以通过如下代码把特定操作分配到指定的运算核上:

```
conf = tf.ConfigProto(device_count={'CPU':0})   #把运算分配到指定的CPU上
tensor = tf.truncated_normal([7*7*64, 1000], stddev = 0.03)
with tf.Session() as sess:
    sess.run(tensor)
```

由于笔者的机器上只有一个CPU,因此在分配操作时只能有一种选择。如果读者的机器上有多个运算核,那么可以按照上面的代码将运算分配给指定运算核。默认情况下框架会自动把运算分配给合适的运算核,同时将节点运行时的运算核信息打印出来。代码如下:

```
a = tf.constant(1.0)
b = tf.constant(2.0)
sum_a_b = a + b
conf = tf.ConfigProto(log_device_placement = True)  #显示执行运算的运算核信息
options = tf.RunOptions(output_partition_graphs=True)
metadata = tf.RunMetadata()
with tf.Session(config = conf) as sess:
    print(sess.run(sum_a_b, options = options, run_metadata=metadata))
    print(metadata.partition_graphs)                #打印执行当前节点的运算核信息
```

运行上面的代码后,输出的部分信息如下:

```
3.0
[node {
name: "add_7"
op: "Const"
device: "/job:localhost/replica:0/task:0/device:CPU:0"
attr {
    key: "dtype"
    value {
      type: DT_FLOAT
    }
  }
```

从输出结果可以看出,已将执行当前节点运算的运算核信息显示了出来,这些信息在将 TensorFlow 运行在集群环境时非常有用。

10.3　集群分发控制

TensorFlow 框架有一个强大的功能是能将大量运算分发到不同的机器上执行,它采用"客户端—服务器"架构来指导多台机器共同完成一项任务。这个过程类似于使用浏览器读取网页。

一端的 HTTP 服务器处于监听状态,等待另一端的浏览器发来网页请求。当浏览器通过 URL 向服务器提交它想要的网页或数据后,服务器经过一番处理把相应的信息返回,然后恢复到监听状态等待下一个请求。

在 TensorFlow 计算集群中,很多机器运行着 TensorFlow 服务器程序,它们的任务就是等待客户端发生计算请求，这类请求也称为 task，而一系列 task 形成一个 job。下面是任务分发的示例代码：

```
spec = tf.train.ClusterSpec({'job1': {3: 'sys1.ex.com:121'},
                             'job2': {2: 'sys2.ex.com:122', 3: 'sys3.ex.com:123'}})
```

上面的代码配置了两个 job，并把属于'job1'的 3 号 task 分发给主机 sys1.ex.com:121，冒号后面的数值表示运行在对方机器上的服务器程序端口。这里所谓的 job 其实对应一组运算任务，task 对应组成任务的多个单元。

如果想把一台机器配置成接收任务计算请求的服务器，那么在该机器上调用如下接口：

```
tf.train.Server(server_or_cluster_def, job_name = None, task_index = None,
protocol = None, config = None, start = True)
```

参数 server_or_cluster_def 用于配置会话对象，job_name 指定它要处理的 job 名称，task_index 指定该主机专门接收的 task 标号，start 设置成 True 时，该调用会立刻启动服务器程序。

鉴于绝大多数读者可能没有在计算机集群环境下运行 TensorFlow 的条件，因此有关集群控制和分发的内容只讲这些。

第 11 章 TensorFlow 的高级接口 Estimator

熟悉面向对象编程技术的读者都会知道所谓的"接口"概念。它的目的是把实现逻辑上的复杂性隐藏起来，只向外展现出一组按照既定规则调用的接口。对于用户而言，只要将数据按照规定传入接口，然后获取结果即可，至于具体的实现逻辑如何设计则无须关心。

从前面章节的代码示例可以看出，神经网络的设计与开发其实是遵守固定步骤的：首先加载数据，然后把数据输入网络进行训练，最后输入测试数据获取预测结果。这些都是流程化步骤，唯一需要思考的就是如何针对具体需求，设计特定的神经网络。

对于不少特定需求的任务，基本上都有相应的网络模型进行处理。例如，要想识别图像内容，可以使用卷积网络，如果想要识别文本内容，则可以使用 LSTM 网络。谷歌把针对不同需求的网络打包封装起来，在需要时可以直接使用，而无须再耗费脑力重新设计这些常用的网络模型，可大大提高开发效率。

在 TensorFlow 中封装了大多数常用神经网络模型的类叫 Estimator，只要从这个对象中选定合适的模型，把数据输入模型进行训练，就可以直接用训练好的模型进行识别，这个过程省去了模型的开发过程，因为谷歌已经设计好了。

11.1 运行 Estimator 的基本流程

可以把 Estimator 类想象成封装了所有神经网络的接口。在构建好神经网络结构后，需要执行 3 个步骤：第一步，将训练数据输入网络以调整内部参数。第二步，检验网络对数据识别准确率的改进程度。第三步，使用网络对新数据进行识别。

Estimator 导出了相关接口完成这 3 个步骤。下面加载数据训练网络的相关接口：

```
train(input_fn, hooks = None, steps = None, max_steps = None)
```

其中，参数 input_fn 用于指定一个专门加载训练数据的函数，它必须返回两个值：第一个值对应训练数据集合，第二个值是数据对应的标签。假设要识别的是数字图像，那么该函数就得返回图像对应的二维数组，以及图像对应的数字。

下面看一个实现 input_fn 对应函数的代码示例：

```
def input_fu():
    features = {
        'x': tf.constant([[1.0], [2.0]]),
        'y': tf.constant([[3.0], [4.0]]),
        'z': tf.constant([[5.0], [6.0]])
    }
    labels = tf.constant[[0], [1]]
    return features, labels
```

在上面的代码中，函数定义了两个三维坐标点：第一个点的坐标为(1.0, 3.0, 5.0)，对应的标签为 0；第二个点的坐标为(2.0, 4.0, 6.0)，对应标签为 1。当把该函数当作 input_fn 传入 train 函数时，Estimator 对象需要知道如何解读它返回的信息。

也就是 Estimator 需要知道如何从 features 参数中识别出它是两个三维坐标点。问题在于，Estimator 如何知道怎么来解读 features 的信息呢？关于这点会有专门的机制来将解读方法传递给 Estimator，在后面的章节中会看到解决方法。

调用 train 函数把训练数据传递给 Estimator 对应的模型后，它会自动使用梯度下降法调整内部参数，使得输出结果与给定数据标签的差异为 0。显然要达到这种精度需要消耗大量的时间，因此可以用 steps 或 max_steps 参数规定模型的循环训练次数。

这两个参数都用于控制模型的训练次数，差别在于 step 具有累积性质，可以多次调用 train 函数，第一次给 steps 输入 30，第二次调用时给它输入 20，于是模型总共会进行 50 轮训练。

而 max_steps 规定模型最大训练次数，如果设置 max_steps=40，那么第二层模型训练时只会进行 10 次循环，即使输入的 steps 参数值是 20。

在训练的过程中可以随时检验模型的精确程度，调用下面接口来检测模型训练后输出结果是否不断地变好：

```
evaluate(input_fn, steps = None, hooks = None, checkpoint_path = None, name = None)
```

input_fn 参数作用于 train 函数，只不过它这次返回的数据属于"校验数据"。如果想把校验结果存储成文件，则可以通过 checkpoint_path 指定文件所在路径，该函数返回结果取决于 Estimator 对应的具体模型。

在通常情况下，返回结果包含 3 种信息：第一种是精确度；第二种是损失函数计算值；第三种是平均损失值。

当模型训练结束，并且通过 evaluate 函数检验得知模型的准确度已经达到要求时，那么就可以使用它对新数据进行识别或预测。相关接口如下：

```
predict(input_fn, predict_keys = None, hooks = None, checkpoint_path = None)
```

predict 函数的输入参数作用于 evaluate，返回结果包含模型对输入数据识别或预测的准确度。

11.2　Estimator 的初始化配置

　　Estimator 在构建时需要进行相应的初始化，这样它才能知道如何识别 input_fn 函数返回的数据，知道哪些数据在训练过程中需要自动存储等。因此在它初始化函数调用时，必须传入 tf.contrib.learn.RunConfig 类型参数。

　　这里需要注意的是，Estimator 对应模型如何解读 input_fn 函数返回的 features 数据。这里的约定是，features 必须以类似于数据库表的方式来组织，因此它包含的数据必须由多列组成，每列对应特定字段。

　　于是每一行数据对应一条记录，一行信息的内容由每列字段对应的信息组成，如果读者使用过 SQL 语言，了解数据表的组成情况就会很容易明白这里所说的数据结构。由此每一列必然包含两部分：一部分表明数据名称；另一部分对应数据内容。

　　TensorFlow 统一用 tf.feature_column 来表示所有数据列的父类，根据数据类型它会派生出很多子类。在初始化 Estimator 对象时，把 tf.feature_column 的实例传入，这样就可以获得数据对应的名称，例如它可以知道上一节 input_fn 函数返回的 features 对象中的 key 值。

　　下面看一个具体示例。tf.feature_column 有一个子类 _CategoricalColumn，可以大概猜测出它包含数据所属分类信息，使用下面的代码调用特定接口创建该数据列：

```
hand_write_num = categorical_column_with_identity('hand_write_num',
    num_buckets = 10)
```

　　把 hand_write_num 传入 Estimator 对象的构造函数后，它就知道 input_fn 函数返回的 features 数据中一定包含 key 值 hand_write_num，而对应的 value 值则是包含 10 个分量的一维向量。

　　Estimator 封装了 6 种模型实例：LinearClassifier，用一条拟合直线将给定数据分成两部分；LinearRegressor，将数据进行线性拟合以便预测新数据，这一点在前面的章节中已经讲解过；DNNClassifier，使用深度神经网络对输入的数据进行分类；DNNRegressor，使用深度神经网络对数据点进行预测，类似于线性回归，它能够做复杂的多项式回归；DNNLinearCombinedClassifer，将线性回归和深度神经网络结合起来对数据进行分类；DNNLinearCombinedRegressor，将线性回归和深度神经网络结合起来对数据进行预测。

　　很显然这 6 种模型不可能应对无穷无尽的应用场景，因此 Estimator 还会支持开发者添加新的模型，可以创建针对某种场景数据分析所需要的模型，然后将其加入 Estimator 中发布出去，这样别人就可以直接使用了。

　　接下来探讨如何使用 Estimator 的现有模型以及如何给它添加新的模型。

11.3 Estimator 导出模型应用实例

本节介绍使用 Estimator 对象包含的几种模型实例来对特定数据进行分析预测。也许读者在阅读前面的两小节时会有云里雾里的感觉，本节用具体实例扫清迷雾，加深读者对知识点的理解。

11.3.1 使用线性模型实例

在 Estimator 封装的多种模型中，最简单的就是线性回归模型，也就是用一条直线来拟合二维数据点，然后根据拟合直线来预测新的数据点，前面的章节已经对线性拟合有过详细的描述。

在前面的章节中描述线性拟合时讲过，读者最好亲自构造函数 $y=m×x+b$，然后读取数据，并使用渐进下降法找到参数 m,b 的值，有了 Estimator 后，只要直接调用接口并传入数据，Estimator 就会自动找到合适的 m,b。

从 Estimator 中获得线性拟合模型的接口如下：

```
LinearRegressor(feature_columns, model_dir = None, label_dimension = 1,
weight_column = None, optimizer = 'Ftrl',config=None,partitioner=None)
```

参数 feature_columns 在 11.2 节中讨论过，它告诉模型如何解读输入数据，model_dir 告诉模型将相应的信息存储在给定路径，其他参数的作用暂时忽略。接下来要为模型准备训练数据。

在本节代码目录下有一个名为 numbers.csv 的文件，它包含用于训练和检验模型的数据，读者可以直接使用 Excel 打开并修改文件内容，也可以使用下面的代码解读该文件中的数据：

```
import csv
with open('numbers.csv') as csv_file:
    csv_reader = csv.reader(csv_file, delimiter = ',')
    for row in csv_reader:                    #显示文件中的每一行数据
        print(row)
```

运行上面的代码后，部分输出结果如下：

```
['2.1', '1.1']
['1.5', '1.5']
['1.9', '1.6']
['2.5', '1.5']
['2.0', '1.8']
['2.2', '2.25']
['2.75', '1.75']
```

其实它包含的是 20 个平面上二维点的坐标。用下面的代码将它们绘制出来看看点的分布：

```python
import matplotlib.pyplot as plt
from numpy import genfromtxt
import numpy as np
#将数据读入并转化为数组
data_points = genfromtxt('numbers.csv', delimiter=',')
fig, ax = plt.subplots(1, 1)
#忽略第一行将余下的行表示的数据点坐标绘制出来
plt.plot(data_points[1:, [0]], data_points[1:, [1]], 'o', color='black');
ax.set_xlabel('x-points')
ax.set_ylabel('y-points')
fig.show()
```

运行上面的代码后,输出结果如图 11-1 所示。

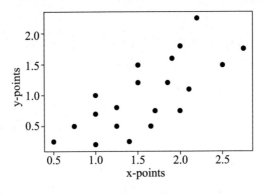

图 11-1 二维点分布

对图 11-1 中的点进行拟合,从而用一条直线来模拟点的分布情况。先看看如何使用 Estimator 导出的 LinearRegressor 模型快速完成这个任务。代码如下:

```
dataset = tf.contrib.learn.datasets.base.load_csv_with_header(filename =
'numbers.csv',
    target_dtype = np.float32, features_dtype = np.float32,
    target_column = 1)                          #从csv文件中加载数据形成的数据集对象
#告诉模型对象数据名称为 x,它对应 0 维常量
column = tf.feature_column.numeric_column('x', shape=[1])
#在初始化过程中告知模型以关键字"x"去获取训练数据
linear_regressor = tf.estimator.LinearRegressor([column])
train_input = tf.estimator.inputs.numpy_input_fn(x = {'x' : np.array
(dataset.data)},
                                    y = np.array(dataset.target),
    shuffle = True, num_epochs = 5000)
linear_regressor.train(train_input)     #输入数据训练模型
predict_input = tf.estimator.inputs.numpy_input_fn(x = {'x': np.array
([2.1, 3.4], dtype = np.float32)},
                                    #给定两个 x 坐标值让模型预测对应的 y 值
                                    num_epochs = 1, shuffle = False)
results = linear_regressor.predict(predict_input)
for value in results:
    print(value['predictions'])
```

运行上面的代码后，输出结果如下：

```
[1.3837876]
[2.3309853]
```

这意味着当模型训练好后，把两个点的 x 坐标输入模型，它给出了对应的 y 坐标。这段代码运行原理与 5.1 节中的实现没有太大差别，主要区别在于 5.1 节要读者自己设计线性回归公式模型，而这里 Estimator 将模型封装起来，只要把数据输入进行训练即可。

有一点值得注意的是函数 tf.estimator.inputs.numpy_input_fn，它的接口参数如下：

```
numpy_input_fn(x, y = None, batch_size = 128, num_epochs = 1, shuffle = None,
queue_capacity = 1000, num_trheads = 1)
```

参数 x 对应训练数据，y 对应训练数据的标签，只要把数据加载到内存后提交给这两个参数，该函数就能把数据交给模型。

同时代码 tf.feature_column.numeric_column('x', shape = [1])告诉模型，训练数据是一列浮点数值，模型可以通过关键字"x"获得这些数值。

11.3.2 使用神经网络分类器

在 Estimator 对象里还封装了一些深度神经网络模型，它们对数据的识别能力显然要比线性回归好得多。下面来看从 Estimator 中获得神经网络模型的调用接口：

```
DNNClassifier(hidden_units, feature_columns, model_dir = None, n_classes
= 2, weight_column = None, label_vocabulary = None, optimizer = 'Adagrad',
activation_fn = tf.nn.relu, dropout = None, input_layer_partitioner = None)
```

其中：参数 hidden_units 用来表示中间层网络感知器的个数，例如[32, 64]表示创建两层中间层，第一层含有 32 个感知器，第二层含有 64 个感知器；n_classes 告知模型数据可以分成几种类别；label_vocabulary 用于设置每种类别的字符串名称，假设要识别手写数字图像，对于包含数字 6 的图像，它属于类别，label_vocabulary 就可以设置为字符串"six"，这样可以增强数据的可读性。

下面介绍如何使用 Estimator 封装的深度神经网络实现手写数字图像。实现代码如下：

```
from tensorflow.examples.tutorials.mnist import input_data
mnist = input_data.read_data_sets('MNIST_data')          #加载数据
def input(dataset):
    #向模型提交数据和对应的分类
    return dataset.images, dataset.labels.astype(np.int32)
feature_columns = [tf.feature_column.numeric_column('x', shape = [28,
28])]                            #告诉模型数据是[28,28]的二维数组
classifier = tf.estimator.DNNClassifier(feature_columns = feature_
columns,
                            #两个中间层分别包含 256 个和 32 个感知器
                            hidden_units = [256, 32],
                            optimizer = tf.train.AdamOptimizer(1e-4),
```

```
                                          n_classes = 10,
                                          dropout = 0.1,
                                          )
train_input = tf.estimator.inputs.numpy_input_fn(x = {"x" : input(mnist.
train)[0]},
                                          y = input(mnist.train)[1],
                                          batch_size = 50,
                                          #告诉模型通过关键字 "x" 获得训练数据
                                          shuffle = True)
classifier.train(input_fn = train_input, steps = 100000)
test_input = tf.estimator.inputs.numpy_input_fn(x = {"x" : input(mnist.
test)[0]},
                                          y = input(mnist.test)[1],
                                          num_epochs = 1,
                                          shuffle = False)    #获取测试数据
#获得模型对数据预测的准确度
accuracy_score = classifier.evaluate(input_fn = test_input)["accuracy"]
print ("\nTest Accuracy: {0:f}%\n".format(accuracy_score * 100))
```

运行上面的代码后，输出结果如下：

```
Test Accuracy: 91.970003%
```

可以看出，借助 Estimator 导出的模型对象，省去了自己手动构建模型的过程，由此大大加快了项目的开发效率。

11.3.3 使用线性回归——深度网络混合模型

在很多应用场景中，单纯使用一种模型可能无法满足要求，因为有些数据使用线性回归处理效果比较好，有些数据使用神经网络处理效果比较好，所以需要把多种模型混合起来才能对数据做出有效的分析。

在具体实践中，两种模型结合获得的效果就比单独使用某一种模型的效果好。例如，谷歌在开发安卓应用商店 App 推荐算法，使用混合模型用于推荐 App 时，用户的下载率有了明显的提高。混合模型的基本架构如图 11-2 所示。

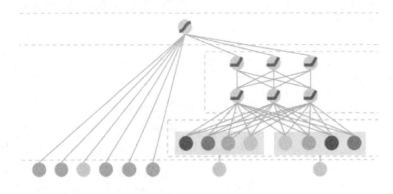

图 11-2　线性回归——深度网络混合模型

假设在研究数据后做出二元判断，如获得一个人的收入、家庭状况、婚姻、工作及健康等信息后，判断该人是否会贷款逾期；拿到一幅图像后，读取里面的所有像素点，判断图像里的物体是否是一只狗等。

对于图 11-2，右边使用神经网络进行判断的逻辑在前文判断手写数字图像时已经讲过，如果使用线性模型，假设输入的数据为 $x = [x_1, x_2, \cdots, x_n]$，使用两个参数 $v = [v_1, v_2, \cdots, v_n]$ 和 b 与 x 做线性变换 $v \cdot x + b$，然后用 sigmoid 函数计算数据所属分类的概率。

如果 sigmoad($v \cdot x + b$) 所得结果大于 0.5，就认为它属于情况 1，如果小于 0.5 则属于情况 2。这两种方法各有优缺点。如图 11-2 所示，将它们结合起来，那么两个模型的各自缺陷就能得到一定程度的弥补，从而产生更好的识别效果。

下面讲一下如何使用 Estimator 类快速开发如图 11-2 所示的网络模型，并使用模型预测给定个人的收入情况。首先介绍一个特性叉乘的概念，有时候如果把两种不同类型的数据相乘有可能会得到新的信息。

假设给定 4 个二维坐标点，分别为(1, 1)、(-1, 1)、(-1, -1)、(1, -1)，如果把这 4 个点分到两个集合，点(1, 1)、(-1, -1)属于集合 A，点(-1, 1)、(1, -1)属于集合 B，把这 4 个点绘制到二维平面上会发现它们分布在 4 个象限。

读者会发现无法使用一条直线把 4 个点分割成两部分，因为点(1, 1)、(-1, -1)位于一、三象限，点（-1, 1)、（1, -1）位于二、四象限，因此在二维平面上无论一条直线怎么放置都不可能把属于两个不同集合的点区分开来。

如果把点的 x, y 坐标相乘，那么属于集合 A 的点相乘后结果是 1，而属于集合 B 的点相乘后结果是-1，这样就可以使用一条直线将它们区分开。如果把不同属性对应的数值相乘，就相当于把两种属性"糅合"成一种新属性，由此能提升对数据识别的准确率。

TensorFlow 提供的接口可以通过乘积的方式"糅合"不同属性而构造出新属性，如下：

```
crossed_column(keys, hash_bucket_size, hash_key = None)
```

第一个参数输入需要"糅合"的列或者属性。假设需要"糅合"的两种属性分别为 A 和 B，其中属性 A 有 N 个值，属性 B 有 M 个值，那么通过乘法"糅合"后得到新属性 AB，它有 M×N 个值，然后接口会通过哈希的方式把这 M×N 个值映射到 hash_bucket_size 个单位的缓冲区里。

读者可以忽略它里面的实现逻辑，只需知道把 A 和 B 两种属性输入该接口后，它能创建出新属性 AB 即可，由此在线性回归时就可以考虑 3 种属性 A、B、AB，如此判断结果的准确度就会比原来只考虑两种属性高得多。

接下来准备用于训练模型的数据。在本书的配套资源中有两个数据文件，名为 adult.data 和 adult.test，它们包含美国某个州人口普查时的公民数据，下面构造一个混合模型来读取这些数据，然后判断某个公民的年收入是否在 5 万美元以上。

读者可以使用文本编辑器打开这两个文件，会看到以下数据：

```
39, State-gov, 77516, Bachelors, 13, Never-married, Adm-clerical, Not-in-
```

```
family, White, Male, 2174, 0, 40, United-States, <=50K
50, Self-emp-not-inc, 83311, Bachelors, 13, Married-civ-spouse, Exec-
managerial, Husband, White, Male, 0, 0, 13, United-States, <=50K
38, Private, 215646, HS-grad, 9, Divorced, Handlers-cleaners, Not-in-
family, White, Male, 0, 0, 40, United-States, <=50K
```

第 1 列表示年龄；第 2 列表示工作单位，state-gov 表示是州政府公务员，Self-emp-not-inc 表示失业，Private 表示在私营企业工作等；第 3 列是与统计相关的数值；第 4 列是教育程度；第 5 列是受教育时长；第 6 列对应婚姻状况；第 7 列对应工作内容；第 8 列对应家庭情况；第 9 列对应种族；第 10 列对应性别；第 11 列和 12 列对应资产与收入；第 13 列对应每周的工作时长；第 14 列对应的是国籍；第 15 列表法年收入是否大于 5 万美元。

构建模型的目标是识别前 14 列的数据后判断最后一列，也就是给定前 14 列数据后模型要判断年收入是否大于 5 万美元。接下来看看如何使用图 11-2 所示的模型来分析数据。

首先需要给每列数据提供名称，并将数据准备好提交给模型：

```
columns = ['age', 'workclass', 'fnlwgt', 'education', 'education_num',
'martial_status',
         'occupation', 'relationship', 'race', 'gender', 'capital_gain',
'capital_loss', 'hours_per_week',
         'native_country', 'income_bracket']          #给每个数据列定义名称
age = tf.feature_column.numeric_column('age')
workclass = tf.feature_column.categorical_column_with_vocabulary_list
('workclass',
['private', 'self-emp-not-inc', 'self-emp-inc', 'Federal-gov', 'Local-gov',
'State-gov',
'Without-pay', 'Never-worked']) #枚举类型数据，每种类型使用字符串表示
fnlwgt = tf.feature_column.numeric_column('fnlwgt')
ducation = tf.feature_column.categorical_column_with_vocabulary_list(
    'education', ['Preschool', '1st-4th', '5th-6th', '7th-8th', '9th',
'10th',
         '11th', '12th', 'HS-grad', 'Some-college', 'Prof-school', 'Assoc-
acdm',
         'Assoc-voc', 'Bachelors', 'Masters', 'Doctorate'])
education_num = tf.feature_column.numeric_column('education_num')
marital_status = tf.feature_column.categorical_column_with_vocabulary_
list(
    'marital_status', ['Never-married', 'Divorced', 'Separated', 'Widowed',
         'Married-civ-spouse', 'Married-AF-spouse', 'Married-spouse-absent'])
occupation = tf.feature_column.categorical_column_with_vocabulary_list(
    'occupation', ['Tech-support', 'Craft-repair', 'Other-service', 'Sales',
         'Exec-managerial', 'Prof-specialty', 'Handlers-cleaners', 'Machine-
op-inspct',
         'Adm-clerical', 'Farming-fishing', 'Transport-moving', 'Priv-house-
serv',
         'Protective-serv', 'Armed-Forces'])
relationship = tf.feature_column.categorical_column_with_vocabulary_list(
```

```
    'relationship', ['Wife', 'Own-child', 'Husband', 'Not-in-family',
        'Other-relative', 'Unmarried'])
race = tf.feature_column.categorical_column_with_vocabulary_list(
    'race', ['White', 'Asian-Pac-Islander', 'Amer-Indian-Eskimo', 'Other',
'Black'])
gender = tf.feature_column.categorical_column_with_vocabulary_list(
    'gender', ['Female', 'Male'])
capital_gain = tf.feature_column.numeric_column('capital_gain')
capital_loss = tf.feature_column.numeric_column('capital_loss')
hours_per_week = tf.feature_column.numeric_column('hours_per_week')
native_country = tf.feature_column.categorical_column_with_vocabulary_
list(
    'native_country', ['United-States', 'Cambodia', 'England', 'Puerto-
Rico',
        'Canada', 'Germany', 'Outlying-US(Guam-USVI-etc)', 'India', 'Japan',
        'Greece', 'South', 'China', 'Cuba', 'Iran', 'Honduras', 'Philippines',
        'Italy', 'Poland', 'Jamaica', 'Vietnam', 'Mexico', 'Portugal', 'Ireland',
        'France', 'Dominican-Republic', 'Laos', 'Ecuador', 'Taiwan', 'Haiti',
        'Columbia', 'Hungary', 'Guatemala', 'Nicaragua', 'Scotland', 'Thailand',
        'Yugoslavia', 'El-Salvador', 'Trinadad&Tobago', 'Peru', 'Hong',
'Holand-Netherlands'])
```

接下来需要把相关类别的数据进行"糅合"。教育和职业相关性强,国籍和职业相关性强,工作类型和工作内容相关性强,因此将这3组数据"糅合"起来,然后使用线性回归进行分析。代码如下:

```
linear_columns = [
    tf.feature_column.crossed_column(['education', 'occupation'], hash_
bucket_size = 1000),
    tf.feature_column.crossed_column(['native_country', 'occupation'],
hash_bucket_size = 1000),
    tf.feature_column.crossed_column(['workclas', 'occupation'], hash_
bucket_size = 1000)
]
```

将剩下的数据输入神经网络进行分析:

```
dnn_columns = [tf.feature_column.indicator_column(workclass),
        tf.feature_column.indicator_column(education),
        tf.feature_column.indicator_column(relationship),
        tf.feature_column.indicator_column(native_country),
        tf.feature_column.indicator_column(occupation),
        age, education_num, capital_gain, capital_loss, hours_per_
week, fnlwgt]
```

这里可以看出,当数据是枚举类型时,先使用以下接口:

```
tf.feature_column.categorical_column_with_vocabulary_list
```

将不同的枚举类型使用字符串代替,然后使用以下接口:

```
tf.feature_column.indicator_column
```

将字符串对应的类型转换为数字以便进行模型分析。接下来从 Estimator 对象中获取混合模型对象:

```
classifie = tf.estimator.DNNLinearCombinedClassifier(linear_feature_
columns = linear_columns,dnn_feature_columns = dnn_columns, dnn_hidden_
units = [120, 60])
```

接下来把数据从文件读入内存并提交给模型进行训练:

```
train_file = open('adult.data', 'r')
#将数据以csv格式读入内存
train_frame = pd.read_csv(train_file, names = columns, engine = 'python',
                skipinitialspace = True, skiprows = 1)
#把最后一列的值转换为0或1,'>50k'表示1
train_labels = train_frame['income_bracket'].apply(lambda x: '>50K' in x)
train_fn = tf.estimator.inputs.pandas_input_fn(x = train_frame, y =
train_labels, batch_size = 100,
                                    num_epochs = 600, shuffle = True)
classifier.train(train_fn)                          #启动训练
```

训练过程需要一段时间,当它运行结束后,可以加载训练数据,让模型对数据进行预测,以便检验模型对数据识别的准确度。代码如下:

```
test_file = open('adult.test', 'r')
test_frame = pd.read_csv(test_file, names = columns, engine = 'python',
                skipinitialspace = True, skiprows = 1)
test_labels = test_frame['income_bracket'].apply(lambda x: '>50K' in x)
test_fn = tf.estimator.inputs.pandas_input_fn(x = test_frame, y = test_
labels, num_epochs = 1,
                                    shuffle = False)
metrics = classifier.evaluate(test_fn)
print("test results:")
for key, value in metrics.items():
    print(key, ":", value)
```

上面的代码运行结果如下:

```
test results:
accuracy : 0.7708986
accuracy_baseline : 0.7637374
auc : 0.8770225
auc_precision_recall : 0.70972157
average_loss : 0.599223
label/mean : 0.23622628
loss : 76.21836
precision : 0.5094125
prediction/mean : 0.396115
recall : 0.81617266
global_step : 195360
```

在输出的结果中主要需要关注准确率,也就是accuracy。从输出结果看,模型预测的准确率是77%,高于基准线76%,由此训练出来的模型可以认为对数据的预测比较有效。Estimator导出的模型对象大大降低了开发难度,同时提升了开发效率。

试想如果要从零开始去思考和构建如图11-2所示的模型,然后再编码开发并调试,那么就得消耗很多时间,现在TensorFlow把若干常用模型封装起来,可以根据需要直接调用,这显然能有效加快项目的进度并降低开发难度。

11.3.4 给 Estimator 添加自己的网络模型

前几节讲解了如何从 Estimator 对象中获取各种类型的网络模型，从而能够直接将数据输入模型进行训练，省去了构建模型所需的时间，从而大大提升项目推进的效率。问题在于，Estimator 包装的模型种类有限，它不可能包含所有需要的模型。

当在给定的应用场景中不能从 Estimator 中找到合适的模型时，就得为它添加自己开发的模型，这类似于在 Java 编程中程序员自己提供程序库。读者只需要针对应用进行一次开发，然后就可以将开发的程序成功发布出来供大家多次使用。

本节将给 Estimator 对象添加一个能识别手写数字图像的 CNN 模型，该模型的原理在前面的章节中已经阐述过。本节关注的是如何将模型加入 Estimator 中并运行起来。

首先构建简单的 CNN 模型，代码如下：

```
_NUM_CLASSES = 10
_MODEL_DIR = "model_name"
_NUM_CHANNELS = 1
_IMG_SIZE = 28
_LEARNING_RATE = 0.05
_NUM_EPOCHS = 20
_BATCH_SIZE = 2048
class Model(object):
    def __call__(self, inputs):           #构建包含两个卷积层的简单网络
        net = tf.layers.conv2d(inputs, 32, [5,5], activation = tf.nn.relu, name = 'conv1')          #添加名称以便后面复用
        net = tf.layers.max_poolint2d(net, [2,2], 2, name = 'pool1')
        net = tf.layers.conv2d(net, 64, [5, 5], activation = tf.nn.relu, name = 'conv2')
        net = tf.layers.max_pooling2d(net, [2, 2], 2, name = 'pooling2')
        net = tf.layers.flatten(net)
        logits = tf.layers.dense(net, _NUM_CLASSES, activation = None, name = 'fc1')         #含有 10 个节点全连接层输出图像所属分类的概率
        return logits
```

上面的代码中构建了一个含有两个卷积层的简单网络。注意，在构建每个网络层时都添加了 name 参数，这样在以后调用 Model(input)时都会返回相同的网络层，而不会创建新的网络层。

问题在于，如何把构建好的网络对象提交给 Estimator，让它将数据传给网络进行模型训练、校验、预测等？为了解决这个问题，需要实现固定接口的函数：

```
model_fn(features, labels, mode)
```

当 Estimator 需要使用模型进行相应的操作时，它会调用上面的函数，通过 features 和 labels 两个参数将数据和对应的标签传入，然后使用 mode 参数告诉读者当前需要进行什么类型的操作。

mode 的取值有 3 种情况：tf.estimator.ModeKeys.TRAIN，该参数告诉读者使用输入数

据对模型进行训练；tf.estimator.ModeKeys.EVAL，该参数告诉读者使用数据对模型进行校验；tf.estimator.ModeKeys.PREDICT，该参数告诉读者使用该数据进行预测。

满足 model_fn 形式的函数必须由读者来实现，最后返回一个 tf.estimaotr.EstimatorSpec 对象，通过该对象把执行对应任务后的信息返回给 Estimator。接下来看一下该函数的实现：

```
def model_fn(features, labels, mode):          #使用模型执行Estimator要求的操作
    #构建模型，由于给每个网络层设定name参数，因此该调用多次执行时也是返回同一个网络
      对象
    model = Model()
    global_step = tf.train.get_global_step()
    images = tf.reshape(features, [-1, _IMG_SIZE, _IMG_SIZE, _NUM_CHANNELS])
    logits = model(images)
    predicted_logit = tf.argmax(input = logits, axis = 1, output_type = tf.int32)
    probalities = tf.nn.softmax(logits)
    predictions = {
        "predicted_logit": predicted_logit,
        "probilities": probabilities
    }
    if mode == tf.estimator.ModeKeys.PREDICT:          #对数据进行预测
        return tf.estimator.EstimatorSpec(mode = mode, predictions = predictions)
    with tf.name_scope('loss'):                        #使用交叉熵作为损失函数
        cross_entropy = tf.losses.sparse_softmax_cross_entropy(labels = labels, logits = logits, scope = 'loss')
        tf.summary.scalar('loss', cross_entropy)
    with tf.name_scope('accuracy'):                    #记录模型准确度
        accuracy = tf.metrics.accuracy(labels = labels, predictions = predicted_logit, name = 'acc')
        tf.summary.scalar('accuracy', accuracy[1])
    if mode == tf.estimator.ModeKeys.EVAL:
        return tf.estimator.EstimatorSpec(mode = mode, loss = cross_entropy,
                                          eval_metric_ops = {'accuracy/accuracy' : accuracy},
                                          evaluation_hooks = None)
    optimizer= tf.train.GradientDescentOptimizer(learning_rate = _LEARNING_RATE)
    #使用渐进下降法优化网络参数
    train_op = optimizer.minimize(cross_entropy, global_step = global_step)
    train_hook_list = []     #增加一系列钩子函数，用于监控模型在训练过程中的状态变化
    train_tensors_log = {'accuracy' : accuracy[1],
                         'loss' : cross_entropy,
                         'global_step': global_step}
    train_hook_list.append(tf.train.LoggingTensorHook(tensors = train_
```

```
tensors_log, every_n_iter = 100))        #模型每循环训练100次就将数据输出
    if mode == tf.estimator.ModeKeys.TRAIN:
        return tf.estimator.EstimatorSpec(mode = mode,
                    loss = cross_entropy, train_op = train_op,
                    train_hooks = training_hook_list)
```

当 Estimator 需要使用读者创建的模型进行训练、校验和预测时，就会调用上面的函数，当执行完相应任务后把执行结果封装在 EstimatorSpec 对象中返回。需要注意的是，该函数会被多次调用，在调用过程中会调用 Model() 函数来获取读者创建的模型。

由于在 Model() 函数中创建网络时给每个网络层对象都提供了 name 参数，如果模型是第一次创建的，那么 TensorFlow 就会分配内存创建网络层实例，后续在调用该函数时，框架会根据 name 参数对应的名字获取已经创建的对象实例。虽然 model_fn 函数会被多次调用而导致 Model() 函数被多次调用，但是可以确保每次都能获取同一个卷积网络对象。接下来介绍如何通过 Estimator 接口调用创建的模型来执行相应的任务，首先准备好数据：

```
mnist = tf.contrib.learn.datasets.load_dataset('mnist')  #加载手写数字图像
train_data = mnist.train.images
train_labels = np.asarray(mnist.train.labels, dtype = np.int32)
eval_data = mnist.test.images
eval_labels = np.asarray(mnist.test.labels, dtype = np.int32)
```

接下来准备好传输数据给模型，用于训练和校验的接口，并将 model_fn 函数提交给 Estimator，同时启动训练流程：

```
train_input_fn = tf.estimator.inputs.numpy_input_fn(x = train_data, y =
train_labels,                         #准备训练数据
                        batch_size = _BATCH_SIZE, num_
epochs = 1, shuffle = True)
eval_input_fn = tf.estimator.inputs.numpy_input_fn(x = eval_data, y =
eval_labels,                          #准备校验数据
                        batch_size = _BATCH_SIZE,
                        num_epochs = 1, shuffle = False)
image_classifier = tf.estimator.Estimator(model_fn = model_fn, model_dir
= _MODEL_DIR)                         #将模型置入 Estimator
for _ in range(_NUM_EPOCHS):
    image_classifier.train(input_fn = train_input_fn)       #启动训练和校验
    metrics = image_classifier.evaluate(input_fn = eval_input_fn)
```

执行上面的代码后，Estimator 调用卷积网络对输入的图像数据进行训练并检验其识别效果。在笔者的机器上，运行上面的代码后，输出结果的后半部分内容如下：

```
INFO:tensorflow:Done calling model_fn.
INFO:tensorflow:Create CheckpointSaverHook.
INFO:tensorflow:Graph was finalized.
INFO:tensorflow:Restoring parameters from model_name/model.ckpt-405
INFO:tensorflow:Running local_init_op.
INFO:tensorflow:Done running local_init_op.
INFO:tensorflow:Saving checkpoints for 405 into model_name/model.ckpt.
INFO:tensorflow:loss = 0.15349942, step = 406
INFO:tensorflow:accuracy = 0.9560547, global_step = 406, loss = 0.15349942
```

从输出结果可以看出，Estimator 通过调用 model_fn 函数获得模型对象，同时将数据输入模型进行训练和校验，此时模型训练后对数据识别的准确率达到了 95%以上。注意，在代码中添加了 tf.summary 调用，因此相关信息会输出 TensorBoard 组件。

在浏览器中输入 http://localhost:6006，在打开的网页中单击 SCLARS，然后选择 accuracy，此时会看到模型训练过程中的准确率变化过程，在笔者的机器上显示如图 11-3 所示。从中可以看出，模型识别的准确率从 0 慢慢提升到 95%左右。单击 GRAPHS，可以看到模型结构如图 11-4 所示。

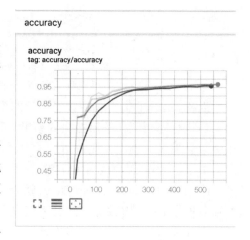

图 11-3　准确率变化曲线

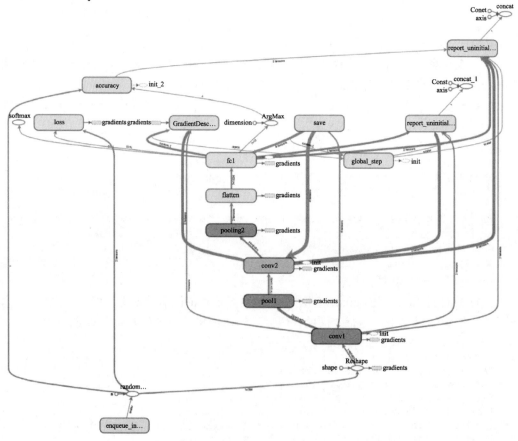

图 11-4　模型结构

第 3 篇
TensorFlow 实战

- 第 12 章　实现编解码器网络
- 第 13 章　使用 TensorFlow 实现增强学习
- 第 14 章　使用 TensorFlow 实现深 Q 网络
- 第 15 章　TensorFlow 与策略下降法
- 第 16 章　使用 TensorFlow 2.x 的 Eager 模式开发高级增强学习算法
- 第 17 章　使用 TensorFlow 2.x 实现生成型对抗性网络

第 12 章 实现编解码器网络

从本章开始,将进入使用 TensorFlow 开发多种应用场景的神经网络项目实践上。真正的将军不是从课堂中走出来的,而是在真枪实弹的战场上历练出来的。TensorFlow 是复杂而庞大的框架,单纯堆积有关它的各种知识点无法驾驭它的复杂性。

掌握 TensorFlow 框架的最好方式就是直接使用它来开发实用的数据分析模型或复杂的神经网络。下面将在具体的项目实践中介绍 TensorFlow 的各个知识点,通过足量的项目编码实践,降服 TensorFlow 这头复杂性"怪兽"。

12.1 自动编解码器的原理

本节将使用 TensorFlow 实现一种构思非常巧妙的数据处理模型。简单地说,可以把它看作一个黑箱子,然后将一张破损的图片从一边投入,另一边出来的将是内容完好的新图片。

先看两组数字序列,第一组内容为 20,47,99,10,67,第二组内容为 1,3,5,6,4,2,7,9,11,12,10,8,13,15,17,18,16,14。当读者第一眼看到这两组数据时,认为哪一组数据更好记忆?

当仔细观察第二组数据时很容易发现它的规律,首先是 3 个奇数升序排列,接着是 3 个偶数降序排列,该规律对应数字依次交替出现。掌握了这个规律,根本不用对具体数字进行记忆就可以轻松重构满足该规律的无限长数列。

编解码网络的作用原理就也如此,它从输入的数据中抽取出类似的规律,然后使用这些规律重构输入的数据,而且它还能更进一步,在掌握底层规律的基础上构建出新的数据形式。编解码网络分为 3 部分,如图 12-1 所示。

从图 12-1 中可以看出,编解码器网络分成 3 部分,第一部分叫编码器,它接收输入数据后输出结果称为"中间向量",编码器的作用是负责将输入数据中包含的规律抽取出来,被抽取的规律以"中间向量"的格式表现。

解码器的作用是利用编码器获得的规律重新构造规律对应

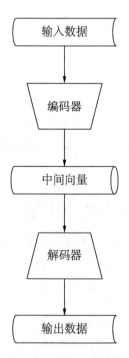

图 12-1 编解码器结构

的数据，例如把序列二输入编码器后，编码器识别到数列中的数字分布规律，它将这些规律以一维向量的形式表示，解码器读取这个一维向量后把数列还原回来。

表面上看这种网络似乎没什么复杂的，它就像一个 zip 压缩包，编码器就相当于对数据进行压缩，解码器相当于对数据进行解压缩。但它的强大之处在于，一旦掌握规律后，它能构建出原来不存在的数据。

例如，编码器识别序列二数字的分布规律后，解码器可以在该规律的基础上改变序列，例如它可能会输出序列 2,4,6,5,3,1,8,10,12,11,9,7。在掌握底层规律的基础上创建出原来不存在的事物就是编解码器网络的强大之处。

12.2 一个简单的编解码器网络

下面介绍如何实现一个非常简单的编解码器网络，由此建立对该网络的感性认知，为后面学习更复杂的编解码网络做准备。该网络的功能就相当于 zip 压缩包，它将高维数据转换为低维数据，然后再将低维数据还原为高维数据。

这种数据维度的转换其实有很强的实用性。人类的大脑很难想象超过三维的数据，因此给定一堆四维或五维以上的数据点时，根本无法想象它们的分布特性，因此很难想象这些点是如何在高维空间中分布的。

如果能在不改变这些高维数据点分布的情况下将它们转换为二维点，那么就可以通过查看它们在二维平面上的分布来掌握它们在四维或五维空间上的分布情况。这种将高维数据在尽可能保留其分布规律的情况下转换为低维数据的方法叫 PCA 分析。

首先，构造按照给定规律分布的三维数据点，代码如下：

```python
import tensorflow as tf
from mpl_toolkits import mplot3d
%matplotlib inline
import numpy as np
import matplotlib.pyplot as plt
import numpy as np
fig = plt.figure()
ax = plt.axes(projection='3d')
data = np.empty((300, 3))                    #构造100个三维点
zline = np.linspace(0, 15, 1000)             #构造三维点分布的空间曲线
xline = np.sin(zline)
yline = np.cos(zline)
ax.plot3D(xline, yline, zline, 'gray')
data[:, 0] = 15 * np.random.random(300)
data[:, 1] = np.cos(data[:,0]) + 0.1 * np.random.randn(300)
data[:, 2] = np.sin(data[:,0]) + 0.1 * np.random.randn(300)
#绘制三维坐标点
ax.scatter3D(data[:, 2], data[:,1], data[:,0], c=data[:,0], cmap='Greens');
```

运行上面的代码后，可以看到坐标点在三维空间的分布情况，如图 12-2 所示。

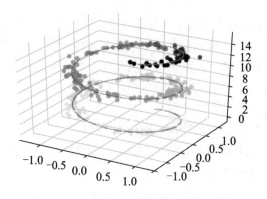

图 12-2 三维坐标点的空间分布

接下来创建一个编解码网络将三维空间点转换为二维平面点,同时确保点在三维空间的分布规律能反映到二维平面上。代码如下:

```
from sklearn.preprocessing import StandardScaler
scaler = StandardScaler()                    #将点集进行预处理
x_train = scaler.fit_transform(data)
from tensorflow.contrib.layers import fully_connected
n_inputs = 3                                 #输入点的维度
n_latent = 2                                 #编码器输出向量维度
n_outputs = n_inputs                         #解码器将编码器的输出还原为原来的数据
learning_rate = 0.01
input_layer = tf.placeholder(tf.float32, shape = [None, n_inputs])
encoder_output = fully_connected(input_layer, n_latent, activation_fn = None)                                        #编码器输出结果
decoder_output = fully_connected(encoder_output, n_outputs, activation_fn = None)                                        #解码器接收编码器的输出后还原数据
#还原数据与输入数据差值平方要尽可能小
loss = tf.reduce_mean(tf.square(decoder_output - input_layer))
optimizer = tf.train.AdamOptimizer(learning_rate)
training_op = optimizer.minimize(loss)
init = tf.global_variables_initializer()
n_iter = 5000                                #循环训练1000次
codings = encoder_output
with tf.Session() as sess:
    init.run()
    for iteration in range(n_iter):
        training_op.run(feed_dict = {input_layer: x_train})
    codings_val = codings.eval(feed_dict = {input_layer: x_train})
```

注意,代码中使用的是 fully_connected 接口来设置中间网络层,而在前面章节中直接使用的是矩阵相乘的方式,而该接口实际上是把矩阵乘法封装了起来,由此使用起来更加方便。

同时还要注意的是,在设置中间网络层时将激活函数设置为 None,也就是不使用激活函数,这样才能将三维数据点的分布特性有效地保存到二维空间,通过上面的的代码训练完网络后,再次将三维点输入网络,获得编码器的输出结果。

由于编码器输出的数据是二维点，因此可以将它们绘制到二维平面上：

```
fig = plt.figure(figsize=(4,3))
plt.plot(codings_val[:,0], codings_val
[:, 1], "b.")
plt.xlabel("$z_1$", fontsize=18)
plt.ylabel("$z_2$", fontsize=18,
rotation=0)
plt.show()
```

运行上面的代码后输出结果如图 12-3 所示。从中可以看出，点的分布规律与图 12-2 中点在三维空间中的分布很像，数据点虽然从三维降级为二维，但数据点的分布特性还是能在二维平面上展示出来，由此可以通过这种方法在低维度上分析高维度数据点的分布特性。

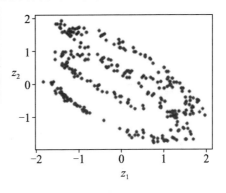

图 12-3　三维点在二维平面上的分布

12.3　使用多层编解码器实现图像重构

像传统神经网络，其识别能力的大小取决于网络的层数以及每层节点数量。编解码器要想从复杂数据中识别规律，那么就必须增加编解码器网络层数，本节将讲解如何使用编解码器网络识别手写数字图像中像素点的分布规律。

由于手写数字图像是 28×28 的二维数组，因此编码器输出的向量分量也要适当增加才能表达出图像像素点的分布规律。设计的编解码器结构如图 12-4 所示。

接下来根据图 12-4 来构造神经网络，它将读取手写数字图像，识别图像中像素点的分布规律，并将这些规律表达成含有 150 个分量的一维向量，最后解码器读取一维向量后再将图像还原回来，首先把数据读入内存，代码如下：

```
from tensorflow.examples.tutorials.
mnist import input_data
mnist = input_data.read_data_sets
("/tmp/data.")
```

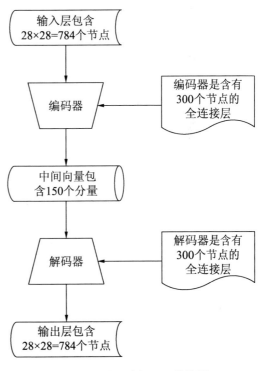

图 12-4　多层编解码器结构图

然后构造如图 12-4 所示的编解码器网络，代码如下：

```
input_layer_num = 28*28                        #手写数字图像的维度
encoder_layer_num = 300                        #编码器网络层节点数
latent_num = 150                               #编码器输出向量长度
decoder_layer_num = encoder_layer_num          #解码器也包含 300 个节点
output_layer_num = input_layer_num             #输出也是 28*28 的向量表示重构的图像
learning_rate = 0.01
l2_regulization= 0.0001                        #防止网络过度拟合
input_layer = tf.placeholder(tf.float32, shape = [None, input_layer_num])
def  construct_dense_layer(input_layer, output_num):
    l2_regularizer = tf.contrib.layers.l2_regularizer(l2_regulization)
    #初始化网络层链路参数以便加快网络训练速度
    he_init = tf.contrib.layers.variance_scaling_initializer()
    output_layer = tf.layers.dense(input_layer, output_num, activation = tf.nn.elu,
                        kernel_initializer = he_init,
                        kernel_regularizer = l2_regularizer)
    return  output_layer
encoder_layer = construct_dense_layer(input_layer, output_layer_num)
latent_layer = construct_dense_layer(encoder_layer, latent_num)
decoder_layer = construct_dense_layer(latent_layer, decoder_layer_num)
output_layer = construct_dense_layer(decoder_layer, output_layer_num)
```

上面的代码中有几个要点需要分析一下。首先是 tf.layers.dense 调用，可以快速建立全连接层，相比于 fully_connected，它提供更多对网络节点进行配置的参数。其中使用 tf.contrib.layers.variance_scaling_initializer()来初始化网络层链路参数。它与前面章节提到的初始化接口 tf.truncated_normal 基本一样，只不过把其中的参数 stddev 设置为 $\sqrt{\dfrac{1}{\text{shape}[0]}}$，由于输入的是 28×28 的二维数组，因此 shape[0]等于 28。

为何要对连接链路的参数做上面讲解的初始化呢？原因在于链路参数的初始值对网络最终识别效果影响很大，一开始初始值设置得过大或者过小会导致网络在多次循环训练过程中效果越来越差，而通过这种方式对参数初始化有利于网络稳定地降低损失函数的值，它能实现这种效果的数学原理在此先忽略。

其次，在构建网络层时，给它添加了类型为 l2_regularize 的参数，目的是防止网络在训练过程中出现过度拟合。这个问题经常在机器学习过程中出现，表现是模型或网络能对训练数据进行准确度较高的识别，但让它对测试数据进行识别时，准确率很低。

出现这种问题的原因在于，网络对训练数据的内在规律进行了过度识别，由此它掌握的规律只适用于训练数据而不是测试数据。形象点说，过度拟合就相当于学习数学时只会对公式死记硬背而不了解内在原理。一旦考试时，就把公式往题目上套，于是那些需要在理解的基础上进行推导才能解决的题目就做不了了。因此当网络出现过度拟合时，那就是内部参数调整得过分迎合训练数据的出现规律而不能展现数据对应的整体规律。

l2_regularize 是一种防止网络过度拟合的算法。假定网络层对应的内部链路参数为

$w_1, w_2, \cdots, w_n$，它就会在损失函数后面添加上它们的平方和，也就是 $\text{loss} + \lambda \times \sum_{i=1}^{N} w_i^2$，损失函数的值越小，网络对数据的识别就越准确。

在损失函数后面加上网络链路参数的平方和后，就使得渐进下降法在优化参数使得网络损失函数减小的同时也要注意参数的调整幅度，于是网络在训练过程中参数的变化就不会过分迁就与训练数据所体现的规律，于是就防止网络对训练数据进行过度识别而导致对测试数据识别的准确率不足。

最后，看一下激活函数 tf.nn.elu 的表达式：

$$\text{elu}(x) = \begin{cases} e^x - 1, & x < 0 \\ x, & x \geqslant 0 \end{cases} \quad (12\text{-}1)$$

下面实现网络的训练流程，代码如下：

```
import sys
reconstruction_loss = tf.reduce_mean(tf.square(output_layer - input_layer))                          #重建图像的像素点值与输入图像差别尽可能小
optimizer = tf.train.AdamOptimizer(learning_rate)
#获取网络链路参数的平方和
reg_losses = tf.get_collection(tf.GraphKeys.REGULARIZATION_LOSSES)
loss = tf.add_n([reconstruction_loss] + reg_losses)
training_op = optimizer.minimize(loss)
init = tf.global_variables_initializer()
epochs = 5
batch_size = 150
saver = tf.train.Saver()
with tf.Session() as sess:
    init.run()
    for epoch in range(epochs):
        #计算训练数据的批次
        n_batches = mnist.train.num_examples // batch_size
        for iteration in range(n_batches):
            #显示训练的进度
            print("\r{}%".format(100 * iteration // n_batches), end = "")
            sys.stdout.flush()
            #获取一个批次的训练数据
            x_batch, y_batch = mnist.train.next_batch(batch_size)
            sess.run(training_op, feed_dict = {input_layer: x_batch})
            loss_train = reconstruction_loss.eval(feed_dict = {input_layer: x_batch})
        #显示损失函数的值
        print("\r{}".format(epoch), "MSE loss value: ", loss_train)
        saver.save(sess, "./autoencoder.ckpt")   #将训练后的网络存储成文件
```

上面的代码运行后，输出结果如下：

```
0 MSE loss value:  0.046406474
1 MSE loss value:  0.02277141
2 MSE loss value:  0.012438796
3 MSE loss value:  0.011666564
4 MSE loss value:  0.011313596
```

接下来使用训练好的网络,将一幅手写数字图像输入,然后得到解码器恢复的图像,并将两幅图像进行比较,看看解码器恢复的效果如何,代码如下:

```
def plot_image(image, shape = [28, 28]):
    plt.imshow(image.reshape(shape), cmap = 'Greys', interpolation = 'nearest')
    plt.axis('off')
#从测试数据中获取图像输入网络后得到重构图像
def compare_input_output_digits(output_layer, save_path, test_digits = 3):
    with tf.Session() as sess:
        saver.restore(sess, save_path)           #将存储的网络加载到内存
        test_imgs = mnist.test.images[: test_digits]
        output_imgs = output_layer.eval(feed_dict = {input_layer: test_imgs})
        fig = plt.figure(figsize = (8, 3 * test_digits))
        for digit_index in range(test_digits):
            plt.subplot(test_digits, 2, digit_index * 2 + 1)
            plot_image(test_imgs[digit_index])           #绘制输入图像
            plt.subplot(test_digits, 2, digit_index * 2 + 2)
            plot_image(output_imgs[digit_index])         #绘制重构图像
compare_input_output_digits(output_layer, './autoencoder.ckpt')
```

上面的代码运行后输出结果如图 12-5 所示。

从图 12-5 中可以看出,左边对应输入图像,右边对应输出图像,两相比较看到,解码器输出的图像质量比较高,图像与输入时差别很小,这意味着编码器成功识别了手写数字图像像素点的分布规律,并将该规律刻画在它输出的一维向量中。

在设计的网络结构中,编码器含有 300 个节点,解码器同样含有 300 个节点,因此编码器和解码器是一种对称结构。因此可以尝试把编码器和解码器合二为一,也就是将编码器的节点作为解码器的节点,这样网络结构就能缩小一半,下面看看效果如何,代码如下:

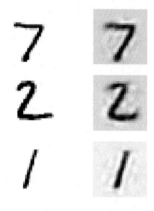

图 12-5 输入和输出图像比较

```
activation = tf.nn.elu
regularizer = tf.contrib.layers.l2_regularizer(l2_regulization)
initializer = tf.contrib.layers.variance_scaling_initializer()
input_layer = tf.placeholder(tf.float32, shape = [None, input_layer_num])
inited_input_encoder_weights = initializer([input_layer_num, encoder_layer_num])
                                         #初始化输入层到编码器层的连接链路参数
input_encoder_layer = tf.Variable(inited_input_encoder_weights, dtype = tf.float32, name = 'input_encoder')
encoder_layer_biases = tf.Variable(tf.zeros(encoder_layer_num), name = 'encoder_layer_biases')
inited_encoder_latent_weights = initializer([encoder_layer_num, latent_num])
                                         #初始化编码器层到输出向量层的链路参数
encoder_latent_layer = tf.Variable(inited_encoder_latent_weights, dtype = tf.float32, name = 'encoder_latent')
encoder_latent_biases = tf.Variable(tf.zeros(latent_num), name = 'latent_layers_biases')
```

```python
#使用编码层的链路参数作为解码层的链路参数
latent_decoder_layer = tf.transpose(encoder_latent_layer)
latent_decoder_biases = tf.Variable(tf.zeros(decoder_layer_num), name = 
'latent_decoder_biases')
#使用输入层和编码层的链路参数作为解码层与输出层的链路参数
decoder_output_layer = tf.transpose(input_encoder_layer)
decoder_output_biases = tf.Variable(tf.zeros(output_layer_num), name = 
'decoder_output_biases')
encoder_layer = activation(tf.matmul(input_layer, input_encoder_layer) + 
encoder_layer_biases)
latent_layer = activation(tf.matmul(encoder_layer, encoder_latent_layer) 
+ encoder_latent_biases)
decoder_layer = activation(tf.matmul(latent_layer, latent_decoder_layer) 
+ latent_decoder_biases)
output_layer = activation(tf.matmul(decoder_layer, decoder_output_layer) 
+ decoder_output_biases)
#损失函数
reconstruction_loss = tf.reduce_mean(tf.square(output_layer - input_layer))
reg_loss = regularizer(input_encoder_layer) + regularizer(encoder_latent
_layer)
loss = reconstruction_loss + reg_loss         #最终损失函数要加上链路参数平方和
optimizer = tf.train.AdamOptimizer(learning_rate)
training_op = optimizer.minimize(loss)
init = tf.global_variables_initializer()
```

上面的代码中,手动为输入层到编码层和编码层到中间输出层设置了链路参数。同时中间输出层和解码层之间共享了编码层到中间层的链路参数。同时解码层与最终输出层之间的链路参数则共享了输入层到编码层之间的链路参数。

需要注意的是,共享时需要把链路参数对应的矩阵进行转置,原因在于编码层含有 300 个节点,中间输出层含有 150 个节点,因此它们对应的链路参数矩阵维度为[150, 300],同时解码层含有 300 个节点,因此中间层到解码层的链路参数矩阵对应维度为[300, 150]。

共享参数时为了保证相应网络层输出结果的维度正确,就需要做一次转置。接下来将数据输入网络进行训练,代码如下:

```python
epochs = 5
batch_size = 150
saver = tf.train.Saver()
with tf.Session() as sess:
    init.run()
    for epoch in range(epochs):
        #计算训练数据的批次
        n_batches = mnist.train.num_examples // batch_size
        for iteration in range(n_batches):
            #显示训练的进度
            print("\r{}%".format(100 * iteration // n_batches), end = "")
            sys.stdout.flush()
            #获取一个批次的训练数据
            x_batch, y_batch = mnist.train.next_batch(batch_size)
            sess.run(training_op, feed_dict = {input_layer: x_batch})
            loss_train = reconstruction_loss.eval(feed_dict = {input_layer: 
x_batch})
```

```
#显示损失函数的值
print("\r{}".format(epoch), "MSE loss value: ", loss_train)
#将训练后的网络存储成文件
saver.save(sess, "./autoencoder_shared.ckpt")
```

上面的代码运行后,输出结果如下:

```
0 MSE loss value:    0.017940043
1 MSE loss value:    0.010579607
2 MSE loss value:    0.008496127
3 MSE loss value:    0.00824155
4 MSE loss value:    0.0076675606
```

由输出结果可以看出共享参数后,网络训练输出的损失函数值更小,这意味着网络对输入图像的识别效果更好,下面同样用图像输入训练好的网络,然后检验它重构的图像质量,代码如下:

```
compare_input_output_digits(output_layer,
"./autoencoder_shared.ckpt", 2)
```

上面的代码执行后,结果如图 12-6 所示。

从图 12-6 可以看出,重构的图像质量并不比图 12-5 差,但要知道的是,共享链路参数后网络的参数个数比原来减少了一半,参数的减少意味着训练速度加快和内存占用减少,由此得到同等质量以上的效果证明共享网络参数的做法比原来更优。

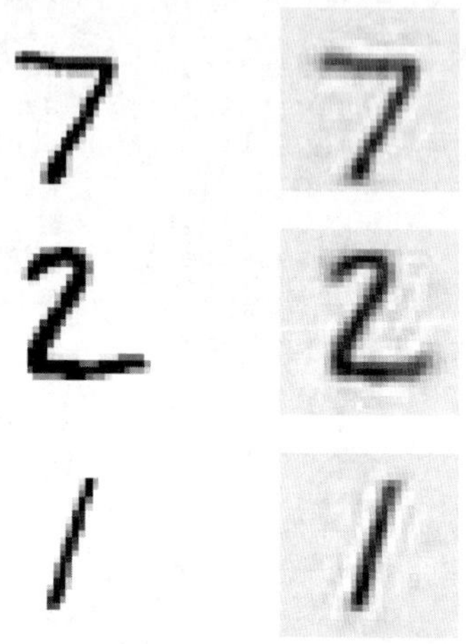

图 12-6　网络重构图像结果

12.4　使用编解码网络实现图像去噪

前面几节,使用编解码器网络识别图像,生成一个中间向量,然后将其还原为输入图像。这个过程看似走了一个无意义的循环,然而在中间过程增加一些步骤,网络就能产生实用效果,例如对输入图像进行去噪。

在经典的图形图像处理应用中,去噪是一个常见场景。大家都知道图像可以对应二维数组,图像中像素点对应二维数组中的元素。如果元素值并不对应真实的像素点值,例如某个像素点值应该是 0,在视觉效果上是白色。

但由于干扰的存在,在获取该像素点值时得到的不是 0 而是 100,那么在图像本来应该是白色的地方就会变成灰色,从而破坏图像的清晰度,而去噪就是恢复像素点本来应该对应的值,经典的图像去噪如图 12-7 所示。

从图 12-7 可以看出,左边图像有很多斑点导致图像模糊,去噪其实就是把这些影响视觉效果的斑点去除,恢复到像右边图像那样的清晰情况。接下来看一下如何使用编解码网络实现去噪功能。

图 12-7　图像去噪示例

首先,给输入图像制造一些"噪声",也就是给图像对应的每个像素点增加一些任意数值,在这里使用正态分布来产生这些任意值,给图像制造"噪声"的代码如下:

```
input_layer = tf.placeholder(tf.float32, input_layer_num)
nosing_input = input_layer + tf.random_normal(tf.shape(input_layer), mean
= 0.5, stddev = 0.5)                    #给像素点添加噪声值
with tf.Session() as sess:
    nosing_img = sess.run(nosing_input, feed_dict = {input_layer: mnist.
test.images[0]})                        #获得添加噪声后的图像
fig = plt.figure(figsize = (8, 3))      #显示原图像和增加了噪声的图像
plt.subplot(2, 2, 2 + 1)
plot_image(mnist.test.images[0])        #绘制输入图像
plt.subplot(2, 2, 2 + 2)
plot_image(nosing_img)
```

上面的代码运行后,输出结果如图 12-8 所示。

图 12-8　图像添加噪声后的效果

从图 12-8 中可以看到,左边是原来图像,右边是给图像中每个像素点添加正态分布随机数后形成的效果,显然右边图像有很多"疙瘩",接下来使用 TensorFlow 构造编解码网络,让它识别如何去除难看的"疙瘩",代码实现如下:

```
tf.reset_default_graph()
input_layer = tf.placeholder(tf.float32, shape = [None, input_layer_num])
input_layer_noise = input_layer + tf.random_normal(tf.shape(input_layer),
mean = 0.5, stddev = 0.5)               #给像素点添加噪声值
input_encoder_layer = tf.layers.dense(input_layer_noise, encoder_layer_
num, activation = tf.nn.relu,
                    #建立输入层与编码层的连接
                    name = "input_encoder_layer")
```

```
encoder_latent_layer = tf.layers.dense(input_encoder_layer, latent_num,
activation = tf.nn.relu,
                          #建立编码层到中间层的连接
                          name = "encoder_latent_layer")
latent_decoder_layer = tf.layers.dense(encoder_latent_layer, decoder_
layer_num, activation = tf.nn.relu,
                             name = "latent_decoder_layer")
decoder_output_layer = tf.layers.dense(latent_decoder_layer, output_
layer_num, activation = None,
                             name = "decoder_output_layer")
reconstruction_loss = tf.reduce_mean(tf.square(input_layer - decoder_
output_layer))
```

上面的代码构建编解码器网络，它与前面小节构建网络的方法几乎一模一样，不同之处在于它接收图像数组后，使用正态分布为图像添加了噪声，同时还需要留意的是，每层网络的激活函数变为 tf.nn.relu，在某些场景下使用特定激活函数往往能收到更好的效果。

如果把激活函数换成原来的 tf.nn.elu 就会发现，使用该激活函数训练网络的结果比使用 tf.nn.relu 的结果差很多，同时需要注意最后一层网络在输出结果时没有使用激活函数。

如何根据场景特征来选择激活函数呢？笔者的经验是，如果对应于场景的数学原理有深刻把握，那么可以从数学推导上思考使用特定激活函数；如果对应用场景没有深刻的数学认知，那么就可以使用不断尝试的方式找到合适的激活函数。

接下来将数据输入网络进行训练，代码如下：

```
learning_rate = 0.001
optimizer = tf.train.AdamOptimizer(learning_rate)
training_op = optimizer.minimize(reconstruction_loss)
saver = tf.train.Saver()
init = tf.global_variables_initializer()
epochs = 10
batch_size = 150
with tf.Session() as sess:
   sess.run(init)
   for epoch in range(epochs):
      batches = mnist.train.num_examples // batch_size #计算训练数据的批次
      for iteration in range(batches):
         #显示训练进度
         print("\r{}%".format(100 * iteration // batches), end = "")
         sys.stdout.flush()
         x_batch, y_batch = mnist.train.next_batch(batch_size)
         sess.run(training_op, feed_dict = {input_layer: x_batch})
      loss_train = reconstruction_loss.eval(feed_dict = {input_layer:
x_batch})                          #输出损失函数的计算结果
      print("\r{}".format(epoch), "Train MSE: ", loss_train)
      saver.save(sess, "./gaussian_denosing.ckpt")
```

上面的代码与前面章节大同小异，到这里读者或许对使用 TensorFlow 开发神经网络有了一定的规律性认识，那就是它在模型训练上有很多流程化操作，基本上就是选择合适的渐进下降算法，将数据分成多个批次，然后多次驱动计算图执行渐进下降法修正模型内部参数。

当训练完成后,看一下模型去噪效果,从测试数据中获得一幅手写数字图像,将其输入网络,注意网络拿到图像后会自动对它添加噪声,因此直接观察它的最终输出结果就可以体会网络的去噪功能,代码如下:

```
compare_input_output_digits(decoder_output_layer, "./gaussian_denosing.ckpt", 1)
```

上面的代码运行后,所得效果如图 12-9 所示。

图 12-9　图像去噪效果

图 12-9 中右边图像是去除噪声后的效果,对比图 12-8 中右边图像添加了噪声的图像,可以感觉到网络去噪效果不错,基本上能把噪声对应的"疙瘩"消除,把图像原有形态准确地展现出来。

12.5　可变编解码器

在前面几节中,编解码器的主要任务是"还原",也就是它让输出尽可能地接近输入。本节要讲的可变编解码器功能则强大得多,它可以识别输入数据的内在规律,然后根据规律创作出与输入类似但又有很多差异的输出。

例如,我们可以把《唐诗三百首》输入可变编解码器,它会识别唐诗的创作规律,然后自己创作出一首在《唐诗三百首》中没有的唐诗来,这种"无中生有"的创造性使得可变编解码器的应用场景相当广泛,例如近期流行的视频换脸就基于该原理。

12.5.1　可变编解码器的基本原理

在前面章节中讲过,当把数据输入编解码器网络后,它的编码器会把数据转换为一个含有多个分量的向量,这个向量表示什么意思呢?实际上是编码器把输入数据分解成多种组成属性,输出向量含有多少分量,编码器就将数据分解成相应数量的属性。

同时分量的数值用来描述对应属性,例如输入一幅"脸"图像时,编码器可以将"脸"

分解成如图 12-10 所示特性对应的向量。

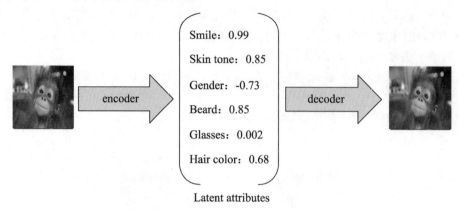

图 12-10 编码器将输入图像分解成多种属性

如图 12-10 所示，编码器把输入的"脸"图像分解成多种属性，例如笑容、皮肤、性别、胡须、戴眼镜概率、头发颜色等，然后使用一个特定数值来表示对应属性在图像中的展现情况，当解码器拿到这个向量后它就可以把输入图像还原回来。

这种做法的一个缺陷在于它把属性用一个离散点来表示，例如图 12-10 中猴子脸对应的笑容用 0.99 表示，那么如果把该值改成 0.992，解码器就不知道如何处理了，因为单一数值与特定属性形成了一一对应的关系，因此当数值发生改变时，解码器就不知道如何解读。

显然从直觉上看，0.99 表示当前图像中的笑容，0.992 显然也应该对应图像中的笑容，因此更合理的情况是，某个属性的展现情况应该对应一个区间而不是一个离散点，例如图 12-10 中猴子的笑容用区间[0.99,1.0]来表示。于是解码器就把任何落入区间[0.99,1.0]之间的数值都转换为如图 12-10 所示的笑容。同时根据特定笑容状况在所有输入图像中所占比例来设定它对应的区间大小。假设有 10 幅图像，其中 7 幅图像中笑容与图 12-10 中的猴子一样。也就是说在 10 幅图中随机选一幅得到如图 12-10 那样的笑容概率是 0.7，于是就用区间(0.3,1.0]来对应图 12-10 中的笑容属性，用区间[0,0.3]来对应其他笑容情况，由此我们可以避免解码器能识别笑容属性对应数值为 0.99，而识别不了数值为 0.992 的情况。

通过以上操作把编码器训练出的能力是，它能构建给定的概率分布函数对特定属性进行赋值，通常情况下使用正态分布函数，因为该概率函数在数学上容易操控，于是对于可变编解码器而言，它对输入数据的处理方式变为如图 12-11 所示。

需要注意的是，为了方便理解，可以假设编解码器把图像分解成了容易理解的属性，事实上编解码器网络将数据分解成的属性其"颗粒度"比本书举例要小得多，例如它会把微笑分解成多个细微的属性，如嘴角弯曲的弧度等，甚至会有无法理解的属性。

这种做法一大好处是能让网络带来创造性，说到底所谓"创造性"其实就是将不同属性以不同的方式进行组合。假设输入一系列人脸图像对网络进行训练，其中女性脸的比例是 0.6，男性脸的比例是 0.4。同时女性头发全是黑色，男性中有一部分是黑色，一部分是金色，于是就可以对这两种属性进行概率采样，例如对于性别而言，在区间[0,1]之间取一个随机数，如果结果落入区间[0,0.6]，那么解码器就绘制女性脸。然后再对头发颜色进行采样，同样在区间[0,1]内取一个随机数，由于发色有两种情况，黑色比例为 0.8，金色比例为 0.2，因此如果随机数落入区间[0, 0.8]，那么解码器就绘制黑色头发。

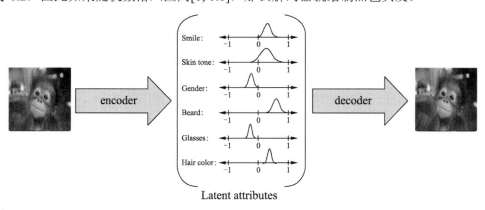

图 12-11　编解码器对数据的识别示例

如果采样时出现小概率事件，例如在对性别属性进行采样时，所得随机数落入区间[0,0.6]，对发色采样时随机数落入区间[0.8,1]，这样解码器就会绘制一张发色是金色的女性面孔，显然这是输入图像中不存在的情况，由此就展现出了网络的"创造性"。

12.5.2　编解码器的数学原理

本节介绍可变编解码器内部运行的数学原理。了解了这些原理，才能明白可变编解码器的设计思想。首先介绍信息量的概念，它来自信息论，公式如下：

$$I(x) = -\log p(x) \tag{12-2}$$

其中，x 代表实验的结果，$p(x)$表示实验出现给定结果的概率，例如丢一枚硬币，用$x=1$ 表示出现正面，用 $x=0$ 表示出现反面。于是根据公式（12-2）一次丢硬币后实验对应的信息量就是$-\log(1/2) = 1$，常用比特来作为信息量的单位。

第二个需要介绍的概念叫信息熵，它的公式如下：

$$H(x) = \sum_x p(x) \times [-\log(p(x))] \tag{12-3}$$

公式（12-3）计算后得到的值越大，表明一个系统状态就越混乱。假设当前有两个系统，第一个系统出现结果 x 的概率是 $p(x)$，第二个系统出现结果 x 的概率是 $q(x)$，那么用如下公式来量化两个系统的差异性：

$$\text{KL}(p \| q) = \sum_x p(x) \times [\log(\frac{p(x)}{q(x)})] \tag{12-4}$$

对于公式（12-4）而言，它暗含了一种相对性，它表示的是系统 1 相对于系统 2 的差异性。如果是系统 2 相对于系统 1 的差异性那就是 $KL(q\|p)$，这里需要注意的是，通常情况下有 $KL(p\|q) \neq KL(q\|p)$。

如果经过公式（12-4）计算出来的值越小，意味着两个系统越相似。举个例子，在系统 1 中用 $x=1$ 表示抛硬币出现正面，用 $x=2$ 表示出现反面。在系统 2 中用 x 的值对应丢骰子正面朝上的点数。

由此，系统 1 运行的结果和系统 2 中正面朝上是点 1 和点 2 这两种情况就可以相互比较，显然当系统 2 正面朝上的点不是 1 和 2 时的情况就不能与系统 1 比较。系统 1 中出现不同结果的概率是 1/2，系统 2 中出现两种不同结果的概率是 1/6，由此可以代入公式（12-4）计算两种系统的差异。

但如果系统 2 中用 $x=1$ 表示正面朝上的点是奇数，$x=2$ 表示正面朝上的点是偶数，那么系统 2 中 $x=1$ 和 $x=2$ 的概率都是 1/2，于是代入公式（12-4）后得到结果为 0。也就是在这种观察角度下，丢硬币和丢骰子完全是一回事，同时从公式（12-4）中还可以确定的一点是 $KL(p\|q) \geqslant 0$。

前面提到的这些理论常用于给定系统的概率分布推导上。假设有一个系统，它运行的结果用 x 表示，但 x 出现的结果由系统内部的一个无法观察到的变量 z 来控制，因此两个变量的关系如图 12-12 所示。

由于只能看到结果 x，而看不到变量 z，因此可以通过 x 的取值去推导 z 取值的概率。先看一个思想实验，例如给定一个实验有 3 枚硬币，第一枚硬币正面出现的概率是 1/2，第二枚硬币正面出现的概率是 1/3，第三枚硬币正面出现的概率是 1/4。

用 z 来表示哪一枚硬币被选择，例如 $z=1$ 表示第一枚硬币被选中，同时用 x 表示抛硬币一万次后出现正面的次数。如果不知道 z 的取值，但知道 x 的取值，那么如何根据 x 的取值来判断 z 取值 1,2,3 对应的概率呢？

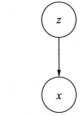

图 12-12　不可见变量决定可见变量

如果使用 $p(z|x)$ 表示给定 x 的值时 z 取值的概率，那么根据概率论就有：

$$p(z|x) = \frac{p(x|z)p(z)}{p(x)} = \frac{p(x,z)}{p(x)} \quad (12\text{-}5)$$

通常有：

$$p(x) = \sum_z p(x|z)p(z) \quad (12\text{-}6)$$

例如，在例子中，假设 3 枚硬币被选中的概率相等，那么就有 $p(z=1)=p(z=2)=p(z=3)=1/3$，假设 $x=5$，那么就可以根据公式（12-6）计算 $p(x=5)$ 的概率。

当知道当前选中的是那一枚硬币时，也就是 z 确定时，计算 $P(x|z)$ 也很容易。因此根据公式（12-5）就可以从观察到的 x 反向推导出 z 的取值概率，其中公式（12-5）也称为

贝叶斯公式。问题在于，通常情况下 $p(x)$ 很难直接计算，如果 z 是一个维度为 d 的向量，公式（12-6）就得换成 d 的微积分。

由于 $p(x)$ 计算困难，因此可以使用另一个相对容易计算的概率函数 $q(x)$，通过一些调整后去模拟 $p(x)$，$q(x)$ 模拟的效果越好，$KL(q\|p)$ 的值就越小。读者如果对微积分有所了解，知道泰勒展开公式，那么函数 $\sin(x)$ 在点 0 处展开为：

$$\sin(x) = x - \frac{x^3}{3!} + \frac{x^5}{5!} - \frac{x^7}{7!} + \cdots \tag{12-7}$$

显然 $\sin(0.015)$ 很难计算，但是使用公式（12-7）进行计算就容易得多。可以把 $\sin(x)$ 看作 $p(x)$，然后可以用 $q(x) = x - \frac{x^3}{3!}$ 或 $q(x) = x - \frac{x^3}{3!} + \frac{x^5}{5!} - \frac{x^7}{7!}$ 来模拟 $p(x)$。显然后者的模拟效果更好，因为将它代入公式（12-4）后所得结果更小。

通过这种变换可以降低问题的难度，也就是拿相对简单的函数去模拟逼近复杂函数，从而得到计算结果。回到公式（12-5），由于 $p(x)$ 通常很难计算，因此导致 $p(z|x)$ 很难计算，这意味着很难通过观察 x 去推导变量 z 的可能性。于是要想方设法使用一个容易计算的函数 $q(z|x)$ 去模拟 $p(z|x)$，因此要找到合适的 $q(z|x)$，然后不断地对它进行调整，使得 $KL(q\|p)$ 的值变小，当 $KL(q(z|x)\|p(z|x))$ 取得最小值时，就得到了最佳逼近效果。

根据公式（12-4）并结合（12-5）有：

$$KL(q(z|x) \| p(z|x)) = \sum_z q(z|x) \times \log(\frac{q(z|x)}{p(z|x)}) = -\sum_z q(z|x) \log(\frac{p(z|x)}{q(z|x)})$$

$$= -\sum_z q(z|x) \times \log(\frac{\frac{p(x|z)p(z)}{p(x)}}{q(z|x)}) = -\sum_z q(z|x) \times \log(\frac{p(x|z)p(z)}{q(z|x)} \times \frac{1}{p(x)}) \tag{12-8}$$

由于运算中的乘法和除法可以转换为加法和减法，因此有：

$$-\sum_z q(z|x) \times \log(\frac{p(x|z)p(z)}{q(z|x)} \times \frac{1}{p(x)}) = -\sum_z q(z|x) \times [\log(\frac{p(x|z)p(z)}{q(z|x)}) + \log(\frac{1}{p(x)})]$$

$$= -\sum_z q(z|x) \times [\log(\frac{p(x|z)p(z)}{q(z|x)}) - \log(p(x))] = -\sum_z q(z|x) \times (\log(\frac{p(x|z)p(z)}{q(z|x)})) + \tag{12-9}$$

$$\sum_z q(z|x) \times \log(p(x))$$

这里需要注意的是，由于 $\sum_z q(z|x) = 1$，所以有 $\sum_z q(z|x) \times \log(p(x)) = \log(p(x))$，同时由于 x 对应观察到的结果，它不再是一个变量，所以 $\log(p(x))$ 是一个常量。由此结合公式（12-9）有：

$$KL(q(z|x) \| p(z|x)) = -\sum_z q(z) \times \log(\frac{p(x|z)p(z)}{q(z|x)}) + \log(p(x)) \rightarrow$$

$$\log(p(x)) = KL(q(z|x) \| p(z|x)) + \sum_z q(z|x) \times \log(\frac{p(x|z)p(z)}{q(z|x)}) \tag{12-10}$$

计算 $\mathrm{KL}(q(z\mid x)\parallel p(z\mid x))$ 的最小值，同时公式（12-10）的等号左边是一个常量，因此可以把目标转换为计算 $\sum_z q(z|x)\times\log(\frac{p(x\mid z)p(z)}{q(z\mid x)})$ 的最大值。继续把这一项展开有：

$$\begin{aligned}&\sum_z q(z|x)\times\log(\frac{p(x\mid z)p(z)}{q(z\mid x)})=\sum_z q(z\mid x)\times[\log(p(x\mid z)+\log(\frac{p(z)}{q(z\mid x)})]=\\&\sum_z q(z\mid x)\times\log(p(x\mid z))+\sum_z q(z\mid x)\times\log(\frac{p(z)}{q(z\mid x)})\end{aligned}\qquad(12\text{-}11)$$

注意：

$$\begin{aligned}&\sum_z q(z|x)\times\log(p(x\mid z))=\underset{q(z|x)}{E}[\log(p(x\mid z))],\\&\sum_z q(z\mid x)\times\log(\frac{p(z)}{q(z\mid x)})=-\mathrm{KL}(q(z\mid x)\parallel p(z))\end{aligned}\qquad(12\text{-}12)$$

于是有：

$$\min_z(\mathrm{KL}(q(z|x)\parallel p(x\mid z)))=\max(\underset{q(z)}{E}[\log(p(x\mid z)]-\mathrm{KL}(q(z\mid x)\parallel p(z)))\qquad(12\text{-}13)$$

这意味着要最大化 $\underset{q(z|x)}{E}[\log(p(x\mid z)]$，且同时最小化 $\mathrm{KL}(q(z|x)\parallel p(z))$，这些推导如何与需要理解的编解码器联系起来呢？看图 12-13 就可以有所理解。

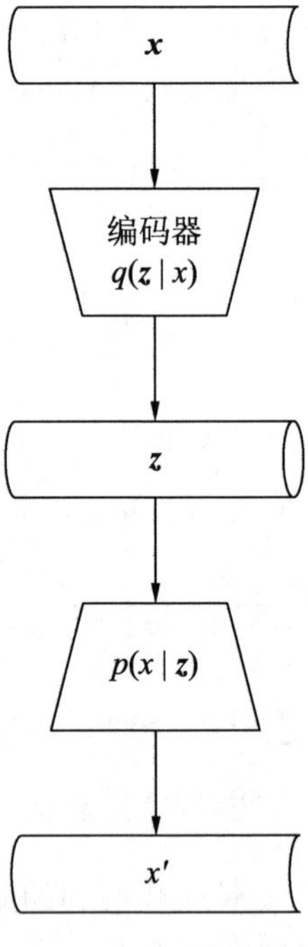

图 12-13　可变编解码器模型

根据图 12-13 的编解码器模型，它接收图像 x 后，将其转换为向量 z，然后再将向量 z 转换为 x，由于 z 转换回 x 时可能会存在误差，因此用 x'替代。由于模型是自己设定的，因此可以规定 x 到 z 和 z 到 x 的规律。

编码器希望接收 x 后将它转换为对应的 z，但问题在于无法确定对应关系 $Q(z|x)$，因此使用容易计算的关系 $q(z|x)$来模拟它，这里选取正态分布函数来替代。一旦 z 确定之后，由 z 到 x 的关系就很容易确定。

就好像前面的思想实验中，一旦知道 z 的值，就知道哪枚硬币被选中，由此就可以估计 x 对应的值，当然 x 是理论值，实验后出现的具体值肯定与理论上的 x 有差异，因此我们用 x'代表实验后的具体值。

例如，$z=1$，那么随机变量 x 对应抛一万次后出现正面的次数，理论上 x 应该等于 1/2，但抛一万次后，出现正面的次数可能是 4 990 次，因此 x'就对应 0.49。对应到图 12-13 中，解码器就相当于模拟硬币抛一万次的过程。

假设有了 z 之后，生成 x 的过程就满足正态随机分布，其实可以假设知道 z 后生成 x

的过程满足任何给定概率分布,只不过正态分布在自然界中出现得最多,而且在理论上进行操作比较容易。

同时也注意到解码器实际上是把输入给它的 z 经过一系列运算后生成 x',这一系列运算是确定性的流程,也就是把同一个 z 输入解码器 10 次,那么解码器输出的结果 10 次都相同。

因此 z 与 x' 存在确定的函数关系,因此可以把 $p(x|z)$ 换成 $p(x|x')$,由于假设 $p(x|z)$ 满足正态分布,因此 $p(x|x')$ 也满足正态分布。正态分布函数形式如下:

$$f(x|\mu,\sigma) = \frac{1}{\sqrt{2\pi}\sigma} e^{-(\frac{x-\mu}{\sigma})^2} \tag{12-14}$$

如果令 $\mu = x'$,$\sigma=1$,那么公式(12-14)就变成:

$$f(x|x',1) = \frac{1}{\sqrt{2\pi}} e^{-(x-x')^2} \tag{12-15}$$

于是 $p(x|x')$ 就是要对公式(12-15)进行积分运算,可以肯定的是积分结果一定包含 $e^{-(x-x')^2}$。由于 $E_{q(z|x)}[\log(p(x|z))]$ 中对 $p(x|z)$ 进行对数运算,且 $p(x|z)$ 可以对应为 $p(x|x')$,因此它相当于对公式(12-15)积分后的结果做对数运算。

又因为 $p(x|x')$ 含有 $e^{-(x-x')^2}$,做对数运算后有 $e^{-(x-x')^2} \to -(x-x')^2$,如果想让 $E_{q(z|x)}[\log(p(x|z))]$ 变大,就得让 $(x-x')^2$ 变小,这就要求解码器生成的 x' 与输入编码器的 x 差方和要尽可能小。

接下来讲解 $KL(q(z|x) \| p(z))$,其中 $p(z)$ 表示在没有看到 x 的情况下 z 的分布概率,这里可以设置 z 的先验概率满足正态分布,相当于可以根据自己的喜好来决定如何选择硬币。

$q(z|x)$ 对应编码器接收 x 后如何生成 z,于是就需要调整编码器的行为,让它输出的结果尽可能像一个正态分布函数。由此把编解码网络修改成图 12-14 所示结构。

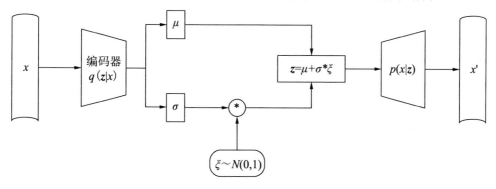

图 12-14 可变编解码器结构

正态分布受两个关键变量的影响,一个是均值 μ,另一个是方差 σ,这两个变量一旦确定,整个随机过程就能确定。因此要让编码器模拟正态分布函数,关键在于让它生成两个关键变量，使得它们决定的正态分布与要模拟的均值为 0 且方差为 1 的正态分布在 KL 值上尽可能小。

注意，在图 12-14 中添加了一个随机变量 ξ，它乘以编码器生成的方差，然后加上生成的均值形成要输入给解码器的中间向量 z，这个过程叫随机抽样，形象化地说这就相当于编码器打造了一枚满足特定概率的硬币，随机抽样就是抛这枚硬币获取的结果。

随机抽样引入了不确定性，就好像每次抛硬币得到的结果都可能不一样，但这些不确定性肯定遵循给定概率。下面讲解如何训练编码器，让它满足公式（12-11）中第二部分的取值尽可能小。由于编码器模拟的是正态分布函数 $\frac{1}{\sqrt{2\pi}\sigma}e^{-\frac{(x-\mu)^2}{\sigma^2}}$，$p(z)$ 对应 $\frac{1}{\sqrt{2\pi}}e^{-\frac{(x)^2}{1}}$，代入有：

$$\mathrm{KL}(q(x|z)\,\|\,p(z)) = \int [\log(q(x|z)) - \log(p(z))]q(x|z)\mathrm{d}x \tag{12-16}$$

把 $q(z|x)$ 和 $p(z)$ 对应的函数代入（12-16）有：

$$\int [\log(q(x|z)) - \log(p(z))]q(x|z)\mathrm{d}x =$$

$$\int [-\frac{1}{2}\log(2\pi) - \log(\sigma) - \frac{1}{2}(\frac{x-\mu}{\sigma})^2 + \frac{1}{2}\log(2\pi) + \log(1) + \frac{1}{2}(\frac{x-0}{1})^2] \times \frac{1}{\sqrt{2\pi}\sigma}e^{-\frac{1}{2}(\frac{x-\mu}{\sigma})^2}\mathrm{d}x$$

$$= \int \{\log(\frac{1}{\sigma}) + \frac{1}{2}[x^2 - (\frac{x-\mu}{\sigma})^2]\} \times \frac{1}{\sqrt{2\pi}\sigma}e^{-\frac{1}{2}(\frac{x-\mu}{\sigma})^2}\mathrm{d}x$$

$$= \int \log(\frac{1}{\sigma}) \times \frac{1}{\sqrt{2\pi}\sigma}e^{-\frac{1}{2}(\frac{x-\mu}{\sigma})^2}\mathrm{d}x + \frac{1}{2}\int x^2 \times \frac{1}{\sqrt{2\pi}\sigma}e^{-\frac{1}{2}(\frac{x-\mu}{\sigma})^2}\mathrm{d}x - \frac{1}{2}\int (\frac{x-\mu}{\sigma})^2 \times \frac{1}{\sqrt{2\pi}\sigma}e^{-\frac{1}{2}(\frac{x-\mu}{\sigma})^2}\mathrm{d}x$$

$$\tag{12-17}$$

注意到 $\int \frac{1}{\sqrt{2\pi}\sigma}e^{-\frac{1}{2}(\frac{x-\mu}{\sigma})^2}\mathrm{d}x = 1$，所以 $\int \log(\frac{1}{\sigma}) \times \frac{1}{\sqrt{2\pi}\sigma}e^{-\frac{1}{2}(\frac{x-\mu}{\sigma})^2}\mathrm{d}x = \log(\frac{1}{\sigma})$，同时 $E[x^2] = \int x^2 \times \frac{1}{\sqrt{2\pi}\sigma}e^{-\frac{1}{2}(\frac{x-\mu}{\sigma})^2}\mathrm{d}x$，根据方差公式 $\mathrm{var}(x) = E[x^2] - E^2[x]$，由于 x 是满足正态随机分布的变量，因此有 $\mathrm{var}(x) = \sigma^2, E[x] = \mu$。

因此有 $E[x^2] = \int x^2 \times \frac{1}{\sqrt{2\pi}\sigma}e^{-\frac{1}{2}(\frac{x-\mu}{\sigma})^2}\mathrm{d}x = \sigma^2 + \mu^2$，最后一部分 $\int (\frac{x-\mu}{\sigma})^2 \times \frac{1}{\sqrt{2\pi}\sigma}e^{-\frac{1}{2}(\frac{x-\mu}{\sigma})^2}\mathrm{d}x$，如果做一个变量替换，令 $T = (\frac{x-\mu}{\sigma})^2$，于是有：

$$\int (\frac{x-\mu}{\sigma})^2 \times \frac{1}{\sqrt{2\pi}\sigma}e^{-\frac{1}{2}(\frac{x-\mu}{\sigma})^2}\mathrm{d}x \rightarrow \int T^2 \times \frac{1}{\sqrt{2\pi}\sigma}e^{-\frac{1}{2}(T)^2}\mathrm{d}(\sigma \times T + \mu) = \int T^2 \times \frac{1}{\sqrt{2\pi}}e^{-\frac{1}{2}(T)^2}\mathrm{d}(T)$$

$$\tag{12-18}$$

注意到 $\frac{1}{\sqrt{2\pi}}e^{-(T)^2}$ 是均值为 0 且方差为 1 的正态分布密度函数，因此 $\mathrm{var}(T)=1, E[T]=0$，

于是有：

$$E=[T^2]=\int T^2 \times \frac{1}{\sqrt{2\pi}} e^{-(T)^2} d(T) = var(T) + E^2[T] = 1 \quad （12-19）$$

由此得到：

$$KL(q(x|z) \| p(z))=0.5 \times (\sigma^2 + \mu^2 - 1 - \log(\sigma^2)) \quad （12-20）$$

在实践中，通常让编码器不直接输出 σ 而是输出 $\gamma=\log(\sigma^2)$，这样训练出来的网络效果更好，因此公式（12-20）就变成：

$$KL(q(x|z) \| p(z))=0.5 \times (e^{\gamma} + \mu^2 - 1 - \gamma) \quad （12-21）$$

由于网络处理的是高维数据，因此可以根据图 12-15 来替换可变编解码网络与普通网络的区别。

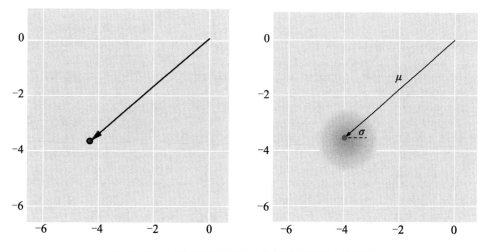

图 12-15 可变编解码网络与普通编解码网络的区别

对于普通的编解码网络而言，它对应图 12-15 的左图，它把给定数据（在前面的示例中就是手写数字图像）与空间中的单独一点对应起来，而可变编解码网络对应图 12-15 的右图，它把数据与空间以某一点 μ 为圆心，σ 为半径内的所有点进行对应。

12.5.3 用代码实现编解码网络

本节用代码实现前面几节讲述的编解码器原理。首先用下面的代码构造图 12-14 所示的网络：

```
def construct_dense_layer(last_layer, output_num, activation_fn):
    #初始化网络层链路参数，以便加快网络的训练速度
    he_init = tf.contrib.layers.variance_scaling_initializer()
```

```python
    output_layer = tf.layers.dense(last_layer, output_num, activation = activation_fn,
                                   kernel_initializer = he_init,
                                   kernel_regularizer = l2_regularizer)
    return output_layer
input_layer_num = 28 * 28                                          #接收图像
first_encoder_layer_num = 500                                      #编码器第一层网络节点数
second_encoder_layer_num = 500                                     #编码器第二层网络节点数
z_layer_num = 20                                                   #中间向量维度
first_decoder_layer_num = second_encoder_layer_num                 #解码器第一层网络节点数
second_decoder_layer_num = first_encoder_layer_num                 #解码器第二层网络节点数
output_layer_num = input_layer_num                                 #输出向量节点数
input_layer = tf.placeholder(tf.float32, [None, input_layer_num])
first_encoder_layer = construct_dense_layer(input_layer, first_encoder_
layer_num, activation_fn = tf.nn.elu)                              #构造编码器第一层
second_encoder_layer = construct_dense_layer(first_encoder_layer, second_
encoder_layer_num, activation_fn = tf.nn.elu)                      #构造编码器第二层
z_mean = construct_dense_layer(second_encoder_layer, z_layer_num, activation_
fn = None)                                                         #编码器输出均值向量
z_gamma = construct_dense_layer(second_encoder_layer, z_layer_num,
activation_fn = None)                                              #编码器输出 gama
noise = tf.random_normal(tf.shape(z_gamma), dtype = tf.float32)
z_layer = z_mean + tf.exp(0.5 * z_gamma) * noise                   #随机抽样
first_decoder_layer = construct_dense_layer(z_layer, first_decoder_layer_
num, activation_fn = tf.nn.elu)                                    #解码器第一层
second_decoder_layer = construct_dense_layer(first_decoder_layer, second_
decoder_layer_num, activation_fn = tf.nn.elu)                      #解码器第二层
logits = construct_dense_layer(second_decoder_layer, output_layer_num,
activation_fn = None)
output_layer = tf.sigmoid(logits)
entropy = tf.nn.sigmoid_cross_entropy_with_logits(labels = input_layer,
logits = logits)
reconstruction_loss = tf.reduce_sum(entropy)                       #对应 $(x-\hat{x})^2$
kl_loss = 0.5 * tf.reduce_sum(tf.exp(z_gamma) + tf.square(z_mean) - 1 -
z_gamma)                                                           #根据公式(12-20)
loss = reconstruction_loss + kl_loss
optimizer = tf.train.AdamOptimizer(learning_rate = learning_rate)
training_op = optimizer.minimize(loss)
init = tf.global_variables_initializer()
saver = tf.train.Saver()
```

这里有一点需要详细解析，即代码中的 reconstruction_loss，它不像 12.5.2 小节描述的那样使用 $(x-\hat{x})^2$，而是做了交叉熵，其中 sigmoid_cross_entropy(labels = x, logits = $\hat{x}$) 对应的运算方式如下：

$$x \times -\log(\text{simoid}(\hat{x})) + (1-x) \times -\log(1-\text{sigmoind}(\hat{x})) \quad (12\text{-}22)$$

当对公式（12-22）取最小值时，与 $(x-\hat{x})^2$ 取最小值等价。首先读取的是数字图像，它的像素点的取值处于[0,1]，在公式（12-22）中 $\hat{x}$ 对应解码器的输出，对它进行 sigmoid

运算后就将其转换为区间[0,1]的某个值，用 $p = \text{sigmoid}(\hat{x})$ 对公式（12-22）进行替换得到：
$$x \times -\log(p) + (1-x) \times -\log(1-p) \qquad (12\text{-}23)$$

如果想要取得 $(x-\hat{x})^2$，就需要让括号里的两者相同。如果对公式（12-23）取得最小值，同样需要使 p 等于 x，因为对公式（12-23）中的 p 求导可得：
$$x \times -\frac{1}{p} + (1-x) \times -\frac{1}{1-p} = 0 \to \frac{x}{p} = \frac{1-x}{1-p} \to x(1-p) = p(1-x) \to x = p \qquad (12\text{-}24)$$

因此对公式（12-23）求最小值等价对 $(x-\hat{x})^2$ 求最小值，而且对公式（12-23）使用渐进下降法求最小值时速度更快，网络训练的效果更好，因此这里采用 simoid_cross_entropy 替代 $(x-\hat{x})^2$。

实现网络训练流程的代码如下：

```
digits = 60
epochs = 60
batch_size = 150
with tf.Session() as sess:
    init.run()
    for epoch in range(epochs):
        batches = mnist.train.num_examples // batch_size
        for batch in range(batches):
            #显示训练的进度
            print("\r%{}".format(100 * batch // batches), end = "")
            sys.stdout.flush()
            #获得一个批次的训练数据
            x_batch, y_batch = mnist.train.next_batch(batch_size)
            sess.run(training_op, feed_dict = {input_layer: x_batch})
        loss_val, reconstruction_loss_val, kl_loss_val = sess.run([loss,
reconstruction_loss, kl_loss],
                                                       feed_dict = {input_
layer: x_batch})                          #训练后计算各项损失
        print("\r{}".format(epoch), "Train total loss: ", loss_val,
"\tReconstruction_loss: ",
              reconstruction_loss_val, "\tKL loss: ", kl_loss_val)
        #将训练好的参数保存起来
        saver.save(sess, "./variational_autoencoder.ckpt")
    #随机生成60个中间向量
    coding_random = np.random.normal(size = [digits, z_layer_num])
    #让解码器对来自正态分布的中间向量进行解读
    outputs_val = output_layer.eval(feed_dict = {z_layer: coding_random})
```

上面的代码将图像数据输入网络进行训练，这里需要注意的是，每次训练完后，生成一个正态分布向量，将其当作中间层向量输入解码器，解码器读取向量后会将它转换为图像二维数组进行输出。

在代码中设置中间向量的维度为 20，这意味着将图像分成 20 种不同特征，每种特征对应多种不同情况，在构造图像时，对每种特征随机选取一种进行组合，这其实对应着一种新的手写数字图像。

接下来将随机生成的中间向量生成的对应图像绘制出来看看效果，代码如下：

```
plt.figure(figsize = (8, 50))
for digit in range(digits):
    plt.subplot(digits, 10, digit + 1)      #每行绘制10个数字
    plot_image(outputs_val[digit])
```

上面的代码运行后，在笔者机器上显示结果如图12-16所示。

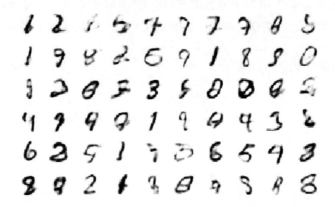

图 12-16　结果显示

从图12-16中可以观察到，显现的数字其实是多种数字特征的组合，例如左下角数字8，其实是原来数字图像"2"和"8"的组合，倒数第二行左起第二个数字"2"其实是原来数字图像"2"和"6"的组合，创新的本质就是将不同要素进行合理组合的过程。

这里还需要提一点，在12.5.2小节的数学推导中给出两个损失计算，一个是reconstruction_loss，一个是kl_loss，第一个值保证各个要素进行组合时要素的空间结构要满足数字图像的需求。

如果把数字图像替换成人脸，那这个值就会保证眼睛对应的特征在绘制时不会跑到嘴巴上。这样即使是网络将不同特征进行随机组合，最终形成的图像在结构上也遵守训练图像所展示的规律，于是网络就不会生成完全不符合数字的形象来。

第 13 章 使用 TensorFlow 实现增强学习

增强学习是人工智能领域发展非常迅速的一个子领域。最典型的例子就是 2016 年谷歌的人工智能围棋程序 AlphaGo 打败了世界围棋冠军李世石。除了围棋，在电子竞技中，人类早已不是人工智能机器人的对手。

增强学习必须应用在规则定义非常明确的任务里，如下棋，棋子怎么走，走对了有什么好处，走错了有什么坏处，规则都非常明确，而增强学习的目的是通过一系列探索找到利用规则的最佳策略并在博弈中取得好结果。

13.1 搭建开发环境

下面看一个具体的例子，帮助读者对增强学习有深刻的理解。开发增强学习神经网络常用的环境就是 OpenAI，它提供了一系列模拟的互动环境供神经网络进行学习，因此我们需要安装 OpenAI，为后续开发做准备。

我们主要以 macOS 和 Linux 系统为主讲述 OpenAI 的安装过程，Windows 系统的安装流程与其类似，不同之处通过百度搜索可以很容易地找到答案。

首先选定一个目录，在其下创建一个新文件夹并命名为 openai，在控制台上通过 cd 命令进入该目录。

接着执行如下命令，先安装开发环境所依赖的工具包：

```
xcode-select --install
pip install numpy incremental
brew install golang libjpeg-turbo
```

然后安装 OpenAI 对应的环境，这个环境称为 Universe，执行如下命令：

```
git clone https://github.com/openai/universe.git
cd universe
sudo -H "PATH=$PATH" pip install -e .
```

上面命令如果执行顺利，那么 OpenAI 的开发环境就已经搭建好了。接下来需要安装另一个应用程序 Docker，它是一个容器类应用，可以把它看成一个远程桌面连接程序。

Docker 使用范围很广，因此通过搜索引擎可以很容易地找到它的安装方法，正常安装之后就可以在控制台执行 docker ps 命令，如果这一步也顺利完成，那么就可以进入环境启动步骤了。

在创建的 openai 目录下应该能找到一个名称为 universe 的文件夹。进入该目录，需要注意的是，代码必须在该目录下运行，否则会出错。读者可以使用 Anaconda 在该路径下创建开发页面，或者直接在该目录下创建 .py 文件然后输入如下代码：

```
import gym
import universe                                       # 引入 Universe 互动环节
env = gym.make('wob.mini.ClickDialog-v0')             # 选择任务环境
env.configure(remotes=1)                              # 启动一个远程虚拟桌面
observation_n = env.reset()
while True:
    action_n =  env.action_space.sample()#[[('KeyEvent', 'ArrowUp', True)]
for ob in observation_n] # your agent here
    observation_n, reward_n, done_n, info = env.step([action_n])
    env.render()
```

代码执行后，结果如图 13-1 所示。

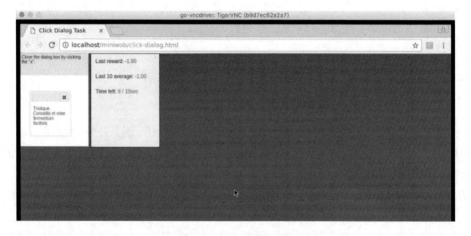

图 13-1 模拟任务画面

我们的任务是开发神经网络并训练它学会如何把鼠标光标挪动到对话框右上角的关闭按钮处并单击从而关闭对话框。由于在代码中通过 sample() 函数随机生成了一系列控制命令，因此鼠标光标能够随意移动。

网络的最终目标就是学会给环境发送命令，让鼠标光标能够移动到合适的位置，单击鼠标后关闭对话框。如果读者使用的是 Python 3.7 以上版本，执行上面的代码时可能会出错，系统会显示变量 async 有问题。这是因为 OpenAI 兼容的 Python 解释器版本对应 3.5 以下，而代码中使用的 async 在 Python 3.7 里变成了关键字，因此需要修改代码。如果看到类似错误，可以从当前目录进入"/universe/envs/"，然后打开文件 diagnostics.py，在第 94 行和第 260 行将变量 async 改成 async1 即可。

13.2 增强学习的基本概念

本节我们主要介绍增强学习的概念和理论基础，为后面实现复杂和有趣的项目做准备。在增强学习中有几个概念需要清楚，它们的关系如图 13-2 所示。

在图 13-2 中展示了使用 TensorFlow 开发增强学习网络的基本概念。其中，Agent 表示创造的神经网络，Eviroment 代表环境，它与左边的 Agent 进行互动，给 Agent 提供反馈，这样 Agent 才能学习、进化。

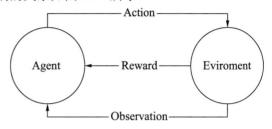

图 13-2　增强学习的基本概念

Agent 在给定的环境中可以采取一系列 Action，环境受到 Agent 行动的刺激后会给出一系列回报值。如果 Agent 采取了正确的行动，那么回报就是正值；如果采取了错误行动，那么回报就是负值，Agent 的任务就是根据当前环境特点可以自动采取一系列行动，从而使回报最大化。

举个具体的例子，在围棋比赛中，AlphaGo 就对应图 13-2 中的 Agent，棋盘就是 Eviroment，一系列下子流程就是 Action，如果比赛的结果是 AlphaGo 获得胜利，那么每一步落子对应的 Reward 值就是 1，如果输了，那么 Reward 就是-1，在某一时刻棋盘上棋子的分布状况就对应 Observation。

通常情况下 Action 对应有限选择，以围棋为例，Action 决定在棋盘上哪个位置落子。Action 有连续和离散两种类型，如对于下棋，Action 就是离散类型，而对于自动驾驶，Action 对应把方向盘转动到某个角度，这时它就是连续类型。

在 13.1 节中展示了 OpenAI 开发环境流程及通过代码显示出某个特定任务的执行环境，接下来结合本节提到的概念，通过编码的方式将其落实到位，帮助读者对各个概念有更深刻的认识。

为了确保接下来的代码能顺利运行，可以使用 pip install atari_py 命令安装相应模块后再执行下面的代码。

首先要做的是加载图 13-2 对应的环境，假设需要创建一个神经网络并让它学会如何完成《吃豆人》游戏，那么"环境"对应的就是游戏画面，因此首先要做的就是将环境加载并启动，代码如下：

```
import gym
import matplotlib
import matplotlib.animation as animation
import matplotlib.pyplot as plt
plt.rcParams['axes.labelsize'] = 14
env = gym.make('MsPacman-v0')            #加载《吃豆人》运行环境
obs = env.reset()                        #获得 Observation
```

```
#Observation 其实是画面对应的二维数组
print("obsvation data shape:",obs.shape)
plt.figure(figsize=(5,4))
img = env.render(mode='rgb_array')
plt.imshow(img)
plt.show()
```

代码运行结果如图 13-3 所示。

在这里环境就是《吃豆人》游戏，Observation 就是当前游戏画面，它对应的就是一个三维数组，Agent 则是我们开发的神经网络，Action 对应发给环境的命令，也就是通过上、下、左、右四个选项来控制吃豆人。

当我们选定一个命令后就会控制图 13-3 中的吃豆人的行动，如果这个命令能让吃豆人吃到更多的豆子，那么就会返回正值告诉你当前环境下你的选择是正确的，如果吃豆人被怪物吃到，那么就返回负值告诉你选择错误。

在当前给定的环境下，Agent 可以有 9 种不同的 Action，0 表示让吃豆人不动，1 表示向上，2 表示向右，3 表示左，4 表示下，5 表示向右上方，6 表示左上方，7 表示右下方，8 表示左下方。

Agent 将 Action 发送给环境并得到相应的反馈，下面的代码向环境发送两个 Action 命令，然后再次将 Observation 绘制出来，代码如下：

```
env.reset()
for i in range(110):
    env.step(3)                    #告诉环境将吃豆人向左移动 110 个单位
for i in range(40):
    env.step(4)                    #告诉环境将吃豆人向下移动 40 个单位
plt.figure(figsize=(5,4))
img = env.render(mode='rgb_array')
plt.imshow(img)
plt.show()
```

代码运行结果如图 13-4 所示。

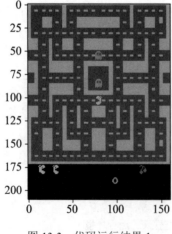

图 13-3　代码运行结果 1

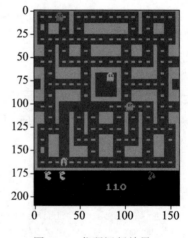

图 13-4　代码运行结果 2

从图 13-4 中可以看出，环境收到命令后将吃豆人挪到了新的位置，而且吃豆人所经过的路径上的豆子也被吃光。从代码中可以看到，Agent 通过 Step()函数向环境发送命令，环境在执行命令后会返回一系列信息表示命令执行后的结果：

```
observation, reward, done, info = env.step(0)
print("reward of action:", reward)         #执行命令后环境的反馈
#执行命令后系统是否还能继续运行，在这里指吃豆人是否被怪物吃掉
print("is done: ", done)
#info 用于显示当前环境的一些信息，一般用于调试，Agent 不能使用这个信息进行决策
print("info: ", info)
```

上面的代码运行后，输出结果如下：

```
reward of action: 0.0
is done: False
info: {'ale.lives': 3}
```

本节的目的是创建一个神经网络，先通过随机方式向环境发出命令并获取回应，当积累到足够多的数据时，网络会把 Action 及网络对应的 reward 值联系起来，学会如何根据给定的环境随机采取相应的措施，使回报最大化。

通过 env 对象的 action_space.sample()方法可以获取一系列随机选择值，如果将这些选择通过 step 函数传递给环境对象，那么情况就像一个玩家在线玩游戏一样，相应的代码如下：

```
import matplotlib.animation as animation
from IPython.display import HTML
frames = []                                 #记录每一帧动画
max_steps = 2000                            #共向环境发送 2000 次命令
change_after_steps = 20                     #同一个动作发生设定的次数后换为新的动作
obs = env.reset()
for step in range(max_steps):               #Agent 与 Eviroment 互动循环
    frame = env.render(mode = "rgb_array")  #获取当前环境的画面
    frames.append(frame)
    if step % change_after_steps == 0:
        action = env.action_space.sample()  #随机选取一个动作
    obs, reward, done, info = env.step(action)
    if done :
        break
def update_scene(num, frames, patch):        #更新当前画面
    patch.set_data(frames[num])
    return patch
#每 50ms 更新画面，以形成动画播放效果
def play_animation(frames, repeat = False, interval = 50):
    plt.close()
    fig = plt.figure()
    patch = plt.imshow(frames[0])
    plt.axis('off')
    return animation.FuncAnimation(fig, update_scene, fargs = (frames,
patch), frames = len(frames),
                          #动画播放
                          repeat = repeat, interval = interval)
```

```
print(len(frames))                              #显示总帧数
animations = plot_animation(frames)
HTML(animations.to_jshtml())                    #以 HTML 5 嵌入式进行动画播放
```

代码运行后,结果如图 13-5 所示。

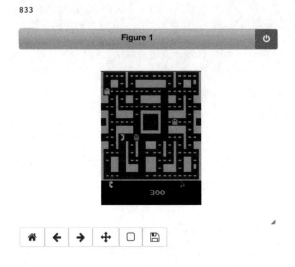

图 13-5　代码运行结果 3

从输出结果中可以看出,通过随机选取 Action 的方式,让 Agent 与环境互动,同时把每次互动所形成的画面记录下来,然后以每 50ms 播放一帧画面的方式播放形成的动画。

限于篇幅,这里只能截取某一帧的画面,读者运行上述代码后可以看到动画效果。

13.3　马尔可夫过程

在增强学习中,我们的目标是找到算法,让 Agent 学会如何根据环境的变化调整行动从而获取更高的回报。要开发这种学习算法,必须要掌握底层数学模型,即马尔可夫过程,该模型包含几个要素。

首先它由一系列状态组成,13.2 节提到的 Observation 就可以看作马尔可夫过程对应的状态。不同状态的数量是有限的,所有可能状态的集合称为状态空间。马尔可夫过程本质上是在状态空间中状态相互转换的动态过程。

非常重要的一点是,系统下一个状态的变化只取决于当前的状态,假设在给定时间段内系统发生了 10 次状态变化,用数字 1,2,3,…,10 表示 10 次状态所处时间点,那么系统在第 3 次时的变化状态取决于系统在第 2 次时的状态,与系统在第 1 次时所处状态无关。

同时,状态间的转变遵循固定概率,假定系统处于状态 a,它下一次可以进入 3 个状态 b、c、d,那么系统会在概率 $p_{ab} + p_{ac} + p_{ad} = 1$ 时进入对应状态。这意味着只要系统处于状态 a，那么接下来只有转换成 b、c、d 三个状态的可能，但到底进入哪个状态不确定，它是以给定概率进行转变的随机过程。

下面看一个具体的例子。假设某天的天气只有两种情况：晴朗和阴雨。如果今天晴朗，那么明天继续天气晴朗的概率是 0.8，明天下雨的概率是 0.2；如果今天阴雨，那么明天保持阴雨的概率是 0.9，转变为晴朗天气的概率是 0.1，于是马尔可夫过程可以用图 13-6 表示。

通常情况下可能无法得知状态间的转换概率，但可以观察一系列状态转换，如 sunny→sunny→rainy→sunny→rainy→rainy→sunny。我们把一次观察到的状态转换序列称为一个回合，也叫 episode。

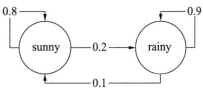

图 13-6　天气是否晴朗转换为马尔可夫过程

在不知道状态转换概率的情况下，通过观察多轮转换状态并进行统计，就可以估计出状态转换的概率。例如观察十轮后计算处于 sunny 状态时，下一个状态是 sunny 或 rainy 的数量，由此估算出对应的概率。

如果在状态转换过程中添加上回报值，那么马尔可夫过程与增强学习环境就非常相像了。如果用 R_{t+1} 表示系统从 t 时刻到 $t+1$ 时刻的状态转换后对应的回报值，那么该值可正可负，可大可小，同时我们引入另一个参数——折扣因子 γ，$0 < \gamma < 1$，那么从 t 时刻起系统所得的总回报值就可以用下面的公式来表示：

$$G_t = R_{t+1} + \gamma \times R_{t+2} + r^2 \times R_{t+3} + \cdots = \sum_{k=0}^{+\infty} \gamma^k R_{t+k+1} \qquad (13\text{-}1)$$

从公式（13-1）可知，状态变换的回报值会随着时间的推移越来越小，因此公式（13-1）即使包含无限项相加，也会收敛到某个固定值。需要注意的是，系统达到某个状态时会以一定的概率转换为另一种状态。因此即使系统运行了两次，并且假设系统两次在 t 时刻都处于同一状态，那么公式（13-1）算出来的结果也有可能不同。如果让系统运行给定的次数，并在系统进入同一个指定状态 s 时就用公式（13-1）计算后续的回报值，然后再计算回报的平均值，那么系统运行的次数越多，计算的平均值就越趋向于某个特定值，我们用 $V(s)=E[G \mid S_t = s]$ 来表示。

举个具体例子，我们丢一个硬币，一次系统运行为对应丢硬币一万次，将硬币出现正面对应系统处于状态 H，同时所得回报值是 0.8，硬币出现负面时系统对应状态是 T，所得回报值是-0.6，折扣因子为 0.9，那么 $V(s)=E[G \mid S_t = s] = \sum_{t=1}^{10\,000} (0.9)^{t-1}(0.8 \times 0.5 - 0.6 \times 0.5)$。

13.4　马尔可夫决策模型

如果在 13.3 节描述的模型中再加入一个因素 Action，那么这个模型就称为马尔可夫决策模型。13.3 节描述的模型可以使用二维矩阵 M 来表示，行表示上一个时刻系统所处的状态，列表示下一时刻系统的状态，于是 $M[i][j]$ 表示上一时刻系统处于状态 i，下一时刻进入状态 j 的概率。

如果我们引入 Action，那么模型就对应一个三维矩阵，$M[i][j][k]$ 就表示上一时刻系统处于状态 i，如果采取行动 k 后，下一时刻系统处于状态 j 的概率，这就意味着系统前后两个状态之间的转变概率除了取决于状态外还取决于当时所采取的行动。

使用马尔可夫决策模型可以更好地模拟现实世界中大多数系统的变化过程。假设要控制一个机器人，它可以采取四种行动，向前、向后、向左、向右，同时我们将平面分为 5×5 网格，机器人在任何时刻都只能处于给定的网格中。

如果将机器人当前所处位置作为它的状态，那么系统的总状态数就是 25 个，可以用 (i,j) 来表示。如果我们向机器人发送运动指令，机器人有 0.9 的概率会准确执行命令，还有 0.1 的概率识别不了指令，那么当机器人处于状态(2,2)时，向它发送向前指令时机器人有 0.9 的概率进入状态(2,1)，同时有 0.1 的概率依旧保留在状态(2,2)。

现在再引入一个新概念——策略，它对应让 Agent 实现同一个目标的不同指令序列。例如，让机器人从状态（2,2）转变到状态（3,3），那么可以发送两种不同指令序列，一种是向右、向下，一种是向下、向右。

这两种不同指令序列对应两个不同的策略。不同的策略有可能取得不同的回报值，假设机器人收到指令后进入下一个状态时没有遇到障碍物，那么所得的回报值为 1，否则所得的回报值就是-3。

假设（2,3）状态有障碍物，（3,3）没有，那么执行策略 1 所得的回报值就是-3+1=-2，执行策略 2 所得的回报值就是 1+1=2，如果以回报大小来衡量策略好坏，那么策略 2 就比策略 1 要好。

以机器人执行指令为例，机器人收到命令后会采取相应行动的概率是 0.9，这意味着它处于指定状态时只会以给定概率执行给定指令，于是我们用 Agent 处于所有状态时所能采取的行动的概率分布来描述策略概率空间，用下面公式表示：

$$\pi(a|s) = P(\text{action} = a | \text{state} = s) \tag{13-2}$$

这里需要注意的是，所谓策略对应 Agent 在某个特定状态时采取给定行动的概率，这意味着它对行动是否采取存在不确定性，它会以给定的概率采取相应的行动，这就使小概率的行动也有可能被采用。

这种做法的好处在于，通过随机不确定性方式，能让 Agent 在无意间找到更好的应对方法。可能读者有过这样的经历，某个问题让你百思不得其解，机缘巧合下你无意间做了件事居然把问题解决了。

纵观人类科技文明发展史，很多重大发明都是无意间偶然发现的，如青霉素的发现就是如此，由此可见引入随机性和不确定性对探索未知世界有极其重要的作用，这一点在后面学习算法时就可以体会到了。

13.5 开发一个增强学习示例

我们在学习编程时，经常以 Hello World 代码作为示例，想通过 TensorFlow 进入增强学习领域，自然也需要简单的示例来引领入门。

13.5.1 示例简介

在增强学习开发中，最常用的 Hello World 示例是 CartPole 问题，先通过下面一段代码启动该问题的模拟环境：

```
env = gym.make("CartPole-v0")
env.reset()
for _ in range(2000):
    env.render()                              #将环境画面绘制出来
    env.step(env.action_space.sample())       #随机向系统发送命令
env.close()
```

运行上面的代码后结果如图 13-7 所示。

问题描述是：有一个滑块，它上面有一根木棍，在重力作用下木棍会向左或向右倾斜，Agent 的任务是不断向环境发送命令向左或向右移动滑块，以便让木棍倾斜的角度不超过给定值，如果超过那么任务就失败了。

为了让 Agent 学会如何控制滑块以保证木棍平衡，环境会发出以下信息，通过下面代码片段即可获取：

```
env = gym.make("CartPole-v0")
position, velocity, angle, angle_velocity = env.reset()  #获得环境返回的信息
print("position: ", position)                #滑块位置坐标
print("velocity: ", velocity)                #滑块当前移动速度
print("angle: ", angle)                      #木棍与竖直方向的夹角
print("angle_velocity", angle_velocity)      #木棍当前的角速度
```

代码运行后，输出结果如下：

```
position: -0.017721642048677815
velocity: 0.028044638035704436
angle: 0.019977935388421228
angle_velocity 0.030938561925331787
```

也就是说环境返回了 4 个关键信息，分别是滑块当前坐标、它的瞬时速度、木棍与竖直方向的夹角和木棍偏转的角速度，如图 13-8 所示。

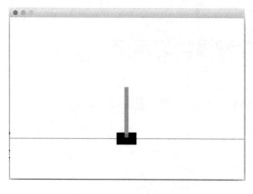
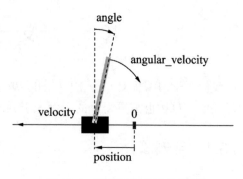

图 13-7　代码运行结果　　　　　　　图 13-8　环境返回信息的变量

我们的任务是给 Agent 设计策略，通过识别这些变量后向环境发出命令移动滑块，让木棍尽可能地保持平衡，也就是木棍与竖直方向的夹角不要超过给定的值。我们先尝试一种最简单的策略，那就是木棍向左转动时让滑块向左滑动，木棍向右转动时就让滑块向右滑动，代码如下：

```
max_steps = 2000
obs = env.reset()
total_reward = 0
for _ in range(max_steps):
    env.render()
    position, velaocity, angle, angle_velocity = obs
    if angle < 0:                    #木棍向左滑动
        action = 0                   #动作 0 使得滑块向左移动一个单位
    else:
        action = 1                   #动作 1 使得滑块向右移动一个单位
    obs, reward, done, info = env.step(action)
    if done is False:                #done 表示任务失败，木棍与竖直方向夹角超过给定范围
        total_reward += reward       #计算总回报
print("total_reward: ", total_reward)
```

上面的代码运行后，返回的信息如下：

```
total_reward:  59.0
```

由于环境变化具有随机性，因此读者的运行结果可能会与笔者不同。显然，好的策略会使环境返回 done=True 之前所得的回报尽可能大。接下来看看如何使用 TensorFlow 开发一个具有学习能力的网络，让它能从环境返回的信息中学会控制滑块以便加大回报值。

13.5.2　使用神经网络实现最优策略

在 13.5.1 小节中我们使用了毫无灵活性、不能根据环境回复信息进行调整的"死策略"，本小节应用神经网络，让它通过自主学习环境回复的信息来学会如何动态调整移动滑块的方法，以便尽可能实现回报最大化。

由于环境返回了 4 个数据，但能传送给环境的命令只有两个，分别是 0 和 1，用于将滑块向左和向右移动，因此网络输入层有 4 个节点，输出层有 2 个节点，如图 13-9 所示。

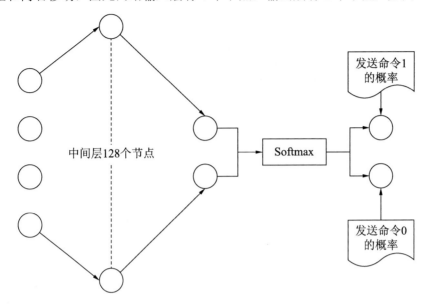

图 13-9　神经网络结构

接下来使用代码设计如图 13-9 所示的网络结构。

```
import tensorflow as tf
input_layer_num = 4
output_layer_num = 2
middle_layer_num = 128
input_layer = tf.placeholder(tf.float32, [None, input_layer_num])
middle_layer = tf.layers.dense(input_layer, middle_layer_num, activation
= tf.nn.relu)
logits = tf.layers.dense(middle_layer, output_layer_num)
output_layer = tf.nn.softmax(logits)           #给出采取两种不同行动的概率
```

接下来讲解如何训练网络学习环境返回的信息。增强学习跟前面的问题不同，它没有现成的数据可供网络训练，如不能像卷积网络那样预先有分好类的数据可以输入网络。

因此第一步是要创建可供网络学习的数据。具体做法是：连续执行一定数量的代码循环操作，在每次循环中随机向环境发送命令，如连续执行 1 000 次循环，然后选取其中回报值最高的 300 次循环产生的数据来训练网络。

在 1 000 次循环中，分数最高的 300 次循环虽然是随机发送的命令，但相比于其他 700 次循环，它们肯定不经意间"做对"了些什么，这时就可以让网络去识别在这些循环中环境返回的信息与发送命令之间的关联，这样网络就可以初步学习如何根据环境返回信息发送合适的命令。

这个过程反复进行，直到网络在多个回合中的平均回报超过预先设定的值为止，下面给出实现代码，首先来看收集数据的代码：

```python
from collections import namedtuple
import numpy as np
#记录一个回合发送的命令次数和最终分数
EpisodeInfo = namedtuple("EpisodeInfo", field_names = ["reward", "steps"])
ObservationActions = namedtuple("ObservationActions", field_names = ["observation", "action"])
def gether_data_by_random_try(env, batch_size):
    batch = []
    total_reward = 0.0
    steps = []
    obs = env.reset()
    with tf.Session() as sess:
        init.run()
        while True:
            act_probs = sess.run(output_layer, feed_dict = {input_layer: [obs]})
            #随机采样增加行动的不确定性
            action = np.random.choice(len(act_probs[0]), p = act_probs[0])
            #将命令发送给环境并获取反馈
            obs, reward, done, info = env.step(action)
            total_reward += reward
            steps.append(ObservationActions(observation = obs, action = action))                      #记录环境返回信息与命令之间的对应关系
            if done:
                batch.append(EpisodeInfo(reward = total_reward, steps = steps))
                steps = []
                obs = env.reset()
                if len(batch) == batch_size:
                    yield batch
                    batch = []
```

这段代码有几点需要说明，首先它将环境返回来的信息输入网络，从而得到两种命令对应的概率，一开始网络并没有经过训练，因此返回的结果具有随机性。其次需要关注的是，从网络获取两种行动的对应概率后，并没有直接选取概率大的行动。而是根据概率大小做一次随机采样，这就为行动的选取引入了随机性，也就是说概率小的命令也有可能被选中，这一点与 13.4 节中的公式（13-2）一致，该函数把数据收集起来后以批量形式返回，接下来是选取数据中表现好的 30% 的数据作为训练数据，代码如下：

```python
PERCENTILE = 70
def get_best_thirty_percent(batches):
    rewards = []
    for batch in batches:
        rewards.append(batch.reward)
    reward_mean = float(np.mean(rewards))
    #获得前 30% 与后 70% 的分界值
    reward_seperation = np.percentile(rewards, PERCENTILE)
    train_obs = []
    train_acts = []
    for batch in batches:
```

```
            if batch.reward < reward_seperation:
                continue
            train_obs.extend(map(lambda step: step.observation, batch.steps))
            train_acts.extend(map(lambda step: [step.action], batch.steps))
    return np.array(train_obs), np.array(train_acts), reward_mean
```

这段代码先从所有返回数据中计算 3∶7 的分界值，然后将位于分界值以上的回合数据收集起来以便用于网络训练，接下来是使用该函数返回的数据对网络进行训练，代码如下：

```
ACCEPT_REWARD = 200
BATCHES = 16
with tf.Session() as sess:
    init.run()
    labels = tf.placeholder(tf.float32, shape = [None, 1])
    loss = tf.nn.softmax_cross_entropy_with_logits_v2(logits = logits, labels = labels)
    train_op = tf.train.AdamOptimizer(0.001).minimize(loss)
    for iter_no, batch in enumerate(gether_data_by_random_try(env, batch_size = BATCHES)):
        train_obs, train_acts, reward_mean = get_best_thirty_percent(batch)
        sess.run(loss, feed_dict = {input_layer: train_obs, labels : train_acts})
        if reward_mean >= ACCEPT_REWARD:
            print("solved with reward: ", reward_mean)
            break
```

上面的代码设置的网络目标回报为 200 分，也就是网络训练合格的标准是在一次循环里，网络与环境的互动的回报值为 200 分以上，达到这个标准就认为网络初步学会了根据环境返回的数据制定相应命令的方法，上面的代码运行后，结果如下：

```
solved with reward:  485.75
```

从代码运行结果来看，网络经过若干轮训练后很快就能实现一次循环的回报值达到 480 分以上，对比前面使用的"死策略"，也就是木棍往左倾斜就让滑块往左边挪，木棍向右边倾斜就让滑块向右边挪的策略，执行该策略一次无法取得超过 100 分的回报值，由此可见通过网络训练后制定的策略执行效果比原来的"死策略"要好得多。

13.6　冰冻湖问题

在增强学习中，有一个看似简单但实则复杂而且特别能展现增强学习算法原理的问题——冰冻湖，问题的基本情况如图 13-10 所示。

如图 13-10 所示，Agent 从 S 点出发，它可以在当前位置选择上、下、左、右 4 个方向行动，它的目的是抵达 G 点，它只能从 F 点形成的路径抵达 G 点，H 表示 Hole，也就是坑。如果 Agent 踏入 H 点，则任务失败。我们需要设计算法让 Agent 顺利从 S 点抵达 G

点，这样就可以让环境回报值为 1，如果 Agent 落入 H 点，则环境回报值为 0，同时任务失败。

这个问题的难点在于，当向环境发送命令时，给定命令只有 33%的概率被执行。例如，向环境发出向右指令，那么 Agent 有可能执行向左、向下和向右这三种命令中的某一个，因此命令的执行具有不确定性，恰恰是这种不确定性大大增加了问题的难度。

这个问题与 13.5 节不同之处在于，训练数据的收集方法不同。在 13.5 节问题中，当我们向环境发送命令时，它会立刻给出回报，而在这个问题中，执行命令后，只有 Agent 抵达了 G 点时回报值才是 1，如果是点 F 那么回报值就是 0。

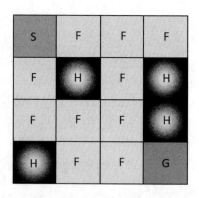

图 13-10　冰冻湖问题示例

这意味着所有成功的任务回报值都是 1，这样就无法像 13.5 节那样将效果最好的 30%的任务数据收集起来用于训练网络。因此我们不能仅依据任务的最后得分来判断它的好坏，还要根据任务完成时所执行的步数来判定。

假设第一次任务完成时用了 5 步，对应序列是 SFFFFG，第二次任务完成用了 8 步，对应序列是 SFFFFFFFG，那么第一次任务的效果就比第二次好。另一种办法是使用折扣因子 γ，于是任务执行第一步时得分 γ，第二步时得分 γ^2，以此类推，然后根据任务的总分值来判断完成效果的好坏。

接下来通过代码加载冰冻湖任务环境，看一下基本信息：

```
env = gym.make("FrozenLake-v0")
print("observation space: ", env.observation_space)    #环境返回的数据维度
print("action spcae: ", env.action_space)              #agent 能够选择的命令数
env.reset()
print("observation:")
env.render()
```

上面的代码运行后，结果如下：

```
observation space: Discrete(16)
action spcae: Discrete(4)
observation:
SFFF
FHFH
FFFH
HFFG
```

任务的目的是让 Agent 学会如何避开 H 点，然后以尽可能短的路径从 S 点抵达 G 点。该任务比 13.5 节的 CartPole 复杂很多。正是因为这种不确定性，使我们无法像 CartPole 那样先让 Agent 随机发送命令，然后收集那些效果比较好的回合数据来训练网络，因此需要掌握新的方法才能有效处理该问题。

13.6.1 状态值优化

在某个重要时刻,我们做决定时所依据的因素是希望未来回报最大化。这种考量的难点在于不能只考虑当前所得利益,要把未来的得失一并考虑。例如决定要认真学习,由于学习很辛苦,这个决定显然对当前收益而言是负数。通过学习我们掌握了更多的技能,能在将来找到更好的工作,因此把未来的正收益与现在的负收益相结合就能发现,认真学习是有优越回报的好决策。这种"风物长宜放眼量",将未来收益可能性进行综合考量的思维就是增强学习算法的核心所在。

先看一个简单的例子,如图 13-11 所示。

假设 Agent 一开始在状态 1,它有两种选择,向左进入状态 2,向右进入状态 3,由于 2,3 是结束状态,因此进入后任务结束。如果进入状态 2,回报是1.0 分,如果进入状态 3,回报是 2.0 分。Agent 可以有无数种选择策略,例如:

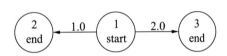

图 13-11 状态值优化问题 1

始终往左走;

始终往右走;

丢一个硬币,正面往左,反面往右;

80%概率往左,20%概率往右。

策略有无数种,我们希望尽快找到回报尽可能大的策略。

如果选择策略 1,对应回报就是 1.0;选择策略 2,回报就是 2.0;选择策略 3,预期回报就是 0.5×1.0+0.5×2.0=1.5;如果选择策略 4,预期回报就是 0.8×1.0+0.2×2.0=1.2。有一种错误想法是总执行当前回报最大的那一步,于是在图 13-11 中获得回报最大的就是策略 2。

这种策略的问题在于选择当前回报最大的策略后,未来可能会面临很多损失,如把图 13-11 修改成图 13-12。

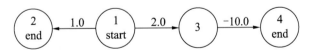

图 13-12 状态值优化问题 2

在图 13-12 中,从状态 1 进入状态 3 回报最大,但问题是 3 不是终止状态,进入 3 后只能选择继续进入 4,此时回报是-10.0,因此选择进入状态 3 所得回报是-8.0,显然该选择不是最优策略。

13.6.2 贝尔曼函数

如何把长期收益和短期收益结合起来寻找最优策略呢？如图 13-13 所示，假设从当前状态可以选择 n 种命令进入 n 种不同状态。

如果 Agent 从状态 S_0 开始，它可以选择 n 种行动，也就是 $A_1, A_2, \cdots, A_n$，进入 n 个不同状态也就是 $S_1, S_2, \cdots, S_n$，进入下一个状态 i 的立即回报用 r_i 表示，如 r_1 就是进入状态 S_1 后立刻获得的回报。

假设我们已经知道了处于状态 S_i 时的最终回报值，那么应该如何选择呢？显然，把当前回报值加上下一个状态的最终回报值后，选择结果最大的那个值即可，于是处于状态 S_0 时最优策略所得回报值为：

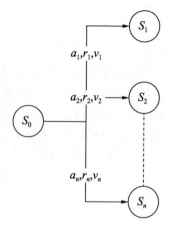

图 13-13　问题展示

$$V_0 = \max_{a=a_1,\cdots,a_n} (r_a + \gamma \times v_a) \tag{13-3}$$

其中，γ 对应折扣因子。如果不知道下一个状态的最大回报即不知道 $V_1, \cdots, V_n$ 的值怎么办？这种情况也不难处理，把公式（13-3）同等作用到 $V_1, \cdots, V_n$ 中，然后把所得结果代回公式（13-3），如此就得到贝尔曼公式。

如果命令的执行具有不确定性，就像前面的冰冻湖问题，假设在状态 0 执行命令 1 后，Agent 不是肯定能进入状态 1，而是以概率 $p_1, p_2, \cdots, p_n$ 进入后面 n 个不同的状态，那么当处于状态 0 时，采取行动 1 后预期所得回报就是：

$$V_0(a=1) = \sum_{i=1}^{n} p_i \times (r_i + \gamma \times v_i) \tag{13-4}$$

由于可以采取的行动有 n 种，因此我们把 n 种行动代入公式（13-4）取回报最大的那个值，从而就能计算出处于状态 0 时对应的最大回报：

$$V_0 = \max_{a=1,2,\cdots,n} \sum_{i=1}^{n} p_{a,0 \to i} \times (r_{a,i} + \gamma \times v_i) \tag{13-5}$$

其中，$p_{a,0 \to i}$ 表示采取行动 A 后从状态 0 进入状态 i 时的概率，$r_{a,i}$ 表示采取行动 A，进入状态 S 时所能得到的即时回报。需要注意的是公式（13-5）具有迭代性，公式（13-5）的预置前提是 v_i 的值已经知道，但在具体实践中我们不可能知道下一个状态的最优值。我们可以用公式（13-5）表示的方法去计算里面的 v_i，由此公式（13-5）就有了不断深入迭代的效果。

公式（13-5）对应的是状态值，也就是当 Agent 处于给定状态时，最优策略所得到的回报，如果不考虑当前所处状态，而考虑当前所能采取的行动，那么状态值就转换为行动值，我们用 $Q_{S,a}$ 表示当 Agent 处于状态 S 时采取行动 A 后所得的回报。

$Q_{S,a}$ 其实对应公式（13-5），把 V_0 换成 V_S 即可，也就是不针对具体状态进行考虑，而是考虑在所有状态下采取哪种行动才能获得最大回报，基于这种思想的算法也叫 Q-learning，因此有：

$$Q_{S,a} = \sum_{s' \in S} p_{a,S \to s'}(r_{a,s'} + \gamma \times v_{s'}) \tag{13-6}$$

其中：$p_{a,S \to s'}$ 表示在状态 S 采取行动 A 后进入状态 s'时的概率；$r_{a,s'}$ 表示采取行动 A 后如果能进入状态 S'所能得到的立即回报；$v_{s'}$ 表示处于状态 s'时所能取得的最大回报。此算法要找到回报最大的行动，于是就是要计算：

$$V(S) = \max_{a \in A} Q_{S,a}$$

其中，A 表示 Agent 处于状态 S 时所能采取的所有行动。把公式（13-7）代入（13-6）有：

$$Q_{S,a} = \sum_{s' \in S} p_{a,S \to s'}(r_{a,s'} + \gamma \times v_{s'}) = \sum_{s' \in S} p_{a,S \to s'}(r_{a,s'} + \gamma \times \max_{a \in A} Q_{s',a})$$

其中，s'是 Agent 处于状态 S 时采取行动 A 后进入的下一个状态。接下来通过简单的例子来看看公式（13-8）的应用，如图 13-14 所示为状态转换。

如图 13-14 所示，一开始 Agent 位于状态 S_0，如果向环境发送一个 up 命令，那么 Agent 有 1/3 的概率进入 S_1，同时有 1/3 的概率进入 S_4 或 S_2。如果发送 left 命令，那么 Agent 有 1/3 的概率进入 S_4，有 1/3 的概率进入 S_1 或 S_3。发送 right 或 down 命令也同理，为了便于观察，在图 13-14 中没有绘制相应的箭头。

当 Agent 进入下一个状态后任务结束，假设执行命令后即时回报为 0，同时在 S_1 时对应的收益 $V_1=1$，抵达 S_2 时得到的收益 $V_2=2$，抵达 S_3 时得到的收益 $V_3=3$，抵达 S_4 时得到的收益 $V_4=4$，那么可以根据公式（13-8）来计算发生哪个命令所得的预期收益最大：

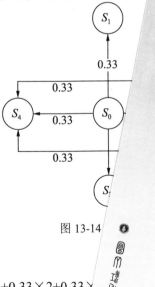

图 13-14

$Q(S_0,\text{"up"})=0.33 \times V_1+0.33 \times V_2+0.33 \times V_4=0.33 \times 1+0.33 \times 2+0.33 \times$
$Q(S_0,\text{"left"})=0.33 \times V_4+0.33 \times V_1+0.33 \times V_3=0.33 \times 4+0.33 \times 1+0.33$
$Q(S_0,\text{"right"})=0.33 \times V_2+0.33 \times V_1+0.33 \times V_3=0.33 \times 2+0.33 \times 1+0.33$
$Q(S_0,\text{"down"})=0.33 \times V_3+0.33 \times V_4+0.33 \times V_2=0.33 \times 3+0.33 \times 4+0.33 \times 2=2.97$

由此来看发送 down 命令的预期收益最大。在具体应用时情况会复杂得多，我们可能无法知道发送一个命令后，Agent 会以怎样的概率执行不同的动作，而且各个状态的最优预期收益也不可能预先知道。

下面再看一种状态转换存在循环的情况，如图 13-15 所示。

Agent 从 S_0 只能抵达 S_1，然后又只能再次返回 S_0，从 S_0 抵达 S_1 的即时回报是 1，从 S_1 回到 S_0 的即时回报是 2，此时如果两个状态对应的预期收益 V_0，V_1 存在的话，那么必须对每一次跳转设定折扣因子 γ。

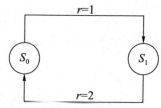

图 13-15　状态循环示例

这样一来就有 $V_0 = 1 + \gamma \times V_1$，现在的问题是 V 如何计算，它等于 S_0 所得的即时回报加上状态 S_0 对应的预期收益，也就是 V_0，于是有 $V_0 = 1 + \gamma \times (2 + \gamma \times V_0)$，如此反复迭代下去得到：

$$V_0 = 1 + \gamma \times (2 + \gamma \times (1 + \gamma \times (2 + \ldots))) = \sum_{i=0}^{\infty} 1 \times \gamma^{2i} + 2 \times \gamma^{2i+1} \qquad (13\text{-}9)$$

由于 $0 \leqslant \gamma < 1$ 因此公式（13-9）会收敛，同理可以计算 V_1。通过公式（13-9）知道，可以使用不断迭代的方法来计算各个状态的预期收益或 $Q_{s',a}$ 的值，基本流程如下：

（1）把所有状态的预期收益初始化为 0，也就是 $V_{s'} = 0, s' \in S$，其中，S 表示所有状态集合。

（2）利用公式（13-5）计算更新各个状态的收益值，如先用公式（13-4）更新状态 0 的收益值，然后再更新状态 1，如此进行下去。

（3）反复执行步骤（2），如果执行步骤（2）后同一个状态更新前后的收益值变化足够小，则算法停止。

如果计算 $Q_{s',a}$ 也同理，只不过需要将步骤（2）的迭代公式换成公式（13-9）即可。这种迭代算法有一个缺陷就是只适用于状态是离散时的情况，如 CarPole 这种状态连续变化的情况，该算法就不适用。

一种解决办法就是把连续型状态分解成多个区间，如状态在区间[0,1]中变化的话，就把区间分成[0,0.2],[0.2,0.4],[0.4,0.6],[0.6,0.8],[0.8,1.0]，这样就相当于有 5 个离散状态，但这种变化也有问题，后面再具体讲解。

在实践中还需要考虑的问题是，我们可能无法知道状态的转换概率，也就是 $p_{a, S \to s'}$，我们只能观察到环境在接收命令后返回来的状态和回报，并不知道它以怎样的概率转换到返回的状态。

解决这个问题的办法是先给环境随机发送一系列命令从而得到环境的反馈，通过这种方法多次从环境中得到足够多的反馈数据后，从数据中统计环境接收命令后实现状态转换的概率。例如，当 Agent 处于状态 S_0 时，收集 n 次在该状态执行命令 A_0 的实例。从这些实例中统计出转换到状态 S_1 的次数是 m，那么就可以估计出在状态 S_0 执行命令 A_0 后，环境 Agent 跳转到状态 S_1 的概率是 m/n。

13.6.3　编码解决冰冻湖问题

下面我们利用 13.6.2 小节的算法思想，看看如何通过代码来解决冰冻湖问题。首先需要三种数据结构来存储环境返回的数据，以便统计出状态转换概率。第一种数据结构是回报表，用于记录这样的对应关系：(初始状态，执行的命令，抵达的状态)→即刻回报值。

第二种数据结构是状态转换表，用于记录这样的对应关系：(初始状态，执行的命令)→(跳转后的状态，次数)。例如，当处于状态 0 时，执行 10 次命令 3 后有 4 次进入状态 1，那么就是(0,3)→(1,4)。第三种数据结构表用于记录当前每个状态迭代后的收益值。

因此第一步先给环境随机发送命令，然后记录数据，等收集到的数据达到一定数量后再执行下一步，代码如下：

```
import collections
env = gym.make("FrozenLake-v0")
class FrozenLake:
    def __init__(self):
        self.env = gym.make("FrozenLake-v0")
        self.state = self.env.reset()
        #(初始状态,命令,抵达状态)→回报值
        self.rewards = collections.defaultdict(float)
        #(初始状态,命令)→(抵达状态,次数)
        self.transits = collections.defaultdict(collections.Counter)
        #每个状态当前迭代产生的数值
        self.values = collections.defaultdict(float)
    #通过发送随机命令获取环境反馈作为统计数据
    def collect_data_by_random_actions(self, count):
        for _ in range(count):
            action = self.env.action_space.sample()
            new_state, reward, is_done, _ = self.env.step(action)
            self.rewards[(self.state, action, new_state)] = reward
            self.transits[(self.state, action)][new_state] += 1
            if is_done:
                self.state = self.env.reset()
            else:
                self.state = new_state
```

在上面的代码中，相应数据收集在 rewards、transits 和 values 3 个数据表中，接下来需要对数据进行统计。首先从 transits 表中统计初始状态执行命令 A 后跳转到各个状态的次数。

如果在状态 S_0 时执行了 5 次命令 A_0，其中 3 次跳转到状态 S_1，2 次跳转到状态 S_2，那么 $p_{a,S_0 \to S_1} = \dfrac{3}{3+2} = 0.6, p_{a,S_0 \to S_2} = \dfrac{2}{3+2} = 0.4$，然后使用公式（13-8）迭代 $Q_{s,a}$，也就是 $Q_{S_0,a} = p_{a,S_0 \to S_1} \times (r_{S_0 \to S_1} + \gamma \times V_{S_1}) + p_{a,S_0 \to S_2} \times (r_{S_0 \to S_2} + \gamma \times V_{S_2})$。

其中，$r_{S_0 \to S_1}, r_{S_0 \to S_2}$ 存储在 rewards 中，而 V_{S_1} 和 V_{S_2} 在一开始时就被初始化为 0，相应代码如下：

```python
    def get_action_value(self, state, action):          #计算Q(s,a), 对应公式(13-8)
        target_counts = self.transits[(state, action)]
        total = sum(target_counts.values())
        action_value = 0.0
        '''
        假设Agent总共有100次处于状态s, 执行命令a后有25次转移到状态$S_1$, 35次转移
        到状态$S_2$, 40次转移到状态$S_3$, 那么从状态S执行命令a后进入状态$S_1$的概率是
        25/100=25%, 进入状态$S_2$的概率是35/100=35%, 进入状态$S_3$的概率是40/100=40%。
        这里的100对应的就是total, 而target_count对应的就是(s1,25), (s2,35),
        (s3,40)
        '''
        for next_state, count in target_counts.items():
            reward = self.rewards[(state, action, next_state)]
            transit_probability = (count / total)         #计算转换概率
            action_value += transit_probability* (reward + GAMMA * self.values[next_state])
        return action_value
    def select_action(self, state):          #根据给定状态, 选择Q(s,a)最大值对应的命令
        best_action = -1
        best_value = -1
        for action in range(self.env.action_space.n):
            action_value = self.get_action_value(state, action)
            if best_value < action_value:
                best_value = action_value
                est_action = action
        return best_action
```

接下来不断地使用上面提供的两个函数在给定状态下选出最优行动:

```python
    def take_action_by_best_vlue(self, env):        #选择回报最高的命令与环境进行交互
        total_reward = 0.0
        state = env.reset()
        while True:
            action = self.select_action(state)
            new_state, reward, is_done, _ = env.step(action) #获取反馈
            self.rewards[(state, action, new_state)] = reward
            self.transits[(state, action)][new_state] += 1
            total_reward += reward
            if is_done:
                break
            state = new_state
        return total_reward
```

根据公式(13-7)迭代每个状态的预期最佳收益:

```python
    def value_iteration(self):                    #根据公式(13-7)迭代每个状态的预期最佳收益
        for state in range(self.env.observation_space.n):
            state_values = [self.get_action_value(state, action) for action in range(self.env.action_space.n)]
            self.values[state] = max(state_values)
```

最后运行整个流程:

```python
COLLECT_EPISODES = 100
TEST_EPISODES = 30
test_env = gym.make("FrozenLake-v0")
```

```
GAMMA = 0.9
iteration_count = 0
best_reward = 0.0
frozen_lake = FrozenLake()
while True:
    iteration_count += 1
    frozen_lake.collect_data_by_random_actions(COLLECT_EPISODES)
    frozen_lake.value_iteration()
    reward = 0.0
    for _ in range(TEST_EPISODES):
        reward += frozen_lake.take_action_by_best_vlue(test_env)
    reward /= TEST_EPISODES
    if reward > best_reward:
        print("Get New Best Reward %.3f -> %.3f" % (best_reward, reward))
        best_reward = reward
#一次成功返回收益值1，用成功的值除以总共尝试的次数得到成功率，当策略的成功率超过80%
 时认为该策略满足要求
    if reward > 0.8:
        print("success rate surpass 80 percent")
        break
```

代码运行结果如下：

```
Get New Best Reward 0.000 -> 0.167
Get New Best Reward 0.167 -> 0.333
Get New Best Reward 0.333 -> 0.500
Get New Best Reward 0.500 -> 0.633
Get New Best Reward 0.633 -> 0.700
Get New Best Reward 0.700 -> 0.767
Get New Best Reward 0.767 -> 0.800
Get New Best Reward 0.800 -> 0.833
success rate surpass 80 percent
```

从输出结果看，我们通过贝尔曼公式不断迭代的方式找到了合适的策略，使得 Agent 在冰冻湖问题中能够实现成功率达 80% 以上，虽然没有使用神经网络来指导 Agent 实现合适的策略，但是该算法将成为在后续章节中我们设计复杂的神经网络来解决问题的基础。

第 14 章 使用 TensorFlow 实现深 Q 网络

增强学习最重要的算法根基就是第 13 章中提到的如下公式：

$$Q_{S,a} = \sum_{s' \in S} p_{a, S \to s'}(r_{a,s'} + \gamma \times v_{s'}) = \sum_{s' \in S} p_{a, S \to s'}(r_{a,s'} + \gamma \times \max_{a \in A} Q_{s',a}) \quad (14\text{-}1)$$

根据公式（14-1）不断迭代一直到 $Q_{S,a}$ 的值收敛或前后变化足够小时，就可以使用该值判断 Agent 在面对给定状态时应采取的行动。

运用公式（14-1）时需要确定两个关键变量：一个是 $p_{a, S \to s'}$，也就是采取给定行动后状态的转换概率；另一个是 $\max_{a \in A} Q_{s',a}$，也就是遍历所有状态，找到状态值最大的那个。在 13.6.3 小节中第一个变量是通过收集数据并进行统计的方式获取的，第二个变量则是遍历所有的状态后获取的。

问题在于，冰冻湖问题状态量非常少，总共只有 9 种状态，因此使用统计或遍历的方法没有问题，但很多具体问题对应的状态数则极其庞大，根本无法使用遍历的方式查询它所有可能的状态。举个具体例子，20 世纪 80 年代非常流行的任天堂红白机游戏，它的画面如图 14-1 所示。

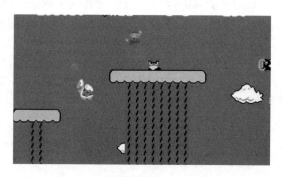

图 14-1 《超级玛丽》游戏画面

如果要设计一个神经网络指导 Agent 学会如何打《超级玛丽》，那么 Agent 要处理的状态就对应画面所有可能的情况。对于 8 位红白机而言，每个像素是 8 位，因此总共有 128 种不同取值，同时画面的大小是 210×160，由此 Agent 要识别的状态总数有 210×360× $128 = 128^{33\,600}$ 种。

这个数值大得超过了宇宙中所有原子的总数,因此除了使用量子计算机,当前运算最快的超级计算机至少也要上亿年才有可能把这些状态都遍历一遍,因此面对如此复杂的问题,如何应用公式(14-1)是一个值得思考的问题。

14.1 深 Q 算法的基本原理

虽然状态数量是天文数字,但并非所有的状态都值得考虑。对于《超级玛丽》游戏,只有那些接近"超级玛丽"的敌人,或者它离高台边缘很近而需要执行跳转操作时的画面才需要 Agent 进行考虑。

也就是说,虽然状态数量多,但是需要考虑的状态数量其实非常有限。同时在使用公式(14-1)时还有一个问题,即需要提前知道所有可能发生的状态,这样才能对其进行遍历和迭代。但像《超级玛丽》这样的游戏,不可能预先获知所有可能出现的场景。

如果要设计一个学会玩《超级玛丽》游戏的 Agent,那么它必须学会根据当前得到的画面做出判断,这就需要 Agent 像人一样具有即刻观察和判断的能力。

要实现这一功能,使用传统算法是不可能的,因此只能使用神经网络来完成。于是使用一个神经网络来计算 $Q_{S,a}$,网络接收环境返回画面,然后计算出该值,也就是面对给定画面,神经网络要判断采取不同行动时可能获得的回报。

使用神经网络来计算 $Q_{S,a}$ 的算法也叫深 Q 算法,它的基本步骤如下:

(1)先构造一个尚未训练过的神经网络。

(2)让环境返回一个画面 S,让网络计算 $Q_{S,a}$,从而决定应该采取的行动 a,将 a 输入环境,获得执行动作 a 后所产生的画面 s'。

(3)如果任务结束,那么将损失函数设置为 $L = (Q_{S,a} - r_{S,a})^2$;如果没有结束,那么将损失函数设置为 $L = [Q_{S,a} - (r_{S,a} + \gamma \times \max_{a' \in A} Q_{s',a'})]^2$。

(4)使用渐进下降法求损失函数的最小值,同时修改网络内部的参数。

(5)重复步骤(2)。

在算法步骤中有几点需要考虑:

第一点是步骤(3)中对应的损失函数 $L = Q_{S,a} - r_{S,a}$ 没有概率变量 $p_{a,S \to s'}$,这是因为当前环境对命令的执行具有确定性,一旦发生给定命令后确定命令对应的行为会得到执行。

第二点需要考虑的是 $Q_{S,a}$ 和 $Q_{s',a'}$ 都由网络来计算,它们的值取决于网络的内部参数,同时前者依赖于后者,这样就会出现矛盾,因为当使用渐进下降法修改网络的内部参数后会导致 $Q_{s',a'}$ 的值发生变化。

于是损失函数 L 的值不是渐进下降法调整的最小值,又得根据变化后的 $Q_{s',a'}$ 再次使用渐进下降法。这就如同一条蛇转过头吞噬自己的尾部从而陷入死循环。解决这个问题的办法是使用两个结构相同的神经网络。

第一个神经网络的任务是使用渐进下降法计算损失函数 L，第二个神经网络的作用是计算 $Q_{s',a'}$，当经过 N 次调整后，将它的内部参数全部复制到第一个神经网络，由此解决了损失函数中存在的循环交叉问题。

第三点需要考虑的是训练数据的获取。如果只把一幅静态画面传递给网络就很难取得训练效果，因为网络不知道要从这幅画面中分析什么信息，因此需要把一组连续画面传送给网络。

例如，发送跳跃命令后，"超级玛丽"会腾空而起，这时把它上升过程的若干幅画面传给网络，网络就会发现执行跳跃命令会让"超级玛丽"的 y 坐标发生变化，于是网络就能识别跳跃命令所产生的效果，通常情况下会将连续 4 幅画面传递给网络。

同时网络的训练与人的学习方式很像。就以玩游戏为例，在学习别人如何打游戏时，常用的方法是观察他人的操作，然后看画面的相应变化。训练网络也一样，需要把一系列命令以及对应的画面变动情况缓存起来，然后像放电影一样将画面呈现给网络进行训练。

14.2 深 Q 算法项目实践

本节应用 14.1 节描述的算法来进行实践。下面构造一个智能 Agent，让它能够学会如何玩经典红白机游戏《Pong》，游戏画面如图 14-2 所示，"80 后"出生的朋友对它应该会非常熟悉。

它类似于乒乓球游戏，左右有两个木板，其中一个由 Agent 控制，另一个由电脑控制，游戏的任务是使用木板将球反弹回去，如果一方接不到球，那么另一方就可以得分，在图 14-2 中，右边木板得了 4 分。

接下来的任务是构造一个神经网络，让它学会如何控制木板接球并且有能力打败对手，当使用神经网络进行若干回合的游戏，如果 Agent 能赢得给定次数，例如进行 21 回合游戏，Agent 能获胜 19 回合以上，那表明网络学会了如何玩 Pong 游戏。

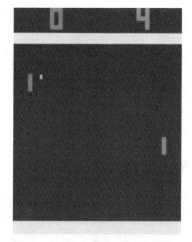

图 14-2 《Pong》游戏画面

先用代码加载环境，来看一些相关参数：

```
import gym
env = gym.make("PongNoFrameskip-v4")
print("observation space: ", env.observation_space)    #环境返回的数据维度
#获取不同命令的作用
print("action meaning: ",env.unwrapped.get_action_meanings())
print("action spcae: ", env.action_space)              #Agent 能够选择的命令数
```

上面的代码运行后结果如下：

```
observation space: Box(210, 160, 3)
action meaning: ['NOOP', 'FIRE', 'RIGHT', 'LEFT', 'RIGHTFIRE', 'LEFTFIRE']
action spcae: Discrete(6)
```

这意味着执行任务时可以选择的命令总共有 6 个，环境会返回维度为[210,160,3]的数组作为分析数据，这个数组其实对应一帧规格为高 210、宽 210、像素点为 RGB 的图像，Agent 的任务是通过分析返回的图像学会如何发送命令以便赢得游戏。

下面看看不同命令的作用。玩过红白机的读者都了解，游戏手柄左边是个十字架，用于控制游戏人物的方向，右边有若干个按钮，通常是 4 个，常用的有两个，其作用是"发射"，不同的游戏"发射"效果不一样。

如果是《魂斗罗》，"发射"分别对应射出的子弹和跳跃，在《Pong》游戏里"发射"没有意义，唯一能做的是发出相应命令控制木板移动。然而命令的具体意义对网络而言没有任何意义，它只要识别在什么情况下发送哪个命令即可。

也就是说上面训练的神经网络其实对应一种特殊函数，它的输入是游戏画面，输出是命令对应的编号，它只要找到这两者的映射关系即可，命令编号对应的信息对它而言没有意义。这里还需要注意的是，发送一个命令后环境会把该命令连续执行若干次，通常是 4 次后才把结果画面返回给神经网络。

DeepMind 团队开发了 AlphaGo 打败围棋世界冠军李世石，其实该团队还开发了一系列基于神经网络的算法，用于在各种游戏中打败人类，如今该团队开发的神经网络已经能在《星际争霸 2》中打败专业的电竞选手。

早期该团队在《自然》杂志上发表过一系列论文，讲解如何设计算法使得网络能学会参与红白机游戏并最终在与电脑的博弈中获得胜利。本节就利用 TensorFlow 将他们提出的算法进行了实现。

14.2.1 算法的基本原则

DeepMind 团队研究院总结出了算法的几条根本原则：第一，一盘游戏有好几条"命"，最好把其中一条"命"的操作过程作为一个回合来训练网络；第二，在游戏开始时要随机发送若干次 NOOP 命令，该命令表示什么都不做，这种原则是研究院得来的经验，没有什么确切的理由；第三，一个命令要连续执行若干次，通常是 4 次，这样容易加快网络的训练速度；第四，将环境返回来的一系列图像中的最后两幅作为网络训练的重点；第五，在游戏一开始就发送 fire 命令，这是因为在游戏中 fire 是相当重要的操作，因此要让网络尽早知道；第六，将环境返回的规格为 210×160×3 的 RGB 图像转换为 84×84×1 的灰度图像，这样有利于网络识别图像；第七，将回报值统一转换为区间[-1,1]的小数值；第八，将环境返回图像的像素点值从[0,255]的整数转换为[0,1]的浮点数。

这些原则非常重要，一旦缺失了某一步，网络的训练就会失败。为了确保这些原则得以实行，先使用下面代码对环境进行特别的初始化：

```python
import collections
import numpy as np
#对环境对象进行封装，让它在执行某种操作前调用代码
class EnvInitWrapper(gym.Wrapper):
    def __init__(self, env, skip_frames = 4):
        super(EnvInitWrapper, self).__init__(env)
        #由于会连续执行同一个命令若干次，因此会返回若干幅图像，只保留最后两幅图像
        self.observation_buffer = collections.deque(maxlen = 2)
        self.skip_frames = skip_frames
    def reset(self):
        self.env.reset()
        self.observation_buffer.clear()
        obs, _, done , _ = self.env.step(1)  #环境启动后立即发送 fire 命令
        return obs
    def step(self, action):
        total_reward = 0.0
        done = None
        for _ in range(self.skip_frames):    #将命令连续执行给定次数
            obs, reward, done, _ = self.env.step(action)
            self.observation_buffer.append(obs)
            total_reward += reward
            if done:
                break
        '''
        由于需要让网络分析最后两幅图像，但连续的两幅图像差异其实非常微小，因此干脆把两
        幅图像合而为一。整合办法是对相同位置的像素点，从两幅图像中取像素值最大的那个作为
        合并图像的像素点
        '''
        frame = np.max(np.stack(self.observation_buffer), axis = 0)
        return frame, total_reward, done
import cv2
#该类负责将环境返回图像转换为(84,84,1)灰度图像
class ObservationConvertWrap(gym.ObservationWrapper):
    def __init__(self, env):
        super(ObservationConvertWrap, self).__init__(env)
        #设置环境返回图像的像素点取值范围处于[0,255]，同时规格为(84,84,1)
        self.observation_space = gym.spaces.Box(low = 0, high = 255,
shape=(84,84,1))
    def observation(self, obs):
        print("ObservationConvertWrap: observation")
        if obs.size == 210 * 160 * 3:
            img = np.reshape(obs, [210, 160, 3]).astype(np.float32)
        elif obs.size == 250 * 160 * 3:
            img = np.reshape(obs, [250, 160, 3]).astype(np.float32)
        else:
            assert False, "Unknonwn resolution"
        #以下方式是常用的将 RGB 三个颜色数值转换为一个数值的方法
        img = img[:,:,0] * 0.299 + img[:,:,1]*0.587+img[:,:,2]*0.114
        resized_frame = cv2.resize(img, (84, 110), interpolation =
cv2.INTER_AREA)
        resized_frame = resized_frame[18:102, :]
        resized_frame = np.reshape(resized_frame, [84, 84, 1])
        return resized_frame.astype(np.uint8)
class ChannelFirstWrap(gym.ObservationWrapper):
```

```
def __init__(self, env):
    super(ChannelFirstWrap, self).__init__(env)
    old_shape = self.observation_space.shape
    #将图像数组规格从(84,84,1)转变为(1,84,84)，这样有利于将若干幅图像同时提交
      给网络进行分析
    self.observation_space = gym.spaces.Box(low=0.0, high=1.0, shape=
    (old_shape[-1], old_shape[0], old_shape[1]),
                                            dtype=np.float32)
    new_shape = self.observation_space.shape
def observation(self, observation):
    obs = np.moveaxis(observation, 2, 0)
    return obs
class ReplayBufferWraper(gym.ObservationWrapper):
    def __init__(self, env, repeat_steps):
        super(ReplayBufferWraper, self).__init__(env)
        original_space = env.observation_space
        '''
        一次存储多幅画面，因为命令发送后Agent的位移、速度等信息必须要通过多幅画面中
        的变化才能显示出来
        网络经过分析多幅画面的变化，才能抽取出命令对Ageng产生的作用
        '''
        self.observation_space=
 gym.spaces.Box(original_space.low.repeat(repeat_steps,axis=0), original_
space.high.repeat(repeat_steps,axis=0), dtype=np.float32)
        print("ReplayBufferWrapper:init:", self.observation_space.low.shape )
    def reset(self):
        print("ReplayBufferWrapper: reset: " )
        self.replay_buffer = np.zeros_like(self.observation_space.low,
dtype = np.float32)
        return self.observation(self.env.reset())
    def _observation(self, observation):
        slf.replay_buffer[:-1] = self.replay_buffer[1:]
        self.replay_buffer[-1] = observation
        return self.replay_buffer
class ConvertFramePixelWrapper(gym.ObservationWrapper):
    def observation(self, obs):              #将图像像素点转换为[0,1]之间的值
        print("ConvertFramePixelWrapper: observation")
        return np.array(obs).astype(np.float32) / 255.0
```

下面看一下使用上面的代码对环境封装前后的效果。首先是环境被上面的代码封装前，返回的图像规格和内容：

```
import matplotlib.pyplot as plt
%matplotlib inline
env = gym.make("PongNoFrameskip-v4")
obs = env.reset()
print(obs.shape)
plt.imshow(obs)
```

上面的代码运行结果如下：

```
(210, 160, 3)
```

绘制出的图像如图14-3所示。

接着使用前面的代码封装环境，再看看返回的信息及图像的规格：

```
def init_enviroment(env):
    env = EnvInitWrapper(env)
    env = ObservationConvertWrap(env)
    env = ChannelFirstWrap(env)
    env = ReplayBufferWraper(env, repeat_steps = 4)
    env = ConvertFramePixelWrapper(env)
    return env
env = gym.make("PongNoFrameskip-v4")
env_wrap = init_enviroment(env)
env_wrap.reset()
obs, _, _, _ = env_wrap.step(1)
print(obs.shape)
obs = np.reshape(obs, (84, 84))
plt.imshow(obs)
```

上面的代码运行结果如下：

```
ReplayBufferWrapper: init: (4, 84, 84)
ReplayBufferWrapper: reset:
EnvInitWrapper: reset
ObservationConvertWrap: observation
ConvertFramePixelWrapper: observation
EnvInitWrapper: step
execute action: 1
execute action: 1
execute action: 1
execute action: 1
ObservationConvertWrap: observation
ConvertFramePixelWrapper: observation
(4, 84, 84)
```

从输出结果可以看出，环境对象在调用 reset 或 step 接口时进入封装类的相应接口里，同时它返回图像的规格变成(4,84,84)，这正好是需要转换的形式，代码绘制的图像如图 14-4 所示。

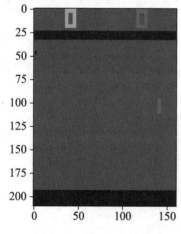

图 14-3　环境封装前返回图像

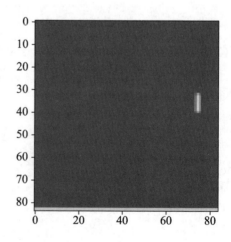

图 14-4　图像转换后的结果

相比于图 14-3，图 14-4 把上下两部分给删除了，只留下中间包含木板的区域，因为木板和球的挪动规律才是网络需要识别的信息，剪裁掉不必要的区域就能减少网络识别图像时的计算量。

在代码实现中还有一点需要进一步澄清，那就是 ReplayBufferWrapper 类__init__函数的下面这段代码：

```
self.observation_space = gym.spaces.Box(original_space.low.repeat
(repeat_steps, axis=0),
                                        original_space.high.repeat
(repeat_steps, axis=0), dtype=np.float32)
```

这个类的作用是用缓冲区将环境返回的一系列图像存储起来以便网络进行识别分析，它会在内部创建一个包含给定数量，也就是 repeat_step 个缓冲区构成的队列用于存储环境返回图像。

前面提到过，gym.spaces.Box 接口有两个参数分别是 low,high。它们用于规定图像像素点的最小值和最大值，由于前面将图像规格修改为(1,84,84)，因此为了标明每个像素点的最小值和最大值，low 和 high 两个参数对应的规格同样是(1,84,84)。

为了缓存给定数量的图像，需要构建 repeat_step 个规格为(1,84,84)数组所形成的队列，假定 repeat_step 的值是 4，于是代码将对应的规格从(81,81,1)变成(84,4,81,1)，这样有利于将 4 幅图像作为一个整体提交给网络解析。

14.2.2 深 Q 网络模型

有了前面的准备工作，下面讲解如何设计能学会操控游戏的网络模型。由于这里涉及图像识别，因此需要在模型中设置卷积层，出乎意料的是，DeepMind 团队给出的模型非常简单，它的基本结构如图 14-5 所示。

由于环境返回的图像规格只有(81,81,1)，图像形态并不复杂，因此用于识别图像的卷积层只有 3 层，网络使用卷积层识别图像后把结果提交给两个全连接层，最后一个全连接层有 n_actions 个节点，它们对应采取相应行为是所得到的 $Q_{s,a}$。

接下来看一下相应代码实现：

```
import tensorflow as tf
class DQN:
    def __init__(self, input_
shape, actions, name):
```

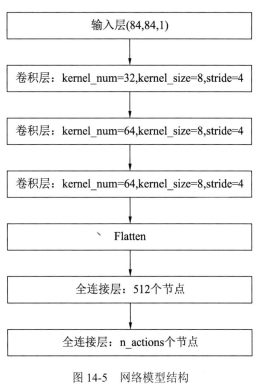

图 14-5　网络模型结构

```
    #构建3层卷积网络,tf.keras.layers.Conv2D是典型的tf2.0新接口
    with tf.variable_scope(name):
        self.state = tf.placeholder(tf.float32, [None, *input_shape])
        self.conv_layer1 = tf.keras.layers.Conv2D(filters = 32, kernel_size = 8, strides = 4, activation = tf.nn.relu,
                                            data_format = 'channels_first')(self.state)
        self.conv_layer2 = tf.keras.layers.Conv2D(filters = 32, kernel_size = 4, strides = 2, activation = tf.nn.relu)(self.conv_layer1)
        self.conv_layer3 = tf.keras.layers.Conv2D(filters = 64, kernel_size = 3, strides = 1, activation = tf.nn.relu)(self.conv_layer2)
        self.flatten_layer = tf.keras.layers.Flatten()(self.conv_layer3)
        self.fully_connect_layer = tf.keras.layers.Dense(units = 512, activation = tf.nn.relu)(self.flatten_layer)
        self.output_layer = tf.keras.layers.Dense(units = actions, activation = None)(self.fully_connect_layer)
```

注意看代码实现中用于生成卷积网络的接口 tf.keras.layers.Conv2D,这是 tf2.0 新增加的接口,对比 7.4 节可以发现,这样构造卷积网络层的方式要简单得多。在 7.4 节为了展示卷积内部运算机制,特地将内部使用的矩阵乘法展现出来。

这里直接调用一个接口,它可以把内部复杂的实现封装起来,从而实现了逻辑和设计上的简化,这是 tf2.0 接口的特性,对深度学习有一定理解的同学或许了解到 keras 原本是建立在 TensorFlow 基础上的用于开发神经网络的框架。

由于 keras 设计巧妙,它的易用性远远超过了 TensorFlow,因此在 2.0 版中,TensorFlow 将 keras 全面整合进去从而降低使用的复杂性,帮助开发者提高开发效率。接下来看一下深 Q 网络的使用方法。

深 Q 网络的模型并不复杂,复杂的是它的训练过程,在训练时先设定一个控制变量 ε,将它初始化为 1,然后生成[0,1]之间的随机数,如果该随机数小于 ε,那么随机向环境发送命令,如果大于 ε,则使用网络来计算应该发送哪个命令。

ε 的值在训练流程中会不断减小,这使得在训练开始时,由于它的值较大,因此更多通过随机的方式向环境发送命令,这个实际上是积累训练数据的过程,随着训练流程的推进,ε 值越来越小,于是网络开始接管命令的发送,看看实现代码:

```
ENV_NAME = 'PongNoFrameskip-v4'
REWARD_BOUND = 19.5          #达到该平均得分意味着网络训练成果
GAMMA = 0.99
BATCH_SIZE = 32
REPLAY_SIZE = 10000          #积累一万幅图像后才开始用于网络训练
LEARNING_RATE = 1e-4         #学习率
SYNC_FRAMES = 1000           #循环训练给定次数后将第一个网络的参数复制到第二个网络
EPSILONG_DECAY_FRAME = 100000  #经过这么多次循环训练后,随机控制变量降低到最小值
EPISLON_START = 1.0
EPSILON_FINAL = 0.02         #控制变量的最小值
class ExperienceBuffer:
    def __init__(self, capacity):
        self.experience_buffer = collections.deque(maxlen = capacity)
    def buffer_len(self):
        return len(self.experience_buffer)
```

```python
    def append_experience(self, experience):
        self.experience_buffer.append(experience)
    def sample_experience(self, batch_size):
        '''
        由于连续图像之间的变化不大,因此不适合将连续的图像用于训练网络,因此需要随机从
图片缓存中抽取不连续的图像,这样图像间的差异较大,由此有利于网络的训练
        '''
        indices = np.random.choice(len(self.experience_buffer), batch_size, replace = False)
        states, actions, rewards, dones, next_states = zip(*[self.experience_buffer[idx] for idx in indices])
        return np.array(states), np.array(actions), np.array(rewards , dtype = np.float32), \
            np.array(dones, dtype = np.uint8), np.array(next_states)
```

上面的代码除了设置一些控制变量外,还设计了 ExperienceBuffer 类用于存储环境返回来的图像以便用于训练网络。这里需要注意的是 sample_experience 函数的实现,它从存储中随机抽取出给定数量的图像。

这么做的原因是,连续的多幅图像,它们之间的差异非常小,可能只有几个像素点的区别。因此连续图像中,几乎所有信息都集中在第一幅图像,后面的图像几乎不包含任何新信息,因此将连续的图像输入网络,除了第一张有训练作用外,接下来的图像不会对网络有任何帮助。

为了提升网络训练效率,从一系列图像中随机抽取不连续的若干幅图像,这样每幅图像相互之间的差异比较大,于是网络从每幅图像中都能抽取到有用信息。接下来看看如何实现 agent 的相应功能,代码如下:

```python
ORIGINAL_DQN_NAME = "original_dqn"
TARGET_DQN_NAME = "target_dqn"
class QAgent:
    def __init__(self, env, experience_buffer):
        self.env = env
        self.experience_buffer = experience_buffer
        self.reset_env()
        self.target_action_values = tf.placeholder(tf.float32, [None, 6])
        self.original_dqn = DQN(self.env.observation_space.shape, self.env.action_space.n, ORIGINAL_DQN_NAME)          #创建原始网络
        self.target_dqn = DQN(self.env.observation_space.shape, self.env.action_space.n, TARGET_DQN_NAME)          #创建备份网络
        self.optimizer = None
        self.update_target_dqn_op = None
        self.create_train_operation()           #创建用于训练的损失函数
        self.session = tf.Session()
        self.session.run(tf.global_variables_initializer())
        self.original_dqn_params = tf.get_collection(tf.GraphKeys.TRAINABLE_VARIABLES, scope = ORIGINAL_DQN_NAME)
        self.target_dqn_params = tf.get_collection(tf.GraphKeys.TRAINABLE_VARIABLES, scope = TARGET_DQN_NAME)
        self.saver = tf.train.Saver()
        self.checkpoint_file = '/content/drive/My Drive/dqn/double_dqn.ckpt'           #设置网络参数备份路径
```

```python
    def reset_env(self):
        self.state = self.env.reset()
        self.total_reward = 0.0
    def step(self, epsilon = 0.0):
        done_reward = None
        r = np.random.random()
        if r < epsilon:              #如果随机值小于epsilon则随机向环境发送命令
            action = self.env.action_space.sample()
        else:                        #随着epsilon值越来越小,Agent会选择网络来计算最优命令
            action_values = self.session.run(self.original_dqn.output_layer, feed_dict = {self.original_dqn.state : [self.state]})[0]
            action = action_values.argmax()          #选中计算值最大的命令
        new_state, reward, is_done, _ = self.env.step(action)
        self.total_reward += reward
        experience_record = ExperienceRecord(self.state, action, reward, is_done, new_state)    #将当前状态转换当作精英存储起来用于网络训练
        self.experience_buffer.append_experience(experience_record)
        self.state = new_state
        if is_done:
            done_reward = self.total_reward
            self.reset_env()
        return done_reward
    def create_train_operation(self):    #损失函数的设计来自14.1节的步骤(3)
        optimizer = tf.train.AdamOptimizer(learning_rate = LEARNING_RATE)
        action_value = self.original_dqn.output_layer
        loss = tf.reduce_mean(tf.square(action_value - self.target_action_values))
        self.train_operation = optimizer.minimize(loss)
    def train(self):
        self.train_begin= True
        states, actions, rewards, dones, next_states = self.experience_buffer.sample_experience(BATCH_SIZE)
        #先让原始网络计算Q(s,a)也就是当前状态下采取哪种行动获得回报最高
        original_dqn_action_value = self.session.run(self.original_dqn.output_layer, feed_dict = {self.original_dqn.state: states})
        #使用备份网络计算Q(s',a)也就是下一个状态采取哪种行动回报最高
        target_dqn_action_value = self.session.run(self.target_dqn.output_layer, feed_dict = {self.target_dqn.state : next_states})
        indices = np.arange(BATCH_SIZE)  #这里计算逻辑遵守14.1中算法步骤3
        original_dqn_action_value[indices, actions] = rewards + GAMMA * np.max(target_dqn_action_value, axis = 1) * (1 - dones)
        self.session.run(self.train_operation, feed_dict = {self.original_dqn.state: states, self.target_action_values: original_dqn_action_value})
    def update_target_dqn(self):                     #将原始网络参数复制到备份网络
        for t, o in zip(self.target_dqn_params, self.original_dqn_params):
            self.session.run(tf.assign(t, o))
    def save(self):                                  #根据给定路径加载两个网络的参数
        self.saver.save(self.session, self.checkpoint_file)
    def load(self):                                  #将网络参数存储到给定路径文件
        self.saver.restore(self.session, self.checkpoint_file)
```

代码的设计紧密围绕着14.1节描述的算法步骤,特别是步骤(3),深Q网络的目的

是给定当前状态 S，它要计算出不同命令或行动 a 所获得的回报 $Q(S,a)$，这样 Agent 可以选择回报最大的行动与环境互动。

根据 13.6.2 小节描述的贝尔曼函数，如果网络能计算出 $Q(S,a)$，这个值就一定满足 $r_{S,a} + \gamma \times \max_{a' \in A} Q_{s',a'}$，其中，$r_{S,a}$ 是在状态 S 下采取行动 a 获得的回报，该公式里包含 $Q_{s',a'}$，这意味着要计算当前回报最大值，必须知道下一个状态的最大值。

由于深 Q 网络用于负责计算给定状态下不同行动的回报值，因此 $Q_{s',a'}$ 的值也需要由深 Q 网络来计算，这就是为何构建 Agent 时需要创建两个深 Q 网络的原因，Agent 对象中 target_deq 的作用就是用来计算 $Q_{s',a'}$。同时 original_dqn 的任务是计算 $Q_{S,a}$，如果它计算的结果足够准确，那么运行结果就必然与 $r_{S,a} + \gamma \times \max_{a' \in A} Q_{s',a'}$ 给定的值非常接近，因此这个公式给定的值就成为训练 original_dqn 的目标函数。

因此 original_dqn 的损失函数在任务没有结束时，也就是存在下一个状态需要考虑的情况下，它就对应 $L = [Q_{S,a} - (r_{S,a} + \gamma \times \max_{a' \in A} Q_{s',a'})]^2$，在上面的代码的 create_train_operation 函数中，变量 action_value 对应的就是网络计算的 $Q_{S,a}$。同时在任务没有结束而存在下一个状态需要考虑的情况下，target_action_values 就对应 $r_{S,a} + \gamma \times \max_{a' \in A} Q_{s',a'}$，如果任务结束而无须考虑下一个状态的情况下，它就对应 $r_{S,a}$。同时变量 target_action_values 的值在函数 train 中构建。

在 train 函数里，通过函数 sample_experience，先从缓冲区随机抽取出 32 幅环境返回的图像，这里需要注意的是，每幅图像其实包含 4 幅画面。这样就得到了当前状态 states、当前对应该状态时所采取的行动 action、行动对应的回报 rewards、任务是否结束的标志 dones 及下一个状态 next_states。如果 dones 对应的值不是 1，也就是需要考虑下一个状态，那么就需要根据公式 $r_{S,a} + \gamma \times \max_{a' \in A} Q_{s',a'}$ 构造 target_value，也就是要训练 original_dqn，让它计算给定 action 对应的值要尽可能与公式计算的值接近。如果 dones 对应的值为 1，表示任务结束，不需要再考虑下一个状态，那么就需要训练 orignal_dqn，让它计算给定 action 的对应值要尽可能地接近 $r_{S,a}$。下面的代码语句同时考虑到了这两种情况：

```
original_dqn_action_value[indices, actions] = rewards + GAMMA * np.max
(target_dqn_action_value, axis = 1) * (1 - dones)
```

注意：dones 是一个包含 32 个元素的向量，元素取值为 0 或 1，如果取值为 1，1-dones 则是让向量中的每个元素分别减去 1，因此如果元素值为 1，那么计算结果为 0，如果元素值为 0，计算结果就是 1。

同时 target_dqn_action_value 是网络 target_dqn 在接收 next_states 后计算的结果，也就是它算出了下一个状态在采取不同行动时的回报，此时代码通过 np.max 调用获得了多个回报中最大的那个。

于是 GAMMA*np.max(target_dqn_action_vaule,axis=1)对应的就是 $\gamma \times \max_{a' \in A} Q_{s',a'}$，如果 dones 对应值为 1，那么这部分就会与 0 相乘，结果为 0，因此语句计算的结果就是 rewards，

由此对应 $r_{S,a}$，如果 dones 对应值为 0，那么上面语句执行结果就对应 $r_{S,a} + \gamma \times \max\limits_{a' \in A} Q_{s',a'}$。

于是就可以训练 orignal_dqn 网络的输出结果而不断满足 14.1 节所描述的算法步骤(3)所对应的结果，这意味着 orignal_dqn 识别输入状态 s 并计算出最佳行动的收益值的能力不断增强。接下来介绍如何实现 agent 与环境的互动，代码如下：

```
tf.reset_default_graph()                #构造 Agent 实例对象
experience_buffer = ExperienceBuffer(REPLAY_SIZE)
agent = QAgent(env_wrap, experience_buffer)
total_rewards = []
frame_idx = 0
ts_frame = 0
ts = time.time()
best_mean_reward = 0
epsilon = EPSILON_START
while True:
    frame_idx += 1
    epsilon = max(EPSILON_FINAL, EPSILON_START - frame_idx / EPSILONG_DECAY_FRAME)    #随着 epsilon 的值不断递减，下面的 step 函数会越来越依赖网络进行决策
    reward = agent.step(epsilon)
    if reward is not None:
        total_rewards.append(reward)
        speed = (frame_idx - ts_frame) / (time.time() - ts)
        ts_frame = frame_idx
        ts = time.time()
        #计算最近 100 盘互动结果的平均分
        mean_reward = np.mean(total_rewards[-100:])
        print("%d: done %d games, mean reward %.3f, eps %.2f, speed %.2f f/s" % (
            frame_idx, len(total_rewards), mean_reward, epsilon,
            speed
        ))
        #当网络效果有改进时，将网络参数存储到磁盘上
        if best_mean_reward is None or best_mean_reward < mean_reward:
            agent.save()
            #这里输出一次互动的结果，从中可以看到网络的改进情况
            if best_mean_reward is not None:
                print("Best mean reward updated %.3f -> %.3f, model saved" % (best_mean_reward, mean_reward))
            best_mean_reward = mean_reward
        if  best_mean_reward < mean_reward:
            print("best mean reward updated %.3f->%.3f, model saved" % (best_mean_reward, mean_reward))
            best_mean_reward = mean_reward
        #当网络获得平均分超过给定分数时认为网络训练完成
        if mean_reward > REWARD_BOUND:
            print("Solved in % frames!" % frame_idx)
            break
    if experience_buffer.buffer_len() < REPLAY_SIZE:
        continue
    #当运行超过给定步骤时要将 original_dqn 中的参数复制到 target_dqn 中，这样能提升
      后者的识别能力
    if frame_idx % SYNC_TARGET_DQN_FRAMES == 0:
        print("sync with target dqn")
```

```
        agent.update_target_dqn()
    agent.train()
```

在上面的代码中，agent.step 函数用于负责与环境互动。如果输入的 epsilon 值比较大，那么 Agent 很有可能会随机向环境发送命令，随着该值越来越小，Agent 会越多地依赖 original_dqn 来计算最优行动。

在环境互动的过程中，Agent 把互动结果的相关信息存储在 Experience_buffer 中，这些信息会在 agent.train 调用时被用于训练 orignal_dqn 网络。笔者借助谷歌提供的 Colab 编程环境来运行上面的代码，因为在该环境里可以使用 GPU。

上面的代码在有 GPU 的支持下需要运行将近 4 个小时才能完成网络训练，让网络得分超过给定值。如果没有 GPU，那么训练过程有可能会持续两三天。为了节省读者的时间，笔者把训练结果存储在配书资源的目录 dqn 下，读者可以修改 agent 代码中的 load 函数，直接加载笔者已经训练好的网络。

接下来把训练好的网络与环境互动的情况以动画的形式输出，这样能方便我们了解神经网络如何识别环境变化并据此发出相应的命令。从运行结果看，训练好的网络能完胜环境中的计算机。在 agent 类中增加如下代码：

```
def play_animation(self, repeat = False, interval = 50):
    frames = []                              #用于记录每一帧动画
    max_steps = 2000                         #总共向环境发送 2000 次命令
    change_after_steps = 20                  #同一个动作发生给定次数后转换新动作
    obs = self.env.reset()
    for step in range(max_steps):            #agent 与 eviroment 互动循环
        frame = self.env.render(mode = "rgb_array")  #获取环境当前画面
        frames.append(frame)
        action_values = self.session.run(self.original_dqn.output_layer, feed_dict = {self.original_dqn.state : [obs]})[0]
        action = action_values.argmax()      #选中计算值最大的命令
        obs, reward, done, info = self.env.step(action)
        if done:
            break
    def update_scene(num, frames, patch):    #更新当前画面
        patch.set_data(frames[num])
        return patch
    plt.close()
    fig = plt.figure()
    patch = plt.imshow(frames[0])
    plt.axis('off')
    return animation.FuncAnimation(fig, update_scene, fargs = (frames, patch), frames = len(frames),
                                    #动画播放
                                    repeat = repeat, interval = interval)
```

加载 agent，调用上面的接口播放网络与环境的互动动画：

```
env = gym.make("PongNoFrameskip-v4")
env_wrap = init_enviroment(env)
tf.reset_default_graph()
experience_buffer = ExperienceBuffer(REPLAY_SIZE)
```

```
agent = QAgent(env_wrap, experience_buffer)
agent.load()
import matplotlib.animation as animation
from IPython.display import HTML
animations = agent.play_animation()
HTML(animations.to_jshtml())
```

上面的代码运行结果如图 14-6 所示。

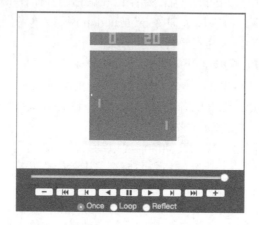

图 14-6　代码运行结果

从图 14-6 中可以看出，右边的木板由训练的网络控制，由于一局比赛是 21 分制，因此训练的网络打败了环境中由计算机控制的左边的木板。

第 15 章 TensorFlow 与策略下降法

本章介绍增强学习领域中占据半壁江山的算法——策略下降法,并介绍如何在 TensorFlow 框架的加持下对算法加以实现。所谓"策略"其实就是用于处理问题的逻辑依据。

"策略"的好处在于,不用再拘泥于"具体问题具体分析",而是一旦掌握合适的"策略",就能"毕其功于一役",可以使用同一思想原则来自动处理所有局面。因此"策略"思维具有"顶层设计"的意味。

"策略"思维最典型的特征就是以概率的角度看问题。例如,当看到一张狗的照片时,使用"策略"思维,不会说照片里的动物是一只狗,而是说照片里的动物是狗的概率是百分之百。于是"策略"思维抛弃了非黑即白,而是具有铁口直断的决绝性。

"策略"思维是一种灰度思维,它是一种具有动态特性的观察方式,它为任何事物有可能出现的变化都预留了心理预期,因此将策略思维应用到神经网络时,网络在接收数据后返回的不再是确定的值,而是对事物属性进行概率性的预测,因此它返回的是概率值。

使用策略算法的神经网络特性如图 15-1 所示。

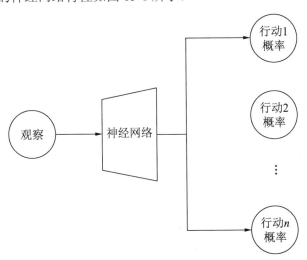

图 15-1 基于策略的网络特点

如图 15-1 所示的网络还有一个特点——它具有"连续性"。对于前面基于状态值的网络而言,如果内部参数发生微小的变动,就会导致最终输出结果完全变样。但基于策略的网络,即使内部参数发生变动,最终输出结果的值即使变动,它依然能保持原有意义不变。

例如,在内部参数变动前,行动 1 对应的概率是 90%,内部参数变动后行动的 1 概率变成 85%,但只要行动 1 对应的概率值的大小排序不变,也就是参数变动前行动 1 对应的概率值最大,则参数变动后,尽管行动 1 对应的概率值发生了变化,但只要它在排序上还是最大,那么数值的变化就不会带来太大的影响。

15.1 策 略 导 数

通常使用 $\pi(a|S)$ 来表示采取某种策略后,面对观察 S 采取行动 a 的概率。同时给出一个称为"策略导数"的概念,公式如下:

$$L = -\sum_{t=0}^{T} \log(\pi_\theta(a_t|S_t)) \times Q_t \qquad (15\text{-}1)$$

该公式与 12.5.2 节提到的信息熵公式有点类似,它其实在告诉网络采用哪种命令或行动后有可能获得的预期回报,把它作为损失函数来训练网络。该公式的底层原理会在后面章节进行推导。

由此得到基于策略导数的一种算法叫 REINFORCE,它的实现步骤如下:

(1) 设立损失函数 $L = -\sum_{t=0}^{T} \log(\pi_\theta(a_t|S_t)) \times Q_T$。

(2) 随机初始化网络内部参数。

(3) 让网络与环境进行一个回合的互动,记录该过程中状态转变的信息,也就是(state, action, reward, next_state)。

(4) 计算该回合互动的当前收益,也就是 $Q_t = \sum_{i=t+1}^{T} \gamma^{i-(t+1)} \times r_i$。

(5) 使用渐进下降法调整网络内部参数,降低损失函数的返回值。

(6) 重复步骤(3),直到损失函数前后两次降低的值小于给定阈值。

15.1.1 策略导数的底层原理

首先需要搞清楚几个概念。第一个是策略函数,它是指神经网络在接收输入状态 s 后给出不同行动或命令所对应的概率。由于网络的最终输出受其内部参数的影响,用 θ 来表示内部参数的集合,因此整个网络就相当于一个函数接收输入状态 S 后计算不同行动应该采用的概率,用 $\pi_\theta(a|S)$ 表示,这个函数就叫策略函数。

第二个概念是互动路径,也就是 agent 与环境发生一系列交互的过程。例如,一开始环境处于状态 S_0,然后 agent 采取了行动 a_1,结果环境返回回报 r_1 后进入状态 S_1,由此一直进行下去,于是就有 $S_0, a_1, r_1, S_1, \cdots, S_{T-1}, a_{T-1}, r_{T-1}, S_T$,这样的一条路径用符号 τ 表示。

第 15 章 TensorFlow 与策略下降法

当环境返回状态 S_t 时，agent 采取行动 a_t 是由策略函数 $\pi_\theta(a_t|S_t)$ 返回的概率值决定的，由于回报 r_t 是因为 agent 采取行动 a_t 后产生的，而该行动的选取又取决于策略函数，因此回报 r_t 的数值也就取决于策略函数。

好的策略函数能够使得回报最大化。对于给定一条互动路径 τ，它对应的总回报就是每一次环境给出回报乘以折扣因子后之和，也就是：

$$R(\tau) = r_0 + \gamma \times r_1 + \gamma^2 r_2 + \cdots + \gamma^{T-1} r_{T-1} \tag{15-2}$$

因此，好的策略函数是使 $E[R(\tau)]$ 的取值最大化，也就是策略能让每一个互动回合产生的回报最大化，其中 E 表示回报的数学期望。由于每一步互动回报取决于 agent 所选取的行动 a_t，而对应行动的概率又由网络对输入状态 S_t 的计算得出，但网络的计算结果又受到内部参数 θ 的控制，因此可以把 $E[R(\tau)]$ 看作关于参数 θ 的函数：

$$J(\theta) = E[R(\tau)|\pi_\theta] \tag{15-3}$$

公式（15-3）中右边的 π_θ 表示 $E[R(\tau)]$ 的取值结果受它的影响。因此要想让公式（15-3）的取值最大，就得调整参数 θ。根据微积分原理，寻求一个函数的最大值，可以在给定点对函数求导，然后根据求导结果来调整当前函数所处的数值点，也就是要想调整 θ，使得公式（15-3）的值变大，就得对 θ 做如下调整：

$$\theta = \theta + l \times \frac{\partial J(\theta)}{\partial \theta} \tag{15-4}$$

其中 l 表示学习率，用来控制参数调整的幅度。把公式（15-2）代入公式（15-3）有：

$$J(\theta) = E[R(\tau)|\pi_\theta] = E[r_0 + \gamma \times r_1 + \gamma^2 r_2 + \cdots + \gamma^{T-1} r_{T-1}|\pi_\theta] \tag{15-5}$$

根据数学期望的性质，可以把公式（15-5）中的内部求和直接转换为外部求和：

$$J(\theta) = E[r_0 + \gamma \times r_1 + \gamma^2 r_2 + \cdots + \gamma^{T-1} r_{T-1}|\pi_\theta] = E[r_0|\pi_\theta] + E[\gamma \times r|\pi_\theta] + \cdots + E[\gamma^{T-1} r_{T-1}|\pi_\theta] \tag{15-6}$$

根据数学期望的定义，公式（15-6）中的 $E[\gamma^t \times r_t|\pi_\theta]$，等于发生概率乘以变量取值，因此 $E[\gamma^t \times r_t|\pi_\theta]$ 就相当于环境从初始状态 s_0 一直变化到环境 S_{t-1}，然后 agent 选取了行动 a_{t-1} 这一系列事件合在一起的概率然后再乘以取值 $\gamma^t \times r_t$，因此有：

$$E[\gamma^t \times r_t|\pi_\theta] = p(s_0, a_1, s_2, a_2, \cdots, s_{t-1}, a_{t-1}, S_t|\pi_\theta) \times (\gamma^t \times r_t) \tag{15-7}$$

其中，公式右边的 $p(S_0, a_1, S_2, a_2, \cdots, S_{t-1}, a_t, S_t|\pi_\theta)$ 表示事件 $S_0, a_1, S_2, a_2, \cdots, S_{t-1}, a_{t-1}$ 发生的概率受策略函数 π_θ 的影响。根据概率论有：

$$p(S_0, a_1, S_2, a_2, \cdots, S_{t-1}, a_t, S_t|\pi_\theta) = p(S_0) \times \pi_\theta(a_1|S_0) \times p(S_1|S_0, a_1) \times \pi_\theta(a_2|S_1) \times \cdots \times \pi_\theta(a_{t-1}|S_{t-2})$$
$$\times p(S_{t-1}|S_{t-2}, a_{t-2}) \times \pi_\theta(a_t|S_{t-1}) \times p(S_t|S_{t-1}, a_{t-1}) \tag{15-8}$$

于是将公式（15-7）和（15-8）结合在一起有：

$$E[\gamma^t \times r_t|\pi_\theta] = p(S_0) \times \pi_\theta(a_1|S_0) \times p(S_1|S_0, a_1) \times \pi_\theta(a_2|S_1) \times \cdots \times \pi_\theta(a_{t-1}|S_{t-2})$$
$$\times p(S_{t-1}|S_{t-2}, a_{t-2}) \times \pi_\theta(a_t|S_{t-1}) \times p(S_t|S_{t-1}, a_{t-1}) \times (\gamma^t \times r_t) \tag{15-9}$$

要想让公式（15-5）最大化，本质上是让公式（15-9）最大化。如果能调整参数 θ，使得公式（15-8）变大，那么公式（15-9）的值自然就会变大。由于公式（15-8）中涉及

很多项相乘,一种常用技巧是对其求对数,把乘法转换为加法,因此对公式(15-8)两边求对数有:

$$\log[p(S_0,a_1,S_2,a_2,\cdots,S_{t-1},a_t,S_t|\pi_\theta)] = \log[p(S_0)\times\pi_\theta(a_1|S_0)\times p(S_1|S_0,a_1)\times\pi_\theta(a_2|S_1)\times\cdots$$
$$\times\pi_\theta(a_{t-1}|S_{t-2})\times p(S_{t-1}|S_{t-2},a_{t-2})\times\pi_\theta(a_t|S_{t-1})\times p(S_t|S_{t-1},a_{t-1})]$$
$$=\log(p(S_0))+\log(\pi_\theta(a_1|S_0))+\cdots+\log(\pi_\theta(a_t|S_{t-1}))+\log(p(S_t|S_{t-1},a_{t-1}))$$

(15-10)

为了调整 θ 以让公式(15-10)取得最大值,可以对它基于 θ 求导,于是有:

$$\nabla_\theta \log[p(S_0,a_1,S_1,a_2,\cdots,S_{t-1},a_t,S_t|\pi_\theta)]=\nabla_\theta\log(p(S_0))+\nabla_\theta\log(\pi_\theta(a_1|S_0))+\cdots+$$
$$\nabla_\theta\log(\pi_\theta(a_t|S_{t-1}))+\nabla_\theta\log(p(S_t|S_{t-1},a_{t-1}))$$

(15-11)

注意,$\log(p(S_0)),\log(p(S_1|S_0,a_1))\cdots\log(p(S_t|S_{t-1},a_t))$ 这些项与参数 θ 无关,因此对这些项基于 θ 求导的结果是0,于是公式(15-11)就变成:

$$\nabla_\theta \log[p(S_0,a_1,S_2,a_2,\cdots,S_{t-1},a_t,S_t|\pi_\theta)]=\nabla_\theta\log(\pi_\theta(a_1|S_0))+\cdots+\nabla_\theta\log(\pi_\theta(a_t|S_{t-1}))$$
$$=\sum_{i=0}^{t-1}\nabla_\theta\log(\pi_\theta(a_{i+1}|S_i))$$

(15-12)

于是有:

$$\nabla_\theta J(\theta) = \sum_{t=0}^{T}\sum_{i=0}^{t-1}\nabla_\theta(\log(\pi_\theta(a_{i+1}|S_i))))\times(\gamma^t\times r_{t+1})$$

(15-13)

把公式(15-13)进一步展开为:

$$\nabla_\theta J(\theta)=\gamma^0 r_1 \times(\sum_{i=0}^{0}\nabla_\theta(\log(\pi_\theta(a_{i+1}|S_i))))+\gamma^1 r_2 \times(\sum_{i=0}^{1}\nabla_\theta(\log(\pi_\theta(a_{i+1}|S_i))))+\cdots+$$
$$\gamma^{T-1} r_T \times(\sum_{i=0}^{T-1}\nabla_\theta(\log(\pi_\theta(a_{i+1}|S_i))))=$$
$$\nabla_\theta(\log(\pi_\theta(a_1|S_0)))\times(\gamma^0 r_1+\gamma^1 r_2+\cdots+\gamma^{T-1} r_T)+$$
$$\nabla_\theta(\log(\pi_\theta(a_2|S_1)))\times(\nabla_\theta(\log(\pi_\theta(a_1|S_0))))+\cdots$$
$$=\sum_{t=0}^{T-1}\nabla_\theta(\log(\pi_\theta(a_{t+1}|S_t)))\times(\sum_{i=t}^{T-1}\gamma^j\times r_{i+1})=\sum_{t=0}^{T-1}\nabla_\theta(\log(\pi_\theta(a_{t+1}|S_t)))\times Q_t$$

(15-14)

需要注意,如果对公式(15-1)关于参数 θ 求导,则所得的结果与公式(15-14)相比除了多个符号外,其他完全一样。由于这里是求最大值,对损失函数求最小值,所以这里对公式(15-1)关于 θ 求导取最小值与对 θ 求导取最大值完全等价。

这就是为何要将损失函数设置成公式(15-1)的原因,因为对公式(15-1)求得最小值就相当于对公式(15-5)求最大值。

15.1.2 策略导数算法应用实例

本小节通过一个实例来快速掌握相关概念,来学习如何将策略导数算法应用到 CartPole 示例上。首先创建用于与环境互动的神经网络,代码如下:

```python
class PolicyGradientNet:
    #网络分为3层：第1层为输入层，第2层为含有128个节点的中间层，第3层（最后一层）
        为softmax 输出层
    def __init__(self, input_shape, n_actions):
        self.discount_total_reward = tf.placeholder(tf.float32, [None, 1], name = "discount_total_reward")
        self.batch_actions = tf.placeholder(tf.float32, [None, n_actions], name = "batch_actions")
        self.input_layer = tf.placeholder(tf.float32, [None, *input_shape])
        self.dense_layer = tf.keras.layers.Dense(units = 128, activation = tf.nn.relu)(self.input_layer)
        self.output_layer = tf.keras.layers.Dense(units = n_actions, activation = tf.nn.softmax)(self.dense_layer)#tf.keras.layers.Softmax()(self.logit_layer)
        #应对公式(15-1)中的log计算
        self.log_probability_layer = tf.log(self.output_layer)
```

接下来按照公式（15-1）设计损失函数，代码如下：

```python
def compute_discount_total_reward(rewards, gamma):            #计算Q_t
    res = []
    sum_discount_reward = 0.0
    for r in reversed(rewards):
        sum_discount_reward *= gamma
        sum_discount_reward += r
        res.append([sum_discount_reward])
    return list(reversed(res))
def get_loss(net):
    actions_log_probs = tf.multiply(net.log_probability_layer, net.batch_actions)         #将log(Pi(a_t|s_t))对应的值选出来
    loss = -tf.reduce_sum(tf.multiply(actions_log_probs , net.discount_total_reward))     #对应损失函数，也就是公式(15-1)
    return loss
GAMMA = 0.99
LEARNING_RATE = 0.01
EPISODES_TO_TRAIN = 4
env = gym.make("CartPole-v0")
actions = env.action_space.n
net = PolicyGradientNet(env.observation_space.shape, actions)
loss = get_loss(net)
optimizer = tf.train.AdamOptimizer(learning_rate = LEARNING_RATE)
train_operation = optimizer.minimize(loss)
```

最后启动训练流程，让网络与环境互动，并使用互动结果训练网络，代码如下：

```python
allRewards = []
total_rewards = 0
episode = 0
episode_states, episode_actions, episode_rewards = [],[],[]
state_size = 4
action_size = env.action_space.n
episodes_done = 0
saver = tf.train.Saver()
with tf.Session() as sess:
    sess.run(tf.global_variables_initializer())
    training = True
```

```python
    state = env.reset()
    cur_episode_rewards = []
    while training:
        episode_rewards_sum = 0        #将当前状态输入网络，获得不同行动对应的概率
        action_probability_distribution = sess.run(net.output_layer, feed_dict={net.input_layer: state.reshape([1,4])})
        action = np.random.choice(len(action_probability_distribution[0]), p=action_probability_distribution[0])        #根据行动概率进行随机采样
        new_state, reward, done, info = env.step(action)
        episode_states.append(state)
        action_ = np.zeros(action_size)
        #CartPole环境只有两种命令:left 和 right，前者对应向量[1,0]，后者对应[0,1]
        action_[action] = 1
        episode_actions.append(action_)
        episode_rewards.append(reward)
        cur_episode_rewards.append(reward)
        state = new_state
        if done:
            episode += 1
            state = env.reset()
            episodes_done += 1
            # Calculate sum reward
            #计算当前回合的总回报
            episode_rewards_sum = np.sum(cur_episode_rewards)
            allRewards.append(episode_rewards_sum)
            cur_episode_rewards = []
            # Mean reward
            #计算过去不超过100回合的评价回报
            mean_reward = np.mean(allRewards[-100:])
            print("==========================================")
            print("Episode: ", episode)
            print("Mean Reward", mean_reward)
            if mean_reward > 195.0:
                print("sovled")
                training = False
            #如果把下面的语句解除注释，那么代码能在训练完成时存储网络参数
            #saver.save(sess, model_path)
            #积累到4回合数据后才对网络进行训练
            if episodes_done < EPISODES_TO_TRAIN:
                continue
            episodes_done = 0
            discounted_episode_rewards = compute_discount_total_reward(episode_rewards, GAMMA)
            sess.run(train_operation, feed_dict = {net.batch_actions: episode_actions,
                                                    net.input_layer: episode_states,
                                                    net.discount_total_reward: discounted_episode_rewards})
            episode_states, episode_actions, episode_rewards = [],[],[]
```

上面的代码运行后，经过一千多回合就能让网络实现在每个回合获得的平均分在195以上，这意味着网络学会了识别环境返回的状态信息，并且能够根据状态采取有效的行动以便实现最终回报最大化。

15.1.3　策略导数的缺点

策略导数存在一个问题就是不稳定。读者在运行 15.1.2 小节中的代码时或许能看到，一开始网络与环境的互动过程中，平均得分先是不断地上升，到了一定程度后就开始不断地下降，然后又慢慢地上升，这种上升下降的过程会重复好几次后才能冲破 195 的界限。

出现这种现象的主要原因在于公式（15-14）的计算结果很不稳定。在 CartPole 任务中，如果能让滑块木棍保持 1 次直立就能获得 1 分，因此保持 5 次直立就能获得 5 分，保持 100 次直立就能获得 100 分。问题在于，在代码中选择行动时有一个随机抽样的过程。

如果在随机选取中选择了不好的行动，则得分就会变得很低，但如果选到正确的行动，得分就会很高，导致错误行动和正确行动之间的回报差异太大，于是导致网络训练时内部参数向不同方向调整，从而导致网络不稳定。

由于网络不稳定，基于策略导数的算法目前基本上被抛弃。当前使用更多的是稳定性更高的 Actor-Critic 算法，后面章节会详细介绍它的原理和实现。

15.2　Actor-Critic 算法

在 15.1 节，训练网络时会发现，在网络与环境的互动过程中，一开始能连续获得高回报，然后回报不断地下降，变得越来越低，直到一个低点后开始反弹。这种高低不断变化的不稳定性使得策略导数算法很难应对复杂的任务。

为了解决这个问题，先试想一个简单的场景，对于当前环境 s，假设可以采用 3 种不同的行动，a_1,a_2,a_3 对应的回报为 Q_1,Q_2,Q_3，如果 Q_1,Q_2 是正值，Q_3 是负值，那么网络就会增加选择 a_1,a_2 的概率，同时减少选择 a_3 的概率。

如果 3 个都是正值，其中 Q_1,Q_2 的值很大，Q_3 的值很小，这说明 a_3 不是一种好的行动。但是由于它依然返回正值，因此网络在训练时依然会调整内部参数以增加采取 a_3 的概率，这就会导致网络没能全力向好的方向持续改进。因此，类似 a_3 的这种情况就会对网络的改进造成负面影响。为了降低这种不利因素，一种做法是把 3 种回报加总求平均，然后让 Q_1,Q_2,Q_3 减去均值，这样计算后 Q_3 变成负值，于是网络就不会被 a_3 干扰。

这种通过额外方式矫正网络训练过程，从而提升网络给出行动概率正确性的算法叫 Actor-Critic。其中，Actor 对应的是给出行动概率的网络，Critic 用于负责评估网络给出的行动概率是否合理，例如前面给出的回报平均值对应 Critic。

15.2.1　Actor-Critic 算法的底层原理

在 15.1.1 小节中推导策略导数算法时得到了公式（15-14），它对应的表达式为 $\sum_{t=0}^{T-1}\nabla_\theta(\log(\pi_\theta(a_{t+1}|S_t)))\times Q_t$。在计算变量 Q_t 时所采用的方法是让网络与环境互动，将互动

过程中得到的回报结合折扣因子后求和,作为对该变量的近似值。

算法的不稳定性恰恰就出现在这里。当 Q_t 模拟出的值为正数时,算法就会调整网络内部参数,使得它增大 $\log(\pi_\theta(a_{t+1}|S_t))$ 的计算结果。问题在于,当 Q_t 取值为正时,不一定说明所采取的行动就是好的。

试想一个短跑运动员跑 100 米用了 10 秒,那么如何判断这个成绩是好是坏呢?最常用的方法是看平均值,如果参赛的所有运动员成绩求平均值后是 12 秒,那么该成绩就属于优异,如果平均成绩是 8 秒,那么这个成绩就相当差。因此不能直接使用对 Q_t 模拟出的数值来判断当前行动的好坏,还要结合"平均值"进行判断。问题在于如何找到合适的"平均值"。由于变量 Q_t 的含义是当处于状态 S_t 时采取行动 a_t 所获得的收益,因此可以定义"平均值"为:当处于状态 S_t 时,采取行动 a_t,从而得到进入状态 S_{t+1} 后的预期收益,也就是前面章节提到的 $V(S_{t+1})$,这个值表示进入状态 S_{t+1} 后采取一切行动所能获得回报的平均值。

如果以 $V(S_{t+1})$ 为基准线,让 Q_t 值的模拟结果与它进行比较,超过基准线才算是好结果,低于基准线就是坏结果。这样网络就不会对任何大于 0 的 Q_t 值进行同样的反应,于是网络的训练就可以大大增加其稳定性。

因此要对公式(15-14)进行修改:

$$\sum_{t=0}^{T-1} \nabla_\theta(\log(\pi_\theta(a_{t+1}|S_t))) \times (Q_t - V(S_t)) \qquad (15-15)$$

公式(15-15)对应两部分:一部分计算当面对状态 S_t 时要采取行动 a_{t+1} 的概率,负责计算这部分数值的网络叫 Actor;另一部分是计算 $(Q_t - V(S_t))$,负责计算该值的网络叫 Critic。在实现时会将这两个网络合二为一。

因此,要设计的网络结构如图 15-2 所示。

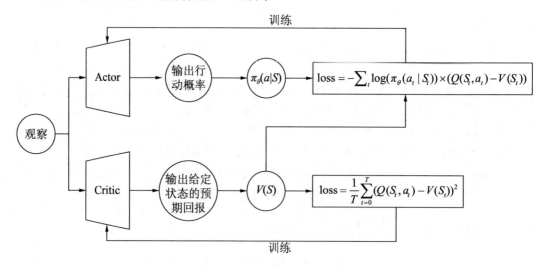

图 15-2 网络结构图

下面看一下如何使用该网络来实现 Pong 任务环境的学习。

15.2.2 Actor-Critic 算法的实现

本节用代码来实现 15.2.1 小节描述的算法，首先根据图 15-2，构建相应的网络对象：

```
import gym
env = gym.make('PongDeterministic-v4')
import tensorflow as tf
model_path = '/content/drive/My Drive/actor_critic_model/model.ckpt'
class ActorNet:
  def __init__(self, actions):
    #对应公式(15-15)中的critic部分
    self.advantage_value = tf.placeholder(tf.float32, [None, 1])
    self.batch_actions = tf.placeholder(tf.float32, [None, actions], name = "batch_actions")
    #将环境返回的(80,80)图像转换为一维数组，网络一次接收两幅图像以便增加分析效率
    self.states = tf.placeholder(tf.float32, [None, 2*6400])
    self.fully_connect_layer = tf.keras.layers.Dense(units = 512, activation = tf.nn.elu)(self.states)
    self.output_layer = tf.keras.layers.Dense(units = actions, activation = tf.nn.softmax)(self.fully_connect_layer)          #输出采取不同行动的概率
    self.log_probability_layer = tf.log(self.output_layer)
actor = ActorNet( env.action_space.n)
#对应公式(15-15)中的Actor部分
actor_probs = tf.multiply(actor.log_probability_layer, actor.batch_actions)
actor_loss = -tf.reduce_mean(tf.multiply(actor_probs , actor.advantage_value))
actor_train_op = tf.train.AdamOptimizer(learning_rate = 1e-4).minimize(actor_loss)
class CriticNet:
  def __init__(self):
    self.discounted_value = tf.placeholder(tf.float32, [None, 1])
    self.states = tf.placeholder(tf.float32, [None, 2*6400])
    self.fully_connect_layer = tf.keras.layers.Dense(units = 512, activation = tf.nn.elu)(self.states)
    self.output_layer = tf.keras.layers.Dense(units = 1, activation = None)(self.fully_connect_layer)          #输出状态的预期回报
critic = CriticNet()
critic_loss = tf.reduce_mean(tf.pow(critic.output_layer - critic.discounted_value, 2))          #对应图15-2中Critic网络的损失函数
critic_train_op = tf.train.AdamOptimizer(learning_rate = 1e-4).minimize(critic_loss)
```

上面的代码分别构建了 Actor 和 Critic 网络，同时根据图 15-2 所表明的方式设置了两个网络对应的损失函数，接下来实现一些预处理流程：

```
def compute_discount_total_reward(rewards):          #计算 $Q_t$
    res = []
    sum_discount_reward = 0.0
    for r in reversed(rewards):
        sum_discount_reward *= gamma
        sum_discount_reward += r
        res.append(sum_discount_reward)
```

```
        return list(reversed(res))
gamma = 0.99
def prepro(I):                   #将环境返回的状态从(80,80)格式的二维数组转换为一维数组
    if I is None: return np.zeros((6400,))
    I = I[35:195]                #裁剪掉图像中没有必要的部分,只保留两个对抗木板和小球
    I = I[::2,::2,0]
    I[I == 144] = 0
    I[I == 109] = 0
    I[I != 0] = 1                #将图像转换成单色图
    return I.astype(np.float).ravel()
```

最后看一下网络与环境互动以及训练流程的实现:

```
sess = tf.Session()
sess.run(tf.global_variables_initializer())
average_scope = 19.5                    #设置网络训练成功的分值
saver = tf.train.Saver()
import numpy as np
def train():
    reward_sums = []
    training = True
    episodes = 0
    last_average_reward = -21.0
    while training is True:
        Xs, ys, rewards = [], [], []
        batch_actions = []
        prev_obs, obs = None, env.reset()
        done = False
        while done is not True:
            #将网络上次和本次返回的状态整合起来
            x = np.hstack([prepro(obs), prepro(prev_obs)])
            prev_obs = obs
            action_probs = sess.run(actor.output_layer, feed_dict =
{actor.states: x[None, :]})     #让 Actor 网络根据输入状态得到采取不同行动的概率
            #对网络返回的行动概率进行随机抽样
            ya = np.random.choice(len(action_probs[0]), p=action_probs[0])
            action = ya
            obs, reward, done, _ = env.step(action)
            Xs.append(x)
            ys.append(ya)
            rewards.append(reward)
            action_ = np.zeros(env.action_space.n)
            action_[action] = 1                 #根据选中的行动设置标志向量
            batch_actions.append(action_)
        if done:
            episodes += 1
            Xs = np.array(Xs)
            ys = np.array(ys)
            values = sess.run(critic.output_layer, feed_dict={critic.
states: Xs})[:, 0]          #使用 Critic 网络得到状态对应的预期收益
            discounted_rewards = compute_discount_total_reward(rewards)
            #构建公式(15-15)中对应的 Critic 部分
            advantages = discounted_rewards - values
            print(f'adv: {np.min(advantages):.2f}, {np.max(advantages):.2f}')
```

```
                    advantage_reshape = np.expand_dims(advantages, axis = 1)
                    sess.run(actor_train_op, feed_dict={actor.advantage_value:
advantage_reshape,
                                                       actor.batch_actions:
batch_actions,
                                                       actor.states: Xs
                                        })  #启动Actor网络的训练
                    discounted_rewards_reshape = np.expand_dims(discounted_
rewards, axis = 1)
                    sess.run(critic_train_op, feed_dict= {critic.discounted_
value: discounted_rewards_reshape,
                                         #启动Critic网络的训练
                                         critic.states: Xs})
                    reward_sum = sum(rewards)
                    reward_sums.append(reward_sum)
                    avg_reward_sum = sum(reward_sums[-50:]) / len(reward_sums
[-50:])                                  #获得最近50回合的平均值
                    print(f'Episode {episodes} -- reward_sum: {reward_sum},
avg_reward_sum: {avg_reward_sum}\n')
                    if avg_reward_sum >= last_average_reward:
                       saver.save(sess, model_path)
                       last_average_reward = avg_reward_sum
                       print("model saved!")
                    if avg_reward_sum >= average_scope:
                       training = False
train()
```

在有 GPU 支持的条件下，上面的代码需要 3 个多小时才能将网络训练到指定要求，也就是它能在与环境互动中取得 19.5 分，如果使用 CPU 估计得需要一整天才能完成训练。对于没有 GPU 的读者可以直接加载笔者已经训练好的网络，它们存储在配书资源的 Actor-Critic 文件夹中。

那有没有办法加快网络的训练流程呢？一种常用方法是使用异步训练机制，也就是启动多个进程，每个进程使用同一个网络来与环境的不同实例互动，获取数据后进行训练，最后将不同进程网络训练的结果综合起来，这种方法也叫 A3C。

15.3 A3C 算法原理

本节详细讲解 Actor-Critic 算法的进阶模式 A3C。在 15.2 节实现的代码中有一个变量叫 advantage，因此 Actor-Critic 也叫 A2C 算法。A3C 对应的 A 也叫 Asynchronous，也就是异步的意思。

在 15.2 节中描述的算法用于构建一个神经网络与给定环境对象互动，然后把互动的结果用于改进网络。A3C 算法将该过程加以改进，它的原理是构建一个全局网络，然后启动多个线程，在每个线程中分别创建各自的环境对象，然后将全局网络在每个线程中复制多份，于是就可以将 15.2 节所描述的算法流程同时在多个线程中进行。该算法的核心在于，每个线程中的网络与各自环境对象互动后，运用互动所得数据调整自身的内部参数。但参数调整时计算所得的改变量不是作用在自己身上，而是将这些改变量回传给主网络，然后作用在主网络的内部参数上，各个线程要经常对主网络进行复制，这样才能把主网络内部参数的变化即时更新到当前线程所对应的网络中。

A3C 算法的运行原理如图 15-3 所示。

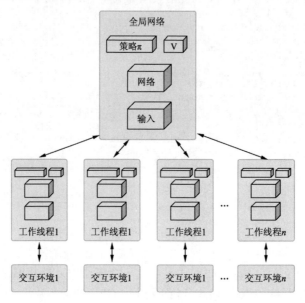

图 15-3　A3C 算法的原理示意

根据图 15-3，顶部是全局网络，下面运行多个线程，每个线程对应的网络都是对全局网络的复制，线程中的网络与各自环境互动后进行自我训练，但计算出来的参数改变量要回传给主网络，让主网络改进自己的内部参数。

由此可以总结出算法的运行流程，如图 15-4 所示。

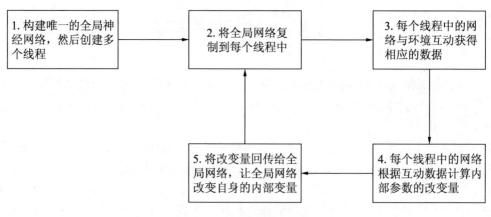

图 15-4　A3C 算法步骤

在实践中，如图 15-4 所示的算法流程会有两种变化：一种如图 15-4 所示那样，每个子线程中的网络将训练后的参数改变量回传给主网络；另一种是子线程将自己的网络与环境互动的数据回传给主网络，让主网络从数据中计算参数的改变量。接下来讲解这两种方法的代码实践。

15.3.1 改变量回传模式的代码实现

本节将实现 A3C 算法步骤的第一种模式，也就是每个线程中的网络与环境互动后计算参数改变量，然后将这些改变量回传给主网络，让主网络来改进内部参数。第一步对环境数据进行预处理，步骤与 14.2 节中的预处理过程相类似，相应代码实现如下：

```
#preprocessing observation
from collections import deque
import cv2
import numpy as np
from gym import spaces
from gym.core import Wrapper, ObservationWrapper, RewardWrapper
from gym.spaces import Box
import gym

def get_noop_action_index(env):
    action_meanings = env.unwrapped.get_action_meanings()
    try:
        noop_action_index = action_meanings.index('NOOP')
        return noop_action_index
    except ValueError:
        raise Exception("Unsure about environment's no-op action")


class FrameStackWrapper(Wrapper):
    """
    将环境返回的连续 4 幅图像叠加在一起，这样网络使用卷积层进行扫描时就能捕捉到环境状态
    变化，如此网络就能将细微的状态变化与回报数值联系起来。由于环境返回的状态信息经过预处理
    后对应 (84,84) 的二维数组，因此将 4 幅图像叠加在一起后形成(84,84,4)的三维数组
    """

    def __init__(self, env):
        Wrapper.__init__(self, env)
        self.frame_stack = deque(maxlen=4)
        low = np.tile(env.observation_space.low[..., np.newaxis], 4)
        high = np.tile(env.observation_space.high[..., np.newaxis], 4)
        dtype = env.observation_space.dtype
        self.observation_space = Box(low=low, high=high, dtype=dtype)

    def _get_obs(self):
        obs = np.array(self.frame_stack)
        #这里将图像的像素点对应最后一维数据
        obs = np.moveaxis(obs, 0, -1)
        return obs
```

```python
    def reset(self):
        obs = self.env.reset()
        self.frame_stack.append(obs)
        '''
        每次环境对象重启后连续发送 4 个 0 命令，它对应什么 noop，也就是不采取任何行动，
        然后收集 4 幅图像作为整个互动流程的起始数据
        '''
        noop_action_index = get_noop_action_index(self.env)
        for _ in range(3):
            obs, _, done, _ = self.env.step(noop_action_index)
            if done:
                raise Exception("Environment signalled done during initial "
                                "frame stack")
            self.frame_stack.append(obs)
        return self._get_obs()

    def step(self, action):
        obs, reward, done, info = self.env.step(action)
        self.frame_stack.append(obs)
        return self._get_obs(), reward, done, info


class FrameSkipWrapper(Wrapper):
    """
    当向环境发送命令时，环境返回数据会根据命令产生细微变化，为了增强这些变化效果以便网
    络能够识别，让环境对同一个命令执行 4 次，选取最后一次执行时所产生的图像作为命令执行结果
    """

    def reset(self):
        return self.env.reset()

    def step(self, action):
        reward_sum = 0
        for _ in range(4):                          #让网络对同一个命令执行 4 次
            obs, reward, done, info = self.env.step(action)
            reward_sum += reward
            if done:
                break
        return obs, reward_sum, done, info

class PongFeaturesWrapper(ObservationWrapper):
    """
    对环境返回图像进行预处理，将所有 RGB 图像转换为单值图像，同时将像素点转换到[0,1]
    之间
    """

    def __init__(self, env):
        ObservationWrapper.__init__(self, env)
        self.observation_space = spaces.Box(low=0.0, high=1.0, shape=(84, 84), dtype=np.float32)
    def observation(self, obs):
        obs = np.mean(obs, axis=2) / 255.0    # 将像素点转换到[0,1]之间
        obs = obs[34:194]                          # 把包含两个模板和球的区域截取出来
        # 每隔两个像素点取一个这样能将维度为(160,160)的二维数组减小为(80,80)
        obs = obs[::2, ::2]
```

```
        #在宽和高方向分别增加两个像素点将图像从(80,80)转换成(84,84)这样有利于多个
          卷积层扫描
        obs = np.pad(obs, pad_width=2, mode='constant')
        obs[obs <= 0.4] = 0              # 将背景全部设置为黑色
        obs[obs > 0.4] = 1               # 将小球和两个木板设置成白色
        return obs
def pong_preprocess(env):
    env = PongFeaturesWrapper(env)
    env = FrameSkipWrapper(env)
    env = FrameStackWrapper(env)
    return env
env = gym.make("PongNoFrameskip-v4")
env = pong_preprocess(env)
obs = env.reset()
env.step(1)
print(env.observation_space)
```

上面的代码主要负责对环境对象返回的图像进行预处理以便提高网络识别的效率。预处理思路与14.2节一致,先是将图像剪裁成(84,84)规格,然后将背景设置成黑色,将两个木板和小球设置成白色这样有利于网络识别。

同时为了增强网络对环境接收命令后的状态变化,将同一个命令连续执行4次,并且将网络返回的4幅图像叠加在一起,这样网络的卷积层在扫描图像时就能识别环境在接收命令后所产生的微妙变化。

接下来看一下网络的代码设计:

```
ENTROPY_COEF = 0.01
VALUE_LOSS_COEF = 0.5
MAX_GRAD_NORM = 5
import re
class A3CNetwork(object):
    #才有三次卷积最后两节两个全连接层
    def __init__(self, name, input_shape, output_dim):
        with tf.variable_scope(name):
            self.name = name
            self.states = tf.placeholder(tf.float32, shape=[None] + list
(input_shape), name="states")          #接收环境返回的图像信息
            self.actions = tf.placeholder(tf.int64, shape=[None], name=
"actions")                              #获取网络接收图像后做出发出的行动命令
            self.returns = tf.placeholder(tf.float32, shape = [None], name
= "returns")                            #获取多轮互动后的回报值
            self.conv_layer1=tf.keras.layers.Conv2D(filters=32,kernel_size=8,
                            strides=4,activation=tf.
nn.relu,name="conv1")(self.states)
            self.conv_layer2=tf.keras.layers.Conv2D(filters=64,kernel_
size=4,strides=2,activation=tf.nn.relu,name="conv2")(self.conv_layer1)
            self.conv_layer3=tf.keras.layers.Conv2D(filters=64,kernel_
size=3,strides=1,activation=tf.nn.relu,name="conv3")(self.conv_layer2)
            self.flatten_layer=tf.keras.layers.Flatten(name="flatten")(self.
conv_layer3)       #以上三层卷积网络扫描输入图像后将输出结果"压扁"以便衔接全连接层
            self.fully_connect_layer=tf.keras.layers.Dense(units=512,
activation=tf.nn.relu,name="fully_connect_probs")(self.flatten_layer)
```

```python
        self.action_logits=tf.keras.layers.Dense(units=output_dim,
activation=None,name="actions_logits")(self.fully_connect_layer)
        #输出不同行动的概率
        self.action_probs=tf.nn.softmax(self.action_logits)
        self.values=tf.keras.layers.Dense(units=1,activation=None,
name="value_output")(self.fully_connect_layer) #输出给定状态的预期收益
        self.values = self.values[:, 0] #change values
        self.make_train_ops()
    def make_loss_ops(self):
        #根据命令号选择对应的行动概率
        neg_log_probs = tf.nn.sparse_softmax_cross_entropy_with_logits
(logits = self.action_logits, labels = self.actions)
        #returns 对应采取当前行动后的回报，values 对应网络对给定状态的均值收益预测，
            两者相减用于检验当前行动的好坏
        advantage = self.returns - self.values
        #在 TensorFlow 中添加调试信息确保给定变量的维度为 1
        with tf.control_dependencies([tf.assert_rank(neg_log_probs, 1)]):
            neg_log_probs = neg_log_probs
        with tf.control_dependencies([tf.assert_rank(advantage, 1)]):
            advantage = advantage
        #对应公式(15-15)
        policy_loss = neg_log_probs * tf.stop_gradient(advantage)
        #本段代码的作用是促使网络尽可能分散地采取不同行动而不是吊死在某一个具体行动上
        policy_entropy = tf.reduce_mean(self.make_policy_entropy())
        policy_loss = tf.reduce_mean(policy_loss) - ENTROPY_COEF * policy_
entropy
        value_loss = VALUE_LOSS_COEF * tf.reduce_mean(0.5 * advantage ** 2)
        self.loss = policy_loss + value_loss
    def make_policy_entropy(self):
        assert len(self.action_logits.shape) <= 2
        logp = self.action_logits - tf.reduce_logsumexp(self.action_logits,
axis = -1, keepdims = True)
        neg_logp = -logp
        probs = tf.nn.softmax(self.action_logits, axis = -1)
        neg_prop_logp = probs * neg_logp
        return tf.reduce_sum(neg_prop_logp, axis = -1, keepdims = True)
    def make_train_ops(self):
        def strip_var_name(name):
            """
            e.g. scope/weights:0 -> weights
            """
            return re.match('\w*/([^:]*):\w*', name).group(1)
        self.make_loss_ops()
        optimizer = tf.train.RMSPropOptimizer(learning_rate = 1e-4, decay
= 0.99, epsilon = 1e-5)
        compute_tvs = tf.trainable_variables(self.name)
        #根据与环境互动后的结果计算网络参数的改变量
        compute_grads = tf.gradients(self.loss, compute_tvs)
        compute_grads, _ = tf.clip_by_global_norm(compute_grads, MAX_GRAD_
NORM)                         #限制改变量的大小，这点对网络训练非常重要
        compute_scope_grads_dict = {}
        #将网络参数与它对应的改变量结合起来
        for grad, var in zip(compute_grads, compute_tvs):
```

```
            if grad is None:
                continue
            var_name = strip_var_name(var.name)
            compute_scope_grads_dict[var_name] = grad

        apply_tvs = tf.trainable_variables("global")#获得全局网络的内部参数
        apply_tvs_dict = {}
        for var in apply_tvs:
            var_name = strip_var_name(var.name)
            apply_tvs_dict[var_name] = var
        grads_and_compute_scope_vars = []
        #将改变量设置到全局网络的内部参数
        for var_name, grad in compute_scope_grads_dict.items():
            grads_and_compute_scope_vars.append((grad, apply_tvs_dict
[var_name]))
        self.train_op = optimizer.apply_gradients(grads_and_compute_scope
_vars)
```

上面的代码需要详细讲解一下，首先看网络的结构，如图 15-5 所示。

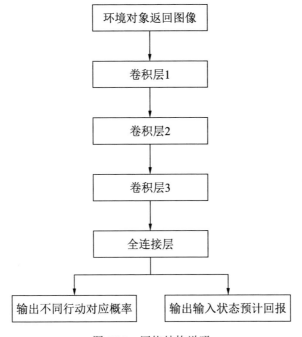

图 15-5　网络结构说明

对比 15.2 节的代码采用两个网络，一个用于接收环境反馈后计算不同行动的概率，另一个用于计算给定状态的预期回报。这里由于要处理的是图像信息，因此将两种输出合二为一。

一开始网络使用 3 层卷积识别输入的图像，然后分出两个分支分别计算不同行动的概率及预估给定状态的预期回报。另外需要说明的是 tf.control_dependencies 调用。在普通编程中，常用 assert 语句来判断输入数据是否满足给定条件。

tf.control_dependencies 可以对应 assert 语句，它会创建一个执行节点。在 TensorFlow 中，当计算图运行起来时，一旦该节点被运行，它就会判断输入数据是否满足给定条件，在代码里它将用于判断给定数据的维度是否为一维。

另外需要注意的是，在 make_loss_ops 函数中，代码计算一个变量叫 policy_entropy，它对应的其实是信息熵公式：

$$E = \sum_i -p_i \log(p_i) \tag{15-16}$$

信息熵用于量化一个系统的混乱程度，如果系统状态变化越随机，那么它对应的熵就越大。这里让网络输出不同的命令对应的熵最大化，意在于迫使网络输出不同命令的概率值极可能地接近，这样网络在与环境互动时就会尽可能多地选取不同命令，而不用"吊死"在某一个特定命令上。

当网络尽可能选择不同的命令来与环境互动时，它就能获得更多不同"质"的环境反馈，这样网络就能更容易识别环境特性并找到更好的应对策略。logit_entropy 函数的目的是根据公式（15-16）计算行动概率的熵，但它的实现需要多费一些心力。

注意函数参与计算的变量 self.action_logits，该变量是连接在全连接层下一层的网络层的输出，该层有 6 个节点，即 action_logits 是含有 6 个分量的向量，需要对其进行 softmax 运算后才能将它对应的值转换为概率。

在公式（15-16）中，需要对不同命令对应的概率求对数，也就是计算 $\log(p_i)$，因此需要先对 action_logits 做 softmax 运算，然后再做 log 运算，对应的运算过程如下：

$$\log(p_i) = \log(\frac{e^{\text{self.action\_logits}[i]}}{\sum_{j=0}^{5} e^{\text{self.action\_logits}[j]}}) = \log(e^{\text{self.action\_logits}[i]}) - \log(\sum_{j=0}^{5} e^{\text{self.action\_logits}[j]})$$

$$= \text{self.action\_logits} - \log(\sum_{j=0}^{5} e^{\text{self.action\_logits}[j]}) \tag{15-17}$$

其中，$\log(\sum_{j=0}^{5} e^{\text{self.action\_logits}[j]})$ 对应的运算正是调用 tf.reduce_logsumexp 所计算的内容，由此公式（15-16）中右边部分的 $\log(p_i)$ 计算就完成了。同时 probs 对应的是将 self.action_logits 做 softmax 运算后的结果，也就是对应不同命令被采取的概率，因此公式（15-16）中左边部分的 p_i 就完成了运算，函数在 $\log(p_i)$ 计算结果前加个符号然后再与 p_i 相乘，于是就完成了公式（15-16）的运算。

需要注意的是如何将线程中网络计算的参数改变量作用到主网络上。在前面的章节中提到过，网络的内部参数对应不同的名称和作用域，由于线程中的网络是从主网络复制而来，因此线程中网络的内部参数在主网络中都有对应，因此要将线程中网络的某个参数的改变量作用到主网络对应的参数上。

运行下面这段代码，读者会理解得更清楚一些：

```
import tensorflow as tf
A3CNetwork("global", [84, 84, 4], 6)
```

```
variables_names = [v.name for v in tf.trainable_variables("global")]
sess = tf.Session()
init = tf.global_variables_initializer()
sess.run(init)
values = sess.run(variables_names)
for k, v in zip(variables_names, values):
    print("variable name:{}, shape: {}".format(k, v.shape))
```

上面的代码运行后,输出结果如下:

```
variable name:global/conv1/kernel:0, shape: (104,)
variable name:global/conv1/bias:0, shape: (102,)
variable name:global/conv2/kernel:0, shape: (104,)
variable name:global/conv2/bias:0, shape: (102,)
variable name:global/conv3/kernel:0, shape: (104,)
variable name:global/conv3/bias:0, shape: (102,)
variable name:global/fully_connect_probs/kernel:0, shape: (118,)
variable name:global/fully_connect_probs/bias:0, shape: (116,)
variable name:global/actions_logits/kernel:0, shape: (113,)
variable name:global/actions_logits/bias:0, shape: (111,)
variable name:global/value_output/kernel:0, shape: (111,)
variable name:global/value_output/bias:0, shape: (109,)
```

上面的代码将网络中的内部参数信息显示出来。构造的主网络会以 global 来命名,因此它内部参数对应名字的起始都会以 global 开头,假设在编号为 0 的线程中以 thread_0 来命名它对应的网络,那么线程中网络就会包含名为 thread_0/conv1/kernel:0, shape: (104,)的变量。当线程中网络与环境互动后将获得的反馈进行训练,于是内部参数就会得到对应的改变量,由此 thread_0/conv1/kernel:0 对应的内部参数就会对应一个含有 104 个元素的改变量数组。然后把这个含有 104 个元素的改变量数组作用到名称为 global/conv1/kernel:0, shape: (104,)的参数变量上,这个过程其实就是函数 make_train_ops 的一个主要功能。

这里还需要注意一点是 tf.clip_by_global_norm 的调用,它的目的是控制所有改变量数值内部的数值大小,下面以一个代码片段做例子:

```
l1 = tf.placeholder(tf.float32, [3])
l2 = tf.placeholder(tf.float32, [3])
clip_vectors = tf.clip_by_global_norm([l1, l2], 5)
sess = tf.Session()
init = tf.global_variables_initializer()
sess.run(init)
#l1 模为 7,l2 模为 14,执行后每个分量都减少使得向量模为 5
clip_vecs = sess.run(clip_vectors, feed_dict = {l1: [-2, 3, 6], l2: [-4, 6, 12]})
print(clip_vecs)
```

上面的代码运行后,输出结果如下:

```
([array([-0.63887656,  0.95831484,  1.9166297 ], dtype=float32), array(
[-1.2777531,  1.9166297,  3.8332593], dtype=float32)], 15.652476)
```

从输出结果可以看出输出向量每个分量相比于原来,它的绝对值都变小了。它内部运算原理为,第一个分量的模为 7,第二个分量的模为 14,想让所有向量的模都不超过 5,

于是代码将每个向量中的分量都乘以系数 $\dfrac{5}{\sqrt{7^2+14^2}} \approx 0.3194$，如此每个向量中的分量都变小并使得所有向量的模不超过 5。

代码中通过 tf.clip_by_global_norm 来限制参数改变量的大小对网络训练非常关键，在代码中将所有参数的改变量限制在使得它们对应的模不超过 5，如果没有这一步骤网络训练就有可能失败。

为何要限制参数改变量的大小呢？这是因为每个线程中复制的网络与环境对象互动产生的数据有某种"局部性"，也就是不同线程中复制的网络与环境对象互动所产生的效果各不相同，需要把这些效果平均后作用到主网络上。

如果不限制每个线程中网络训练所生成的改变量大小就直接作用到主网络上，所产生的效果就是"五马分尸"，也就是主网络会被多个线程中的改变量从不同方向进行撕扯，进而导致主网络不能识别环境对象的变化规律。

在函数 make_train_ops 中还需要理解的是，它使用内部函数 strip_var_name 对网络参数名进行简化，例如参数名称为"global/conv1/kernel:0"经过该函数处理后会变为"kernel"。

如此一来线程中复制的网络参数变量与主网络的参数变量就能对应起来，假设线程 0 中网络含有名为"thread0/conv1/kernel:0"参数，经过 strip_var_name 处理后同样也变成"kernel"，于是就能把线程网络与主网络的同名参数对应连起来，然后将线程网络中对应参数的改变量作用到主网络中的同名参数上。

最后还有一点需要理解的是优化器对象：tf.train.RMSPropOptimizer(learning_rate = 1e-4, decay = 0.99, epsilon = 1e-5)，它的作用是对参数变量再做一次数值处理，然后才将其作用到主网络上。

该优化器底层的数值计算原理在这里暂时忽略，只需要知道它通过给定的数值算法对输入其中的改变量进行特定计算后再作用到主网络上，这种特定计算能让主网络的训练效果更快和更稳定。

接下来看一下网络的训练流程，代码如下：

```
import tensorflow as tf
import numpy as np
import threading
import gym
import os
def copy_src_to_dst(from_scope, to_scope):#将给定网络的参数变量复制到目标网络
    from_vars = tf.get_collection(tf.GraphKeys.TRAINABLE_VARIABLES, from_scope)                           #获得源网络的内部参数变量
    #获得目标网络的内部参数变量
    to_vars = tf.get_collection(tf.GraphKeys.TRAINABLE_VARIABLES, to_scope)
    op_holder = []
    for from_var, to_var in zip(from_vars, to_vars):
        #将源网络的参数变量赋值到目标网络的参数变量
        op_holder.append(to_var.assign(from_var))
    return op_holder
```

```python
#在考虑折扣因子情况下计算总回报
def discount_reward(rewards, discount_factor=0.99):
    returns = np.zeros_like(rewards, dtype=np.float32)
    returns[-1] = rewards[-1]
    for i in range(len(rewards) - 2, -1, -1):
        returns[i] = rewards[i] + discount_factor * returns[i + 1]
    return returns

UPDATE_STEPS = 5
#它继承了线程类，在线程主体函数中它会创建局部网络，将主网络的参数变量值复制过来然后与
  环境对象互动
class Agent(threading.Thread):
    def __init__(self, session, endv, coord, name, global_network, input_shape, output_dim, logdir=None):
        super(Agent, self).__init__()
        #创建线程局部网络
        self.local = A3CNetwork(name, input_shape, output_dim)
        #将主网络的内部参数赋值给局部网络
        self.global_to_local = copy_src_to_dst("global", name)
        self.global_network = global_network
        self.input_shape = input_shape
        self.output_dim = output_dim
        self.env = env                      #在线程内部用于互动的环境对象
        self.sess = session
        self.coord = coord
        self.name = name
        self.episodes = 0
        self.last_state = None
    def print(self, reward):                #输出互动结果
        message = "Agent(name={}, episodes = {}, reward={})".format(self.name, self.episodes, reward)
        print(message)
        self.episodes += 1
    def play_episode(self):                 #启动网络与环境的互动流程
        #每次互动前都使用主网络来更新局部网络
        self.sess.run(self.global_to_local)
        states = []
        actions = []
        rewards = []
        self.last_state = self.env.reset()
        done = False
        total_reward = 0
        step_count = 0
        while not done:
            states.append(self.last_state)
            #将环境返回状态输入网络然后选取相应命令
            action = self.choose_action(self.last_state)
            self.last_state, reward, done, _ = self.env.step(action)
            total_reward += reward
            actions.append(action)          #收集互动结果数据
            rewards.append(reward)
            step_count += 1
```

```python
                #每互动 5 次后就计算参数改变量,然后将改变量作用到主网络上
                if step_count >= UPDATE_STEPS or done:
                    step_count = 0
                    returns = self.compute_returns(done, rewards)
                    feed_dict = {self.local.states: states,
                                 self.local.actions: actions,
                                 self.local.returns: returns}
                    #启动训练流程,获得参数改变量并将其作用给主网络
                    self.sess.run(self.local.train_op, feed_dict)
                    states = []
                    rewards = []
                    actions = []
                    self.sess.run(self.global_to_local)
            self.print(total_reward)
    def run(self):                          #启动线程主体函数
        while not self.coord.should_stop():
            self.play_episode()
    #让网络根据输入状态计算不同命令对应的概率然后通过采样方式选取相应行动
    def choose_action(self, state):
        feed_dict = {
            self.local.states: [state]
        }
        action_probs = self.sess.run(self.local.action_probs, feed_dict)
        return np.random.choice(self.env.action_space.n, p=action_probs[0])
    def compute_returns(self, done, rewards):     #计算总回报
        if done:                              #如果一个回合结束那么直接计算总回报
            returns = discount_reward(rewards)
        #如果此时回合没有结束,就需要使用网络预测公式(15-15)中的 V(s)然后才能根据公
         式(15-15)计算一个回合的总回报
        else:
            feed_dict = {self.local.states: [self.last_state]}
            last_value = self.sess.run(self.local.values, feed_dict)[0]
            rewards += [last_value]
            returns = discount_reward(rewards)
            returns = returns[:-1]
        return returns
```

上面的代码实现中,有一些要点需要解析一下。Agent 继承 Thread 类,由每个 Agent 对象负责构造局部网络并与全局网络同步,而每个 Agent 又包含局部环境对象 env,它将在自己的线程函数中实现局部网络与环境对象的互动流程。

Agent 的 play_episode 函数与前面实现没有区别,它使用本地局部网络与环境互动,把环境返回的状态提交给网络,后者返回采取不同命令的概率,然后 choose_action 函数通过采样方式选取相应命令。

这里有一个需要关注的要点是,play_episode 函数在执行时,先调用 global_to_local 操作,将全局主网络的内部参数复制到本地局部网络,这样能将主网络的训练成果应用到局部网络。

同时局部网络与环境对象经过 5 步互动后,就立刻使用互动数据对网络进行训练,计算出内部参数的改变量,这些改变量会作用到全局主网络的内部参数,这样其他线程的局

部网络就可以共享当前线程对主网络的改变效果。

还有一个需要考虑的要点是函数 compute_returns 的实现。前面讲解过如何使用贝尔曼函数计算一个回合的总回报。假设一个回合进行了 N 次互动，用 E_i 对应第 i 次互动时，状态 S_i 的预期回报，于是最后一个状态的回报 $E_N = 0$。

由此可以反向计算出最终状态前各个状态的回报，例如倒数第二个状态的回报为 $E_{N-1} = r_{N-1} + \gamma \times E_N$，同理，状态 S_i 的回报就是 $E_i = \sum_{t=i}^{N-1} r_t + \gamma^{-1} E_{t+1}$，这意味着必须等到当前回合最后一个状态出现后才能反向计算各个状态的回报值。

问题在于，上面的代码中，每互动 5 步后就需要计算回报值。假设第一步的对应用下标 t 对应，那么第五步就是 $t+5$，此时要计算这 5 步互动对应的总回报，需要知道最后一步的回报 E_{t+5}，由于当前互动回合尚未结束，因此不能直接使用贝尔曼公式计算 E_{t+5}。

这时就该本地局部网络出来救场。回看图 15-5，网络在最后输出两部分信息：一部分用于给出采取不同行动的概率；另一部分输出了给定状态可能返回的回报预估。因此即使回合没有结束，不能使用贝尔曼函数计算当前状态回报值，但可以使用网络来给出回报值，这就是 compute_returns 函数的设计逻辑。

最后看一下训练流程的启动过程，代码如下：

```
import time
def make_env():
    env = gym.make("PongNoFrameskip-v4")
    env = pong_preprocess(env)
    return env
def save_graph(sess, save_path):
    var_list = tf.get_collection(tf.GraphKeys.GLOBAL_VARIABLES, "global")
    saver = tf.train.Saver(var_list=var_list)
    saver.save(sess, save_path)
    print('Checkpoint Saved to {}'.format(save_path))
def main():
    try:
        tf.reset_default_graph()
        sess = tf.InteractiveSession()
        coord = tf.train.Coordinator()         #用于协调各个线程的启动和关闭
        checkpoint_dir = "/content/drive/My Drive/a3c_my/checkpoint"
        monitor_dir = "monitors"
        save_path = os.path.join(checkpoint_dir, "model.ckpt")
        if not os.path.exists(checkpoint_dir):
            os.makedirs(checkpoint_dir)
            print("Directory {} was created".format(checkpoint_dir))
        n_threads = 16                          #启动 16 个线程同时运行 A2C 算法
        env = make_env()
        input_shape = env.observation_space.shape
        output_dim = env.action_space.n
        global_network = A3CNetwork(name="global",
                                    input_shape=input_shape,
```

```python
                        output_dim=output_dim)
    thread_list = []
    env_list = []
    for id in range(n_threads):
        env = make_env()
        input_shape = env.observation_space.shape
        output_dim = env.action_space.n
        if id == 0:
            env = gym.wrappers.Monitor(env, monitor_dir, force=True)
        single_agent = Agent(env=env,
                            session=sess,
                            coord=coord,
                            name="thread_{}".format(id),
                            global_network=global_network,
                            input_shape=input_shape,
                            output_dim=output_dim)
        thread_list.append(single_agent)
        env_list.append(env)
    if tf.train.get_checkpoint_state(os.path.dirname(save_path)):
        var_list = tf.get_collection(tf.GraphKeys.GLOBAL_VARIABLES, "global")
        saver = tf.train.Saver(var_list=var_list)
        saver.restore(sess, save_path)
        print("Model restored to global")
    else:
        init = tf.global_variables_initializer()
        sess.run(init)
        print("No model is found")
    for t in thread_list:   #启动多个线程从而开启局部网络与环境对象的互动流程
        t.start()
    start = time.time()
    wake_interval = 60
    save_interval = 300
    while True:                     #每5分钟就存储主网络参数
        time.sleep(wake_interval)
        end = time.time()
        if end - start >= save_interval:
            start = end
            save_graph(sess, save_path)
except KeyboardInterrupt:           #当强制结束训练流程时,通知各个线程结束运行
    save_graph(sess, save_path)
    print("Closing threads")
    coord.request_stop()
    coord.join(thread_list)
    print("Closing environments")
    for env in env_list:
        env.close()
    sess.close()
```

上面的代码执行后，在有 GPU 支持的机器上运行 5 个小时左右，60 多个回合，所得结果如图 15-6 所示。

```
Agent(name=thread_1, episodes = 99, reward=20.0)
Agent(name=thread_4, episodes = 100, reward=16.0)
Agent(name=thread_13, episodes = 97, reward=17.0)
Agent(name=thread_2, episodes = 103, reward=19.0)
Agent(name=thread_9, episodes = 102, reward=18.0)
Agent(name=thread_0, episodes = 101, reward=19.0)
Agent(name=thread_3, episodes = 98, reward=18.0)
Agent(name=thread_8, episodes = 100, reward=18.0)
Agent(name=thread_12, episodes = 98, reward=20.0)
Agent(name=thread_14, episodes = 100, reward=21.0)
Agent(name=thread_15, episodes = 100, reward=15.0)
```

图 15-6 网络训练结果

从图 15-6 可以看出，训练好的网络能够以高比分赢过环境对象，这意味着网络已经充分识别了环境对象的变化规律。

15.3.2 训练数据回传模式的代码实现

本小节看另一种 A3C 算法的实现模式，其基本模式如图 15-7 所示。

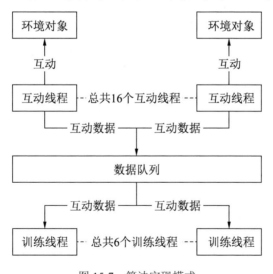

图 15-7 算法实现模式

从图 15-7 可以看出，将开启 16 个互动线程，然后使用局部复制的网络与环境对象互动。与 15.3.1 小节不同之处在于，线程中的局部网络不会使用互动所得的数据进行训练，线程会将互动所得数据放置到特定的数据队列里。然后启动 6 个训练线程，它们的任务是从数据队列中取出互动数据，然后使用这些数据对全局主网络进行训练，训练后的主网络会重新通知互动线程与环境对象进行下一轮互动，然后获取新数据。

下面看一下相应代码的实现，首先要修改的是 A3CNetwork 中的 make_train_ops 函数：

```python
def make_train_ops(self):
    self.make_loss_ops()
    optimizer = tf.train.RMSPropOptimizer(learning_rate = 1e-4, decay = 0.99, epsilon = 1e-5)
    gradients, variables = zip(*optimizer.compute_gradients(self.loss))
    gradients, _ = tf.clip_by_global_norm(gradients, MAX_GRAD_NORM)
    self.train_op = optimizer.apply_gradients(zip(gradients, variables))
```

其他代码没有变，唯一改变的就是 make_train_ops 函数。可以看到该函数的实现比上一节要简单得多，这是因为训练会直接作用到主网络上，无须再像 15.3.1 小节那样将训练的改变量从局部网络复制到主网络。

Agent 类实现也有所变化，相关代码如下：

```python
import tensorflow as tf
import numpy as np
import threading
import gym
import os
from multiprocessing import Queue
data_queue = Queue()                    #创建数据存储队列
def copy_src_to_dst(from_scope, to_scope):
    from_vars = tf.get_collection(tf.GraphKeys.TRAINABLE_VARIABLES, from_scope)
    to_vars = tf.get_collection(tf.GraphKeys.TRAINABLE_VARIABLES, to_scope)
    op_holder = []
    for from_var, to_var in zip(from_vars, to_vars):
        op_holder.append(to_var.assign(from_var))
    return op_holder
def discount_reward(rewards, discount_factor=0.99):
    returns = np.zeros_like(rewards, dtype=np.float32)
    returns[-1] = rewards[-1]
    for i in range(len(rewards) - 2, -1, -1):
        returns[i] = rewards[i] + discount_factor * returns[i + 1]
    return returns
UPDATE_STEPS = 5
class Agent(threading.Thread):
    def __init__(self, session, env, coord, name, global_network, input_shape, output_dim,
                 trainnable = False):
        super(Agent, self).__init__()
        self.local = A3CNetwork(name, input_shape, output_dim)
        self.global_to_local = copy_src_to_dst("global", name)
        self.global_network = global_network
        self.input_shape = input_shape
        self.output_dim = output_dim
        self.env = env
```

```python
        self.sess = session
        self.coord = coord
        self.name = name
        self.episodes = 0
        self.last_state = None
        self.trainnable = trainnable
    def print(self, reward):
        message = "Agent(name={}, episodes = {}, reward={})".format(self.name, self.episodes, reward)
        print(message)
        self.episodes += 1
    def play_episode(self):
        self.sess.run(self.global_to_local)
        states = []
        actions = []
        rewards = []
        self.last_state = self.env.reset()
        done = False
        total_reward = 0
        step_count = 0
        while not done:
            states.append(self.last_state)
            action = self.choose_action(self.last_state)
            self.last_state, reward, done, _ = self.env.step(action)
            total_reward += reward
            actions.append(action)
            rewards.append(reward)
            step_count += 1
            if step_count >= UPDATE_STEPS or done:
                step_count = 0
                returns = self.compute_returns(done, rewards)
                #将互动数据加入队列
                data_queue.put([states, actions, rewards, returns])
                states = []
                rewards = []
                actions = []
                self.sess.run(self.global_to_local)
        self.print(total_reward)
    def run(self):
        while not self.coord.should_stop():
            if self.trainnable:
                self.train()
            else:
                self.play_episode()
    def train(self):
        if data_queue.empty():
            return
        #从数据队列中获取训练数据
        states, actions, rewards, returns = data_queue.get()
        feed_dict = {self.global_network.states: states,
                     self.global_network.actions: actions,
```

```
                self.global_network.returns: returns}
        #使用数据对主网络进行训练
        self.sess.run(self.global_network.train_op, feed_dict)
    def choose_action(self, state):
        feed_dict = {
            self.local.states: [state]
        }
        action_probs = self.sess.run(self.local.action_probs, feed_dict)
        return np.random.choice(self.env.action_space.n, p=action_probs)[0]
    def compute_returns(self, done, rewards):
        if done:
            returns = discount_reward(rewards)
        else:
            feed_dict = {self.local.states: [self.last_state]}
            last_value = self.sess.run(self.local.values, feed_dict)[0]
            rewards += [last_value]
            returns = discount_reward(rewards)
            returns = returns[:-1]
        return returns
```

这里代码的实现与 15.3.1 小节区别不大，首先创建数据存储队列 data_queue，在 play_episode 函数中，Agent 使用局部网络与环境对象互动，然后将所得数据加入队列，这点与 15.3.1 小节实现不同。同时代码增加了 train 函数，它会从数据队列中取出数据，然后让主网络读取数据进行训练，直接实现内部参数改进。接下来看一下主函数的代码实现：

```
def main():
    try:
        tf.reset_default_graph()
        sess = tf.InteractiveSession()
        coord = tf.train.Coordinator()

        checkpoint_dir = "/content/drive/My Drive/a3c_train_queue/checkpoint"
        monitor_dir = "monitors"
        save_path = os.path.join(checkpoint_dir, "model.ckpt")

        if not os.path.exists(checkpoint_dir):
            os.makedirs(checkpoint_dir)
            print("Directory {} was created".format(checkpoint_dir))

        n_threads = 22 #6个线程负责训练主网络，16个线程负责与环境对象互动获取数据
        env = make_env()
        input_shape = env.observation_space.shape
        output_dim = env.action_space.n
        global_network = A3CNetwork(name="global",
                                    input_shape=input_shape,
                                    output_dim=output_dim)
        thread_list = []
        env_list = []
        for id in range(n_threads):
```

```python
            env = make_env()
            input_shape = env.observation_space.shape
            output_dim = env.action_space.n
            if id == 0:
                env = gym.wrappers.Monitor(env, monitor_dir, force=True)
            agent_trainnable = False
            if id < 6:
                agent_trainnable = True
            single_agent = Agent(env=env,
                        session=sess,
                        coord=coord,
                        name="thread_{}".format(id),
                        global_network=global_network,
                        input_shape=input_shape,
                        output_dim=output_dim,
                        trainnable = agent_trainnable)
            thread_list.append(single_agent)
            env_list.append(env)
        if tf.train.get_checkpoint_state(os.path.dirname(save_path)):
            var_list = tf.get_collection(tf.GraphKeys.GLOBAL_VARIABLES,
"global")
            saver = tf.train.Saver(var_list=var_list)
            saver.restore(sess, save_path)
            print("Model restored to global")
        else:
            init = tf.global_variables_initializer()
            sess.run(init)
            print("No model is found")
        for t in thread_list:
            t.start()
        start = time.time()
        wake_interval = 60
        save_interval = 300
        while True:
            time.sleep(wake_interval)
            end = time.time()
            if end - start >= save_interval:
                start = end
                save_graph(sess, save_path)
    except KeyboardInterrupt:
        save_graph(sess, save_path)
        print("Closing threads")
        coord.request_stop()
        coord.join(thread_list)
        print("Closing environments")
        for env in env_list:
            env.close()
        sess.close()
```

在主函数里，代码创建了 22 个线程，其中 6 个线程负责从数据队列中获取训练数据然后训练主网络实现其内部参数改进，其他 16 个线程负责将主网络复制为局部网络用于跟环境对象互动后收集训练数据，上面的代码运行后经过 40 多个回合，网络就能战胜环境，运行结果如图 15-8 所示。

```
Agent(name=thread_12, episodes = 40, reward=20.0)
Agent(name=thread_14, episodes = 41, reward=21.0)
Agent(name=thread_7, episodes = 42, reward=21.0)
Agent(name=thread_9, episodes = 40, reward=19.0)
Agent(name=thread_21, episodes = 42, reward=21.0)
Agent(name=thread_11, episodes = 42, reward=21.0)
Agent(name=thread_16, episodes = 42, reward=21.0)
Agent(name=thread_8, episodes = 40, reward=21.0)
Agent(name=thread_6, episodes = 40, reward=18.0)
Agent(name=thread_10, episodes = 42, reward=21.0)
Agent(name=thread_20, episodes = 43, reward=21.0)
Agent(name=thread_15, episodes = 42, reward=19.0)
Checkpoint Saved to /content/drive/My Drive/a3c_train_queue/checkpoint/model.ckpt
```

图 15-8　算法运行结果

15.3.1 小节网络达到同等程度需要 60 多个回合，因此本节算法相对于 15.3.1 小节速度提升将近一小时作用，效率提升的原因在于，算法避免了将参数改进数据进行大规模移动和复制从而能有效提升网络的训练效率，读者可以在本节附带的 A3C_Data 目录下获取已经训练好的网络参数文件。

15.4　使用 PPO 算法玩转《超级玛丽》

前面几节介绍了两种算法，分别是 Actor-Critic 和 A3C，它们在应对一些复杂的情况时效果都不是很理想，因为这些算法除了效率不高外，由于它们需要大量的数据以便用于训练，因此在内存占用上也很不经济。

15.4.1　PPO 算法简介

本小节介绍的算法在处理复杂任务时能在效率和内存损耗等方面优于前面介绍的两种算法。先看看算法的基本原理。几乎所有的深度学习算法都可以通俗地总结为"看菜下饭"：网络分析输入数据，根据输入的特点计算出最合适的应对方法。

网络要想提升准确率，就需要特定的训练流程。而训练本质上是一种试错过程，一开始网络根据输入，从所有可以采取的应对方法中随机选取，由于错误方法很多，而正确方法很少，因此网络在训练前期往往会对输入作出错误的判断。

一旦产生错误的回馈，算法就会通过调整内部参数让网络下次遇到类似输入时尽可能降低采取本次错误方法的概率。假设输入用 I 表示，相应的应对方法用 $a_1, a_2, \cdots, a_{10}$ 表示，其中 a_{10} 是正确方法，其他的都是错误方法。

如果网络选取了错误方法 a_1，那么下次再遇到输入 I 时，网络会尽可能避免 a_1，然后在 a_2 到 a_{10} 中选择。假设网络选中了 a_{10}，下次再遇到类似 I 的输入时，它知道选择 a_{10} 比较好，但无法确定选择 a_2 到 a_9 是否更好。

如果选择 a_2 到 a_9 中的某一种会产生错误，且错误的情况太多，那么产生错误的概率就会相应增大。避免这种问题的好办法是，一旦找到了正确方法，下次面对类似输入时，选择发生的变化要尽可能与上次的正确选择接近。这就好像说"成功是成功之母"，只要你一次做对了，以后就尽可能模仿原来做对的方式应对局面，这种方法比较保守，但在面对复杂问题时它往往能保证获得好的收益。

15.4.2 PPO 算法的数学原理

在探索未知领域时，最好采用保守且稳重的策略，每一次步子跨得小一些，这种做法能保证不会因为过分激进而带来重大损失，这种保守策略可以使用数学来量化。使用 $\pi_{\theta_{\text{old}}}(a_t | S_t)$ 表示上一次网络遇到输入 S_t 时采取行动 a_t 的概率。

使用 $\pi_{\theta_{\text{new}}}(a_t | S_t)$ 表示第二次网络遇到输入 S_t 时采取行动 a_t 的概率。策略的激进与保守就取决于两者的比值 $r_t(\theta) = \dfrac{\pi_{\theta_{\text{new}}}(a_t | S_t)}{\pi_{\theta_{\text{old}}}(a_t | S_t)}$，比值越小，说明策略越保守，比值越大，说明策略越激进。

为了让网络保持"小心谨慎"的态度，在比值 $r_t(\theta)$ 过大时，一定要控制网络训练时转变的程度，于是把第二次策略收益控制在如下范围：

$$L(\theta) = \min(r_t(\theta)A_t, \text{clip}(r_t(\theta), 1-\varepsilon, 1+\varepsilon))A_t) \tag{15-18}$$

其中：

$$A_t = Q(S_t, a_t) - V_\pi(S_t), \text{clip}(r_t(\theta), 1-\varepsilon, 1+\varepsilon)) = \begin{cases} r_\theta(t), 1-\varepsilon \leq r_\theta(t) \leq 1+\varepsilon \\ 1+\varepsilon, r_\theta(t) > 1+\varepsilon \\ 1-\varepsilon, r_\theta(t) < 1-\varepsilon \end{cases} \tag{15-19}$$

这意味着如果当前网络面对输入所采取的行动能获得好的收益，但是如果相比于上一次改动幅度过大，那么这次沿着当前方向改进的幅度就要有所减小，这意味着如果网络上一次改进过于激进，那么本次改进就要相对保守。

由此网络对应的损失函数为：

$$L_{\text{loss}} = -L(\theta) - c_1 \text{Entropy}(\theta) + c_2(V_\theta(S_t) - V_t)^2 \tag{15-20}$$

在公式（15-20）中，Entropy(θ) 对应 15.3.1 小节中的公式（15-16），$V_\theta(S_t)$ 表示网络对输入 s_t 后对其预期回报的判断，V_t 对应 15.1.1 小节中的公式（15-1）。这里需要注意 $L(\theta)$ 和 Entropy(θ) 前面的符号，由于要对这两者求最大值，而在实现时需要通过梯度下降法求最小值，因此要在前面加符号才能将求最小值转变为求最大值。

15.4.3 PPO 算法的代码实现

本小节要实现的网络模型如图 15-9 所示。

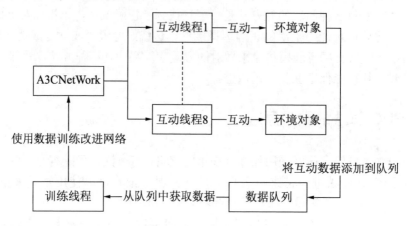

图 15-9 网络模型示意

在图 15-9 中，代码将启动了 8 个线程，与 15.3 节不同之处在于，这 8 个线程使用同一个网络与不同的环境对象互动，将互动所得数据存储到数据队列，同时启动一个训练线程，它从数据队列中获取数据对网络进行训练。

本次代码实现与 15.3 节有很多相同之处，因此这里只展现不同之处：

```
def make_loss_ops(self):
    log_probs = -tf.nn.sparse_softmax_cross_entropy_with_logits
(logits = self.action_logits, labels = self.actions)
    last_log_probs = -tf.nn.sparse_softmax_cross_entropy_with_logits
(logits = self.last_logits, labels = self.actions)
    prob_ratio = tf.math.exp(log_probs - last_log_probs)
    clipped_prob_ratio = tf.clip_by_value(prob_ratio, 1 - CLIP_EPSILON,
1 + CLIP_EPSILON)
    advantage = self.returns - self.values        #对应公式(15-19)中的 $A_t$
                                                  #对应公式(15-19)
    policy_loss = -tf.math.minimum(prob_ratio * tf.stop_gradient
(advantage), clipped_prob_ratio * tf.stop_gradient(advantage))
    policy_entropy = tf.reduce_mean(self.make_policy_entropy())
    policy_loss = tf.reduce_mean(policy_loss) - ENTROPY_COEF * policy_
entropy
    value_loss = VALUE_LOSS_COEF * tf.reduce_mean(0.5 * advantage ** 2)
    self.loss = policy_loss + value_loss          #对应公式(15-20)
```

网络的主体结构没有变化，唯一改变的是损失函数部分，因此这里的代码只根据公式（15-20）修改网络对象的损失函数。接着使用下面的代码安装《超级玛丽》的任务环境：

```
!pip install gym-super-mario-bros
```

有了环境后，需要一些预处理函数，将环境返回来的信息和画面进行特定处理以便增强网络的训练效率，相应的预处理函数如下：

```python
from collections import deque
import gym
import cv2
import numpy as np
class EpisodicLifeEnv(gym.Wrapper):                    #计算环境接收命令后如何反馈回报
    def __init__(self, env):
        gym.Wrapper.__init__(self, env)
        self.was_real_done = True
    def step(self, action):
        obs, reward, done, info = self.env.step(action)
        if self.env.unwrapped._flag_get:        #这里表明过关拿到旗子
            print("Flag get successfully!")
            #成功拿到旗子得100分，当网络与环境互动获得平均分接近100意味着网络学会了
               如何与环境互动
            reward += 100
            done = True
        if self.env.unwrapped._is_dying:#一个回合有三条"命"一次不过就扣50分
            reward -= 50
            done = True
        self.was_real_done = done
        return obs, reward, done, info
    def reset(self, **kwargs):
        """
        当三条"命"全部结束后才对环境发送重启命令
        """
        if self.was_real_done:
            obs = self.env.reset(**kwargs)
        else:
            obs, _, _, _ = self.env.step(0)
        return obs
class RewardScaler(gym.RewardWrapper):
    """
    这里将环境返回的分值进行缩小，小数值有利于网络处理，提高效率
    """
    def reward(self, reward):
        return reward * 0.05
class PreprocessFrame(gym.ObservationWrapper):
    """
    使用CV2图像处理类库将RGB图像转换成灰度图，同时将图像缩小成96*96格式
    """
    def __init__(self, env):
        gym.ObservationWrapper.__init__(self, env)
        self.width = 96
        self.height = 96
        self.observation_space = gym.spaces.Box(low=0, high=255,
            shape=(self.height, self.width, 1), dtype=np.uint8)
    def observation(self, frame):
        #将RGB转换成灰度图
        frame = cv2.cvtColor(frame, cv2.COLOR_RGB2GRAY)
        #将图像规格缩小成96*96
        frame = cv2.resize(frame, (self.width, self.height), interpolation=cv2.INTER_AREA)
```

```python
            frame = frame[:, :, None]
        return frame
class StochasticFrameSkip(gym.Wrapper):
    def __init__(self, env, n, stickprob):
        '''
        所及越过若干幅图像，当向环境发送一次命令后，环境会生成多幅图像，这些图像相似度
        非常高，把过多相似度非常高的图像输入网络会降低网络的学习效率，因此这里会随机越过一些图
        像后再将新的图像返回给网络从而提升处理效率
        '''
        gym.Wrapper.__init__(self, env)
        self.n = n
        self.stickprob = stickprob
        self.curac = None
        self.rng = np.random.RandomState()
        self.supports_want_render = hasattr(env, "supports_want_render")
    def reset(self, **kwargs):
        self.curac = None
        return self.env.reset(**kwargs)
    def step(self, ac):
        done = False
        totrew = 0
        for i in range(self.n):
            if self.curac is None:
                self.curac = ac
            elif i==0:
                if self.rng.rand() > self.stickprob:
                    self.curac = ac
            elif i==1:
                self.curac = ac
            if self.supports_want_render and i<self.n-1:
                ob, rew, done, info = self.env.step(self.curac, want_render=False)
            else:
                ob, rew, done, info = self.env.step(self.curac)
            totrew += rew
            if done: break
        return ob, totrew, done, info
    def seed(self, s):
        self.rng.seed(s)
#将灰度图的像素值转换到[0,1]之间
class ScaledFloatFrame(gym.ObservationWrapper):
    def __init__(self, env):
        gym.ObservationWrapper.__init__(self, env)
        self.observation_space = gym.spaces.Box(low=0, high=1, shape=env.observation_space.shape, dtype=np.float32)
    def observation(self, observation):
        return np.array(observation).astype(np.float32) / 255.0
class FrameStack(gym.Wrapper):
    def __init__(self, env, k):
        """
        把4幅图像叠加在一起，这样网络能通过多幅图像识别命令发送后产生的画面变化来提升
        识别效率
        """
        gym.Wrapper.__init__(self, env)
```

```python
        self.k = k
        self.frames = deque([], maxlen=k)
        shp = env.observation_space.shape
        self.observation_space = gym.spaces.Box(low=0, high=255, shape=
(shp[:-1] + (shp[-1] * k,)), dtype=env.observation_space.dtype)
    def reset(self):
        ob = self.env.reset()
        for _ in range(self.k):
            self.frames.append(ob)
        return self._get_ob()
    def step(self, action):
        ob, reward, done, info = self.env.step(action)
        self.frames.append(ob)
        return self._get_ob(), reward, done, info
    def _get_ob(self):
        assert len(self.frames) == self.k
        return LazyFrames(list(self.frames))
class LazyFrames(object):
    def __init__(self, frames):
        self._frames = frames
        self._out = None
    def _force(self):
        if self._out is None:
            self._out = np.concatenate(self._frames, axis=-1)
            self._frames = None
        return self._out
    def __array__(self, dtype=None):
        out = self._force()
        if dtype is not None:
            out = out.astype(dtype)
        return out
    def __len__(self):
        return len(self._force())
    def __getitem__(self, i):
        return self._force()[i]
    def count(self):
        frames = self._force()
        return frames.shape[frames.ndim - 1]
    def frame(self, i):
        return self._force()[..., i]
from nes_py.wrappers import JoypadSpace
import gym_super_mario_bros
from gym_super_mario_bros.actions import COMPLEX_MOVEMENT
def make_env(id = 0):
    dicts=[
        {'state':'SuperMarioBros-1-1-v0'},
        {'state':'SuperMarioBros-1-2-v0'},
        {'state':'SuperMarioBros-1-3-v0'},
        {'state':'SuperMarioBros-2-2-v0'},
    ]
    env=gym_super_mario_bros.make(id=dicts[id]['state'])
    env=JoypadSpace(env,COMPLEX_MOVEMENT)
    env = EpisodicLifeEnv(env)
    env = RewardScaler(env)
    env = PreprocessFrame(env)
```

```
        env = StochasticFrameSkip(env,4,0.5)
        env = ScaledFloatFrame(env)
        env = FrameStack(env, 4)
        return env
```

这些环境返回信息预处理代码不是算法终点，读者有所理解即可，下面看一下 Agent 类实现的相关变化，代码如下：

```
    def play_episode(self):
        # self.sess.run(self.global_to_local)
        states = []
        actions = []
        rewards = []
        action_logits_array = []
        self.last_state = self.env.reset()
        done = False
        total_reward = 0
        step_count = 0
        while not done:
            states.append(self.last_state)
            action, action_logits = self.choose_action(self.last_state)
            self.last_state, reward, done, _ = self.env.step(action)
            total_reward += reward
            actions.append(action)
            rewards.append(reward)
            action_logits_array.append(action_logits)
            step_count += 1
            if done:
                step_count = 0
                returns = self.compute_returns(done, rewards)
                data_queue.put([states, actions, rewards, returns, action_logits_array])                    #将互动数据加入队列
                states = []
                rewards = []
                actions = []
                action_logits_array = []
              # self.sess.run(self.global_to_local)
        self.episode_rewards.append(total_reward)
        if len(self.episode_rewards) >= 10:
            self.print(total_reward)
    def choose_action(self, state):
        feed_dict = {
            self.global_network.states: [state]
        }
        action_probs, action_logits = self.sess.run([self.global_network.action_probs, self.global_network.action_logits], feed_dict)
        act = np.random.choice(self.env.action_space.n, p=action_probs[0])
        return act, np.squeeze(action_logits)
```

对 Agent 类，它的代码只要 play_episode 和 choose_action 发生改变，前者的改变通过注释标明出来，它主要去掉了对 self.sess.run(self.global_to_local)的调用，因为所有互动进程都使用同一个网络对象。

在 choose_action 中也使用全局网络，在 A3C 算法中使用的是局部网络，这里需要注

意它同时还返回了 action_logits，该变量对应 $\pi_{\theta_{old}}(a_t|s_t)$，在 make_loss_op 函数中使用的 self.action_logits 对应的就是 $\pi_{\theta_{new}}(a_t|s_t)$，最后看几个重要参数取值：

```
ENTROPY_COEF = 0.1
VALUE_LOSS_COEF = 0.1
MAX_GRAD_NORM = 10.0
CLIP_EPSILON = 0.2
```

其中，CLIP_EPSILON 对应公式（15-1）中的参数 ε，此处需要注意参数 ENTROP_COEF，该参数用于控制网络注重尝试不同命令，它对网络训练成败很重要，如果这个值过小，网络会控制《超级玛丽》卡在某个位置不动从而导致任务失败。

main 函数与原来没有太大区别在这里不再贴出，上面的代码运行后在有 GPU 支持下三个小时左右可以将网络训练成功，当读者运行代码训练网络时如果看到如图 15-10 所示的输出就表示网络训练成功：

图 15-10　网络训练结果示意

从图 15-10 中可以看到，当网络训练成功时，它能控制 "超级玛丽" 顺利过关，此时网络与环境互动所得平均分接近 100，并且多次打印出语句 "Flag get successfuly"，由此表示网络能成功过关。

最后使用下面代码将网络与环境互动的流程录制成视频以便观看训练成果：

```python
def test(episodes, level, network, sess):
    env_test = make_env(level)
    done = False
    scores = []
    for e in range(episodes):
        state = env_test.reset()
        score = 0
        video_frames = []
        while True:
            video_frames.append(cv2.cvtColor(env_test.render(mode = 'rgb_array'), cv2.COLOR_RGB2BGR))
            feed_dict = {
                network.states: [state]
            }
            policy_t = sess.run(network.action_probs, feed_dict)[0]
            action_t = np.random.choice(env_test.action_space.n , p=policy_t)
            state,reward,done,_ = env_test.step(action_t)
            score += reward
```

```
            if done:
                break
        video_name = 'test_arc_mario' + str(e)+'.mp4'
        _, height, width, _ = np.shape(video_frames)
        fourcc = cv2.VideoWriter_fourcc(*'MP4V')
        video = cv2.VideoWriter(video_name, fourcc, 5, (width,height))
        for image in video_frames:
            video.write(image)

        cv2.destroyAllWindows()
        video.release()
        print('Test #%s , Score: %0.1f' %(e, score))
        scores.append(score)
    print('Average reward: %0.2f of %s episodes' %(np.mean(scores), episodes))
test(10, 1, global_network, sess)
```

当前环境提供了 4 个关卡，每次新关卡都需要对网络重新训练，笔者训练网络过了第一、二关，把训练好的网络参数和过关视频放在配书资源的 ppo_mario_level_1_2 目录下，读者可以直接加载网络参数或观看过关视频。

第 16 章　使用 TensorFlow 2.x 的 Eager 模式开发高级增强学习算法

TensorFlow 是开发深度学习算法的主流框架。近年来，随着 Keras 和 PyTorch 等框架的流行，TensorFlow 受到了一些影响。为了提高竞争力，进一步加强易用性，TensorFlow 2.0 在多个方面进行了改进，其中非常值得一提的是 Eager 模式。

16.1　TensorFlow 2.x Eager 模式简介

首先看一下 Eager 模式与原来的 TensorFlow 1.0 开发模式有何区别。TensorFlow 1.0 传统模式的一大特点是需要一个会话对象来驱动运算图，以便执行网络的训练流程。通过下面的代码片段，让我们再体验一次传统模式的开发流程：

```
import tensorflow as tf
a = tf.constant(3.0)
b = tf.placeholder(dtype = tf.float32)   #x
c = tf.add(a,b) #a+x
sess = tf.Session()                      #创建会话对象
init = tf.global_variables_initializer()
sess.run(init)                           #初始化会话对象
feed = {
    b: 2.0
}                                        #对变量 b 赋值
c_res = sess.run(c, feed)                #通过会话驱动计算图获取计算结果
print(c_res)
```

读者对这段代码应该很熟悉了，传统 TensorFlow 的开发模式会"绕一个弯"，在所有计算步骤设定好后不能立刻执行，开发者需要先初始化会话对象，然后调用 run() 函数并用 feed 字典对象将信息传递给输入变量。

再看一下 TensorFlow 2.x 的 Eager 模式的基本开发模式。使用 Eager 模式时，必须在代码的开始处执行如下代码（记住是在所有代码的开头先执行如下代码）否则会出错：

```
import tensorflow as tf
import tensorflow.contrib.eager as tfe
tf.enable_eager_execution()
```

接下来看一下在 Eager 模式下代码的开发特色：

```
def add(num1, num2):
    #将数值转换为TensorFlow张量，这样有利于加快运算速度
    a = tf.convert_to_tensor(num1)
    b = tf.convert_to_tensor(num2)
    c = a + b
    return c.numpy()                      #将张量转换为数值
add_res = add(3.0, 4.0)
print(add_res)
```

上面的代码运行后，输出结果为 7.0，可以看到，在 Eager 模式下不再"绕弯"，不需要指定好计算流程后再启动一个会话对象，然后输入数据再驱动运算流程，它能使 TensorFlow 代码的开发更加接近 Python 开发模式。

这种模式更加简洁、易懂，指令能够从上到下依次执行。TensorFlow 对初学者而言学习曲线比较陡峭，主要原因在于 TensorFlow 1.0 版中思维上的"绕弯"，有了 Eager 模式，使开发者在代码设计上方便很多。

16.2 使用 Eager 模式快速构建神经网络

本节使用 TensorFlow 2.x 的 Eager 模式快速构建一个简单的神经网络，帮助读者了解 Eager 模式的开发方法，为后面学习更复杂的模型和算法打下基础。下面的例子是根据花瓣特征对鸢尾草的品种进行分类。

首先加载训练数据，相关数据已经存储在 sklearn 开发库中，用下面的代码可以将数据迅速加载到内存中：

```
from sklearn import datasets, preprocessing, model_selection
data = datasets.load_iris()               #将数据到内存中
x = preprocessing.MinMaxScaler(feature_range = (-1, 1)).fit_transform
(data['data'])                            #将数据数值设置为(-1,1)之间，方便网络识别
#把不同分类的品种用向量表示，例如有3个不同品种，分别用(1,0,0),(0,1,0),(0,0,1)表示
y = preprocessing.OneHotEncoder(sparse = False).fit_transform(data['target'].
reshape(-1, 1))
x_train, x_test, y_train, y_test = model_selection.train_test_split(x, y,
test_size = 0.25, stratify = y)           #将数据分成训练集和测试集
print(len(x_train))
```

上面的代码运行后，输出结果是 112，这意味着用于训练网络的数据条目有 112 条。接下来构造用于识别数据的神经网络，代码如下：

```
class IrisClassifyModel(object):
    def __init__(self, hidden_unit, output_unit):
        #这里只构建两层网络,第一层是输入数据
        self.hidden_layer = tf.keras.layers.Dense(units = hidden_unit,
activation = tf.nn.tanh, use_bias = True, name="hidden_layer")
        self.output_layer = tf.keras.layers.Dense(units = output_unit,
```

```
             activation = None, use_bias = True, name="output_layer")
    def __call__(self, inputs):
        return self.output_layer(self.hidden_layer(inputs))
```

以上代码需要注意两点：第一，该代码用于构造三层网络，在初始化函数中只有两层，原因在于输入数据对应第一层；第二，网络层的衔接与 TensorFlow 1.0 版不同，它不是把上一层网络对象传给下一层，而是在调用网络时将输入数据与多层网络同时衔接在一起。

最后还需要注意的是，在 Eager 模式下，数据可以直接传递给网络，因此在 TensorFlow 1.0 版中常用的 placeholder 对象在 Eager 模式下不再支持，在 Eager 模式下使用 palcehodler 会导致代码报错。为了验证网络构建代码的正确性，可以运行下面的代码片段进行试验：

```
#构造输入数据检验网络是否正常运行
model = IrisClassifyModel(10, 3)
train_dataset = tf.data.Dataset.from_tensor_slices((x_train, y_train))
for x, y in tfe.Iterator(train_dataset.batch(32)):
    output = model(x)
    print(output.numpy())
    break
```

代码执行后，如果有数据输出，那么表明网络构建代码在逻辑上没有太大问题。接下来设计用于网络训练的损失函数和优化算法，代码如下：

```
def make_loss(model, inputs, labels):
    return tf.reduce_sum(tf.nn.softmax_cross_entropy_with_logits_v2
(logits = model(inputs), labels = labels))
opt = tf.train.AdamOptimizer(learning_rate = 0.01)
def train(model, x, y):
    opt.minimize(lambda:make_loss(model, x, y))
accuracy = tfe.metrics.Accuracy()
def check_accuracy(model, x_batch, y_batch):    #统计网络判断结果的准确性
    accuracy(tf.argmax(model(tf.constant(x_batch)), axis = 1), tf.argmax
(tf.constant(y_batch), axis = 1))
    return accuracy
```

启动网络训练流程，代码如下：

```
import numpy as np
model = IrisClassifyModel(10, 3)
epochs = 50
acc_history = np.zeros(epochs)
for epoch in range(epochs):
    for (x_batch, y_batch) in tfe.Iterator(train_dataset.
shuffle(1000).batch(32)):
        train(model, x_batch, y_batch)
        acc = check_accuracy(model, x_batch, y_batch)
        acc_history[epoch] = acc.result().numpy()
import matplotlib.pyplot as plt
plt.figure()
plt.plot(acc_history)
plt.xlabel('Epoch')
plt.ylabel('Accuracy')
plt.show()
```

代码运行后，结果如图 16-1 所示。

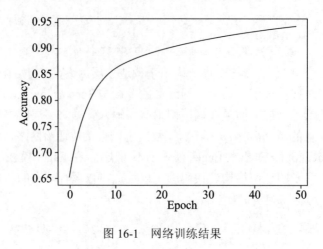

图 16-1　网络训练结果

从图 16-1 中可以看出，只要 50 个训练循环，网络预测的准确度就能达到 95%左右。

16.3　在 Eager 模式下使用 DDPG 算法实现机械模拟控制

前面讲解了增强学习的两种基本算法，一种是 DQN，另一种是策略导数。这两种算法各有优缺点，适用于不同场景。DQN 算法的优点是训练效率高并且节省内存，因为它会把训练数据存储起来反复使用。

DQN 算法的缺点是它不能应对命令为连续数值的情况。例如，在第 14 章中使用 DQN 算法来实现 Pong 任务，该任务的输入命令是离散型数值，0 表示向上挪动目标，1 表示向下挪动目标，DQN 算法就不适用于这样的任务。因为方向盘的转动可以用连续型的数据来表示，如向左转动 25°，或者向右转动 30°12'。DQN 算法要计算每个命令对应的预期收益 $Q(s,a)$，通过最大收益来决定所采取的行动。在连续型行动任务类型中，行动的可能性是无限的，因此根本不可能去计算所有行动的预期收益，然后通过最大收益来决定应该采取的行动。对策略导数算法稍微修改就能适应这样的需求。策略导数算法的缺点在于训练效率低，并且需要消耗大量的数据，因为它必须通过与环境互动的即时反馈数据来训练网络。如果能将 DQN 算法和策略导数算法结合起来，取长补短，那么就可以鱼和熊掌兼得，而这正是本节要介绍的 DDPG 算法。

16.3.1　DDPG 算法的基本原理

DDPG 算法将策略导数对应网络与 DQN 结合起来，通过前者根据给定状态计算连续数值类型的命令，然后通过后者来预测给定命令的好坏，同时反向训练策略导数网络给出更准确的命令。

DDPG 算法的基本流程如图 16-2 所示。

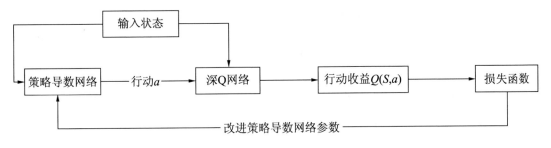

图 16-2 DDPG 算法的基本流程

由于 DQN 无法应对连续数值类型的命令，因此给出命令的职责由策略导数网络承担，而 DQN 负责预估给定命令的预期收益。使用 $u_\theta(S)$ 表示策略导数接收状态 s 后给定的输出，θ 表示策略网络的内部参数。

使用 $Q_\varphi(s,a)$ 表示 DQN 对行动收益的预估，其中，φ 表示 DQN 的内部参数，把二者结合在一起就有：

$$E_a = Q_\varphi(S, u_\theta(S)) \tag{16-1}$$

训练目的是调整策略导数网络的内部参数，使它接收状态 s 后给出的命令通过公式（16-1）计算后所得的结果最大化，也就是策略导数网络给出的命令要能获得尽可能大的预期收益，于是对公式（16-1）关于参数 θ 求导就能得到策略导数内部参数的改变量：

$$\nabla J_\theta(S) = \nabla u_\theta(S) \times \nabla_a Q_\varphi(S, a) \tag{16-2}$$

公式（16-2）是对公式（16-1）采用求导链式法则所得的结果。这里只讨论了策略导数网络的训练方法，其实 DQN 也需要训练，以便对给定状态和行动得出准确预估，回想在第 14 章中，DQN 根据贝尔曼公式所得的训练方法是：

$$\min_\varphi([Q_\varphi(S,a) - r_{S,a} - Q(s',a')]^2) \tag{16-3}$$

注意，在公式（16-3）中需要使用 DQN 去计算 $Q(s',a')$，而 DQN 此时还在训练过程中，如此计算会导致训练失败，因此在第 14 章中给出的解决方法是利用备份的 DQN 进行计算，等主 DQN 训练一段时间后再将参数复制给备份网络。

需要注意的是，计算 $Q(s',a')$ 时需要输入相应的行动值，而该值由策略导数网络得出，这意味着还需要备份策略导数网络，策略导数网络的职责是根据 s' 输出 a'，类似 DQN，也是等待主策略导数网络训练一段时间后再将参数复制给备份网络。

在 DDPG 算法中，参数复制与第 14 章有所不同，第 14 章的算法是把主网络的参数全部复制给备份网络，而在 DDPG 算法中，要将备份网络和主网络的参数根据下面公式进行融合：

$$\begin{aligned}\theta_{\text{backup}} &= r \times \theta_{\text{main}} + (1-r) \times \theta_{\text{backup}} \\ \varphi_{\text{backup}} &= r \times \varphi_{\text{main}} + (1-r) \times \varphi_{\text{backup}}\end{aligned} \tag{16-4}$$

其中，φ_{backup} 和 θ_{backup} 对应两个备份网络的内部参数。还需要注意的是，在图 16-2 中，当策略导数网络给出行动 a 的值时，在代码中需要给该值增加一些噪声或干扰，就是对策略导数网络给出的行动值做一些任意改变：

$$a = a + \text{noise} \tag{16-5}$$

引入随机性能环境对象可以返回更多有效的数据，以便提升训练的效率。

16.3.2　DDPG 算法的代码实现

本小节将实现 16.3.1 小节中描述的算法原理，首先设计两个网络的基本结构，代码如下：

```python
class ActorNetwork(tf.keras.Model):                    #策略网络用于输出连续数值型的命令
  def __init__(self,
               output_dimensions,
               action_coef = 1.0,
               activation_fn=tf.keras.activations.relu,
               #策略网络由两个节点数为 400 和 300 的全连接层组成
               name='ActorNetwork'):
    super(ActorNetwork, self).__init__(
        name=name)
    #由于输出结果在(-1,1)之间，因此最后要乘以命令的最大值
    self.action_ceof = action_coef
    self.flatten_layer1 = tf.keras.layers.Flatten()
    self.dense_layer1 = tf.keras.layers.Dense(units = 400, activation = activation_fn, kernel_initializer=tf.compat.v1.keras.initializers.VarianceScaling(
            scale=1. / 3., mode='fan_in', distribution='uniform'))
    self.dense_layer2 = tf.keras.layers.Dense(units = 300, activation = activation_fn, kernel_initializer=tf.compat.v1.keras.initializers.VarianceScaling(
            scale=1. / 3., mode='fan_in', distribution='uniform'))
    self.output_layer = tf.keras.layers.Dense(units = output_dimensions ,activation = tf.keras.activations.tanh,
                                              kernel_initializer=tf.keras.initializers.RandomUniform(
            minval=-0.003, maxval=0.003),
            name='action')
  def call(self, observations):                  #一层层调用相应网络层获得最终结果
    observations = tf.nest.flatten(observations)
    output = tf.cast(observations[0], tf.float32)
    output = self.flatten_layer1(output)
    output = self.dense_layer1(output)
    output = self.dense_layer2(output)
    output = self.output_layer(output)
    output_actions = output * self.action_ceof
    return output_actions
  def create_variables(self, env):
    #在 Eager 模式下必须调用一次所有的网络层，TensorFlow 才会为每个网络层分配内存，由此每一层对应参数才会形成
```

```python
        obs = tf.convert_to_tensor([env.reset()])
        self.call([obs])                          #生成所有网络层的参数
#该网络用于计算对应的状态 s，也就是策略网络给出的命令值对应的预期收益
class CriticNetwork(tf.keras.Model):
    def __init__(self,
                 output_dimensions = 1,
                 activation_fn=tf.nn.relu,
                 output_activation_fn=None,
                 name='CriticNetwork'):  #网络由节点分别为 400 和 300 的全连接层组成
        super(CriticNetwork, self).__init__(
            name=name)
        self.flatten_layer1 = tf.keras.layers.Flatten()
        self.dense_layer1 = tf.keras.layers.Dense(units = 400, activation = activation_fn, kernel_initializer=tf.compat.v1.keras.initializers.VarianceScaling(
            scale=1. / 3., mode='fan_in', distribution='uniform'))
        self.flatten_layer2 = tf.keras.layers.Flatten()
        self.flatten_layer3 = tf.keras.layers.Flatten()
        self.dense_layer2 = tf.keras.layers.Dense(units = 300, activation = activation_fn, kernel_initializer=tf.compat.v1.keras.initializers.VarianceScaling(
            scale=1. / 3., mode='fan_in', distribution='uniform'))
        self.output_layer = tf.keras.layers.Dense(units = output_dimensions, activation = output_activation_fn,
                                                  kernel_initializer=tf.keras.initializers.RandomUniform(
            minval=-0.003, maxval=0.003),
            name='action')
    def call(self, inputs):        #网络接收两个输入，分别对应给定状态和命令值
        observations, actions = inputs
        observations = tf.cast(tf.nest.flatten(observations)[0], tf.float32)
        observations = self.flatten_layer1(observations)
#先用一层全连接网络识别输入状态
        observations = self.dense_layer1(observations)
        actions = tf.cast(tf.nest.flatten(actions)[0], tf.float32)
        actions = self.flatten_layer2(actions)
#将状态的识别结果与给定命令合并在一起进行识别
        joint = tf.concat([observations, actions], 1)
        joint = self.flatten_layer3(joint)
        joint = self.dense_layer2(joint)
        joint = self.output_layer(joint)
        return tf.reshape(joint, [-1])        #给出最终的预期收益
    def create_variables(self, env, policy):
        obs = tf.convert_to_tensor([env.reset()])
        act = policy([obs])
        self.call([obs, act])
```

这里需要注意的是，在 Eager 模式下，调用 tf.keras.layers 的相应函数生成网络层时不会立刻给网络层参数分配内存，必须是网络层在第一次被调用时才会分配内存，这也是在代码中添加 create_variables()函数的原因。

在 create_variables()函数中通过环境对象获得数据，然后调用 call()函数将数据传给每个网络层，使每个网络层被调用后就能让网络层参数在内存中被初始化。接下来构建网络

实例，实现数据存储队列的代码如下：

```python
#构造 4 个网络，分别是策略网络及其备份，DQN 及其备份
def build_policy_DQN(act_dim, max_act):
    main_policy_net = ActorNetwork( act_dim,
                        action_coef = max_act)
    target_policy_net = ActorNetwork( act_dim,
                        action_coef = max_act)
    main_dqn = CriticNetwork( 1)
    target_dqn = CriticNetwork(1)
    return main_policy_net, target_policy_net, main_dqn, target_dqn
from collections import deque
class ExperienceBuffer():                          #将互动数据收集起来用于训练网络
    def __init__(self, buffer_size):
        self.buf_list = deque(maxlen = buffer_size)
    def add(self, current_obs, reward, action, next_obs, done):
        self.buf_list.append([current_obs, reward, action, next_obs, done])
    #随机从数据队列中抽取数据用于网络训练
    def sample_minibatch(self, batch_size):
        mb_indices = np.random.randint(len(self.buf_list), size = batch_size)
        batch_data = [self.buf_list[i] for i in mb_indices]
        return batch_data
    def __len__(self):
        return len(self.buf_list)
#根据公式（16-4）复制主网络的参数
def update_target_with_main(src, dest, update_tau=0.003):
    #将策略函数主网络的参数复制到备份策略函数网络
    for target_var , main_var in zip(dest.variables, src.variables):
        target_var.assign(update_tau * main_var +
                        (1 - update_tau) * target_var)
```

在 16.3.1 小节算法描述表明需要创建四个网络实例，其中两个分别为策略网络及其备份，另外两个是评估网络及其备份，备份网络存在的目的是对主网络的性质进行评估。这一点在深 Q 网络的章节曾经详细讲述过。

在将主网络参数复制到备份网络中时，本小节的算法不会像深 Q 网络算法那样将主网络的参数完全复制给备份网络，而是将主网络和备份网络以一定的比例进行融合，根据公式（16-4）对备份网络进行更新能加快算法的收敛速度。

接下来给出检验网络训练效果的函数，代码如下：

```python
def test_agent(env_test, policy_net, num_games=10):       #检验网络的训练效果
    games_r = []
    for _ in range(num_games):
        d = False
        game_r = 0
        o = env_test.reset()
        while not d:                #在检验时不对策略网络给出的结果添加噪声
            a_s = policy_net(tf.convert_to_tensor([o])).numpy()[0]
            o, r, d, _ = env_test.step(a_s)
            game_r += r
        games_r.append(game_r)
    print("test result, mean reward:{}".format(np.mean(games_r))) ,
```

在实际训练时,为了加大环境返回数据的随机性,会在策略网络返回的命令值基础上添加随机噪声,这样能让环境返回的数据有一定的随机性,有利于优化网络训练效果,但是这么做的结果是很难评估网络的好坏,因此需要提供一个没有噪声的互动函数,这样就能准确评估策略网络的训练效果。

接下来展示网络训练流程代码:

```
import gym
import os
import numpy as np
#设置网络参数的存储路径
checkpoint_dir = "/content/drive/My Drive/MY_DDPG/checkpoint/"
main_policy_net_weights_path = os.path.join(checkpoint_dir, 'main_policy')
target_policy_net_weights_path = os.path.join(checkpoint_dir, 'target_policy')
main_dqn_weights_path = os.path.join(checkpoint_dir, 'main_dqn')
target_dqn_weights_path = os.path.join(checkpoint_dir, 'target_dqn')
def DDPG_algorithm(env_name,policy_net_lr = 3e-4, dqn_lr = 4e-4, num_epochs = 100000,buffer_size = 20000, discount = 0.99, batch_size = 64, mini_buffer_size = 10000, load_networks = False):
    env = gym.make(env_name)
    env_test = gym.make(env_name)
    obs_shape = env.observation_space.shape
    act_dim = env.action_space.shape[0]
    main_policy_net, target_policy_net, main_dqn, target_dqn = build_policy_DQN(
                                                      act_dim = act_dim,
                                                      max_act = np.max(env.action_space.high))

    main_policy_net.create_variables(env)   #初始化4个网络
    target_policy_net.create_variables(env)
    main_dqn.create_variables(env, main_policy_net)
    target_dqn.create_variables(env, main_policy_net)
    update_target_with_main(src = main_policy_net, dest = target_policy_net, update_tau = 1.0)     #先让主网络和备份网络保持同步
    update_target_with_main(src = main_dqn, dest = target_dqn, update_tau = 1.0)
    dqn_optimizer = tf.train.AdamOptimizer(dqn_lr)      #设置优化函数
    policy_optimizer = tf.train.AdamOptimizer(policy_net_lr)
    buffer = ExperienceBuffer(buffer_size)              #初始化数据存储队列
    episodes_reward = []                                #存储每轮的互动结果
    best_average_reward = -600
    currenct_average_reward = -600
    if load_networks:                                   #加载网络参数
        main_policy_net.load_weights(main_policy_net_weights_path)
        target_policy_net.load_weights(target_policy_net_weights_path)
        main_dqn.load_weights(main_dqn_weights_path)
        target_dqn.load_weights(target_dqn_weights_path)
    for ep in range(num_epochs):                        #启动互动和训练流程
        total_reward = 0
        done = False
        obs = env.reset()
        while not done:
```

```python
            #如果当前训练数据不足，则随机获取行动命令以便生成训练数据
            if len(buffer) < mini_buffer_size:
                act = env.action_space.sample()
            else:
                #给策略网络生成的命令值增加噪声，从而产生具有一定随机性的互动数据
                noise = np.random.normal(loc=0.0, scale = 0.1, size= act_dim)
                act = noise + main_policy_net(tf.convert_to_tensor([obs])).numpy()[0]                          #由主策略网络计算命令值
                act = np.clip(act, env.action_space.low, env.action_space.high)                       #保证策略网络给出的命令值在给定范围内
            #获得回报和下一步环境返回的信息
            obs2, reward, done, _ = env.step(act)
            #将信息存储到数据队列中
            buffer.add(obs.copy(), reward, act, obs2.copy(), done)
            obs = obs2
            total_reward += reward
            #如果数据积累足够，则启动训练流程
            if len(buffer) > mini_buffer_size:
                trianing_data = buffer.sample_minibatch(batch_size)
                observations = []
                rewards = []
                acts = []
                next_observations = []
                dones = []
                for data in trianing_data:
                    observations.append(data[0])
                    rewards.append(data[1])
                    acts.append(data[2])
                    next_observations.append(data[3])
                    dones.append(data[4])
                next_observations_tensor = tf.convert_to_tensor(next_observations)
                target_policy_action_tensor = target_policy_net(next_observations_tensor)
                target_dqn_value = target_dqn([next_observations_tensor, target_policy_action_tensor]).numpy()   #使用备份DQN计算下一步的预期回报
                expected_dqn_value = tf.convert_to_tensor(np.array(rewards) + discount  * target_dqn_value,
                                                        #得到下一步预期最大收益
                                                        dtype = tf.float32)
                tf.stop_gradient(expected_dqn_value)
                actions_tensor = tf.convert_to_tensor(acts, dtype = tf.float32)
                observation_tensor = tf.convert_to_tensor(observations, dtype = tf.float32)
                with tf.GradientTape(watch_accessed_variables=False) as tape:             #训练主DQN，使它对给定行动预期的回报值预测得越来越准确
                    tape.watch(main_dqn.trainable_variables)
                    main_dqn_value = main_dqn([observation_tensor, actions_tensor])
                    main_dqn_loss = tf.reduce_mean((main_dqn_value - expected_dqn_value) ** 2)    #根据贝尔曼公式,策略网络返回值要与预期收益尽可能接近
                main_dqn_gradients = tape.gradient(main_dqn_loss, main_dqn.trainable_variables)       #根据梯度下降法计算网络内部参数的改变量
                dqn_optimizer.apply_gradients(zip(main_dqn_gradients, main_
```

```
            dqn.trainable_variables))
                                    #将改变量作用到网络参数
                    #调整策略网络内部的参数,使得它给出的命令能够获得最高预期收益
                    with tf.GradientTape(watch_accessed_variables=False) as tape:
                        tape.watch(main_policy_net.trainable_variables)
                        #根据当前状态计算命令值
                        actions_tensor = main_policy_net(observation_tensor)
                        action_value = main_dqn([observation_tensor, actions_
tensor])
                                    #评估给定命令的预期回报
                        #由于梯度下降法是求取最小值,因此给其加上负号等价于求最大值
                        action_loss = -tf.reduce_mean(action_value)
                        actor_grads = tape.gradient(action_loss, main_policy_
net.trainable_variables)
                        #调整策略网络内部参数,使其返回的命令值能获得更大的预期回报
                        policy_optimizer.apply_gradients(zip(actor_grads, main_
policy_net.trainable_variables))
                        update_target_with_main(src=main_policy_net, dest=target_
policy_net, update_tau=0.003)       #更新备份网络
                        update_target_with_main(src = main_dqn, dest = target_dqn,
update_tau=0.003)
            episodes_reward.append(total_reward)
            if len(episodes_reward) >= 10:
                currenct_average_reward = np.mean(episodes_reward)
                max_reward = np.amax(episodes_reward)
                min_reward = np.amin(episodes_reward)
                info = "average reward : {}, max reward:{}, min reward:{}".
format(currenct_average_reward,max_reward,min_reward)
                print("10 episodes info: " + info)    #显示10个回合的平均得分
                #检验网络在没有噪声影响下的效果
                test_agent(env_test, main_policy_net)
                episodes_reward = []
                #如果网络获得的平均值比以前好则存储网络参数
                if currenct_average_reward > best_average_reward:
                    best_average_reward = currenct_average_reward
                    main_policy_net.save_weights(main_policy_net_weights_path)
                    target_policy_net.save_weights(target_policy_net_weights_
path)
                    main_dqn.save_weights(main_dqn_weights_path)
                    target_dqn.save_weights(target_dqn_weights_path)
                    print("save all networks!")
if __name__ == '__main__':                      #启动网络训练流程
    DDPG_algorithm('LunarLanderContinuous-v2')
```

运行训练函数对应的代码,在有 GPU 支持的情况下,大概一个多小时网络能训练成功。其标志是每轮训练的平均分达到 200 分以上,在本小节对应的配书资源中附带了网络训练好的参数,读者可以直接加载,快速查看网络训练的效果。

16.4　DDPG 算法改进——TD3 算法的原理与实现

16.3 节介绍的 DDPG 算法在内存使用上效率很高,但它的效果不够"生猛"。如果把

上节的任务环境从 LunarLanderContinuous-v2 改成 BipedalWalker-v2，则算法运行效果差强人意，后者是 openAI 所有任务中最难解决的任务之一。

如果将 DDPG 算法用于解决任务 BipedalWalker-v2，则它最多能取得 100 分左右，而要完成 BipedalWalker-v2 任务，需要得到 300 分左右，该任务图示如图 16-3 所示。

BipedalWalker-v2 任务的目的是让网络控制图 16-3 中的机器人往前走，并且距离越远越好。算法需要控制机器人行走时所需的多个参数，以便尽可能优化机器人运动状态，环境对象返回的状态是包含 24 个浮点值的向量，其中包括机器人的当前速度、连接关节点和头壳位置和动量等数据。

算法需要根据环境返回的信息调节机器人，使它能顺利前行。算法需要给出包含 4 个浮点值的向量作为控

图 16-3　任务图示

制机器人的命令，每个分量取值在[-1,1]之间，16.3 节描述的 DDPG 算法难以应对这个复杂的任务环境，本节给出的 TD3 算法是 DDPG 算法的改进版，能在该任务中取得更好的效果。

16.4.1　TD3 算法的基本原理

在 16.3 节描述的算法中使用了两个关键网络：第一个网络是策略网络，它的作用是识别环境返回的状态信息然后给出能取得最好回报的行动值；第二个是深 Q 网络，它的作用是接收环境返回状态和策略网络给出的行动值，然后输出行动值可能会取得的预期回报。

直白点说，第二个深 Q 网络相当于评委，用于评判策略网络给出的命令的好坏。问题恰恰出在评委的准确性上。从数学上可以证明，深 Q 网络会过高地估计策略网络所给命令值的预期回报，这导致坏的命令由于评分过高而被策略网络以为是好的命令，于是会朝着错误的方向前进，从而使网络无法完成给定的任务。处理该问题的方法不难，那就是增加评委，让所有评委对策略网络给出的命令值评分，然后选取评分最低的作为行动的预期回报，这种做法的好处是能够防止深 Q 网络对命令做出过高评分从而能有效防止策略网络被错误的命令值所误导。

读者可能会担忧从多个评委中选取最低分是否会漏掉好的命令值。好的命令值会取得更高的预期回报，但用多个评委压低评分后会使策略网络认为该命令效果不好从而错失了向正确方向改进的时机。

这种情况的确存在，而且采取错误的命令造成的危害比错失好命令更大，因此两害相权取其轻，宁可错过好命令也不要采用坏命令，由此带来的损失会在足够长时间的训练中被弥补，一旦被错误命令误导了网络的训练方向，后期就再难纠正过来了。

增加"评委"会导致运算成本上升，训练效率下降，因此 TD3 算法在 DDPG 算法的

基础上只增加一个"评委",也就是多了一个深 Q 网络,同时在训练时降低备份网络更新参数的频率,从而有效地提升了算法的效果,算法的网络模型如图 16-4 所示。

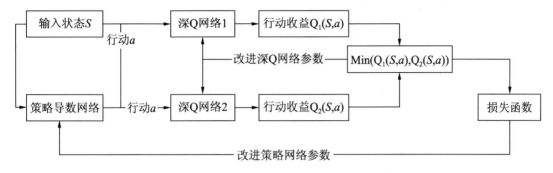

图 16-4　网络训练结构

接下来通过代码实现图 16-4 所示的网络结构和对应的流程。

16.4.2　TD3 算法的代码实现

TD3 算法使用的网络结构与 16.3 节完全相同,因此两个网络的实现代码大体没有变化,但有一处需要修改,那就是在两个网络的 call()函数上方增加一个编译指令 @tf.function。这个指令的作用是让框架直接给它所修饰的函数建立运算图。

TensorFlow 2.x 的 Eager 模式与 1.0 版的图模式的区别是它不会给运算流程直接构造运算图,只有代码在调用 GradientTape()函数时,才会对接下来调用的函数构建运算图,有了运算图 TensorFlow 才能反向计算相应参数的偏导数。而调用 GradientTape()后,该函数只会临时为接下来的运算建立运算图,一旦调用 tape.gradient 计算偏导数后,运算图就会立刻被销毁。这种做法会出现一个问题——如果运算图需要被反复使用的话,那么把运算图销毁,下次再建立这种行为就是一种无用功,从而导致 TensorFlow 2.x 在网络训练上的效率不如 1.0。

如果将@tf.function 编译指令放在某个特定的函数上,那么 TensorFlow 2.x 在运行时就会给该函数建立一个持久的运算图,这样就能避免原来的运算图"建立—销毁"的做法。使用编译指令的缺点是加大了内存损耗,优点是能有效提高网络的训练速度,综合来看,优点大于缺点。

接下来使用下面的代码构建 6 个网络实例:

```
#构建 6 个网络,包括 4 个策略网络及其备份, 2 个 DQN 及其备份
def build_policy_DQN_TD3(act_dim, max_act):
    main_policy_net = ActorNetwork( act_dim,
                        action_coef = max_act)
    target_policy_net = ActorNetwork( act_dim,
                        action_coef = max_act)
    main_dqn = CriticNetwork( 1)
```

```
    target_dqn = CriticNetwork(1)
    second_main_dqn = CriticNetwork( 1)
    second_target_dqn = CriticNetwork(1)
    return main_policy_net, target_policy_net, main_dqn, target_dqn,
second_main_dqn, second_target_dqn
```

build_policy_DQN_TD3 函数与 16.3 节的唯一区别在于多创建了两个深 Q 网络实例，第二个 CriticNetwork 对应新增加的"评委"。接下来看训练流程的实现代码：

```
def noise_action(policy_net, env, obs):
    #由主策略网络计算命令值
    policy_act = policy_net(tf.convert_to_tensor(obs))
    noise = np.random.normal(loc=0.0, scale = 0.3, size= np.shape
(policy_act))    #给策略网络生成的命令值增加噪声从而产生具有一定随机性的互动数据
    act = noise + policy_act    #scale=0.3增强随机性对算法收敛非常重要
    #保证策略网络给出的命令值在给定范围内
    act = np.clip(act, env.action_space.low, env.action_space.high)
    return act
def TD3_algorithm(env_name,
                  policy_net_lr = 3e-4, dqn_lr = 3e-4, num_epochs = 100000,
                  buffer_size = 20000, discount = 0.99, batch_size = 64,
                  mini_buffer_size = 10000, load_networks = False):
    env = gym.make(env_name)
    obs_shape = env.observation_space.shape
    act_dim = env.action_space.shape[0]
    main_policy_net, target_policy_net, main_dqn, target_dqn, second_
main_dqn , second_target_dqn = build_policy_DQN_TD3(act_dim = act_dim,
                                                     max_act = np.max(env.
action_space.high))               #增加一对主从"评委"网络
    main_policy_net.create_variables(env)    #初始化六个网络
    target_policy_net.create_variables(env)
    main_dqn.create_variables(env, main_policy_net)
    target_dqn.create_variables(env, main_policy_net)
    second_main_dqn.create_variables(env, main_policy_net)
    second_target_dqn.create_variables(env, main_policy_net)
    if load_networks:                        #直接加载网络参数
        main_policy_net.load_weights(main_policy_net_weights_path)
        target_policy_net.load_weights(target_policy_net_weights_path)
        main_dqn.load_weights(main_dqn_weights_path)
        target_dqn.load_weights(target_dqn_weights_path)
        second_main_dqn.load_weights(second_main_dqn_weights_path)
        second_target_dqn.load_weights(second_target_dqn_weights_path)
        print("load all network parameters!")
    update_target_with_main(src = main_policy_net, dest = target_policy_
net, update_tau = 1.0)                       #先让主网络和备份网络保持同步
    update_target_with_main(src = main_dqn, dest = target_dqn, update_tau
= 1.0)
    update_target_with_main(src = second_main_dqn, dest = second_target_
dqn, update_tau = 1.0)                       #对新增加的"评委"网络进行同步
    main_dqn_optimizer = tf.train.AdamOptimizer(dqn_lr)    #设置优化函数
    second_dqn_optimizer = tf.train.AdamOptimizer(dqn_lr)
```

```python
policy_optimizer = tf.train.AdamOptimizer(policy_net_lr)
buffer = ExperienceBuffer(buffer_size)              #初始化数据存储队列
episodes_reward = []                                 #存储每轮的互动结果
best_average_reward = -600
currenct_average_reward = -600
policy_update_freq = 2
step_count = 0
if load_networks:                                    #加载网络参数
    main_policy_net.load_weights(main_policy_net_weights_path)
    target_policy_net.load_weights(target_policy_net_weights_path)
    main_dqn.load_weights(main_dqn_weights_path)
    target_dqn.load_weights(target_dqn_weights_path)
    second_main_dqn.save_weights(second_main_dqn_weights_path)
    second_target_dqn.save_weights(second_target_dqn_weights_path)
for ep in range(num_epochs):                         #启动互动和训练流程
    total_reward = 0
    done = False
    obs = env.reset()
    while not done:
        #如果当前训练数据不足则随机获取行动命令以便生成训练数据
        if len(buffer) < mini_buffer_size:
            act = env.action_space.sample()
        else:
            act = noise_action(main_policy_net, env, [obs])[0]
        #获得回报和下一步环境返回的信息
        obs2, reward, done, _ = env.step(act)
        #将信息存储到数据队列中
        buffer.add(obs.copy(), reward, act, obs2.copy(), done)
        obs = obs2
        total_reward += reward
        step_count += 1
        #如果数据积累足够,则启动训练流程
        if len(buffer) > mini_buffer_size:
            trianing_data = buffer.sample_minibatch(batch_size)
            observations = []
            rewards = []
            acts = []
            next_observations = []
            dones = []
            for data in trianing_data:
                observations.append(data[0])
                rewards.append(data[1])
                acts.append(data[2])
                next_observations.append(data[3])
                dones.append(data[4])
            next_observations_tensor = tf.convert_to_tensor(next_observations)
            target_policy_action_tensor = noise_action(target_policy_net, env, next_observations)      #此次与DDPG不同, 备份网络的行动也需要增加噪声
            #使用备份d网络计算下一步的预期回报
```

```python
            main_target_dqn_value = target_dqn([next_observations_
tensor, target_policy_action_tensor]).numpy()
            second_target_dqn_value = second_target_dqn([next_observations_
tensor, target_policy_action_tensor]).numpy()

            #这里是与 DDPG 的重大区别是必须选取两者中的最小值进行计算
            target_dqn_value = np.min([main_target_dqn_value, second_
target_dqn_value], axis = 0)

            expected_dqn_value = tf.convert_to_tensor(np.array(rewards)
+ discount * (1-np.array(dones)) * target_dqn_value,
                                                    #得到下一步预期最大收益
                    dtype = tf.float32)
            tf.stop_gradient(expected_dqn_value)
            actions_tensor = tf.convert_to_tensor(acts, dtype = tf.float32)
            observation_tensor = tf.convert_to_tensor(observations,
dtype = tf.float32)
            #训练主 DQN，使它对给定行动预期的回报值预测得越来越准确
            with tf.GradientTape(watch_accessed_variables=False) as tape:
                tape.watch(main_dqn.trainable_variables)
                main_dqn_value = main_dqn([observation_tensor, actions_
tensor])
                main_dqn_loss = tf.reduce_mean((main_dqn_value - expected_
dqn_value) ** 2)           #根据贝尔曼公式，策略网络返回值要与预期收益尽可能接近
            main_dqn_gradients = tape.gradient(main_dqn_loss, main_dqn.
trainable_variables)         #根据梯度下降法计算网络内部参数的改变量
            main_dqn_optimizer.apply_gradients(zip(main_dqn_gradients,
main_dqn.trainable_variables))       #将改变量应用到网络参数中
            #训练第二个 DQN，使其对给定行动的预期回报变得准确，这是与 DDPG 不
                同之处
            with tf.GradientTape(watch_accessed_variables=False) as tape:
                tape.watch(second_main_dqn.trainable_variables)
                second_main_dqn_value = second_main_dqn([observation_
tensor, actions_tensor])
                second_main_dqn_loss = tf.reduce_mean((second_main_dqn_
value - expected_dqn_value)**2)
            second_main_dqn_gradients = tape.gradient(second_main_dqn_
loss, second_main_dqn.trainable_variables)
            second_dqn_optimizer.apply_gradients(zip(second_main_dqn_
gradients, second_main_dqn.trainable_variables))
            #这里是与 DDPG 的不同之处，算法要减少策略网络训练和主从网络更新的频率
            if  step_count % policy_update_freq == 0:
                with tf.GradientTape(watch_accessed_variables=False) as
tape:               #调整策略网络的内部参数，使它给出的命令可以获得最高的预期收益
                    tape.watch(main_policy_net.trainable_variables)
                    #根据当前状态计算命令值
                    actions_tensor = main_policy_net(observation_tensor)
                    action_value = main_dqn([observation_tensor, actions_
tensor])                #评估给定命令的预期回报
                    #由于梯度下降法是求取最小值，因此加上负号等价于求最大值
```

```
                action_loss = -tf.reduce_mean(action_value)
                actor_grads = tape.gradient(action_loss, main_policy_
net.trainable_variables)
                #调整策略网络内部参数，使它返回的命令值能获得更大的预期回报
                policy_optimizer.apply_gradients(zip(actor_grads, main_
policy_net.trainable_variables))
                update_target_with_main(src = main_policy_net, dest =
target_policy_net, update_tau=0.003)        #更新备份网络
                update_target_with_main(src = main_dqn, dest = target_
dqn, update_tau=0.003)
                update_target_with_main(src = second_main_dqn, dest =
second_target_dqn, update_tau=0.003)
        episodes_reward.append(total_reward)
        if  len(episodes_reward) >= 10:
            currenct_average_reward = np.mean(episodes_reward)
            max_reward = np.amax(episodes_reward)
            min_reward = np.amin(episodes_reward)
            info = "average reward : {}, max reward:{}, min reward:{}".
format(currenct_average_reward,max_reward,min_reward)
            #显示10轮训练的平均得分
            print("ep: {}, 10 episodes info:{}".format(ep, info))
            episodes_reward = []
            #如果网络获得平均值比以前好，则存储网络参数
            if currenct_average_reward > best_average_reward:
                best_average_reward = currenct_average_reward
                main_policy_net.save_weights(main_policy_net_weights_path)
                target_policy_net.save_weights(target_policy_net_weights_
path)
                main_dqn.save_weights(main_dqn_weights_path)
                target_dqn.save_weights(target_dqn_weights_path)
                second_main_dqn.save_weights(second_main_dqn_weights_path)
                second_target_dqn.save_weights(second_target_dqn_weights_
path)
                print("save all networks!")
if __name__ == '__main__':
    TD3_algorithm('BipedalWalker-v3',load_networks = False)
```

TD3_algorithm()函数与16.3节的DDPG_algorithm()大体相同，不同之处已在代码注释中说明。有两点需要读者注意，第一点是代码使用两个深Q网络来计算下一步的状态和命令对应的预期回报，然后选择两者中的最小值用来训练主深Q网络。第二点是，策略网络的训练和主从网络的更新频率有变换，在DDPG算法中，策略网络的训练发生在while循环中，每隔两次循环后主策略网络才得到训练，主从网络的参数才会得到更新，因此降低策略网络和主从网络的更新频率有利于算法运行得更加稳定。

在上面的代码中有几个参数的改动非常重要，首先，在函数noise_action()中将scale设置成0.3，这会加大网络输出命令的随机性，进而能让网络大胆尝试不同的命令，由此能加大让网络发现好命令的可能性，其次，在函数update_target_with_main()中将参数update_tau从0.003改成了0.005，这对算法收敛非常重要。

上面的代码在 GPU 支持下运行约 3 个小时后，网络能够在一次任务里平均获得 200 分以上，如果使用 16.3 节的 DDPG 算法，无论网络训练多久都难以对给定任务取得 200 分左右的成绩，由此可见 TD3 算法的优越性。

训练好的网络参数存储在本书的源代码 TD3 下，读者可以直接加载，体验网络训练好的效果从而节省训练时长。

16.5 TD3 算法的升级版——SAC 算法

笔者在测试 TD3 算法时发现该算法不能收敛，也就是算法在经过长时间训练后，无法对给定任务实现平均得分 200 分以上。一开始笔者以为是代码出错了，但经过仔细的审查后发现代码并无问题。

经过长时间的调试后笔者终于明白，在函数 noise_action() 的实现代码里，只要将 np.random.normal() 函数中的参数 scale 从原来的 0.1 改成 0.3 即可解决问题。scale 参数对应正态分布函数的方差，它的值越大，函数返回的数组随机性就越强。

normal() 函数随机性越强，得到的命令值变化就越大，如此网络找到更好命令值的可能性就越高。如果将 scale 值设置得过小，那么网络只能在一个小范围内寻找可能的命令值，这样它就有可能找不到更好的方案。

由此可见，只要网络返回的命令值具备"适当"的随机性，网络的训练效果就越好。问题在于对不同任务网络所需的随机性不同，一旦设置不好就有可能使网络训练失败，有没有什么办法让随机性的设置摆脱人为的调整呢？

16.5.1 SAC 算法的基本原理

SAC 算法的目的是实现随机性的自适应性调整。该算法能在网络的训练过程中自动调整随机性，让网络输出的命令值尽可能与给定任务的特性相匹配。

在前面几节的算法设计逻辑中设定了两种类型网络。第一种是策略网络，它负责根据给定任务状态输出相应的命令值，第二种是深 Q 网络，它负责预估采用策略网络给定的命令值所能获得的收益。网络训练的目的首先是让深 Q 网络对给定命令的预期收益估计尽可能准确，其次是让深 Q 网络返回更高的估计值。

SAC 算法的创新之处在于，它除了训练策略网络使其返回的命令让深 Q 网络得出更高的预估收益值外，还要使训练网络返回命令值的熵尽可能高。所谓"熵"就是对系统随机性的量化，熵值越大，系统随机性越强。

根据信息论，对于离散型的概率分布，熵的计算公式为：

$$H = -\sum_{x} p(x) \times \log(p(x)) = E[\log(p(x))] \tag{16-6}$$

对于连续型概率分布,假设分布的密度函数为 $f(x)$,那么对应的熵为:

$$H = \int_x f(x) \times \log(x) \mathrm{d}x = E[\log(f(x))] \quad (16\text{-}7)$$

注意,无论是离散型还是连续型,熵其实就是概率函数或密度函数的数学期望。由于 SAC 主要应用于连续型命令值,因此网络需要训练其内部参数使公式(16-7)计算的结果尽可能大。

问题是算法如何确定给定命令值对应的概率密度函数呢?可以看到,在前面几节所讲的算法中,策略网络接收环境返回状态信息后,经过若干层网络层的运算后直接给出命令值,它们并没有涉及命令值的概率函数,因此 SAC 算法需要改变策略网络的设计结构。

SAC 算法使策略网络模拟正态分布 $N(\mu, \sigma)$,为何要模拟正态分布呢?任何可以学习的对象必然会展现出某种规律,而规律又可以使用概率来表达,几乎所有概率都可以用正态分布来模拟,只要它的两个关键参数 μ 和 δ 取值得当。

策略网络的训练任务就是计算出这两个关键参数从而使得对应的正态分布概率能匹配任务应对规律。如果用 $\pi_\psi(S)$ 表示策略网络,用 $Q_\theta(S, a)$ 表示深 Q 网络接收状态信息和给定命令值后的估值结果,那么前面的算法对网络训练的目的是使如下公式取最大值:

$$E[Q_\theta(S, \pi_\psi(S))] \quad (16\text{-}8)$$

注意,数学期望等价于平均值,因此公式(16-8)表示训练策略网络,在 N 次互动中给出的命令值使深 Q 网络计算出的结果的平均值尽可能大,本质上就是让每次策略网络给出的命令值在输入深 Q 网络后得到的结果尽可能大。

在 SAC 算法中,策略网络将输出两种数值,一个是命令值,另一个是命令值对应的概率密度。这两个数值都来自同一个网络,因此它们都对应相同的网络参数,可以使用相同的参数标记来表示这两个数值,于是算法用 $A_\psi(s)$ 表示网络给出的命令值,用 $\pi_\psi(S)$ 表示命令值对应的密度函数。

同时,SAC 算法对公式(16-8)进行了修改,它不但使策略网络给出的命令值让深 Q 网络返回的值尽可能大,而且还要使命令值对应的熵尽可能大,于是 SAC 算法的目的是训练策略网络,使如下公式的取值尽可能大:

$$E[Q_\theta(S, A_\psi(s)) + \alpha \times H(\pi_\psi(S))] = \int_S \pi_\psi(S) \times (Q_\theta(S, A_\psi(S)) + \alpha \times \log(\pi_\psi(S))) \mathrm{d}S \quad (16\text{-}9)$$

其中,参数 α 取值为[0,1]之间,用于控制随机性的强弱,取值越大,策略网络计算命令值的随机性就越大。该参数对网络训练的效果至关重要,它需要像网络那样经过不断调整才能找到适合给定任务的数值。

由于数学期望可以通过计算平均值来逼近,因此算法在实现时无须考虑公式(16-9)中的微积分部分,只要使如下公式取值尽可能大即可:

$$\frac{1}{N} \times (Q_\theta(S, A_\psi(S)) + \alpha \times \log(\pi_\psi(S))) \quad (16\text{-}10)$$

其中，参数 N 表示网络与环境互动的次数。此次算法需要对策略网络进行较大的修改，其结构如图 16-5 所示。

需要特别留意的是如何计算命令值对应的概率密度函数。由图 16-5 中可以看出，网络会给出两个数值结果，一个对应正态分布的均值，一个对应分布的方差，然后使用这两个参数构造正态分布函数后进行随机抽样得到随机变量 z 的值，最后对 z 计算其正切函数 $\tanh(z)$ 所得的结果才是给定命令值 action。

随机变量 z 对应的密度函数是 $N(\mu,\sigma)$，但它经过正切运算后所得的命令值 action 将不再对应该密度函数。根据微积分原理，如果随机变量 x 的密度函数是 $f(x)$，那么随机变量 $y=g(x)$ 对应的密度函数就是 $f(g^{-1}(y))\times\dfrac{\partial g^{-1}(y)}{\partial y}$，由此得到命令值 action 对应的密度函数为：

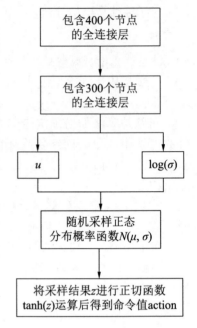

图 16-5　策略函数结构

$$\dfrac{1}{\sqrt{2\pi}\sigma}\times\exp\{-\dfrac{(\tanh^{-1}(\text{action})-\mu)^2}{2\sigma^2}\}\times$$

$$\dfrac{\partial\tanh^{-1}(\text{action})}{\partial(\text{action})}=\dfrac{1}{\sqrt{2\pi}\sigma}\times\exp\{-\dfrac{(z-\mu)^2}{2\sigma^2}\}\times\dfrac{1}{1-\text{action}^2} \quad (16\text{-}11)$$

于是有：

$$\log(\pi_\psi(S))=-(\log 2\pi+\log(\sigma))-\dfrac{(z-\mu)^2}{2\sigma^2}-(1-\text{action}^2) \quad (16\text{-}12)$$

SAC 算法还有一个特点，就是控制命令熵的参数 α 同样需要经过训练来不断调整。该参数的调整算法需要通过复杂的限制优化理论，为了降低理解复杂度，此处给出一个简单易懂的解释。

要想调整参数 α 使公式（16-9）得到最大值，本质上是使 $E[\alpha H(\pi_\psi(S))]$ 取得最大值，等价于让 $E[-\alpha H(\pi_\psi(S))]$ 取得最小值。由于数学期望可以使用多次实验结果的平均值来替代，因此就等价于求 $-\dfrac{1}{N}\times\sum_N\alpha H(\pi_\psi(S))$ 的最小值。

由于 $H(\pi_\psi(S))=E_{\pi_\psi(S)}[\log(\pi_\psi(S))]$，再次使用平均值来替代数学期望就有 $H(\pi_\psi(S))=E_{\pi_\psi(S)}[\log(\pi_\psi(S))]=\dfrac{1}{M}\sum_M\log(\pi_\psi(S))$，其中，$M$ 是实验的次数，于是最终目的就是调整 α 使 $-\dfrac{1}{N\times M}\times\sum_N\sum_M\alpha\log(\pi_\psi(S))$ 能取得最小值。

由于 $-\frac{1}{N \times M} \times \sum_N \sum_M \alpha \log(\pi_\psi(S))$ 取得最小值等价于 $\frac{1}{N \times M} \times \sum_N \sum_M -\log(\alpha)\log(\pi_\psi(S))$ 取得最小值，而后者在计算方面的稳定性更强，因此根据后者来调整参数 α。

因此对参数 α 求导，就可以得到其改变量，参数 α 的更新可由如下公式表示，其中，参数 λ 表示学习率：

$$\alpha = \alpha + \frac{1}{M \times N} \sum_{M,N} \lambda(-\frac{1}{a}\log(\pi_\psi(S))) \tag{16-13}$$

注意，这里的推导是为了简化原有算法的复杂度，因此逻辑上并不是很严谨，对于数学推导感兴趣的读者可以在网址：https://arxiv.org/abs/1812.05905 中读取算法论文。

16.5.2 SAC 算法的代码实现

相对于 16.4 节的 TD3 算法，策略网络的实现发生了较大的变化，而深 Q 网络没有发生变化，因此本节忽略了深 Q 网络的实现代码，首先来看策略网络的实现代码：

```
#策略网络用于模拟正态分布，其将输出两个值，一个是均值，另一个是方差的对数
class ActorNetwork(tf.keras.Model):
  def __init__(self,
               output_dimensions,
               activation_fn=tf.keras.activations.relu,
               log_std_min = -20.,
               log_std_max = 2.,
               #策略网络由两个节点数为 400 和 300 的全连接层组成
               name='ActorNetwork'):
    super(ActorNetwork, self).__init__(
        name=name)
    self.output_dimensions = output_dimensions
    self.log_std_min = log_std_min
    self.log_std_max = log_std_max
    self.flatten_layer1 = tf.keras.layers.Flatten()
    self.dense_layer1 = tf.keras.layers.Dense(units = 400, activation = activation_fn, kernel_initializer=tf.compat.v1.keras.initializers.VarianceScaling(
        scale=1. / 3., mode='fan_in', distribution='uniform'))
    self.dense_layer2 = tf.keras.layers.Dense(units = 300, activation = activation_fn, kernel_initializer=tf.compat.v1.keras.initializers.VarianceScaling(
        scale=1. / 3., mode='fan_in', distribution='uniform'))
    self.output_mean = tf.keras.layers.Dense(units = output_dimensions , activation = None,name='mean')
    self.output_log_std=tf.keras.layers.Dense(units=output_dimensions , activation = None,name='log_std')
  def sample_action(self, observations):          #根据状态进行随机采样
    observations = tf.nest.flatten(observations)
    output = tf.cast(observations[0], tf.float32)
    output = self.flatten_layer1(output)
    output = self.dense_layer1(output)
    output = self.dense_layer2(output)
```

```python
        output_mean = self.output_mean(output)
        output_log_std = self.output_log_std(output)    #将方差控制在给定的范围内
        output_log_st = tf.clip_by_value(output_log_std, self.log_std_min,
self.log_std_max)
        return output_mean, output_log_std
    @tf.function
    #接收环境返回状态给出对应的命令值
    def call(self, observations, epsilon = 1e-6):
        #先根据状态在模拟的正态分布函数中随机抽样
        mean, log_std = self.sample_action(observations)
        std = tf.exp(log_std)
        normal = tf.distributions.Normal(loc = mean, scale = std)
        z = normal.sample()
        action = tf.tanh(z)              #通过对概率分布进行随机采样获得行动值
        #problem here
        #对应公式(16-12)
        log_prob = normal.log_prob(z) - tf.log(1 - (action ** 2) + epsilon)
        return action, tf.reduce_sum(log_prob, 1, keepdims = True)
    def create_variables(self, env):
        #在Eager模式下必须调用一次所有的网络层,TensorFlow才会在内存中为每个网络层分配
          内存,由此每一层对应的参数才会形成
        obs = tf.convert_to_tensor([env.reset()], dtype = tf.float32)
        self.call(obs)                  #生成所有网络层的参数
```

注意，网络最终输出两个数值，一个用于表示正态分布的均值，另一个用于表示正态分布方差的对数。在 sample 函数中，代码用网络生成的两个数值构造对应的正态分布函数，然后进行随机采样，将采样结果进行正切运算后得到对应的命令值。

采样对应变量 z 满足正态分布，但将其经过正切运算后所得的结果 action 不再符合正态分布，因此需要根据公式（16-12）来计算其对应的密度函数，这样才能计算命令值对应的熵。接下来看网络训练的相关实现代码：

```python
#SAC算法网络训练实现
import gym
import os
import numpy as np
#设置网络参数的存储路径
checkpoint_dir = "/content/drive/My Drive/SAC/checkpoint/"
policy_net_weights_path = os.path.join(checkpoint_dir, 'main_policy.h5')
first_dqn_weights_path = os.path.join(checkpoint_dir, 'first_dqn.h5')
first_target_dqn_weights_path = os.path.join(checkpoint_dir, 'first_
target_dqn.h5')
second_dqn_weights_path = os.path.join(checkpoint_dir, 'second_dqn.h5')
second_target_dqn_weights_path = os.path.join(checkpoint_dir, 'second_
target_dqn.h5')
def SAC_algorithm(env_name,
                  policy_net_lr = 5e-4, dqn_lr = 5e-4, value_lr = 5e-4,
alpha_lr = 5e-4, num_epochs = 100000,
                  buffer_size = 20000, discount = 0.99, batch_size = 64,
                  mini_buffer_size = 10000, load_networks = False):
    env = gym.make(env_name)
    obs_shape = env.observation_space.shape
    act_dim = env.action_space.shape[0]
```

```python
main_policy_net, first_dqn, first_target_dqn, second_dqn,second_
target_dqn = build_networks_sac(act_dim = act_dim)  #增加了一对主从估值网络
main_policy_net.create_variables(env)                #初始化5个网络
first_dqn.create_variables(env, main_policy_net)
first_target_dqn.create_variables(env, main_policy_net)
second_dqn.create_variables(env, main_policy_net)
second_target_dqn.create_variables(env, main_policy_net)
log_alpha = tf.get_variable(shape = (1), name = "log_alpha")
log_alpha.assign([0])
alpha = tf.exp(log_alpha)
if load_networks:                                    #直接加载网络参数
    main_policy_net.load_weights(policy_net_weights_path)
    first_dqn.load_weights(first_dqn_weights_path)
    first_target_dqn.load_weights(first_target_dqn_weights_path)
    second_dqn.load_weights(second_dqn_weights_path)
    second_target_dqn.load_weights(second_target_dqn_weights_path)
    print("load all network parameters!")
update_target_with_main(src = first_dqn, dest = first_target_dqn,
update_tau = 1.0)                                    #同步估值网络
update_target_with_main(src = second_dqn, dest = second_target_dqn,
update_tau = 1.0)                                    #同步估值网络
first_dqn_optimizer = tf.train.AdamOptimizer(dqn_lr)    #设置优化函数
second_dqn_optimizer = tf.train.AdamOptimizer(dqn_lr)
policy_optimizer = tf.train.AdamOptimizer(policy_net_lr)
log_alpha_optimizer = tf.train.AdamOptimizer(alpha_lr)
buffer = ExperienceBuffer(buffer_size)               #初始化数据存储队列
episodes_reward = []                                 #存储每轮的互动结果
best_average_reward = -200
currenct_average_reward = -200
episode = 0
for ep in range(num_epochs):                         #启动互动和训练流程
    total_reward = 0
    done = False
    obs = env.reset()
    while not done:
        #如果当前训练数据不足则随机获取行动命令以便生成训练数据
        if len(buffer) < mini_buffer_size:
            act = env.action_space.sample()
        else:
            obs_tensor = tf.convert_to_tensor([obs], dtype = tf.float32)
            action, _ = main_policy_net(obs_tensor)
            act = action.numpy()[0]
        #获得回报和下一步环境返回的信息
        obs2, reward, done, _ = env.step(act)
        #将信息存入数据队列
        buffer.add(obs.copy(), reward, act, obs2.copy(), done)
        obs = obs2
        total_reward += reward
        #如果数据积累足够,则启动训练流程
        if len(buffer) > mini_buffer_size:
            trianing_data = buffer.sample_minibatch(batch_size)
            observations = []
            rewards = []
```

```python
            acts = []
            next_observations = []
            dones = []
            for data in trianing_data:
                observations.append(data[0])
                rewards.append(data[1])
                acts.append(data[2])
                next_observations.append(data[3])
                dones.append(data[4])
            next_observations_tensor = tf.convert_to_tensor(next_observations, dtype = tf.float32)                    #先预估下一个状态的平均收益
            next_actions, next_log_probs = main_policy_net(next_observations_tensor)     #与TD3算法不同,这里用主策略网络给出下一个状态对应的命令
            first_next_obs_value = first_target_dqn([next_observations_tensor,next_actions])
            second_next_obs_value = second_target_dqn([next_observations_tensor, next_actions])
            min_next_value = tf.minimum(first_next_obs_value, second_next_obs_value)- alpha * next_log_probs
            expected_value = tf.convert_to_tensor(np.array(rewards) + discount * (1-np.array(dones)) * min_next_value,
                                                                                        #得到下一步预期最大收益
                                                  dtype = tf.float32)

            tf.stop_gradient(expected_value)
            actions_tensor = tf.convert_to_tensor(acts, dtype = tf.float32)
            observations_tensor = tf.convert_to_tensor(observations, dtype = tf.float32)
            #训练主DQN 使其对给定行动预期的回报值预测得越来越准确
            with tf.GradientTape(watch_accessed_variables=False) as tape:
                tape.watch(first_dqn.trainable_variables)
                first_dqn_value = first_dqn([observations_tensor, actions_tensor])
                first_dqn_loss = tf.reduce_mean((first_dqn_value - expected_value) ** 2)            #根据贝尔曼公式,策略网络返回值要与预期收益尽可能接近
            first_dqn_gradients = tape.gradient(first_dqn_loss, first_dqn.trainable_variables)           #根据梯度下降法计算网络内部参数的改变量
            first_dqn_optimizer.apply_gradients(zip(first_dqn_gradients, first_dqn.trainable_variables))         #将改变量应用到网络参数中
            #训练第二个DQN,使其对给定行动的预期回报变得准确,这是与DDPG的
             不同之处
            with tf.GradientTape(watch_accessed_variables=False) as tape:
                tape.watch(second_dqn.trainable_variables)
                second_dqn_value = second_dqn([observations_tensor, actions_tensor])
                second_dqn_loss = tf.reduce_mean((second_dqn_value - expected_value)**2)
            second_dqn_gradients = tape.gradient(second_dqn_loss, second_dqn.trainable_variables)
            second_dqn_optimizer.apply_gradients(zip(second_dqn_gradients, second_dqn.trainable_variables))
            #训练策略网络
            with tf.GradientTape(watch_accessed_variables=False) as tape:
                tape.watch(main_policy_net.trainable_variables)
```

```
                actions, log_probs = main_policy_net(observations_tensor)
                first_dqn_value = first_dqn([observations_tensor, actions])
                second_dqn_value = second_dqn([observations_tensor, actions])
                min_value = tf.minimum(first_dqn_value, second_dqn_value)
                policy_loss = tf.reduce_mean((alpha * log_probs - min_
value))
                policy_gradients = tape.gradient(policy_loss, main_policy_
net.trainable_variables)
                policy_optimizer.apply_gradients(zip(policy_gradients, main_
policy_net.trainable_variables))
                #训练熵系数
                with tf.GradientTape(watch_accessed_variables=False) as tape:
                    tape.watch([log_alpha])
                    actions, log_probs = main_policy_net(observations_tensor)
                    log_alpha_loss = -tf.reduce_mean((log_alpha *(tf.stop_
gradient(log_probs))))        #根据公式(16-13)计算 log_alpha_loss 的值
                log_alpha_gradients = tape.gradient(log_alpha_loss, [log_alpha])
                log_alpha_optimizer.apply_gradients(zip(log_alpha_gradients,
[log_alpha]))
                alpha = tf.exp(log_alpha)
                update_target_with_main(src = first_dqn, dest = first_target
_dqn)                            #同步估值网络
                update_target_with_main(src = second_dqn, dest = second_
target_dqn)
        episodes_reward.append(total_reward)
        print("ep:{} reward: {}".format(episode, total_reward))
        episode += 1
        if len(episodes_reward) >= 10:
            currenct_average_reward = np.mean(episodes_reward)
            max_reward = np.amax(episodes_reward)
            min_reward = np.amin(episodes_reward)
            info = "average reward : {}, max reward:{}, min reward:{}".
format(currenct_average_reward,max_reward,min_reward)
            #显示10轮训练的平均得分
            print("ep: {}, 10 episodes info:{}".format(ep, info))
            
            episodes_reward = []
            #如果网络获得平均值比以前好,则存储网络参数
            if currenct_average_reward > best_average_reward:
                best_average_reward = currenct_average_reward
                main_policy_net.save_weights(policy_net_weights_path)
                first_dqn.save_weights(first_dqn_weights_path)
                first_target_dqn.save_weights(first_target_dqn_weights_path)
                second_dqn.save_weights(second_dqn_weights_path)
                second_target_dqn.save_weights(second_target_dqn_weights_
path)
                print("save all networks!")
```

需要特别关注的是,在以上代码中增加了一个参数 alpha,它对应公式(16-9)中的 α,同时,在计算状态预期收益时增加了一项,那就是使用 alpha 乘以命令值对应的熵,这一点在变量 expected_value 的计算中得到了体现。

以上代码还有一个特点是变量 alpha 可以训练!在代码中取 alpha 的对数也就是变量

log_alpha 进行训练,该变量的损失函数遵循公式 $H(\pi_\psi(S)) = E_{\pi_\psi(S)}[\log(\pi_\psi(S))]$,alpha 变量的调整对训练结果至关重要,如果没有它,算法运行时极有可能会失败。

以上代码在 GPU 的支持下运行将近 6 个小时,能使网络在与环境互动中,每轮训练平均可以得 200 分以上。之所以训练时间如此之久,一个原因是笔者为了简单起见将命令值的熵运算进行了修改,在原算法论文中熵的计算还附带了一个预先设定的参数,这个修改应该是使算法训练时长增加的重要原因。

读者可以在本书的源代码文件"16 章 SAC.ipynb"中查看完整的实现代码。

16.6 概率化深 Q 网络算法

在前面章节讲解的深 Q 网络算法中,Q 网络的作用是估算环境返回状态所能获取的预期收益,估算的方法是通过大量实验,将实验中的相关数据加总,然后求平均值来进行估算。这种做法可行但是所得的结果不准确。

预期收益其实就是收益值的数学期望,它的定义是将收益的各种取值乘以它可能出现的概率然后进行加总。要想通过求平均值的方式获得准确的估计,那么在概率论大数定律的规范下,实验的次数有可能非常大,如果算法获取的数据数量不够,则会导致对预期收益的估算错误。

本节的目的是使用神经网络对概率进行准确的计算,一旦概率分布能够被网络准确地估算,就意味着网络了解了任务的变化模式,能够对环境变化做出更加准确的反应。

16.6.1 连续概率函数的离散化表示

在概率论中,连续型的密度函数其实是一条曲线,求概率就是通过积分计算某个曲线的面积。例如算法常用的正态分布函数就是这种类型,运行下面的代码可以绘制出正态分布的概率曲线:

```
import matplotlib.pyplot as plt
import numpy as np
import scipy.stats as stats
import math
mu = 0
variance = 1
sigma = math.sqrt(variance)
x = np.linspace(mu - 3*sigma, mu + 3*sigma, 100)
plt.plot(x, stats.norm.pdf(x, mu, sigma))      #绘制标准的正态分布密度函数
plt.show()
```

代码执行后,结果如图 16-6 所示。

连续型数据的问题在于计算机很难表达,计算机依赖的是离散型数据,因此要表达连续型数据就必须对其进行"采样",也就是对数据进行离散化表达。对密度曲线进行离散

化表达的最好方式就是直方图，运行下面的代码即可理解：

```
import matplotlib.pyplot as plt
import numpy as np
import matplotlib.mlab as mlab
arr = np.random.randn(1000)
plt.figure(1)
result = plt.hist(arr)
plt.xlim((min(arr), max(arr)))
mean = np.mean(arr)
variance = np.var(arr)
sigma = np.sqrt(variance)
x = np.linspace(min(arr), max(arr), 100)     #将密度函数的区间离散化成多个小格子
dx = result[1][1] - result[1][0]
scale = len(arr)*dx
#绘制概率曲线,根据小格子起始位置的数值使用密度函数计算其高度然后绘制方块
plt.plot(x, mlab.normpdf(x, mean, sigma)*scale)
plt.show()
```

代码运行后，结果如图 16-7 所示。

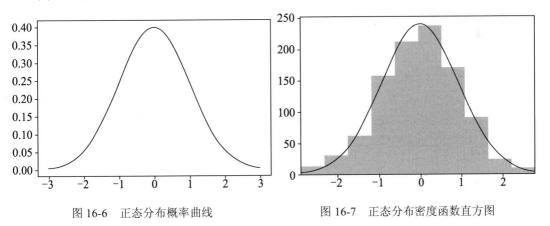

图 16-6　正态分布概率曲线　　　　　图 16-7　正态分布密度函数直方图

如图 16-7 所示，曲线对应概率函数，而柱状图是对曲线的"采样"或离散化近似。在计算概率时原本要计算曲线在给定区域的面积，离散化后就可以使用位于对应区间内长方形的面积总和来表示对应区间的概率。

可以看到，使用离散化来表示连续型概率存在精确度问题。例如，在图 16-7 中，有些长方体的高度超出了曲线范围，这个问题可以通过增加长方体的密度，或者把曲线下面的区间切割得更加细密，使长方体越来越细但数量越来越多，这样就能将误差尽可能地缩小，事实上这恰恰是积分的原理。

在实践中通常把曲线所覆盖的区间切割成 51 个等宽度的长方体，这样就可以很好地逼近对应的概率函数，算法上把这 51 个长方形称为 atom，也叫原子。当想要计算概率函数对应的数学期望时，把每个切割的区间点乘以该区间对应的长方体的高度然后加总即可。

16.6.2 算法的基本原理

在深 Q 网络算法中，使用多层网络来识别环境返回的状态 S，然后输出采取不同行动 a 后的预期收益，该收益使用 Q(S,a) 表示。根据前面提到的贝尔曼公式可知，该数值可以通过递归的方式进行表达。

假设当前状态为 S，采取行动后进入状态 s'，如果网络对应的策略能使给定状态 s 找到最优回应，也就是找到最合适的命令 a，使得 Q(S,a) 取值最大，那么它一定有如下数值关系：

$$Q(S,a) = r + \gamma \times Q(S',a') \tag{16-14}$$

其中，r 是采取行动 a 后的即时回报，γ 是折扣因子。在第 14 章介绍的深 Q 网络算法中，对环境返回的状态 s 使用主网络来估算不同命令可能的取值，然后取出最大的那个值，此处使用 $Q(S,a_*)$ 来表示，使用备份网络来估算下一个状态对应的不同命令的取值，然后取出值最大的那个，在此使用 $Q(S,a'_*)$ 表示。

这里使用网络来直接估算给定的状态 s，然后采取行动 a 后的回报值。假设行动回报取值是正数，并且在一个给定范围内，如最大可能取值不超过 10，最小可能取值不小于 0，那么 Q(S,a) 就对应区间[0,10]中的一个正数值。

试想网络估算的不是一个确切值，而是所有可能取值的概率，如它给出执行命令 a 后，预期回报取值 i 的概率是 $p_i(0 \leq i \leq 10)$，那么 Q(S,a) 就可以表示为 $\sum_i i \times p_i$，对于很多复杂的任务而言，使用网络估算取值的概率分布，然后通过概率分布计算命令对应的回报，其效果比直接估算回报值要好得多。

因此我们可以修改第 14 章介绍的深 Q 网络，让它不直接输出预期回报而是输出预期回报取值的概率分布，假设预期回报的取值有 N 种，那么网络就计算每种取值的概率，然后用回报值乘以其对应的概率再加总就得到 Q(S,a)。

使用 z(S,a) 表示当环境返回的状态 S 然后采取命令 a 后预期回报的概率分布，该概率分布可以使用 16.5 节描述的方法来逼近或模拟。假设预期回报的取值范围是[min, max]，将该区间分成 N 等份，然后通过网络识别(S,a)，输出 N 个值，每个值对应每个区间起始点取值对应的概率。

有意思的是，预期收益的概率分布同样遵守贝尔曼公式规律，也就是：

$$z(S,a) = r + \gamma \times z(s',a') \tag{16-15}$$

公式（16-15）成立的数学证明过于复杂，此处暂时忽略不讲。这里读者可能会有一个疑问，那就是公式（16-15）如何计算，如果 z(S,a) 对应的是一个具体的数值，那么公式（16-15）就是简单的四则运算，现在 z(S,a) 对应的是概率分布，那么公式（16-15）的计算就不能按照普通的四则运算法则计算了。

举一个具体例子来说明公式（16-15）的运算过程。假设预期回报的取值范围在[0,5]

之间，将其分成 5 个长度为 1 的小区间：第一个区间的起始点是 0，它的取值概率为 0.2；第二个区间的起始点是 1，取值概率为 0.1；第三个区间的起始点是 2，取值概率为 0.3；第四个区间起始点为 3，取值概率为 0.15；第五个区间起始点为 4，取值概率为 0.2，最后一个取值点是 5，它对应的取值概率为 0.05。

$Q(s',a')$ 对应的预期收益就是 0×0.2+1×0.1+2×0.3+3×0.15+4×0.2+5×0.05=2.1，要想计算 $Q(S,a)$，就要从公式（16-15）中计算 $z(s,a)$，计算流程如下（假设参数 $\gamma = 0.99, r = 0.5$）：

（1）将 $z(S,a)$ 每个取值点对应的概率设置为 0。

（2）在 $z(s',a')$ 中取一个取值点，假设是 3，计算 $\frac{r + \gamma \times 3}{delta} = \frac{0.5 + 0.99 \times 3}{1} = 3.47$，其中，delta 表示分割区间的长度，如果计算结果大于取值区间的最大值或最小值，那么直接采用区间最大值或最小值作为计算结果。

（3）由于 3.47 位于起始点 3 和 4 之间，于是将 $z(s',a')$ 在起始点 3 处的取值概率分配给 $z(s,a)$ 的起始点 3 和 4，根据步骤（2）的计算结果与两个起始点的距离来分配，如 3.47 距离起始点 3 的距离是 0.47，因为起始点 3 的取值概率是 0.15，于是把 0.15×0.47 分配给 $z(s,a)$ 的起始点 4，把 0.15×（1-0.47）分配给 $z(s,a)$ 对应的起始点 3。

（4）遍历所有区间起始点，根据步骤（2）和步骤（3）计算后即可得到 $z(s,a)$。

需要注意的是，步骤（2）的计算结果有可能是整数值，这样就可以将对应起始点的概率直接分配给步骤（2），从而计算结果对应的起始点，而不是分配给两个起始点。这里还需要注意一个问题，那就是 (s,a) 是最后一轮互动，那么公式（16-15）就不存在 $z(s',a')$，这种情况下计算步骤（2）时直接将 $\gamma \times z(s',a')$ 这部分去掉，其他的运算步骤保持不变。

16.6.3　让算法玩转《雷神之锤》

本小节将实现 16.6.2 小节描述的算法，网络面对的任务环境是《雷神之锤》游戏，算法将训练网络在一轮游戏中让主角击杀的怪物数量尽可能地多，同时生存时间尽可能地长。首先执行如下代码安装任务环境：

```bash
%%bash
apt-get install build-essential zlib1g-dev libsdl2-dev libjpeg-dev \
nasm tar libbz2-dev libgtk2.0-dev cmake git libfluidsynth-dev libgme-dev \
libopenal-dev timidity libwildmidi-dev unzip
apt-get install libboost-all-dev
apt-get install liblua5.1-dev
```

执行完上面的代码后继续执行如下安装指令：

```
!pip install vizdoom
```

执行完上面的指令后 Doom 游戏的任务环境就可以使用了。接着设计网络基本结构，代码如下：

```python
import skimage
from skimage import transform, color
```

```python
import numpy as np
ATOMS = 51                                      #将区间分成 51 等份
def pre_process_img(img, size):         #将环境返回的图像转换成 64×64×1 的灰度图
    img = np.rollaxis(img, 0, 3)
    img = skimage.transform.resize(img, size)
    img = skimage.color.rgb2gray(img)
    img = img.astype(np.float32)
    return img
class CategoryDQN(tf.keras.Model):
    def __init__(self, actions):        #网络有 3 个卷积层
        super(CategoryDQN, self).__init__()
        #对应 Doom 游戏有三种命令：shoot、left 和 right,因此 actions 取值为 3,网络组
            合有 3 个输出层
        self.actions = actions
        self.conv_layer1 = tf.keras.layers.Conv2D(filters = 32, kernel_size = 8, strides = 4,
                                                  activation = tf.nn.relu)
        self.conv_layer2 = tf.keras.layers.Conv2D(filters = 64, kernel_size = 4, strides = 2,
                                                  activation = tf.nn.relu)
        self.conv_layer3 = tf.keras.layers.Conv2D(filters = 64, kernel_size = 3,
                                                  activation = tf.nn.relu)
        self.flatten_layer = tf.keras.layers.Flatten()
        self.dense_layer = tf.keras.layers.Dense(units = 512, activation = tf.nn.relu)
        self.prob_layers = []
        #输出层的数量对应命令的数量,输出层输出取值对应概率
        for i in range(actions):
            self.prob_layers.append(tf.keras.layers.Dense(units = ATOMS, activation = tf.nn.softmax))
        self.output_layer = tf.stack
    @tf.function
    def call(self, x):
        x = tf.convert_to_tensor(x, dtype = tf.float32)
        x = self.conv_layer1(x)
        x = self.conv_layer2(x)
        x = self.conv_layer3(x)
        x = self.flatten_layer(x)
        x = self.dense_layer(x)
        probs_output = []
        for i in range(self.actions):
            probs_output.append(self.prob_layers[i](x))
        x = self.output_layer(probs_output)
        return x
    def create_variables(self, game):
        game.new_episode()
        state = game.get_state()
        screen_buffer = state.screen_buffer
        screen_buffer = pre_process_img(screen_buffer, size = (64, 64))
        #将 4 幅图像叠在一起形成 64×64×4
        screen_buffer = np.stack(([screen_buffer] * 4), axis = 2)
        screen_buffer = [screen_buffer.astype(np.float32)]
        self.call(screen_buffer)
```

代码中设计的网络结构不止存在一个输出层，对于 Doom 游戏而言，因为命令的个数是 3，分别对应于射击、左转和右转，因此网络输出为三层，每层对应 3 个命令在给定状态下取值的概率分布。

需要注意的是，变量 ATOMS 对应切割的区间数量，当它取值为 51 时算法运行效果最好。Doom 游戏命令的取值范围为[-10,30]，算法会将该区间分割成 51 个小区间，每个区间的起始点对应命令的所有可能取值，因此网络最后的三个输出层各包含 51 个节点，每个节点对应所在区间的起始点取值的概率。

接下来为网络与环境的互动及网络的训练流程代码：

```
from collections import deque
import random
import math
class CategoryDQNAgent:
    def __init__(self, state_size, action_size):
        self.state_size = state_size              #环境返回图像的规格
        self.action_size = action_size            #可选命令的数量
        self.gamma = 0.99
        self.epsilon = 1.0                        #随机生成命令的概率
        self.initial_epsilon = 1.0
        self.final_epsilon = 1e-4
        self.batch_size = 32
        self.observation = 2000
        self.exploration = 50000
        self.frame_per_action = 4                 #执行命令后跳过接下来的图像数量
        self.update_target_freq = 3000
        self.timestep_for_train = 100             #与环境互动给定次数后启动训练
        self.value_max = 30                       #回报最大值
        self.value_min = -10                      #回报最小值
        #将回报区间分割成 51 个小区间
        self.delta_z = (self.value_max - self.value_min) / float((ATOMS -1))
        #记录每个小区间的起始数值
        self.z = [self.value_min + i * self.delta_z for i in range(ATOMS)]
        self.play_buffer = deque(maxlen = 50000)      #记录与环境互动的数据
        self.model = None                         #用于与环境互动的网络对象
        self.target_model = None
        self.stats_episodes = 10                  #每 10 轮输出一次信息
        self.optimizer = tf.train.AdamOptimizer(1e-4)
    def update_target(self):                      #使用主网络更新备份网络
        for target_var , main_var in zip(self.target_model.variables, self.model.variables):
            target_var.assign(main_var)
    def get_action(self, state):                  #根据状态选取行动
        if np.random.rand() <= self.epsilon:
            #随机选择一种行动
            action_idx = random.randrange(self.action_size)
        else:
            action_idx = self.get_model_action(state)    #让网络决定行动
        return action_idx
    def get_model_action(self, state):
```

```python
            distributions = self.model(state)       #获取不同命令对应的回报分布函数
            d = np.reshape(distributions, (-1, ATOMS))
            r = np.sum(np.multiply(d, self.z), axis = 1)
            return np.argmax(r)
    #修改环境回报值有利于提升网络训练效率
    def modify_reward(self, reward, current_info, prev_info):
        current_monster_kills = current_info[0]
        prev_monster_kills = prev_info[0]
        #如果行动导致怪物被击杀则增加回报
        if current_monster_kills > prev_monster_kills:
            reward += 1
        current_ammo = current_info[1]
        prev_ammo = prev_info[1]
        if current_ammo < prev_ammo:                  #如果打不到怪物则减少回报值
            reward -= 0.1
        current_health = current_info[2]
        prev_health = prev_info[2]
        if current_health < prev_health:              #如果被怪物击中则减少回报值
            reward -= 0.1
        return reward
    #存储与环境互动的数据并同步主从网络
    def replay_buffer(self, state, action, reward, next_state, done, t):
        self.play_buffer.append([state, action, reward, next_state, done])
        if self.epsilon > self.final_epsilon and t > self.observation:
            self.epsilon -= (self.initial_epsilon - self.final_epsilon) / self.exploration
        if t % self.update_target_freq == 0:
            print("update target!")
            self.update_target()
    def train(self):                                  #从缓冲区中取出数据训练网络
        train_start = time.time()
        num_samples = min(self.batch_size * self.timestep_for_train, len(self.play_buffer))
        train_samples = random.sample(self.play_buffer, num_samples)
        state_inputs = np.zeros((num_samples, ) + self.state_size)
        next_states = np.zeros((num_samples, ) + self.state_size)
        m_prob = [np.zeros((num_samples, ATOMS)) for i in range(self.action_size)] #[32*51, 32*51, 32*51]
        action, reward, done = [], [], []
        for i in range(num_samples):
            state_inputs[i,:,:,:] = train_samples[i][0]
            action.append(train_samples[i][1])
            reward.append(train_samples[i][2])
            next_states[i,:,:,:] = train_samples[i][3]
            done.append(train_samples[i][4])
        state_inputs = state_inputs.astype(np.float32)
        next_states = next_states.astype(np.float32)
        #由备份网络计算行动对应的概率分布 z_, 格式为(32*51, 32*51, 32*51)
        z_ = self.target_model(next_states).numpy()
        optimal_action_idxs = []
        z_concat = np.vstack(z_)                      #注意这里不一样
        #计算不同行动预期收益
        q = np.sum(np.multiply(z_concat, np.array(self.z)), axis = 1)
        q = q.reshape((num_samples, self.action_size), order = 'F')
```

```
            optimal_action_idxs = np.argmax(q, axis = 1)
            for i in range(num_samples):
                if done[i]:                          #考虑公式(16-2)在最后一轮的情况
                    Tz = min(self.value_max, max(self.value_min, reward[i]))
                    bj = (Tz - self.value_min) / self.delta_z
                    m_l, m_u = math.floor(bj), math.ceil(bj)
                    m_prob[action[i]][i][int(m_l)] += (m_u - bj)
                    m_prob[action[i]][i][int(m_u)] += (bj - m_l)
                else:
                    for j in range(ATOMS):           #根据公式（16-15）计算
                        Tz = min(self.value_max, max(self.value_min, reward[i] + self.gamma * self.z[j]))
                        bj = (Tz - self.value_min) / self.delta_z
                        m_l, m_u = math.floor(bj), math.ceil(bj)
                        m_prob[action[i]][i][int(m_l)] += z_[optimal_action_idxs[i]][i][j] * (m_u - bj)
                        m_prob[action[i]][i][int(m_u)] += z_[optimal_action_idxs[i]][i][j] * (bj - m_l)
            m_prob = np.array(m_prob)
            batch_start = 0
            #将数据分成多等份，每份含有32条记录，依次输入网络进行训练
            while batch_start < num_samples:
                batch_end = np.minimum(batch_start + self.batch_size, num_samples)
                batch_state_inputs = state_inputs[batch_start : batch_end, :, :, :]
                batch_targets = m_prob[:, batch_start : batch_end, :]
                self.compute_apply_gradients(batch_state_inputs, batch_targets)
                batch_start = batch_end
        #使用梯度下降法调整网络内部参数
        def compute_apply_gradients(self, batch_inputs, batch_targets):
            with tf.GradientTape(watch_accessed_variables=False) as tape:
                tape.watch(self.model.trainable_variables)
                batch_outputs = self.model(batch_inputs)
                loss = -tf.reduce_mean(tf.convert_to_tensor(batch_targets, dtype = tf.float32) * tf.log(batch_outputs))
            gradients = tape.gradient(loss, self.model.trainable_variables)
            self.optimizer.apply_gradients(zip(gradients, self.model.trainable_variables))
        def load_model(self, path):
            self.model.load_weights(path)
        def save_model(self, path):
            self.model.save_weights(path)
```

在上面的代码中，最复杂的就是train()函数，它根据公式（16-15）计算出$z(S,a)$，然后训练网络输出的概率分布尽可能与计算的$z(S,a)$接近。此处需要对网络训练时使用的损失函数加以说明。损失函数使用的是交叉熵，目标分布$z(s,a)$对应代码中的变量m_prob，算法目的是训练网络使它对命令 a 的输出概率要与 m_prob 计算结果尽可能接近，那么如何衡量两个概率分布的"接近程度"呢?通常情况下使用 KL 距离，假设两个概率分布函数为$q(S)$、$p(S)$，那么它们的 KL 距离就是:

$$\mathrm{KL}(q,p) = \sum_S q(S) \times \log \frac{q(S)}{p(S)} = \sum_S [(q(S) \times \log(q(S)) - q(S) \times \log(p(S))] \quad (16\text{-}16)$$

其中，$q(S)$对应公式（16-15）计算出来的$z(S,a)$，在代码中就是变量 m_prob，因此，在公式（16-16）中$q(S) \times \log(q(S))$是一个常数，$p(S)$对应网络给出的概率分布，算法要调整内部参数使得计算出的$p(S)$代入公式（16-16）后的取值尽可能小，那就必须使$-\sum_{S} q(S) \times \log(p(S))$的计算结果尽可能小，而这个值就是两个概率分布函数的交叉熵。

在代码中，compute_apply_gradients 函数就构造了两个概率分布函数的交叉熵，然后使用梯度下降法调整网络内部参数，让它对交叉熵的计算结果尽可能小。训练流程和数据收集实现代码如下：

```python
from vizdoom import DoomGame, ScreenResolution
from vizdoom import *
import time
IMG_ROWS, IMG_COLS, IMG_CHANNELS = 64, 64, 4
def init_first_observation(game):                    #预处理任务初始化时返回的画面
    game_state = game.get_state()
    obs = game_state.screen_buffer
    obs = pre_process_img(obs, size = (IMG_ROWS, IMG_COLS))
    obs = np.stack(([obs] * 4), axis = 2)
    obs = np.expand_dims(obs, axis = 0)#(1, 64, 64, 4)
    obs = obs.astype(np.float32)
    return obs
def main():
    game = DoomGame()                                #加载游戏
    game.load_config("/content/drive/My Drive/CategoryDQN/defend_center.cfg")                                              #加载游戏配置
    game.set_screen_resolution(ScreenResolution.RES_640X480)
    game.set_window_visible(False)
    game.init()
    game.new_episode()                               #启动游戏
    game_state = game.get_state()
    cur_game_info = game_state.game_variables   #击杀怪物数量、弹药和当前血量
    prev_game_info = cur_game_info
    state_size = (IMG_ROWS, IMG_COLS, IMG_CHANNELS)
    #三种行动,左转、右转、射击
    action_size = game.get_available_buttons_size()
    agent = CategoryDQNAgent(state_size, action_size)
    agent.model = CategoryDQN(action_size)
    agent.model.create_variables(game)
    agent.target_model = CategoryDQN(action_size)
    agent.target_model.create_variables(game)
    GAME = 0
    t = 0
    max_life = 0
    life = 0                                         #记录 Agent 在一轮游戏中的存活时间
    life_buffer, ammo_buffer, kills_buffer, health_buffer = [], [], [], []
    obs = init_first_observation(game)
    while not game.is_episode_finished():
        #使用包含3个元素的向量表示命令,如果使用命令1,则将第一个元素设置为1
        action = np.zeros([action_size])
        action_idx = agent.get_action(obs)
        action[action_idx] = 1
```

```python
            action = action.astype(int)
            game.set_action(action.tolist())
            #执行命令后经过四幅画面才更新游戏状态
            game.advance_action(agent.frame_per_action)
            game_state = game.get_state()          #获得执行命令后的状态信息
            done = game.is_episode_finished()
            reward = game.get_last_reward()
            if done:
                if life > max_life:
                    max_life = life
                GAME += 1
                life_buffer.append(life)
                ammo_buffer.append(cur_game_info[1])
                kills_buffer.append(cur_game_info[0])
                health_buffer.append(cur_game_info[2])
                game.new_episode()
                game_state = game.get_state()
                cur_game_info = game_state.game_variables
                next_obs = game_state.screen_buffer
            next_obs = game_state.screen_buffer
            cur_game_info = game_state.game_variables
            next_obs = pre_process_img(next_obs, size = (IMG_ROWS, IMG_COLS))
            #把最新返回的图像叠加到前面三幅图像上面
            next_obs = np.reshape(next_obs, (1, IMG_ROWS, IMG_COLS, 1))
            next_obs = np.append(next_obs, obs[:,:,:, :3], axis = 3)
            reward = agent.modify_reward(reward, cur_game_info, prev_game_info)
            if done:
                life = 0
            else:
                life += 1
            prev_game_info = cur_game_info
            agent.replay_buffer(obs, action_idx, reward, next_obs, done, t)
            if t > agent.observation and t % agent.timestep_for_train == 0:
                print("training")
                agent.train()                       #启动训练
            obs = next_obs
            t += 1
            if t % 100 == 0:
                print("t:{}, game: {}".format(t, GAME))
            if t % 10000 == 0:
                print("save model!")
                agent.model.save_weights('/content/drive/My Drive/CategoryDQN/category_logits_dqn.h5')
            if done:
                if GAME % agent.stats_episodes == 0 and t > agent.observation:
                    print("Update Rolling Statistics, average_life:{}, average_ammo:{}, average_kill:{}, average_healty:{}".format(
                        np.mean(np.array(life_buffer)), np.mean(np.array(ammo_buffer)),np.mean(np.array(kills_buffer)),
                        np.mean(np.array(health_buffer))
                    ))
                    life_buffer, ammo_buffer, kills_buffer, health_buffer = [], [], [], []
```

上面的代码运行后，在训练刚开始时网络输出的数据如图16-8所示。

```
t:2600, game: 29
training
Update Rolling Statistics, average_life:85.76666666666667, average_ammo:10.7, average_kill:1.1666666666666667, average_healty:13.8
t:2700, game: 31
```

图 16-8　网络训练初始效果

从图 16-8 中可以看出，网络在一轮游戏中只击杀了一只怪物，代码运行大概 3 个小时后，网络执行效果如图 16-9 所示。

```
t:118800, game: 869
training
t:118900, game: 869
training
Update Rolling Statistics, average_life:260.3, average_ammo:1.3, average_kill:17.3, average_healty:15.6
t:119000, game: 870
training
t:119100, game: 870
```

图 16-9　训练 3 小时后的效果

从图 16-9 中可以看出，网络此时已经能够在一轮游戏中击杀 17 只怪物，人物在游戏中的存活时间从一开始的 80 个单位跃升到 260 个单位，由此可见网络的确学会了如何根据环境返回信息选取有效的命令。本小节的代码和相关配置文件及训练后的网络参数文件全部放置在本书的源代码中。

16.7　D4PG——概率化升级的 DDPG 算法

在 16.6 节中讲述了如何使用概率化而非数值化的方式改造传统的深 Q 网络，从而取得更好的实践效果。但是 16.6 节介绍的算法只能适用于离散型命令，也就是命令可以使用 1、2、3 等可数形式来表达。如果命令是连续型数值，例如对于自动驾驶而言，命令对应方向盘旋转的角度，在这种情况下就不能使用离散型命令，因为方向盘的旋转角度是连续型的任意实数。为了应对这种情况，本节主角 D4PG 算法应运而生。

16.7.1　D4PG 算法的基本原理

16.3 节介绍的 DDPG 算法应对的正是命令值为连续型数值的状况，D4PG 是对 DDPG 算法的概率化改进。DDPG 算法由两部分组成，一部分叫 Actor 网络，它接收环境返回的状态信息，然后输出一个连续型实数作为给定状态对应的命令值。另一部分是 Critic 网络，其实就是一个深 Q 网络。它接收命令值和环境对象返回的状态，然后给出评估值，如果命令值越能匹配给定的状态，那么返回的数值就高。Actor 网络的目的是训练内部参数，使得给出的命令值能让 Critic 网络返回更高的数值。

在 DDPG 算法中，Actor 网络接收环境对象返回状态后会直接给出一个具体数值作为应对命令，正如 16.6 节描述的算法一样，D4PG 算法对 DDPG 算法的概率化改进就是让网络不是直接返回一个具体数值。

D4PG 的主要做法是先确定命令值的取值范围，然后将该范围分割成多个小区间，Actor 网络在接收环境返回的状态后，不是直接给出命令值，而是给出每个小区间的起始点取值的概率，然后将区间起始点取值乘以其对应的概率并加总得到对应的命令值。

D4PG 算法的基本流程如图 16-10 所示。

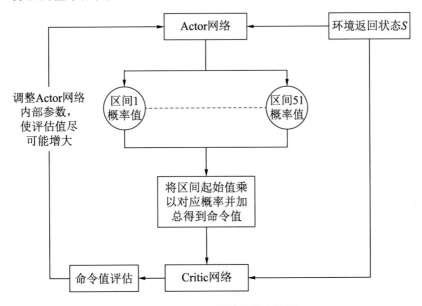

图 16-10　D4PG 算法的基本流程

接下来看看如何通过代码实现如图 16-10 所示的算法流程。

16.7.2　通过代码实现 D4GP 算法

首先看两个网络的实现代码：

```python
class ActorNetwork(tf.keras.Model):          #策略网络用于输出连续数值类型的命令
    def __init__(self,
                 output_dimensions,
                 action_coef = 1.0,
                 activation_fn=tf.keras.activations.relu,
                 #策略网络由两个节点数为 400 和 300 的全连接层组成
                 name='ActorNetwork'):
        super(ActorNetwork, self).__init__(
            name=name)
        #由于输出结果在(-1,1)之间，因此要乘以命令的最大值
        self.action_ceof = action_coef
        self.flatten_layer1 = tf.keras.layers.Flatten()
        self.dense_layer1 = tf.keras.layers.Dense(units = 400, activation = activation_fn, kernel_initializer=tf.compat.v1.keras.initializers.
```

```python
VarianceScaling(
          scale=1. / 3., mode='fan_in', distribution='uniform'))
        self.dense_layer2 = tf.keras.layers.Dense(units = 300, activation =
activation_fn, kernel_initializer=tf.compat.v1.keras.initializers.
VarianceScaling(
          scale=1. / 3., mode='fan_in', distribution='uniform'))
        self.output_layer = tf.keras.layers.Dense(units = output_dimensions,
activation = tf.keras.activations.tanh,
                                                  kernel_initializer=tf.keras.
initializers.RandomUniform(
            minval=-0.003, maxval=0.003),
          name='action')
    @tf.function
    def call(self, observations):              #一层层调用相应网络层获得最终的结果
      observations = tf.nest.flatten(observations)
      output = tf.cast(observations[0], tf.float32)
      output = self.flatten_layer1(output)
      output = self.dense_layer1(output)
      output = self.dense_layer2(output)
      output = self.output_layer(output)
      output_actions = output * self.action_ceof
      return output_actions
    def create_variables(self, env):
        #在Eager模式下必须调用一次所有网络层，TensorFlow才会为每个网络层分配内存，由此
          每一层对应参数才会形成
        obs = tf.convert_to_tensor([env.reset()])
        self.call([obs])                        #生成所有网络层的参数
ATOMS = 51                                      #将回报值区间分割成给定的小区间
#该网络用于计算对应状态s，策略网络给出的命令值对应的预期收益
class CriticNetwork(tf.keras.Model):
  def __init__(self,
               activation_fn=tf.nn.relu,
               name='CriticNetwork'):          #网络由节点为400和300的全连接层组成
    super(CriticNetwork, self).__init__(
        name=name)
    self.flatten_layer1 = tf.keras.layers.Flatten()
    self.dense_layer1 = tf.keras.layers.Dense(units = 400, activation =
activation_fn, kernel_initializer=tf.compat.v1.keras.initializers.
VarianceScaling(
          scale=1. / 3., mode='fan_in', distribution='uniform'))
    self.flatten_layer2 = tf.keras.layers.Flatten()
    self.flatten_layer3 = tf.keras.layers.Flatten()
    self.dense_layer2 = tf.keras.layers.Dense(units = 300, activation =
activation_fn, kernel_initializer=tf.compat.v1.keras.initializers.
VarianceScaling(
          scale=1. / 3., mode='fan_in', distribution='uniform'))
    self.output_layer = tf.keras.layers.Dense(units = ATOMS,activation =
tf.nn.softmax,
                                              kernel_initializer=tf.keras.
initializers.RandomUniform(
            minval=-0.003, maxval=0.003),
          name='action')#最后一层有51个节点，分别给出每个区间起始值对应的概率
    @tf.function
    def call(self, inputs):              #网络接收两个输入，分别对应给定状态和命令值
```

```
            observations, actions = inputs
            observations = tf.cast(tf.nest.flatten(observations)[0], tf.float32)
            observations = self.flatten_layer1(observations)
            #先用一层全连接网络识别输入状态
            observations = self.dense_layer1(observations)
            actions = tf.cast(tf.nest.flatten(actions)[0], tf.float32)
            actions = self.flatten_layer2(actions)
            #将状态的识别结果与给定命令合并在一起进行识别
            joint = tf.concat([observations, actions], 1)
            joint = self.flatten_layer3(joint)
            joint = self.dense_layer2(joint)
            joint = self.output_layer(joint)
            return joint                       #给出不同取值的概率分布
        def create_variables(self, env, policy):
            obs = tf.convert_to_tensor([env.reset()])
            act = policy([obs])
            self.call([obs, act])
```

在上面的代码中，Actor 网络对象的实现与 DDPG 算法差别不大，真正改变的是 Critic 网络。原来的 Critic 网络最终输出的一个数值用于判断命令值应对给定状态所能得到的预期回报，在这里将其修改为输出 51 个数值。这 51 个数值是将命令值的取值区间切割成 51 个小块，每个小块的起始值可以视为概率，这个概率对应命令值提交给环境对象后可以得到的预期回报的可能性大小。根据 16.6 节的描述，将所有区间的起始数值乘以对应概率加总，所得的结果就是 Actor 网络返回命令值的预期回报，这一点在接下来的代码中会有所体现。

下面的代码将命令值的取值区间进行切割，并实现类似 16.6.2 小节描述的贝尔曼公式的概率分布：

```
import gym
import math
import numpy as np
ENV_NAME = 'LunarLanderContinuous-v2'
value_max = 20.0
value_min = -20.0
delta_z = (value_max - value_min) / float((ATOMS -1))  #分割小区间的长度
#记录每个小区间的起始数值
z_intervals = [value_min + i * delta_z for i in range(ATOMS)]
GAMMA = 0.99
N_STEPS = 5
def get_expected_distribution(rewards, dones, next_state_distribution):
    num_samples = len(next_state_distribution)
    m_prob = np.zeros((num_samples, ATOMS))
    #如果超越最高值，将超越的概率加到最高值
    #将下一个状态对应的收益分布通过贝尔曼公式来计算当前状态对应收益的概率分布
    for i in range(num_samples):
        if dones[i]:
            Tz = min(value_max, max(value_min, rewards[i]))
            bj = (Tz - value_min) / delta_z
            m_l, m_u = math.floor(bj), math.ceil(bj)
            m_prob[i][int(m_l)] += (m_u - bj)
```

```
                m_prob[i][int(m_u)] += (bj - m_l)
            else:
                for j in range(ATOMS):
                    Tz = min(value_max, max(value_min, rewards[i] + (GAMMA **
N_STEPS) * z_intervals[j]))
                    bj = (Tz - value_min) / delta_z
                    m_l, m_u = math.floor(bj), math.ceil(bj)
                    m_prob[i][int(m_l)] += next_state_distribution[i][j] *
(m_u - bj)
                    m_prob[i][int(m_u)] += next_state_distribution[i][j] *
(bj - m_l)
    return m_prob
```

函数 get_expected_distribution 的实现原理与 16.3.3 小节类似，都是前后两个连续状态对应回报概率在贝尔曼公式下的转换。此处需要关注的一个参数是 N_STEPS，它的取值为 5，作用是进一步扩展 Q 值函数。

前面讲解贝尔曼公式时提到，如果使用 $Q(S_t, a_t)$ 表示当环境的返回状态 S_t，网络采取命令值 a_t 后的预期回报，当网络经过充分训练后，在给定状态 S_t 时返回的命令值 a_t 能取得最优回报，那么如下贝尔曼公式成立：

$$Q(S_t, a_t) = r_t + \gamma \times Q(S_{t+1}, a_{t+1}) \quad (16\text{-}17)$$

注意，公式（16-17）具有递归性，即可以将 $Q(S_{t+1}, a_{t+1})$ 按照公式（16-17）所示的方式进一步展开，于是有：

$$Q(S_{t+1}, a_{t+1}) = r_{t+1} + \gamma \times Q(S_{t+2}, a_{t+2}) \quad (16\text{-}18)$$

将公式（16-18）代入公式（16-17）就有：

$$Q(S_t, a_t) = r_t + r_{t+1} + \gamma^2 \times Q(S_{t+2}, a_{t+2}) \quad (16\text{-}19)$$

如果将公式（16-17）连续展开 n 次，就有：

$$Q(S_t, a_t) = r_t + r_{t+1} + \cdots r_{t+n} + \gamma^n \times Q(S_{t+n}, a_{t+n}) \quad (16\text{-}20)$$

参数 N_STEPS 表示将贝尔曼公式（16-17）连续展开指定的次数。这种展开有利于算法收敛得更快，但展开的次数不是越多越好，在实践中展开的次数最好不超过 5 次，一旦超过 5 次，算法就有可能训练失败。

为了保证算法能有效收敛，这里设置贝尔曼公式的展开次数正好是 5 次，接下来使用代码实现网络与环境互动，收集数据并使用数据对网络进行训练：

```
import gym
import os
import numpy as np
import time
from collections import deque
#设置网络参数的存储路径
checkpoint_dir = "/content/drive/My Drive/D4PG_STEPS/checkpoint/"
main_policy_net_weights_path = os.path.join(checkpoint_dir, 'main_policy.h5')
target_policy_net_weights_path = os.path.join(checkpoint_dir, 'target_policy.h5')
main_dqn_weights_path = os.path.join(checkpoint_dir, 'main_dqn.h5')
target_dqn_weights_path = os.path.join(checkpoint_dir, 'target_dqn.h5')
```

```python
def D4PG_algorithm(env_name,
                   policy_net_lr = 3e-4, dqn_lr = 4e-4, num_epochs = 100000,
                   buffer_size = 20000, discount = 0.99, batch_size = 64,
                   mini_buffer_size = 10000, load_networks = False):

    env = gym.make(env_name)
    env_test = gym.make(env_name)
    obs_shape = env.observation_space.shape
    act_dim = env.action_space.shape[0]
    main_policy_net, target_policy_net, main_dqn, target_dqn = build_policy_DQN(
                                                        act_dim = act_dim,
                                                        max_act = np.max(env.action_space.high))

    main_policy_net.create_variables(env)          #初始化 4 个网络
    target_policy_net.create_variables(env)
    main_dqn.create_variables(env, main_policy_net)
    target_dqn.create_variables(env, main_policy_net)
    update_target_with_main(src = main_policy_net, dest = target_policy_net, update_tau = 1.0)          #先让主网络和备份网络保持同步
    update_target_with_main(src = main_dqn, dest = target_dqn, update_tau = 1.0)
    dqn_optimizer = tf.train.AdamOptimizer(dqn_lr)          #设置优化函数
    policy_optimizer = tf.train.AdamOptimizer(policy_net_lr)
    buffer = ExperienceBuffer(buffer_size)          #初始化数据存储队列
    episodes_reward = []          #存储每轮的互动结果
    best_average_reward = -600
    currenct_average_reward = -600
    if load_networks:          #加载网络参数
        main_policy_net.load_weights(main_policy_net_weights_path)
        target_policy_net.load_weights(target_policy_net_weights_path)
        main_dqn.load_weights(main_dqn_weights_path)
        target_dqn.load_weights(target_dqn_weights_path)
    collect = deque()
    for ep in range(num_epochs):          #启动互动和训练流程
        total_reward = 0
        done = False
        obs = env.reset()
        while not done:
            #如果当前训练数据不足，则随机获取行动命令以便生成训练数据
            if len(buffer) < mini_buffer_size:
                act = env.action_space.sample()
            else:
                #给策略网络生成的命令值增加噪声，从而产生具有一定随机性的互动数据
                noise = np.random.normal(loc=0.0, scale = 0.1, size= act_dim)
                act = noise + main_policy_net(tf.convert_to_tensor([obs])).numpy()[0]          #由主策略网络计算命令值
                act = np.clip(act, env.action_space.low, env.action_space.high)          #保证策略网络给出的命令值在给定范围内
            #获得回报和下一步环境返回的信息
            obs2, reward, done, _ = env.step(act)
            total_reward += reward
```

```python
            reward = reward / 20.0              #这一步对训练效果起着致命性影响
            collect.append([obs, reward, act])
            #连续收集给定步数的数据,以便将贝尔曼公式展开
            if len(collect) >= N_STEPS or done :
                first_obs, first_reward, first_act = collect.popleft()
                discounted_reward = first_reward
                gamma = GAMMA
                for (_, r, _) in collect:
                    discounted_reward += r * gamma
                    gamma *= GAMMA
                buffer.add(first_obs.copy(), discounted_reward, first_act, obs2.copy(), done)                         #将信息存入数据队列
            obs = obs2
            #如果数据积累足够,则启动训练流程
            if len(buffer) > mini_buffer_size:
                trianing_data = buffer.sample_minibatch(batch_size)
                observations = []
                rewards = []
                acts = []
                next_observations = []
                dones = []
                for data in trianing_data:
                    observations.append(data[0])
                    rewards.append(data[1])
                    acts.append(data[2])
                    next_observations.append(data[3])
                    dones.append(data[4])
                next_observations_tensor = tf.convert_to_tensor(next_observations)
                target_policy_action_tensor = target_policy_net(next_observations_tensor)
                next_distributions = target_dqn([next_observations_tensor, target_policy_action_tensor])       #使用备份网络计算下一步的预期回报
                cur_distributions = get_expected_distribution(rewards, dones, next_distributions.numpy())
                expected_target_distributions = tf.convert_to_tensor(cur_distributions, dtype = tf.float32)
                tf.stop_gradient(expected_target_distributions)
                actions_tensor = tf.convert_to_tensor(acts, dtype = tf.float32)
                observation_tensor = tf.convert_to_tensor(observations, dtype = tf.float32)
                #训练主 DQN 使其对给定行动预期的回报值预测得更准确
                with tf.GradientTape(watch_accessed_variables=False) as tape:
                    tape.watch(main_dqn.trainable_variables)
                    main_dqn_distributions = main_dqn([observation_tensor, actions_tensor])
                    #根据贝尔曼公式,策略网络返回概率分布要与预期分布尽可能接近
                    main_dqn_loss = -tf.reduce_mean(expected_target_distributions * tf.log(main_dqn_distributions))
                main_dqn_gradients = tape.gradient(main_dqn_loss, main_dqn.trainable_variables)           #根据梯度下降法计算网络内部参数的改变量
                dqn_optimizer.apply_gradients(zip(main_dqn_gradients, main_dqn.trainable_variables))      #将改变量应用到网络参数中
```

```python
            #调整策略网络内部参数,使其给出的命令能够获得最高预期收益
            with tf.GradientTape(watch_accessed_variables=False) as tape:
                tape.watch(main_policy_net.trainable_variables)
                #根据当前状态计算命令值
                actions_tensor = main_policy_net(observation_tensor)
                action_distribution = main_dqn([observation_tensor, actions_tensor])
                #评估给定命令的预期回报
                action_value = tf.reduce_sum(tf.multiply(action_distribution, z_intervals))
                #计算命令值的预期收益
                #由于梯度下降法是求最小值,因此加上负号等价于求最大值
                action_loss = -tf.reduce_mean(action_value)
                actor_grads = tape.gradient(action_loss, main_policy_net.trainable_variables)
                #调整策略网络内部参数,使其返回的命令值能够获得更大的预期回报
                policy_optimizer.apply_gradients(zip(actor_grads, main_policy_net.trainable_variables))
                update_target_with_main(src = main_policy_net, dest = target_policy_net)
                #更新备份网络
                update_target_with_main(src = main_dqn, dest = target_dqn)
            episodes_reward.append(total_reward)
            if len(episodes_reward) >= 10:
                currenct_average_reward = np.mean(episodes_reward)
                max_reward = np.amax(episodes_reward)
                min_reward = np.amin(episodes_reward)
                info = "average reward : {}, max reward:{}, min reward:{}".format(currenct_average_reward,max_reward,min_reward)
                print("10 episodes info: " + info)       #显示10轮训练的平均得分
                test_agent(env_test, main_policy_net)
                episodes_reward = []
                #如果网络获得的平均值比以前好,则存储网络参数
                if currenct_average_reward > best_average_reward:
                    best_average_reward = currenct_average_reward
                    main_policy_net.save_weights(main_policy_net_weights_path)
                    target_policy_net.save_weights(target_policy_net_weights_path)
                    main_dqn.save_weights(main_dqn_weights_path)
                    target_dqn.save_weights(target_dqn_weights_path)
                    print("save all networks!")
if __name__ == '__main__':                               #启动网络训练流程
    D4PG_algorithm(ENV_NAME)
```

上面的代码与16.3.2小节中DDPG算法的代码差别不大,主要的区别是将数据放入训练队列中前先让网络与环境连续进行 N_STEPS 参数对应次数的互动,然后按照公式（16-20）计算结果并将其存入队列。

还有非常重要的一点是对环境返回回报数组的正规化处理。代码中使用的环境对象是LunarLanderContinuous-v2,它返回的回报值的取值范围是[-20,20],使用语句 reward = reward/20.0 即可将取值转换为[-1.0,1.0]之间。

这一步转换对算法的收敛起到至关重要的作用。一开始笔者没有想到这一步,因此代码"跑"了好几个小时后没有任何效果,原本以为是代码错误,但经过多次审查发现代码

对算法原理的实现是正确的。经过一番苦思后才意识到是回报数值没有正规化的原因，原因在于概率化贝尔曼公式：

$$z(S,a) = r + \gamma \times z(s',a') \quad (16\text{-}21)$$

其中，$z(s',a')$ 表示将取值区间分割成 51 份后每个区间的起始值，根据公式（16-21），算法要将区间起始值乘以折扣因子，然后加上回报值 r 后所得的结果为目标分布区间的起始值。假设区间的起始值是 10，折扣因子取值为 0.99，回报值 r 为 2.0，根据公式（16-21）的计算结果为 2.0+0.99×10=11.9。

由于 11.9 处于两个区间起始值之间，因此算法需要将原来起始值为 10.0 对应的概率分布给两个对应的区间。假设命令值的取值最大不超过 11.0，那么算法就会把起始值 10.0 对应的概率忽略，而使用 11.0 对应的概率分配给两个区间，这就造成运算误差，这一点在函数 get_expected_distribution 对变量 Tz 的计算中可以体现出来。

如果回报值 r 没有经过归一化处理，则它对应的值可能会很大，因此公式（16-21）的计算结果会超过命令值取值区间的最大值，这样就会形成前面描述的转换误差，最后使根据公式（16-21）计算的概率分布不精准，从而造成算法训练失败。

运行本节描述的算法对网络进行训练，大约不到 40 分钟就能使网络与环境互动的回报值达到 200 分以上，相比于 DDPG、TD3 和 SAC 等算法，其收敛速度大大加快，因此 D4PG 算法几乎是当前介绍的算法中效果最好的一种，本节算法的源代码可参照配书资源中的代码文件，名称为"16 章 D4PG.ipynb"。

至止，我们就完成了使用 TensorFlow 对增强学习算法的实践部分，从第 17 章开始，我们将进入生成型对抗性网络的研究与学习部分。

第 17 章 使用 TensorFlow 2.x 实现生成型对抗性网络

"无中生有"是近年来 AI 领域应用的热点,前不久一项名为 dee fake 的新技术横空出世,引起了业界巨大的震惊和争议,它能够对视频中的人物进行无缝换脸,用另一个人的面部去取代视频中某个人的面部,而且取代后面部表情能根据说话、情态等情况自然变化,人根本看不出视频中的人物已经经过了"换脸"。后来在国内一时兴起的 ZAO App 使用的也是这种技巧。

早期 AI 研究的是如何让计算机识别已经存在的事物,例如识别照片中的猫、狗或人脸等各种图像。随着技术的发展,AI 越来越倾向于"创造",也就是经过学习训练后能够对所学习的对象进行再创造,而这种"创造性"正是来源于一种名为生成型对抗性的网络结构。

17.1 生成型对抗性网络的基本原理与代码实战

可以通过一个形象的比喻来理解生成型对抗性网络结构。设想一个艺术家想要伪造毕加索的真迹,同时有一个毕加索真迹鉴定师,他能够识别出给定画作到底是伪造还是真迹。艺术家将自己伪造的画作交给鉴定师鉴别,后者识破后告诉艺术家哪里画得不对,然后艺术家根据反馈进行改正。

这个流程反复进行,艺术家不断根据鉴定师的反馈改进技艺,一旦鉴定师再也看不出艺术家伪造的画作与真迹的差别时,艺术家就具备了毕加索的绘画能力。生成型对抗性网络由两部分组成:一部分叫 generator,它负责生成数据;另一部分叫 discriminator,它负责鉴定数据。

generator 对应比喻中的艺术家,discriminator 对应比喻中的鉴定师,两者通过相互博弈来提升 generator 生成数据的质量。生成型对抗性网络的结构和运行流程如图 17-1 所示。

从图 17-1 中可以看出,网络有两个主要结构:一个是生成者网络,也就是 generator,另一个是鉴别者网络,也就是 discriminator。鉴别者首先要接受训练,它接收真实图像和生成图像两种数据,接收真实图像用于训练网络,学会识别"真迹",接收生成图像,用来学会"伪迹"。

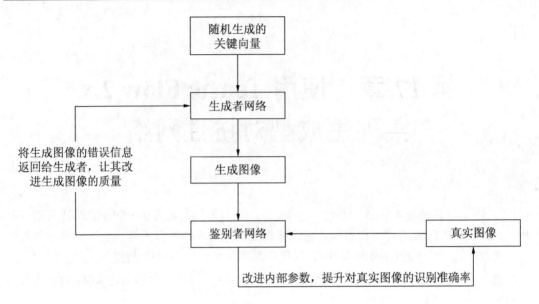

图 17-1 生成型对抗性网络的结构和运行流程

鉴别者网络对真实图像的识别能力越强，就意味着它越能掌握真实图像的数据构成特征，于是它就越能够"告诉"生成者网络构造出的图像"错"在哪里，生成者网络根据鉴别者网络的反馈改进生成的图像质量，由此使得生成者网络生成结果与真实图像越来越接近。

从数学上看，使用 G_θ 表示生成者网络，其中 z 对应图 17-1 中输入生成者网络的随机关键向量，θ 对应生成者网络内部参数，$G_\theta(z)$ 是网络接收 z 后的生成结果，使用 $D_\psi(G_\theta(z))$ 表示鉴别者网络鉴定生成者网络生成数据的结果。

网络训练的目的是调整生成者的内部参数，使得 $D_\psi(G_\theta(z))$ 的运算结果尽可能接近 1。对生成者网络内部参数的调整相当于对参数 θ 求导，根据间套函数求导法则有：

$$\frac{\partial D_\psi(G_\theta(z))}{\partial \theta} = \frac{\partial D_\psi}{\partial G_\theta} \times \frac{\partial G_\theta}{\partial \theta} \quad (17\text{-}1)$$

其中，$\frac{\partial D_\psi}{\partial G_\theta}$ 可以理解为鉴别者网络告诉生成者网络"错在哪"，生成者网络根据该信息调整内部参数，使得 $D_\psi(G_\theta(z))$ 的计算结果尽可能接近 1，结果与 1 越接近，意味着生成者网络构造的数据与真实数据越接近。

过多的理论描述有可能会给读者带来认知负担，在理论的汪洋大海之前不如通过编码实践来获得感性认知，这会为后面更好地吸收理论知识打下良好的基础。下面构造一个对抗性网络用来生成"一笔画"图像。

"一笔画"图像来自谷歌提供的"一笔画"图像数据，该数据存储在配书资源的相关目录下。首先使用代码将数据加载到内存：

```python
import numpy as np
import os
from os import walk
def load_data(path):
    txt_name_list = []
    #遍历给定目录下的所有文件和子目录
    for (dirpath, dirnames, filenames) in walk(path):
        for f in filenames:
            if f != '.DS_Store':
                txt_name_list.append(f)
                break
    slice_train = int(80000/len(txt_name_list))
    i = 0
    seed = np.random.randint(1, 10e6)
    for txt_name in txt_name_list:
        txt_path = os.path.join(path, txt_name)       #获得文件的完全路径
        x = np.load(txt_path)                          #加载npy文件
        x = (x.astype('float32') - 127.5) / 127.5     #将数值转换为[0,1]之间的数
        x = x.reshape(x.shape[0], 28, 28, 1)          #将数值转换为图像规格

        y = [i] * len(x)
        np.random.seed(seed)
        np.random.shuffle(x)
        np.random.seed(seed)
        np.random.shuffle(y)
        x = x[: slice_train]
        y = y[: slice_train]
        if i != 0:
            xtotal = np.concatenate((x, xtotal), axis = 0)
            ytotal = np.concatenate((y, ytotal), axis = 0)
        else:
            xtotal = x
            ytotal = y
        i += 1
    return xtotal, ytotal
path = '/content/drive/My Drive/camel/dataset'
(x_train, y_train) = load_data(path)
print(x_train.shape)
import matplotlib.pyplot as plt
print(np.shape(x_train[200, :,:,:]))
plt.imshow(x_train[200, :,:,0], cmap = 'gray')
```

在本书配书资源的目录中有一个名为 full_numpy_bitmap_camel.npy 的数据文件,读者可以更改上面的代码中 path 变量内容,使其指向数据文件所在路径,执行上面的代码后可以得到如图 17-2 所示结果。

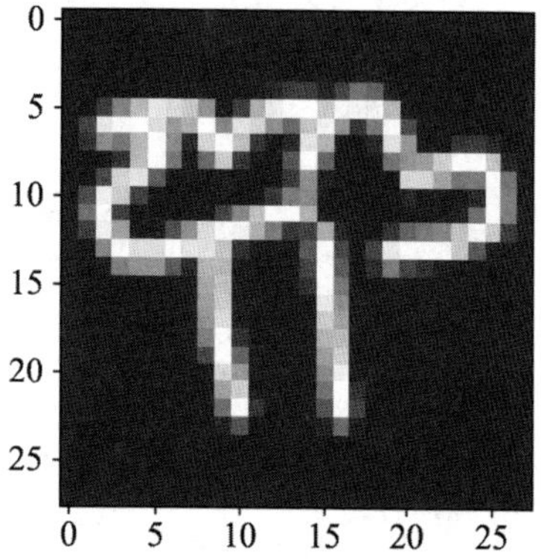

图 17-2 代码运行结果

接下来用代码构造生成者和鉴别者两个网络:

```python
import glob
import imageio
import matplotlib.pyplot as plt
import numpy as np
import os
```

```python
import PIL
from tensorflow.keras import layers
import time
from IPython import display
BUFFER_SIZE = 80000
BATCH_SIZE = 256
EPOCHS = 100
# 批量化和打乱数据
train_dataset = tf.data.Dataset.from_tensor_slices(x_train).shuffle(BUFFER_SIZE).batch(BATCH_SIZE)
class Model(tf.keras.Model):
    def __init__(self):
        super(Model, self).__init__()
        self.model_name = "Model"
        self.model_layers = []
    def call(self, x):
        x = tf.convert_to_tensor(x, dtype = tf.float32)
        for layer in self.model_layers:
            x = layer(x)
        return x
class generator(Model):#生成者网络需要输入分量为100的一维向量来决定生成何种图像
    def __init__(self):
        super(generator, self).__init__()
        self.model_name = "generator"
        self.generator_layers = []
        self.generator_layers.append(tf.keras.layers.Dense(7*7*256, use_bias = False))
        self.generator_layers.append(tf.keras.layers.BatchNormalization())
        self.generator_layers.append(tf.keras.layers.LeakyReLU())
        self.generator_layers.append(tf.keras.layers.Reshape((7, 7, 256)))
        self.generator_layers.append(tf.keras.layers.Conv2DTranspose(128, (5, 5),
                                                                    padding = 'same',
                                                                    use_bias = False))
        #这层网络很重要，它防止网络在训练过程中的内部参数紊乱
        self.generator_layers.append(tf.keras.layers.BatchNormalization())
        self.generator_layers.append(tf.keras.layers.LeakyReLU())
        self.generator_layers.append(tf.keras.layers.Conv2DTranspose(64, (5,5), strides = (2,2),
                                                                    padding = 'same',
                                                                    use_bias = False))
                                                                    #反卷积网络与卷积网络同
                                                                    理，不过它将输入数据的
                                                                    维度增大
        self.generator_layers.append(tf.keras.layers.BatchNormalization())
        self.generator_layers.append(tf.keras.layers.LeakyReLU())
        self.generator_layers.append(tf.keras.layers.Conv2DTranspose(1, (5,5), strides = (2,2),
                                                                    padding = 'same',
                                                                    use_bias = False,
                                                                    activation = 'tanh'))
        self.model_layers = self.generator_layers
    def create_variables(self, z_dim):
        x = np.random.normal(0, 1, (1, z_dim))
```

```python
        x = self.call(x)
#鉴别者网络接收 28*28 的二维数据最后输出的值越接近 1 表明输入图像越有可能是真实图像
class discriminator(Model):
    def __init__(self):
        super(discriminator, self).__init__()
        self.model_name = "discriminator"
        self.discriminator_layers = []
        self.discriminator_layers.append(tf.keras.layers.Conv2D(64, (5,5),
strides = (2,2),
                                                            padding = 'same'))
        self.discriminator_layers.append(tf.keras.layers.LeakyReLU())
        #这层网络很重要,防止网络过度拟合
        self.discriminator_layers.append(tf.keras.layers.Dropout(0.3))
        self.discriminator_layers.append(tf.keras.layers.Conv2D(128, (5,5),
strides = (2,2),
                                                            padding = 'same'))
        self.discriminator_layers.append(tf.keras.layers.LeakyReLU())
        self.discriminator_layers.append(tf.keras.layers.Dropout(0.3))
        self.discriminator_layers.append(tf.keras.layers.Flatten())
        self.discriminator_layers.append(tf.keras.layers.Dense(1))
        self.model_layers = self.discriminator_layers
    def create_variables(self):            #必须要调用一次 call 网络才会实例化
        x = np.expand_dims(x_train[200, :,:,:], axis = 0)
        self.call(x)
```

在两个网络的实现代码中有几个要点需要澄清。由于在训练时两个网络要相互作用,这会使得网络的内部参数产生剧烈变化而难以稳定,这对训练效果会产生非常负面的影响,因此需要想办法让网络内部参数在训练时变化的激烈程度降低。

代码中使用 BatchNormalization 网络层的目的是缓解网络内部参数变化的剧烈程度。简单来说就是让网络在识别输入数据时,应该关注数据的概率分布或者排列,而不要去关注数据对应的数值大小。

举个例子,当让网络识别图像中的猫时,猫的轮廓是重要的特征,而猫的颜色不是。如果网络在识别时过分关注猫的颜色,那么网络能识别黑色的猫,它就可能识别不了白色的猫。但组成猫的像素点在空间上肯定会遵守相应的排列规则,只要是猫,它对应在图像中的像素点就一定会按照既定规则排列。

因此让网络识别像素点的排列规律比识别像素点本身的数值大小对识别猫而言作用更大。这也是为何在将图像输入网络时,常用的预处理方法是灰度化,也就是将彩色图像转换为灰色图像,这样能去掉像素值的影响,从而让网络分析把握像素点的分布规律。

BatchNormalization 作用类似,它在每一层网络接收数据前对数据进行预处理,例如输入数据的取值范围为[10,100],那么它将每个数据值都除以 100,从而将数据分布变成[0,1],如果输入的数据取值范围是[100,1000],那么它将所有的数据值除以 1000,使得输入数据分布变成[0,1],这样一来能让网络在识别数据时排除数据值变化带来的干扰,从而将精力集中到数据值的分布规律上,由此能大大提高网络训练的稳定性和效率。

第二点需要理解的是 Conv2DTranspose 网络层,也叫反卷积层。在 7.1 和 7.2 节中详细介绍过卷积的计算原理，而 Conv2DTranspose 其实是卷积的逆操作。如果把输入的二维数据进行卷积运算后，输出的数据在维度上会变小。

而反卷积操作作用到输入数据后，产生的结果数据在维度上会增大。看一个具体示例，如图 17-3 所示。

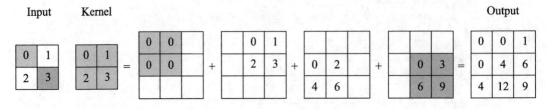

图 17-3 反卷积操作示意

如图 17-3 所示，输入数据对应 Input，是个维度为(2,2)的矩阵，Kernel 同样是维度为(2,2)的矩阵。在运算时先将 Input 左上角的 0 分别乘以 Kernel 的各个元素，得到 4 个元素值，也就是等号左边第一个矩阵的左上角的 4 个 0。

接着使用 Input 矩阵中右上角的数值 1 分别乘以 Kernel 矩阵中的 4 个元素，所得结果对应等号右边第二个矩阵右上角的 4 个元素值，对 Input 矩阵中的元素做类似处理就会得到等号右边的 4 个矩阵，右边矩阵的空白处对应的数值为 0。

最后将 4 个矩阵相加得到 Output 矩阵，相比于 Input 的(2,2)，Output 矩阵维度为(3,3)，输出数据在维度上有了扩充。对训练稳定性产生影响的还有 Dropout 层，它会随机将给定比例的网络层神经元的输出清零，这样能避免网络产生过度拟合。有了这几个网络层，两个网络的训练才能达到稳定。

接下来看看如何在训练流程中实现两个网络的相互作用，代码如下：

```
class GAN():
    def __init__(self, z_dim):
        self.epoch = 0
        self.z_dim = z_dim                          #关键向量的维度
        #设置生成者和鉴别者网络的优化函数
        self.discriminator_optimizer = tf.train.AdamOptimizer(1e-4)
        self.generator_optimizer = tf.train.AdamOptimizer(1e-4)

        self.generator = generator()
        self.generator.create_variables(z_dim)
        self.discriminator = discriminator()
        self.discriminator.create_variables()
        self.seed = tf.random.normal([16, z_dim])
    def train_discriminator(self, image_batch):
        '''
        训练鉴别者网络，它的训练分为两步：首先输入正确的图像，让网络有识别正确图像的能力。
        然后使用生成者网络构造图像，并告知鉴别者网络图像为假，让网络具有识别生成者网络伪造图像的能力
        '''
```

```python
        #只修改鉴别者网络的内部参数
        with tf.GradientTape(watch_accessed_variables=False) as tape:
            tape.watch(self.discriminator.trainable_variables)
            noise = tf.random.normal([len(image_batch), self.z_dim])
            start = time.time()
            true_logits = self.discriminator(image_batch, training = True)
            #让生成者网络根据关键向量生成图像
            gen_imgs = self.generator(noise, training = True)
            fake_logits = self.discriminator(gen_imgs, training = True)
            d_loss_real = tf.nn.sigmoid_cross_entropy_with_logits(labels = tf.ones_like(true_logits), logits = true_logits)
            d_loss_fake = tf.nn.sigmoid_cross_entropy_with_logits(labels = tf.zeros_like(fake_logits), logits = fake_logits)
            d_loss = d_loss_real + d_loss_fake
        grads = tape.gradient(d_loss , self.discriminator.trainable_variables)
        self.discriminator_optimizer.apply_gradients(zip(grads, self.discriminator.trainable_variables))     #改进鉴别者网络的内部参数
    def train_generator(self, batch_size):     #训练生成者网络
        '''
        生成者网络训练的目的是让它生成的图像尽可能通过鉴别者网络的审查
        '''
        #只能修改生成者网络的内部参数不能修改鉴别者网络的内部参数
        with tf.GradientTape(watch_accessed_variables=False) as tape:
            tape.watch(self.generator.trainable_variables)
            noise = tf.random.normal([batch_size, self.z_dim])
            #生成伪造的图像
            gen_imgs = self.generator(noise, training = True)
            d_logits = self.discriminator(gen_imgs,training = True)
            verify_loss = tf.nn.sigmoid_cross_entropy_with_logits(labels = tf.ones_like(d_logits),
                                                                  logits = d_logits)
        grads = tape.gradient(verify_loss, self.generator.trainable_variables)     #调整生成者网络内部参数，使得它生成的图像尽可能通过鉴别者网络的识别
        self.generator_optimizer.apply_gradients(zip(grads, self.generator.trainable_variables))
    @tf.function
    def train_step(self, image_batch):
        self.train_discriminator(image_batch)
        self.train_generator(len(image_batch))
    def train(self, epochs, run_folder):     #启动训练流程
        for epoch in range(EPOCHS):
            start = time.time()
            self.epoch = epoch
            for image_batch in train_dataset:
                self.train_step(image_batch)
            display.clear_output(wait=True)
            self.sample_images(run_folder)     #将生成者构造的图像绘制出来
            self.save_model(run_folder)        #存储两个网络的内部参数
            print("time for epoc:{} is {} seconds".format(epoch, time.time()
```

```
         - start))
    def sample_images(self, run_folder):           #绘制生成者构建的图像
        predictions = self.generator(self.seed)
        predictions = predictions.numpy()
        fig = plt.figure(figsize=(4,4))
        for i in range(predictions.shape[0]):
            plt.subplot(4, 4, i+1)
            plt.imshow(predictions[i, :, :, 0] * 127.5 + 127.5, cmap='gray')
            plt.axis('off')
        plt.savefig('/content/drive/My Drive/camel/images/sample{:04d}.png'.format(self.epoch))
        plt.show()
    def save_model(self, run_folder):              #保持网络的内部参数
        self.discriminator.save_weights(os.path.join(run_folder, 'discriminator.h5'))
        self.generator.save_weights(os.path.join(run_folder, 'generator.h5'))
    def load_model(self, run_folder):
        self.discriminator.load_weights(os.path.join(run_folder, 'discriminator.h5'))
        self.generator.load_weights(os.path.join(run_folder, 'generator.h5'))
gan = GAN(z_dim = 100)
gan.train(epochs = EPOCHS, run_folder = '/content/drive/My Drive/camel')
```

在代码的实现中有几个要点需要关注。

首先需要关注的是函数 tran_discriminator，算法使用两种数据来训练鉴别者网络，一种是由生成者网络产生的图像数据，算法要训练鉴别者网络接收这种数据后将其识别为 0，也就是让鉴别者网络学会认识生成者伪造数据的特征。另一种输入鉴别者网络的数据是来自数据集的图像，算法让鉴别者网络在输入这类数据后输出结果趋向于 1，也就是让网络尽可能识别真实图像的特征，这相当于训练网络的鉴别能力，它能鉴定哪种是真迹，哪种是伪迹。

其次需要关注的是函数 train_generator，它训练生成者网络根据输入的关键向量来生成最终的图像。当输入的向量不同时，它要生成不同的最终结果图像。注意这个函数的代码逻辑：先让生成者网络生成数据，再将数据输入给鉴别者网络。

该逻辑正好对应 17.1 节描述的间套函数 $D_\psi(G_\theta(z))$，代码调整生成者网络的内部参数，使得该间套函数输出的结果尽可能接近 1。这意味着让生成者网络生成的数据特征尽可能与来自数据集的图像相似，当输出结果越接近 1，生成者网络的生成数据就与来自数据集的数据越接近。

注意函数代码中的 tape.gradient 语句，它对应公式（17-1）的间套函数求导，通过求导运算，鉴别者网络能将相关信息回传给生成者网络，让它知道如何调整内部参数，使得最终输出的数据与数据集的数据越来越相似。代码经过 1 个小时的运行后输出了结果，如图 17-4 所示。

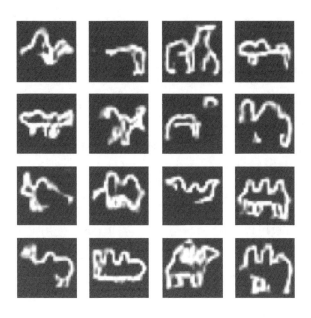

图 17-4　生成者网络生成数据的效果

从图 17-4 可以看出，生成者网络生成的图像与来自数据集的图像已经没有任何区别。这意味着生成者网络学会了如何构造来自数据集中的图像。

17.2　WGAN——让对抗性网络生成更复杂的图像

在 17.1 节中，网络能充分识别训练的数据特征，这表现在经过训练后网络能生成与训练数据几乎一模一样的图像。但问题在于，17.1 节中的图像特征比较简单，基本上就是黑色背景加一条白色曲线，因为图像构成简单，因此网络对图像特征的抽取也比较顺利。

如果训练网络的图像足够复杂，那么 17.1 节采用的网络架构就得不到好结果。例如，使用猫或狗的图像训练网络时，采用 17.1 节的训练算法，网络训练的结果就会失败，主要原因在于 17.1 节使用的损失函数有问题。

17.2.1　推土距离

读者或许会有一个感触，网络训练的目的是让网络在接收输入数据后，输出的结果在给定衡量标准上变得越来越好，由此"衡量标准"设计的好坏对网络训练的最终结果会产生至关重要的作用。

回想 17.1.1 小节中的代码中采用的衡量标准，当把 N 幅数据图像输入网络后，网络会

输出一个含有 N 个分量的向量,接着先构造一个含有 N 个 1 的向量,然后判断网络得出的向量与构造的含有 N 个 1 的向量是否足够"接近"。

算法判断两个向量是否接近的标准是"交叉熵",也就是 $\sum_{i=1}^{N} y_i \times \log(\hat{y}_i)$,其中 y_i 对应构造的含有 N 个 1 的向量中相应的分量,也就是无论 i 取什么值,都有 $y_i = 1$,而 $\hat{y}_i$ 则是网络接收第 i 幅图像后的输出结果。

当输入图像比较复杂时,使用交叉熵来衡量输出结果的好坏在数学上有严重缺陷。简单地说,交叉熵不能精确地衡量网络是否已经有效地识别出图像特征。下面介绍另一种衡量方法——"推土距离"。

如图 17-5 所示,假设地面上的两处位置上有两个形状不同的土堆。P 和 Q 分别表示两处土堆,每个长条方块可以看作一个小沙丘,你的任务是使用推土机将 P 中的某个沙丘上的土推到另一个沙丘上,使得最后的土堆 P 的形状和 Q 的形状一模一样。

显然沙土的推运方法有很多种,其中的一种推运法如图 17-6 所示。

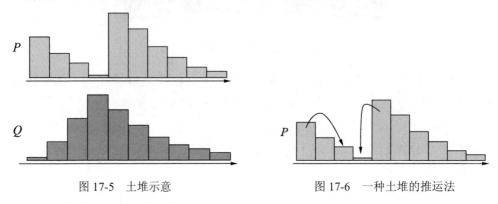

图 17-5　土堆示意　　　　图 17-6　一种土堆的推运法

如图 17-6 所示,箭头表示把沙土从箭头起始的沙丘推运到箭头所指向的沙丘。当然还有另外的推运法。

如图 17-7 所示,将土堆从箭头起始的沙丘推运到箭头指向的沙丘,所得结果也能使土堆 P 向土堆 Q 转换,但如果考虑到推运成本,如果将推运土堆的重量乘以土堆移动的距离作为一次推运成本,那么不难看出如图 17-6 所示的推运法比如图 17-7 所示的推运法更节省成本。

所谓的推土距离就是所有可行的推土方法中能实现成本最小的那种推运方法,用 $W(P,Q)$ 来标记。不难看出,P 和 Q 其实可以对应两种不同的概率分布,因此推土距离本质上就是将给定的概率分布 P 转换成概率分布 Q,并且要求转换产生的成本要尽可能小。

可以通过图 17-8 对"推土距离"进行更直观的解读。在 P 和 Q 之间对应一个二维矩阵,每一行对应将土堆 P 对应沙丘中的沙土推到 Q 对应列所示沙丘的距离,方块的颜色越深表示运送沙土的数量就越多。读者可以从配书资源中获取该图对应的彩色图。

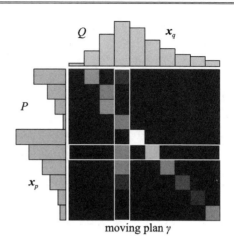

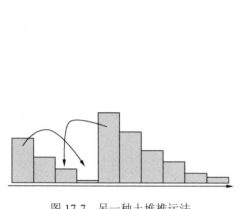
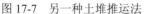

图 17-7　另一种土堆推运法　　　　图 17-8　推土距离示意

使用 γ 表示图 17-8 中的矩阵，γ 中一行的所有元素加总对应 P 所在沙丘的含土量，γ 中的一列对应 Q 中相应沙丘的含土量，用 $\gamma(x_p, x_q)$ 表示将土堆 P 中的 x_p 对应的沙丘运送到 Q 中的 x_q 对应的沙丘土量，用 $\|x_p - x_q\|$ 表示两个沙丘的距离。

那么 γ 就对应一个运送方案，$B(\gamma) = \sum_{x_p, x_q} \gamma(x_p, x_q) \times \|x_p - x_q\|$ 对应该方案所产生的成本，而推土距离就是所有可行方案中的最小成本，用 $W(P,Q) = \min_{\gamma \in \Pi} B(\gamma)$ 表示，其中符号 Π 表示所有可行运送方案的集合。推土距离是最优化数学中非常复杂的一个问题。

17.2.2　WGAN 算法的基本原理

下面就可以使用推土距离来衡量网络输出结果的好坏。使用下面的公式来描述 discriminator 网络的损失函数：

$$W(G,D) = \max_{D \in 1-\text{Lipschitz}} \{E[D(x)] - E[D(G(z))]\} \tag{17-2}$$

要说明公式（17-2）能表示 G, D 之间的推土距离，需要相当复杂的推导，在此暂时忽略。公式（17-2）看起来似乎很复杂，不过读者不要被它吓倒，它要做的事情很简单。在 17.1.1 小节中，如果图像来自数据集，那么算法就构造全是 1 的向量，如果图像来自生成者网络，那么算法就构造全是 0 的向量。

根据公式（17-2）对算法做一些小修改，如果图像来自数据集，那么构造分量全是-1 的向量，这意味着算法将训练 discriminator 网络，使得它接收 N 幅来自数据集的图像，输出的 N 个结果的平均值要尽可能大。

如果图像来自生成者网络，那么构造分量全是 1 的向量，这意味着在接收 N 幅由生成者构造的图像后，输出的 N 个结果对应平均值要尽可能小，如此就能对应公式（17-2）。

在公式（17-2）中，$D \in 1-\text{Lipschitz}$，所谓 $k-\text{Lipschitz}$ 就是指函数 $f(x)$ 要满足如下约束：
$$\|f(x_1) - f(x_2)\| <= k \times \|x_1 - x_2\| \tag{17-3}$$

根据公式(17-2)，只要将公式（17-3）中的 k 取值 1 即可。也就是说，如果把 discriminator 网络看作一个函数，那么网络输出数据的特性必须满足公式（17-3）。但是在实践上无法直接构造一个网络使得它的特性满足公式（17-3），因此算法使用一种"便宜之计"，即将 discriminator 网络内部参数的值限定在(-1,1)区间。

"便宜之计"的做法其实并不能让鉴别者网络满足公式（17-3），只不过它能让算法取得较好的结果，下一节会给出更好的处理方法。

17.2.3　WGAN 算法的代码实现

本小节看看如何使用代码实现 WGAN，首先加载训练网络所需的图像数据：

```python
import numpy as np
import os
from keras.datasets import cifar10
#加载keras代码库自带的cifar数据集，里面是各种物体的图像
def load_cifar10(label):
    (x_train, y_train), (x_test, y_test) = cifar10.load_data()
    train_mask = [y[0] == label for y in y_train]  #将给定标签的图像挑选出来
    test_mask = [y[0] == label for y in y_test]
    x_data = np.concatenate([x_train[train_mask], x_test[test_mask]])
    y_data = np.concatenate([y_train[train_mask], y_test[test_mask]])
    x_data = (x_data.astype('float32') - 127.5) / 127.5
    return (x_data, y_data)
CIFAR_HORSE_LABEL = 7             #图像类别由标签值对应，7对应所有马的图像
(x_train, y_train) = load_cifar10(CIFAR_HORSE_LABEL)    #加载所有马的图像
import matplotlib.pyplot as plt
plt.imshow((x_train[150, :,:, :] + 1) / 2)
```

代码将 keras 库附带的数据集 cifar 加载到内存中，该数据集对应多种物品的图像，每种特定物品使用标签值进行区分，代码中使用的标签值 7 对应所有马的图像，后面实现的 WGAN 将专门使用马的图像来训练，因此训练结束后网络会学会如何绘制马的图像。上面的代码运行后所得结果如图 17-9 所示。

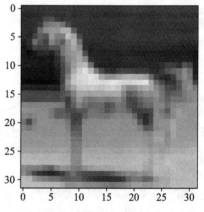

图 17-9　代码运行结果

接下来使用代码构造生成者网络和鉴别者网络，并将两个网络连接成一个整体：

```python
import glob
import imageio
import matplotlib.pyplot as plt
import numpy as np
import os
import PIL
```

```python
from tensorflow.keras import layers
import time
from IPython import display
BUFFER_SIZE = 6000
BATCH_SIZE = 256
EPOCHS = 12000
# 批量化和打乱数据
train_dataset = tf.data.Dataset.from_tensor_slices(x_train).shuffle
(BUFFER_SIZE).batch(BATCH_SIZE)
class Model(tf.keras.Model):
    def __init__(self):
        super(Model, self).__init__()
        self.model_name = "Model"
        self.model_layers = []
    def call(self, x):
        x = tf.convert_to_tensor(x, dtype = tf.float32)
        for layer in self.model_layers:
            x = layer(x)
        return x
class generator(Model):
    def __init__(self):
        super(generator, self).__init__()
        self.model_name = "generator"
        self.generator_layers = []
        self.generator_layers.append(tf.keras.layers.Dense(4*4*128, use_bias = False))
        self.generator_layers.append(tf.keras.layers.BatchNormalization(momentum = 0.8))
        self.generator_layers.append(tf.keras.layers.LeakyReLU())
        self.generator_layers.append(tf.keras.layers.Reshape((4, 4, 128)))
        self.generator_layers.append(tf.keras.layers.UpSampling2D())
        self.generator_layers.append(tf.keras.layers.Conv2D(128, (5, 5), strides = (1,1),
                                                             padding = 'same',
                                                             use_bias = False))
        self.generator_layers.append(tf.keras.layers.BatchNormalization())
        self.generator_layers.append(tf.keras.layers.LeakyReLU())
        #UpSampling2D将数据通过复制的方式扩大一倍
        self.generator_layers.append(tf.keras.layers.UpSampling2D())
        self.generator_layers.append(tf.keras.layers.Conv2D(64, (5,5), strides = (1,1),padding = 'same',
                                                             use_bias = False))
        self.generator_layers.append(tf.keras.layers.BatchNormalization(momentum = 0.8))
        self.generator_layers.append(tf.keras.layers.LeakyReLU())
        self.generator_layers.append(tf.keras.layers.UpSampling2D())
        self.generator_layers.append(tf.keras.layers.Conv2DTranspose(32, (5,5), strides = (1,1),
                                                             padding = 'same',
                                                             use_bias = False))
        self.generator_layers.append(tf.keras.layers.BatchNormalization())
        self.generator_layers.append(tf.keras.layers.LeakyReLU())
        self.generator_layers.append(tf.keras.layers.Conv2DTranspose(3, (5,5), strides = (1,1),
                                                             padding = 'same',
```

```
                                                            use_bias = False,
                                                            activation = 'tanh'))
            #最终输出数据的规格为(32,32,3)
            self.model_layers = self.generator_layers
        def create_variables(self, z_dim):
            x = np.random.normal(0, 1, (1, z_dim))
            x = self.call(x)
class discriminator(Model):
    def __init__(self):                     #鉴别者网络卷积层的规格为(32, 64,128, 128)
        super(discriminator, self).__init__()
        self.model_name = "discriminator"
        self.discriminator_layers = []
        self.discriminator_layers.append(tf.keras.layers.Conv2D(32, (5,5),
strides = (2,2),padding = 'same'))
        self.discriminator_layers.append(tf.keras.layers.LeakyReLU())
        self.discriminator_layers.append(tf.keras.layers.Conv2D(64, (5,5),
strides = (2,2),padding = 'same'))
        self.discriminator_layers.append(tf.keras.layers.LeakyReLU())
        self.discriminator_layers.append(tf.keras.layers.Dropout(0.3))
        self.discriminator_layers.append(tf.keras.layers.Conv2D(128, (5,5),
strides = (2,2),padding = 'same'))
        self.discriminator_layers.append(tf.keras.layers.LeakyReLU())
        self.discriminator_layers.append(tf.keras.layers.Conv2D(128, (5,5),
strides = (1,1),padding = 'same'))
        self.discriminator_layers.append(tf.keras.layers.LeakyReLU())
        self.discriminator_layers.append(tf.keras.layers.Flatten())
        self.discriminator_layers.append(tf.keras.layers.Dense(1,
activation = "tanh"))
        self.model_layers = self.discriminator_layers
    def create_variables(self):              #必须要调用一次call网络才会实例化
        x = np.expand_dims(x_train[200, :,:,:], axis = 0)
        self.call(x)
```

需要注意，在代码实现中，鉴别者网络和生成者网络跟17.1节有一些明显的差异。首先鉴别者网络的卷积层输出规格变为(32, 64, 128, 128)，同时去掉了Dorpout网络层，生成者网络使用UpSampling2D来扩展数据规格。

此处需要展开说明UpSampling2D网络层的操作流程，它的作用与17.1.1小节使用的Conv2DTranspose一样，都是将输入数据的规模扩大一倍，但做法不同，它仅仅是将输入二维数组的元素进行复制。具体操作如下：

$$\begin{bmatrix} 1 & 2 \\ 3 & 4 \end{bmatrix} \rightarrow \begin{bmatrix} 1 & 1 & 2 & 2 \\ 1 & 1 & 2 & 2 \\ 3 & 3 & 4 & 4 \\ 3 & 3 & 4 & 4 \end{bmatrix}$$

接下来看看网络训练过程。训练流程与17.1.1小节大同小异，但是有几个要点需要注意：

```
class GAN():
    def __init__(self, z_dim):
        self.epoch = 0
```

```python
        self.z_dim = z_dim                              #关键向量的维度
        #设置生成者网络和鉴别者网络的优化函数
        self.discriminator_optimizer = tf.optimizers.RMSprop(0.00005)
        self.generator_optimizer = tf.optimizers.RMSprop(0.00005)
        self.generator = generator()
        self.generator.create_variables(z_dim)
        self.discriminator = discriminator()
        self.discriminator.create_variables()
        self.seed = tf.random.normal([16, z_dim])
        self.clip_threshold = 0.01
        self.d_loss = []
        self.d_loss_real = []
        self.d_loss_fake = []
        self.g_loss = []
        self.discriminator_trains = 5
        self.image_batch_count = 0
    def train_discriminator(self, image_batch):
        '''
        训练鉴别者网络，它的训练分为两步：首先输入正确的图像，让网络有识别正确图像的能力。
        然后使用生成者网络构造图像，并告知鉴别者网络图像为假，让网络具有识别生成者网络伪造图像
        的能力
        '''
        with tf.GradientTape(persistent=True,watch_accessed_variables=
False) as tape:                                 #只修改鉴别者网络的内部参数
            tape.watch(self.discriminator.trainable_variables)
            noise = tf.random.normal([len(image_batch), self.z_dim])
            true_logits = self.discriminator(image_batch, training = True)
            #让生成者网络根据关键向量生成图像
            gen_imgs = self.generator(noise, training = True)
            fake_logits = self.discriminator(gen_imgs, training = True)
            d_loss_real = tf.reduce_mean(tf.multiply(-tf.ones_like(true_
logits), true_logits))            #根据推土距离将真图像的标签设置为-1
            d_loss_fake = tf.reduce_mean(tf.multiply(tf.ones_like(fake_
logits), fake_logits))            #将伪造图像的标签设置为1
            d_loss = d_loss_real + d_loss_fake
        grads = tape.gradient(d_loss , self.discriminator.trainable_
variables)
        self.discriminator_optimizer.apply_gradients(zip(grads, self.
discriminator.trainable_variables))       #改进鉴别者网络内部参数
        self.d_loss.append(d_loss)
        self.d_loss_real.append(d_loss_real)
        self.d_loss_fake.append(d_loss_fake)
        for v in self.discriminator.trainable_variables:
            v.assign(tf.clip_by_value(v,-self.clip_threshold, self.clip_
threshold))

    def train_generator(self, batch_size):              #训练生成者网络
        '''
        生成者网络训练的目的是让它生成的图像尽可能通过鉴别者网络的审查
        '''
```

```python
            with tf.GradientTape(persistent=True,watch_accessed_variables=
False) as tape:        #只能修改生成者网络的内部参数，而不能修改鉴别者网络的内部参数
            tape.watch(self.generator.trainable_variables)
            noise = tf.random.normal([batch_size, self.z_dim])
            #生成伪造的图像
            gen_imgs = self.generator(noise, training = True)
            d_logits = self.discriminator(gen_imgs,training = True)
            g_loss = tf.reduce_mean(tf.multiply(-tf.ones_like(d_logits),
d_logits))                                #将标签设置为-1
            #调整生成者网络内部参数，使得它生成的图像尽可能通过鉴别者网络的识别
            grads = tape.gradient(g_loss, self.generator.trainable_variables)
            self.generator_optimizer.apply_gradients(zip(grads, self.generator.
trainable_variables))
            self.g_loss.append(g_loss)
    def train_step(self):
        train_dataset.shuffle(BUFFER_SIZE)
        image_batchs = train_dataset.take(self.discriminator_trains)
        #注意先训练鉴别者网络5次再训练生成者网络1次
        for image_batch in image_batchs:
            self.train_discriminator(image_batch)
        self.train_generator(256)
    def train(self, epochs, run_folder):       #启动训练流程
        for epoch in range(EPOCHS):
            start = time.time()
            self.epoch = epoch
            self.train_step()
            if self.epoch % 10 == 0:
                display.clear_output(wait=True)
                self.sample_images(run_folder) #将生成者网络构造的图像绘制出来
                self.save_model(run_folder)    #存储两个网络的内部参数
                print("time for epoc:{} is {} seconds".format(epoch, time.
time() - start))
    def sample_images(self, run_folder):       #绘制生成者网络构建的图像
        predictions = self.generator(self.seed)
        predictions = predictions.numpy()
        predictions = 0.5 * (predictions + 1)
        predictions = np.clip(predictions, 0, 1)
        fig = plt.figure(figsize=(4,4))
        for i in range(predictions.shape[0]):
            plt.subplot(4, 4, i+1)
            plt.imshow(predictions[i, :, :, :] )
            plt.axis('off')
        plt.savefig('/content/drive/My Drive/WGAN/images/sample{:04d}.png'.
format(self.epoch))
        plt.show()
    def save_model(self, run_folder):          #保持网络内部参数
        self.discriminator.save_weights(os.path.join(run_folder,
'discriminator.h5'))
        self.generator.save_weights(os.path.join(run_folder, 'generator.h5'))
    def load_model(self, run_folder):
```

```
        self.discriminator.load_weights(os.path.join(run_folder,
'discriminator.h5'))
        self.generator.load_weights(os.path.join(run_folder, 'generator.h5'))
gan = GAN(z_dim = 100)
#gan.load_model('/content/drive/My Drive/WGAN')
gan.train(epochs = EPOCHS, run_folder = '/content/drive/My Drive/WGAN')
```

代码与17.7.1小节有几个重要区别，第一个区别是在train_generator和train_discriminator函数中，代码将真实的图像对应的标签从 1 改为-1，对应代码-tf.ones_like(d_logits)和-tf.ones_like(true_logits),true_logits)。同时在函数 train_discriminator 中将伪造图像的标签设置为1，对应代码 tf.ones_like (fake_logits)，这样设置的目的是希望鉴别者网络在接收真实的图像后，最终输出的数值要尽可能变大，接收伪造图像后最终输出的数值要尽可能变小。

训练代码时还有一个要点，即每次训练完鉴别者网络后，需要将网络内部参数的值剪切到区间[-0.01,0.01]，这样做的目的是让鉴别者网络作为一个函数能满足17.2.2小节的公式（17-3）。问题在于，这种做法与将网络变成1－Lipschitz类型的函数毫无关系。

算法的作者提出算法时并不知道如何使鉴别者网络变成1－Lipschitz类型的函数，剪切网络内部参数其实是一种"权宜之计"，是算法作者"试"出来的一种有效做法，就像爱迪生通过海量"遍历"从而找到钨丝作为灯丝那样。上面的代码运行后生成者网络生成的马的图像质量如图17-10所示。来自数据集中马的图像示例如图17-11所示。

图 17-10　代码运行结果　　　　　　图 17-11　数据集对应的马的图像

从生成图像与数据集图像比较来看，生成图像能准确地把握住马的轮廓形态、皮毛特征，也就是生成者网络能较为准确地把握住马的内在关键特征，因此它能学会如何绘制出形象的马的图像。网络存在的问题在于，其生成的图像较为模糊，生成的图像有很多没能清晰地绘制出马的轮廓。17.3节将介绍如何进一步改进 WGAN，以便取得更好效果。

17.3　WGAN_PG——让网络生成细腻的人脸图像

在 17.2 节中，WGAN 能通过学习准确地构造出"马"的图像，图像所展示的马的体型轮廓乃至皮毛色彩与数据集中的马的图像非常接近。但问题在于构造的图像显示效果比较模糊，造成这个缺陷的主要原因在于算法没能使得鉴别者网络具备 1-Lipschitz 约束性质。

在数学上，1-Lipschitz 类型的函数具有"光滑"和"连续"的特性，也就是这类函数在每一点都可以求导，而且求导所得结果不会特别大，也不会特别小，由此获得的导数结果能有效用于网络内部参数的改进。

在 17.2 节中，由于算法没能找到好的办法使得鉴别者网络具备 1-Lipschitz 性质，当时采用的是"拍脑袋的发明"，算法作者在没有任何理论基础的前提下想出将网络参数取值限定在[-0.01, 0.01]之间，正是这种做法让 WGAN 的构造能力受到极大的约束。

17.3.1　WGAN_PG 算法的基本原理

本节介绍 WGAN_PG 与 WGAN 的最大区别。WGAN_PG 算法将会使得鉴别者网络更好地具备 1-Lipschitz 函数的性质。在 17.2.2 小节中介绍的 1-Lipschitz 函数必须具备如下性质：

$$|f(x_2)-f(x_1)| \leq 1 \times |x_2 - x_1| \qquad (17\text{-}4)$$

根据微积分中值定理，如果函数 $f(x)$ 可导，那么对任意 x_1, x_2，必能找到第三点 $x_* \in (x_1, x_2)$ 使得如下公式成立：

$$f'(x_*) \times (x_2 - x_1) = f(x_2) - f(x_1) \qquad (17\text{-}5)$$

把公式（17-5）代入公式（17-4）左边有：

$$|f(x_2)-f(x_1)| \leq 1 \times |x_2-x_1| \rightarrow |f'(x_*)(x_2-x_1)| \leq |x_2-x_1| \rightarrow |f'(x_*)| \leq 1 \qquad (17\text{-}6)$$

公式（17-6）表明，如果函数 $f(x)$ 满足 1-Lipschitz 约束，那么它在每一个可以求导的数值点上，对应导函数取值的绝对值一定小于或等于 1。如果把鉴别者网络 D 看作一个函数，每个数值点就是输入图像，要想使得鉴别者网络满足 1-Lipschitz 约束，就必须训练其内部参数，使得它基于输入图像求导所得结果的绝对值小于 1。

现在的问题在于，假设输入鉴别者网络的图像对应的数据规格为(64,64,3)，如果每个像素点对应的颜色分量取值为 0~255，那么可以输入鉴别者网络的数据点数量为 64×64×3×255，如果允许颜色分量取小数值，那么可以输入鉴别者网络的数据点数量则是无限个。

要想调整鉴别者网络的内部参数，使得它对所有输入数据点求导后所得结果小于或等于 1 看起来就是一件不可能完成的任务，于是算法做了一个妥协，那就是在真实图像和生成者网络构造的虚假图像之间取一个差值点，让鉴别者网络在该点上满足公式（17-6），如图 17-12 所示。

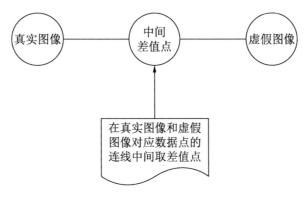

图 17-12　中间差值示意

根据图 17-12，算法在训练鉴别者网络时相较于 17.2 节的算法会多增加一个步骤，就是从真实图像和虚假图像的连线中取一个差值点，如果用 x_1 表示真实图像，用 x_2 表示虚假图像，那么中间差值点为：

$$x_* = t \times x_1 + (1-t) \times x_2, 0 < t < 1 \qquad (17\text{-}7)$$

算法要确保鉴别者网络在点 x_* 上求导后所得结果不大于 1，假设 x_* 是规格为(64,64,3)的图像数据，鉴别者网络基于该点求导后得到的结果是含有 64×64×3 个分量的向量，算法要训练该向量求模后与 1 的差值尽可能小，该差值也叫 gradient penalty，也就对应 WGAN_GP 中的 GP。

17.3.2　WGAN_GP 算法的代码实现

本小节使用代码实现 17.3.1 小节所描述的算法原理。首先需要加载训练图像数据，为了显示 WGAN_GP 网络，算法使用的数据是 celeba，它集合了很多明星的人脸图像，网络训练的目的是学会如何构造复杂的人脸图像。首先使用如下命令下载数据：

```
!wget https://s3-us-west-1.amazonaws.com/udacity-dlnfd/datasets/celeba.zip                                         #下载训练数据
```

然后使用下面代码将数据解压到指定路径：

```
import zipfile
with zipfile.ZipFile("celeba.zip","r") as zip_ref:
    zip_ref.extractall("/content/drive/My Drive/celeba/data_faces/")
```

由于训练数据量庞大，如果一次将所有图像加载会损耗过多内存，于是采用 Datagenerator 类将图像数据进行分批加载，也就是在需要使用时才将图像加载到内存：

```python
import os
from keras.preprocessing.image import ImageDatagenerator, load_img, save_img, img_to_array
#由于数据量太大，这里使用keras附带的Datagenerator类分批次加载数据
def load_celeb(data_name, image_size, batch_size):
    data_folder = data_name
    data_gen = ImageDatagenerator(preprocessing_function=lambda x:
(x.astype('float32') - 127.5) / 127.5)
    #将加载图像的规格转换为(64,64,3)
    x_train = data_gen.flow_from_directory(data_folder
                                            , target_size = (image_size,
image_size)
                                            , batch_size = batch_size
                                            , shuffle = True
                                            , class_mode = 'input'
                                            , subset = "training"
                                            )
    return x_train
BATCH_SIZE = 64
IMAGE_SIZE = 64
x_train = load_celeb('/content/drive/My Drive/celeba/data_faces/',
IMAGE_SIZE, BATCH_SIZE)
```

接下来看 WGAN_GP 网络结构的实现。网络结构与17.2节的网络类似，但鉴别者网络由4个规格为64,128,256,512的卷积层组成，同时生成者网络不再使用 UpSampling2D 层，而是改用 Conv2DTranspose 网络层。相关代码实现如下：

```python
import glob
import imageio
import matplotlib.pyplot as plt
import numpy as np
import os
import PIL
from tensorflow.keras import layers
import time
from IPython import display
BUFFER_SIZE = 6000
BATCH_SIZE = 256
EPOCHS = 6000
class Model(tf.keras.Model):
    def __init__(self):
        super(Model, self).__init__()
        self.model_name = "Model"
        self.model_layers = []
    def call(self, x):
        x = tf.convert_to_tensor(x, dtype = tf.float32)
        for layer in self.model_layers:
            x = layer(x)
        return x
class generator(Model):
    def __init__(self):
        super(generator, self).__init__()
        self.model_name = "generator"
        self.generator_layers = []
```

```python
        self.generator_layers.append(tf.keras.layers.Dense(4*4*512, use_bias = False))
        self.generator_layers.append(tf.keras.layers.BatchNormalization(momentum = 0.9))
        self.generator_layers.append(tf.keras.layers.LeakyReLU())
        self.generator_layers.append(tf.keras.layers.Reshape((4, 4, 512)))
        self.generator_layers.append(tf.keras.layers.Conv2DTranspose(256, (5, 5),strides = (2,2),
                                                                    padding = 'same',
                                                                    use_bias = False))
        self.generator_layers.append(tf.keras.layers.BatchNormalization(momentum = 0.9))
        self.generator_layers.append(tf.keras.layers.LeakyReLU())
        self.generator_layers.append(tf.keras.layers.Conv2DTranspose(128, (5,5), strides = (2,2),
                                                                    padding = 'same',
                                                                    use_bias = False))
        self.generator_layers.append(tf.keras.layers.BatchNormalization(momentum = 0.9))
        self.generator_layers.append(tf.keras.layers.LeakyReLU())
        self.generator_layers.append(tf.keras.layers.Conv2DTranspose(64, (5,5), strides = (2,2),
                                                                    padding = 'same',
                                                                    use_bias = False))
        self.generator_layers.append(tf.keras.layers.BatchNormalization(momentum = 0.9))
        self.generator_layers.append(tf.keras.layers.LeakyReLU())
        self.generator_layers.append(tf.keras.layers.Conv2DTranspose(3, (5,5), strides = (2,2),
                                                                    padding = 'same',
                                                                    use_bias = False,
                                                                    activation = 'tanh'))
        #最终输出数据的规格为(64,64,3)
        self.model_layers = self.generator_layers
    def create_variables(self, z_dim):
        x = np.random.normal(0, 1, (1, z_dim))
        x = self.call(x)
class discriminator(Model):
    def __init__(self):                  #鉴别者网络卷积层的规格为(32, 64,128, 128)
        super(discriminator, self).__init__()
        self.model_name = "discriminator"
        self.discriminator_layers = []
        self.discriminator_layers.append(tf.keras.layers.Conv2D(64, (5,5), strides = (2,2),
                                                               padding = 'same'))
        self.discriminator_layers.append(tf.keras.layers.LeakyReLU())
        self.discriminator_layers.append(tf.keras.layers.Conv2D(128, (5,5), strides = (2,2),
                                                               padding = 'same'))
        self.discriminator_layers.append(tf.keras.layers.LeakyReLU())
        self.discriminator_layers.append(tf.keras.layers.Conv2D(256, (5,5), strides = (2,2),
                                                               padding = 'same'))
        self.discriminator_layers.append(tf.keras.layers.LeakyReLU())
```

```python
        self.discriminator_layers.append(tf.keras.layers.Conv2D(512, (5,5),
strides = (1,1),
                                                     padding = 'same'))
        self.discriminator_layers.append(tf.keras.layers.LeakyReLU())
        self.discriminator_layers.append(tf.keras.layers.Flatten())
        self.discriminator_layers.append(tf.keras.layers.Dense(1,
activation = None))
        self.model_layers = self.discriminator_layers
    def create_variables(self):              #必须要调用一次call网络才会实例化
        x = np.expand_dims(x_train[0][0][0], axis = 0)
        self.call(x)
```

接下来看网络训练流程的实现。代码如下：

```python
class GAN():
    def __init__(self, z_dim):
        self.epoch = 0
        self.z_dim = z_dim                          #关键向量的维度
        #设置生成者网络和鉴别者网络的优化函数
        self.discriminator_optimizer = tf.optimizers.Adam(0.0002)
        self.generator_optimizer = tf.optimizers.Adam(0.0002)
        self.generator = generator()
        self.generator.create_variables(z_dim)
        self.discriminator = discriminator()
        self.discriminator.create_variables()
        self.seed = tf.random.normal([16, z_dim])
        self.d_loss = []
        self.d_loss_real = []
        self.d_loss_fake = []
        self.g_loss = []
        self.discriminator_trains = 5
        self.image_batch_count = 0
    def train_discriminator(self, image_batch):
        '''
        训练鉴别者网络，它的训练分为两步：首先输入正确的图像，让网络有识别正确图像的能力。
然后使用生成者网络构造图像，并告知鉴别者网络图像为假，让网络具有识别生成者网络伪造图像
的能力
        '''
        with tf.GradientTape(persistent=True, watch_accessed_variables=
False) as tape: #只修改鉴别者网络的内部参数
            tape.watch(self.discriminator.trainable_variables)
            noise = tf.random.normal([len(image_batch), self.z_dim])
            true_logits = self.discriminator(image_batch, training = True)
            #让生成者网络根据关键向量生成图像
            gen_imgs = self.generator(noise, training = True)
            fake_logits = self.discriminator(gen_imgs, training = True)
            d_loss_real = tf.multiply(-tf.ones_like(true_logits), true_
logits)                        #根据推土距离将真图像的标签设置为-1
            #将伪造图像的标签设置为1
```

```python
            d_loss_fake = tf.multiply(tf.ones_like(fake_logits), fake_logits)
            with tf.GradientTape(watch_accessed_variables=False) as
iterploted_tape:                   #注意此处是与WGAN的主要差异
                #生成[0,1]区间的随机数
                t = tf.random.uniform(shape = (len(image_batch), 1, 1, 1))
                interploted_imgs = tf.add(tf.multiply(1 - t, image_batch),
tf.multiply(t, gen_imgs))             #获得真实图像与虚假图像中间的差值
                iterploted_tape.watch(interploted_imgs)
                interploted_loss = self.discriminator(interploted_imgs)
            interploted_imgs_grads = iterploted_tape.gradient(interploted_
loss, interploted_imgs)                   #针对差值求导
            grad_norms = tf.norm(interploted_imgs_grads)
            #确保差值求导所得的模不超过1
            penalty = 10 * tf.reduce_mean((grad_norms - 1) ** 2)
            #penalty 对应 WGAN_GP 中的 GP
            d_loss = d_loss_real + d_loss_fake + penalty
        grads = tape.gradient(d_loss , self.discriminator.trainable_
variables)
        self.discriminator_optimizer.apply_gradients(zip(grads,
self.discriminator.trainable_variables))         #改进鉴别者网络的内部参数
        self.d_loss.append(d_loss)
        self.d_loss_real.append(d_loss_real)
        self.d_loss_fake.append(d_loss_fake)

    def train_generator(self, batch_size):      #训练生成者网络
        '''
        生成者网络训练的目的是让它生成的图像尽可能通过鉴别者网络的审查
        '''
        with tf.GradientTape(persistent=True,watch_accessed_variables=
False) as tape:      #只能修改生成者网络的内部参数,而不能修改鉴别者网络的内部参数
            tape.watch(self.generator.trainable_variables)
            noise = tf.random.normal([batch_size, self.z_dim])
            #生成伪造的图像
            gen_imgs = self.generator(noise, training = True)
            d_logits = self.discriminator(gen_imgs,training = True)
            #将标签设置为-1
            g_loss = tf.multiply(-tf.ones_like(d_logits), d_logits)
        #调整生成者网络的内部参数,使得它生成的图像尽可能通过鉴别者网络的审查
        grads = tape.gradient(g_loss, self.generator.trainable_variables)
        self.generator_optimizer.apply_gradients(zip(grads, self.generator.
trainable_variables))
        self.g_loss.append(g_loss)
    def train_step(self):
        #注意先训练鉴别者网络5次,再训练生成者网络1次
        for i in range(self.discriminator_trains):
            image_batch = next(x_train)[0]
            self.train_discriminator(image_batch)
```

```python
            self.train_generator(256)
        def train(self, epochs, run_folder):              #启动训练流程
            for epoch in range(EPOCHS):
                start = time.time()
                self.epoch = epoch
                self.train_step()
                if self.epoch % 10 == 0:
                    display.clear_output(wait=True)
                    self.sample_images(run_folder)  #将生成者网络构造的图像绘制出来
                    self.save_model(run_folder)     #存储两个网络的内部参数
                    print("time for epoc:{} is {} seconds".format(epoch, time.time() - start))
        def sample_images(self, run_folder):       #绘制生成者网络构建的图像
            predictions = self.generator(self.seed)
            predictions = predictions.numpy()
            predictions = 0.5 * (predictions + 1)
            predictions = np.clip(predictions, 0, 1)
            fig = plt.figure(figsize=(4,4))
            for i in range(predictions.shape[0]):
                plt.subplot(4, 4, i+1)
                plt.imshow(predictions[i, :, :, :], cmap = 'gray_r')
                plt.axis('off')
            plt.savefig('/content/drive/My Drive/WGAN_GP/images/sample{:04d}.png'.format(self.epoch))
            plt.show()
        def save_model(self, run_folder):           #保持网络的内部参数
            self.discriminator.save_weights(os.path.join(run_folder, 'discriminator.h5'))
            self.generator.save_weights(os.path.join(run_folder, 'generator.h5'))
        def load_model(self, run_folder):
            self.discriminator.load_weights(os.path.join(run_folder, 'discriminator.h5'))
            self.generator.load_weights(os.path.join(run_folder, 'generator.h5'))
gan = GAN(z_dim = 100)
gan.load_model('/content/drive/My Drive/WGAN_GP/checkpoints')
gan.train(epochs = EPOCHS, run_folder = '/content/drive/My Drive/WGAN_GP/checkpoints')
```

上述代码的实现与 17.2.3 小节类似，但有一个重大区别，就是在 discriminator 网络的训练中增加了计算差值，并修改了网络的内部参数，使得其对差值求导后所得结果向量对应的模与 1 的差值尽可能小，正是这点让网络生成图像的能力大大增强。上面的代码运行后所得结果如图 17-13 所示。

从图 17-13（a）可以看到，网络生成的人脸图像栩栩如生，它能够准确地把握人脸复杂的细节，构造出来的某些人脸让人在肉眼上难以分辨真假，同时人脸图像比较清晰。由此可见，WGAN_GP 算法训练出来的网络在图像构造能力上比 WGAN 要强大得多。

如果将训练的数据改为 17.3.2 小节马的图像，网络最终构造的马的图像如图 17-13（b）所示。

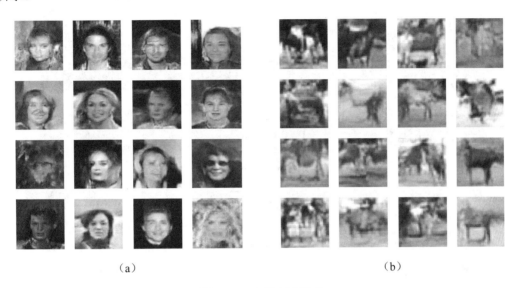

（a） （b）

图 17-13　网络运行结果

相比于图 17-10，图 17-13（b）的图像质量大大提升，在生成的马的图像中，每幅图像都能表现马的轮廓和皮毛特征。由此可见，WGAN_GP 算法对生成图像质量提升的作用相当大。由于网络训练需要较长时间，笔者将训练好的网络参数放置在配书资源的"17 章 WGAN_GP"目录下，读者可以直接加载，以节省训练时间。

17.4　使用 CycleGAN 实现"指鹿为马"

想必读者听说过"指鹿为马"的故事。秦末奸臣赵高权势滔天很多人都怕他，为了展示自己的权力，他在众人面前指着一头鹿说那是马，其他人不敢违背其意志，纷纷附和硬将一头活生生的鹿指认为马。

赵高不是神仙，他当然没有能力将一头鹿变成一匹马。随着科技的发展，"指鹿为马"从一个寓言故事慢慢演变成某种现实。利用深度学习技术可以实现男人变女人，橘子变苹果这样的魔幻能力。不信？你接下来看将要出场的 CycleGAN 技术。

17.4.1　CycleGAN 技术的基本原理

如果前面介绍的 GAN 系列网络的作用是"无中生有"，那么本章介绍的 CycleGAN 其目的是"有中生有"，通过该技术可以将图像中的特定物体转换成另一种特定物体。例如，将图像中的鹿转换成马,将男人转换成女人,将橘子转换成苹果,将苹果转换成橘子。图 17-14 就是 CycleGAN 的应用效果展示。

图 17-14 CycleGAN 应用效果

  CycleGAN 在前面介绍的一系列 GAN 的原理上做了一些改进,获得如图 17-14 所示的"有中生有"的能力。前面介绍的 GAN 在实现"无中生有"时,通常的做法是使用两个网络,一个叫 discriminator,它的目的是识别要生成物体的图像特征,另一个叫 generator,它负责生成对应物体的图像,两者需要交互才能完成生成功能。generator 将自己生成的图像交给 Discriminator,后者识别前者生成的图像,并通过链式求导法则将改进信息传递给前者,这样前者可以有效地改进内部参数,使得下次能产生质量更好的图像。

  由于 CycleGAN 目的是将物体 A 转换为物体 B,因此它首先要能识别和生成这两种物体,因此 CycleGAN 必须要具备前面描述的 GAN 的组成部分,它具有两个 Discriminator 和两个 Generator,分别相互配对用于识别和生成两种不同物体,基本结构如图 17-15 所示。

  这里有一点需要注意,那就是 discriminator 在识别图像时先将图像切分成多个小块并依次进行识别。前面章节介绍卷积网络时提到,卷积操作是把图像切割成多个相互重叠的小块,将这些小块对应的像素数值与同样维度的矩阵相乘后得到一个数值。

第 17 章 使用 TensorFlow 2.x 实现生成型对抗性网络

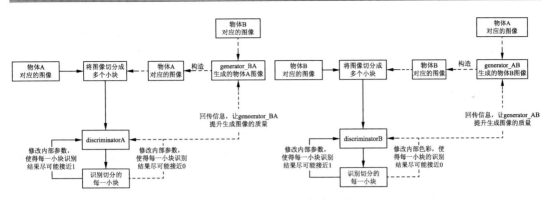

图 17-15　CycleGAN 运行示意

图 17-15 所示的 discriminator 网络也是用卷积网络对输入图像进行计算，只是将图像切割成多个小块进行卷积计算后，最后得到的数值会限制在[0,1]之间，这个值用来表示当前分割的小块图像是否属于真实的数据图像。

例如，分别将真实的图像和 generator 伪造的虚假图像输入 discriminator 网络，后者可以把输入图像切割成 16×16 个小块，然后输出 16×16 的矩阵作为结果。如果输入是真实图像，那么 16×16 矩阵对应的每个元素数值尽可能接近 1；如果输入是伪造图像，那么算法会调整网络参数，使得它输出矩阵对应的元素值尽可能接近 0。

还有一点需要注意的是，两边的 generator 接收的输入不再是随机向量而是图像。左边的 generator_BA 接收物体 A 对应的图像，然后构造物体 B 的图像，右边的 generator_AB 接收物体 B 的图像，然后构造物体 A 的图像。

可以分别训练图 17-15 左右两边的网络，使得 discriminatorA 增强分辨图像 A 的能力，然后通过它反向训练 generator_BA，使得后者生成的图像越来越接近物体 A。右边也是如此。但在实际应用中，仅仅这么做不能达成预期效果。

在 GAN 训练中存在一种"陷阱"叫 mode collapse，generator 能找到 discriminator 的弱点，使得它无论接收什么样的输入数据，都输出一种特定"乱码"图像，这个图形能骗过 discriminator，使得前者以为伪造的图像就是真实图像。

一旦落入 Mode Collapse 陷阱后训练就无法继续进行。因为 generator 发现了一种特定的图像总能骗过 discriminator，于是后者就不能告诉前者如何改进内部参数，由此整个训练流程就失败了。

如果按照如图 17-15 所示分别训练两个 generator，那么网络就极有可能落入 Mode Collapse 陷阱，为了克服该缺陷，算法增加了两个 generator 之间的连接和互动，如图 17-16 所示。

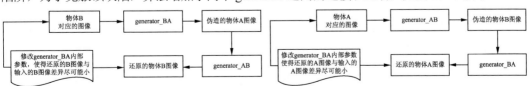

图 17-16　两边 generator 相互训练

从图 17-16 可以看出 CycleGAN 中的 Cycle 的含义。为了破除 Mode Collapse 陷阱，以及让 generator 伪造的图像更加逼真，两个 generator 需要相互帮助。从图 17-16 的右图可以看出，算法把物体 A 的图像输入 generator_AB，让其伪造物体 B 图像，然后将伪造的结果输入 generator_BA 让后者还原为 A 的图像。如果 generator_AB 伪造的图像质量足够好，那么 generator_BA 还原后的图像应该与输入的 A 图像尽可能相像。这里 generator_BA 的角色就类似于 discriminatorA，它告诉 generator_AB 如何修正内部参数，使得生成的图像尽可能接近物体 B，这种循环构成一个闭环。同理算法也同样使用 generator_BA 来训练 generator_AB。

除了如图 17-16 所示的循环外，算法还增加了另一种循环，如图 17-17 所示。

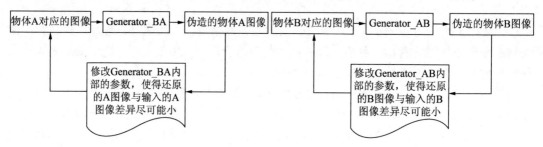

图 17-17　自我循环训练

从图 17-17 可以看出，generator 还需要自我循环训练。由于 generator_BA 的目的是把物体 A 转换为物体 B，这需要它充分把握物体 B 的形状和纹理特征。如果它真能做到这一点，那么它必然能准确识别物体 B，于是将物体 B 的图像输入后，它的输出结果肯定与输入的差异非常小。对于 generator_AB 也同理。

加上图 17-16 和图 17-17 两个循环之后，训练后的 generator_AB 和 generator_BA 能无缝实现物体 A 到物体 B 和物体 B 到物体 A 的切换，真正地做到了"指鹿为马"。

17.4.2　用代码实现 CycleGAN

本小节使用代码实现 17.4.1 小节描述的算法流程。首先要做的是加载训练数据。本小节的代码将训练网络实现苹果变成橘子、橘子变成苹果的特效，因此需要先加载图像数据，读者可以通过配书资源目录下的 apple2orange.zip 获取训练图像。

首先使用如下代码将图像数据加载到内存中为网络训练做准备：

```
from PIL import Image
from glob import glob
import numpy as np
IMAGE_SIZE = 128
class DataLoader():
    def __init__(self, path, dataset_name, img_size = (256, 256)):
        self.dataset_name = dataset_name
        self.img_size = img_size
```

```python
        self.path = path
    #图像数据分成两部分,也就是两个domain,一部分对应苹果,一部分对应橘子
    def load_data(self, domain, batch_size = 1, is_testing = False):
        #决定使用训练数据还是测试数据
        data_type = "train%s" % domain if not is_testing else "test%s" % domain
        data_path = self.path + "/" + self.dataset_name + "/" + data_type + "/*"
        imgs_path = glob(data_path)                    #获取所有图像的路径集合
        #从路径集合中随机采样一部分
        batch_imgs = np.random.choice(imgs_path, size = batch_size)
        imgs = []
        for img_path in batch_imgs:
            img = Image.open(img_path)                 #读入图像数据
            img = img.resize((IMAGE_SIZE,IMAGE_SIZE), Image.ANTIALIAS)
            img = np.array(img).astype(np.float32)
            if not is_testing:
                #将图像进行左右翻转,以增强图像随机性多样性
                if np.random.random() > 0.5:
                    img = np.fliplr(img)
            imgs.append(img)
        imgs = np.array(imgs) / 127.5 - 1.        #将像素点转换为[-1, 1]
        return imgs
    def load_img(self, path):                     #根据给定目录加载图像数据
        img = Image.open(path)
        img = img.resize((IMAGE_SIZE,IMAGE_SIZE), Image.ANTIALIAS)
        img = np.array(img).astype(np.float32)
        img = img / 127.5 - 1.
        return img[np.newaxis, :, :, :]
    #加载指定数量的图像形成一个批次
    def load_batch(self, batch_size=1, is_testing=False):
        data_type = "train" if not is_testing else "val"
        path_A = glob('/content/drive/My Drive/CycleGAN/data/%s/%sA/*' % 
(self.dataset_name, data_type))
        path_B = glob('/content/drive/My Drive/CycleGAN/data/%s/%sB/*' % 
(self.dataset_name, data_type))
        self.n_batches = int(min(len(path_A), len(path_B)) / batch_size)
        total_samples = self.n_batches * batch_size
        path_A = np.random.choice(path_A, total_samples, replace=False)
        path_B = np.random.choice(path_B, total_samples, replace=False)
        for i in range(self.n_batches-1):
            batch_A = path_A[i*batch_size:(i+1)*batch_size]
            batch_B = path_B[i*batch_size:(i+1)*batch_size]
            imgs_A, imgs_B = [], []
            for img_A, img_B in zip(batch_A, batch_B):
                img_A = Image.open(img_A)
                img_B = Image.open(img_B)
                img_A = img_A.resize((IMAGE_SIZE,IMAGE_SIZE), Image.ANTIALIAS)
                img_A = np.array(img_A).astype(np.float32)
                img_B = img_B.resize((IMAGE_SIZE,IMAGE_SIZE), Image.ANTIALIAS)
                img_B = np.array(img_B).astype(np.float32)
                if not is_testing and np.random.random() > 0.5:
                    img_A = np.fliplr(img_A)
                    img_B = np.fliplr(img_B)
                imgs_A.append(img_A)
                imgs_B.append(img_B)
```

```
            imgs_A = np.array(imgs_A)/127.5 - 1.
            imgs_B = np.array(imgs_B)/127.5 - 1.
            yield imgs_A, imgs_B
data_path = '/content/drive/My Drive/CycleGAN/data'
dataset_name = 'apple2orange'
data_loader = DataLoader(path = data_path, dataset_name = dataset_name,
    img_size = (IMAGE_SIZE, IMAGE_SIZE))
#读取 A 领域的图像数据
imgs = data_loader.load_data(domain = "A", batch_size = 32)
print(len(imgs))
print(np.shape(imgs))
import matplotlib.pyplot as plt
plt.imshow((imgs[0, :,:, :] + 1) / 2)
```

上面的代码将数据加载到内存后再将图像的规格裁剪成 128×128，像素点的值转换到[0,1]之间，代码运行后会将来自目录 A 的图像加载并绘制出来，运行结果如图 17-18 所示。

接下来构造生成者网络和鉴别者网络对象，同时生成者网络采用 U 形结构，其架构如图 17-19 所示。

如图 17-19 所示，图像从左边输入，经过卷积网络运算后，数据在规格上会缩小一半，输入图像规格为 128×128，经过 4 层卷积网络层运算后输出规格为 8×8。这里需要注意的是，左边的卷积层将数据输出给下一层卷积层的同时还会把数据传递给右边同等高度的反卷积层。

图 17-18　代码运行结果

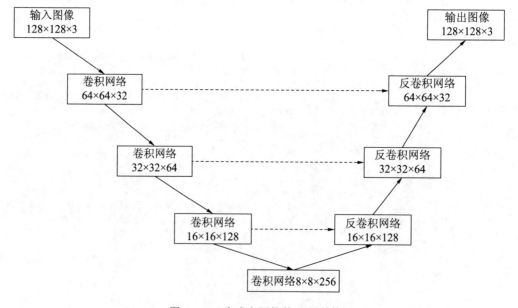

图 17-19　生成者网络的 U 形结构

第 17 章 使用 TensorFlow 2.x 实现生成型对抗性网络

这么做的原因在于，卷积运算由于会将输入图像规格缩小，这种做法会导致图像内物体的空间特征消失，因此在右边的反卷积层恢复图像时，获得左边的卷积层输出的数据就能获得图像物体的空间特征，这才有利于图像变换的质量。

例如，左边输入橘子图像，右边转换成苹果图像时，苹果的大小应该与输入橘子的大小差不多，如果没有像图 17-19 那样将数据传递给右边的反卷积层，那最终生成的苹果形体可能与输入的橘子差别很大。

左边的卷积层将数据交给右边的反卷积层时，数据会以"重叠"的方式结合在一起。例如，左边倒数第二个卷积层输出数据的格式为 16×16×128，右边反卷积层输出数据的格式也是 16×16×128，那么网络会将两组数据叠加成 16×16×256，然后再提交给上一层网络。

鉴别者网络的结构跟以前没有太大差别，因此不单独绘制其结构。下面来看两个网络的实现代码：

```
import time
import random
class generator(tf.keras.Model):
    def __init__(self, filters):
        super(generator, self).__init__()
        self.filters = filters
        self.channels = 3
        self.left_U_layers = []
        self.right_U_layers = []
        self.last_layers = []
        self.build_self()
    def build_self(self):
        self.down_sample(self.filters)              #构造U形网络左边的网络层
        self.down_sample(self.filters * 2)
        self.down_sample(self.filters * 4)
        self.down_sample(self.filters * 8)
        self.up_sample(self.filters * 4)            #构造U形网络右边的网络层
        self.up_sample(self.filters * 2)
        self.up_sample(self.filters)
        self.last_layers.append(tf.keras.layers.UpSampling2D(size = 2))
        self.last_layers.append(tf.keras.layers.Conv2D(self.channels,
kernel_size = 4, strides = 1, padding = 'same', activation = 'tanh'))
    def down_sample(self, filters, kernel_size = 4):    #构造U形网络的左边
        down_sample_layers = []
        down_sample_layers.append(tf.keras.layers.Conv2D(filters = filters,
kernel_size = kernel_size, strides = 2, padding = 'same'))
        down_sample_layers.append(tfa.layers.InstanceNormalization(axis =
-1, center = False, scale = False))
        down_sample_layers.append(tf.keras.layers.ReLU())
        self.left_U_layers.append(down_sample_layers)
    def up_sample(self, filters, kernel_size = 4):
        up_sample_layers = []
        up_sample_layers.append(tf.keras.layers.UpSampling2D(size = 2))
        up_sample_layers.append(tf.keras.layers.Conv2D(filters = filters,
kernel_size = kernel_size, strides = 1, padding = 'same'))
```

```python
            up_sample_layers.append(tfa.layers.InstanceNormalization(axis = -1,
    center = False, scale = False))
            up_sample_layers.append(tf.keras.layers.ReLU())
            self.right_U_layers.append(up_sample_layers)
    def call(self, x):
        x = tf.convert_to_tensor(x, dtype = tf.float32)
        left_layer_results = []
        for layers in self.left_U_layers:
            for layer in layers:
                x = layer(x)
            #需要记录左边每一层的运算结果,因为右边网络层运算时需要
            left_layer_results.append(x)
        left_layer_results.reverse()
        idx = 0
        x = left_layer_results[idx]
        for layers in self.right_U_layers:
            #获得对等的左边网络层的运算结果
            conresponding_left = left_layer_results[idx + 1]
            idx += 1
            for layer in layers:
                x = layer(x)
            #将左边卷积层的数据与右边反卷积层的数据叠加起来
            x = tf.keras.layers.concatenate([x, conresponding_left])
        for layer in self.last_layers:
            x = layer(x)
        return x
    def create_variables(self, x):                #实例化网络层参数
        x = np.expand_dims(x, axis = 0)
        self.call(x)
class discriminator(tf.keras.Model):
    def __init__(self, filters):
        super(discriminator, self).__init__()
        self.filters = filters
        self.discriminator_layers = []
        self.build_self()
    def build_self(self):
      self.conv4(self.filters, norm = False)
      self.conv4(self.filters * 2)
      self.conv4(self.filters * 4)
      self.conv4(self.filters * 8, strides = 1)
      self.discriminator_layers.append(tf.keras.layers.Conv2D(1, kernel_size = 4, strides = 1, padding = 'same'))
    def conv4(self, filters, strides = 2, norm = True):
        self.discriminator_layers.append(tf.keras.layers.Conv2D(filters, kernel_size = 4, strides = strides, padding = 'same'))
        if norm:
            self.discriminator_layers.append(tfa.layers.InstanceNormalization(axis = -1, center = False, scale = False))
        self.discriminator_layers.append(tf.keras.layers.LeakyReLU(0.2))
    def call(self, x):
        x = tf.convert_to_tensor(x, dtype = tf.float32)
```

```
        for layer in self.discriminator_layers:
            x = layer(x)
        return x
    def create_variables(self, x):
        x = np.expand_dims(x, axis = 0)
        self.call(x)
```

代码中有一点需要详细解读，那就是 InstanceNormalization。Normalization 也就是归一化，它的目的是降低训练数据在数值上变动的剧烈程度，让网络能更好地识别数据的分布规律。下面先看看归一化的基本运算流程。

假设数据集有 N 个数据点，那么归一化首先计算数据点的均值，也就是 $\mu = \dfrac{\sum_{i=1}^{N} x_i}{N}$，再计算数据点的方差，也就是 $\sigma = \sqrt{\dfrac{\sum_{i=1}^{N}(x_i - \mu)^2}{N}}$，然后对每个数值点做运算，即 $x_i = \dfrac{x_i - \mu}{\sigma}$。不同的归一化算法会有不同变化但大体如此。

下面来看实例归一化的算法流程，如图 17-20 所示。

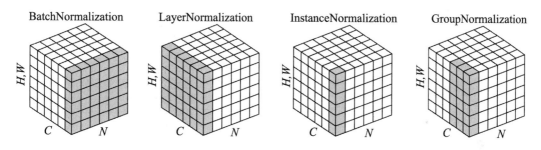

图 17-20　不同的归一化的算法流程

图 17-20 表示 4 种常用的归一化算法，它们的主要区别在于选取的数据点不同。假设当前有 64 幅规格为 128×128×1 的图像，那么图 17-20 中 N 对应 64，H,W 对应 128,128，图中的小方块对应像素点。

BatchNormalization 是将 64 幅图像中的每幅图像某一列的像素点选取出来，总共有 64 列，对这些像素点进行归一化运算，也就是如图 17-20 所示的第一个方块。LayerNormalization 就是把一幅图像的像素点选取出来进行归一化运算。

InstanceNormalization 也就是代码中使用的归一化运算，它是将一幅图像中各个列的像素点分布抽取出来形成一个整体进行归一化运算；GroupNormalization 是将一幅图像中若干列的像素点抽取出来形成一个整体进行归一化运算。

还需要注意 discriminator 的实现，它与以往不同，使用多层卷积层对输入图像进行运算，然后将输入图像分割成多个重叠的小块，然后分别判断这些小块是否属于真实图像，因此它最终输出是 8×8 的向量，向量中每个分量对应小块属于真实图像的概率。这意味着它将图像切割成 8×8 个重叠小块，这种分割使得 discriminator 将注意力集中到图像的"风格"上而不是图像的物体形状上，这样使得 generator 在对图像进行转换时，能把目标对象的风格特征转换过来，而不是将目标的体型直接作用到被转换的对象上。

接下来使用下面的代码实现网络的训练流程：

```python
import time
import random
class generator(tf.keras.Model):
    def __init__(self, filters):
        super(generator, self).__init__()
        self.filters = filters
        self.channels = 3
        self.left_U_layers = []
        self.right_U_layers = []
        self.last_layers = []
        self.build_self()
    def build_self(self):
        self.down_sample(self.filters)              #构造U形网络左边的网络层
        self.down_sample(self.filters * 2)
        self.down_sample(self.filters * 4)
        self.down_sample(self.filters * 8)
        self.up_sample(self.filters * 4)            #构造U形网络右边的网络层
        self.up_sample(self.filters * 2)
        self.up_sample(self.filters)
        self.last_layers.append(tf.keras.layers.UpSampling2D(size = 2))
        self.last_layers.append(tf.keras.layers.Conv2D(self.channels,
 kernel_size = 4, strides = 1, padding = 'same', activation = 'tanh'))
    def down_sample(self, filters, kernel_size = 4):   #构造U形网络的左边
        down_sample_layers = []
        down_sample_layers.append(tf.keras.layers.Conv2D(filters = filters,
 kernel_size = kernel_size, strides = 2, padding = 'same'))
        down_sample_layers.append(tfa.layers.InstanceNormalization(axis =
 -1, center = False, scale = False))
        down_sample_layers.append(tf.keras.layers.ReLU())
        self.left_U_layers.append(down_sample_layers)
    def up_sample(self, filters, kernel_size = 4):
        up_sample_layers = []
        up_sample_layers.append(tf.keras.layers.UpSampling2D(size = 2))
        up_sample_layers.append(tf.keras.layers.Conv2D(filters = filters,
 kernel_size = kernel_size, strides = 1, padding = 'same'))
        up_sample_layers.append(tfa.layers.InstanceNormalization(axis = -1,
 center = False, scale = False))
        up_sample_layers.append(tf.keras.layers.ReLU())
        self.right_U_layers.append(up_sample_layers)
    def call(self, x):
        x = tf.convert_to_tensor(x, dtype = tf.float32)
        left_layer_results = []
        for layers in self.left_U_layers:
            for layer in layers:
                x = layer(x)
```

```python
                #需要记录左边每一层的运算结果，因为右边的网络层运算时需要
                left_layer_results.append(x)
            left_layer_results.reverse()
            idx = 0
            x = left_layer_results[idx]
            for layers in self.right_U_layers:
                #获得对等的左边网络层的运算结果
                conresponding_left = left_layer_results[idx + 1]
                idx += 1
                for layer in layers:
                    x = layer(x)
                #将左边的卷积层数据与右边的反卷积层数据叠加起来
                x = tf.keras.layers.concatenate([x, conresponding_left])
            for layer in self.last_layers:
                x = layer(x)
            return x
        def create_variables(self, x):                    #实例化网络层参数
            x = np.expand_dims(x, axis = 0)
            self.call(x)
    class discriminator(tf.keras.Model):
        def __init__(self, filters):
            super(discriminator, self).__init__()
            self.filters = filters
            self.discriminator_layers = []
            self.build_self()
        def build_self(self):
            self.conv4(self.filters, norm = False)
            self.conv4(self.filters * 2)
            self.conv4(self.filters * 4)
            self.conv4(self.filters * 8, strides = 1)
            self.discriminator_layers.append(tf.keras.layers.Conv2D(1, kernel_size = 4, strides = 1, padding = 'same'))
        def conv4(self, filters, strides = 2, norm = True):
            self.discriminator_layers.append(tf.keras.layers.Conv2D(filters, kernel_size = 4, strides = strides, padding = 'same'))
            if norm:
                self.discriminator_layers.append(tfa.layers.InstanceNormalization(axis = -1, center = False, scale = False))
            self.discriminator_layers.append(tf.keras.layers.LeakyReLU(0.2))
        def call(self, x):
            x = tf.convert_to_tensor(x, dtype = tf.float32)
            for layer in self.discriminator_layers:
                x = layer(x)
            return x
        def create_variables(self, x):
            x = np.expand_dims(x, axis = 0)
            self.call(x)
    from collections import deque
    class CycleGAN:
        def __init__(self, input_dim, learning_rate, validation_weight, reconstruction_weight, identification_weight, generator_filters,
```

```python
                discriminator_filters):
        self.learning_rate = learning_rate
        self.validation_weight = validation_weight
        self.reconstruction_weight = reconstruction_weight
        self.identification_weight = identification_weight
        self.generator_filters = generator_filters
        self.discriminator_filters = discriminator_filters
        self.patch = int(input_dim[0] / 8)
        self.input_dim = input_dim
        self.build_discriminators()
        self.build_generators()
        self.epoch = 0
    def build_discriminators(self):
        discriminator_input_dummy = np.zeros((self.input_dim[0], self.input_dim[1], self.input_dim[2]))
        #用于识别输入图像是否属于集合A
        self.discriminator_A = discriminator(self.discriminator_filters)
        self.discriminator_A.create_variables(discriminator_input_dummy)
        #用于识别输入图像是否属于集合B
        self.discriminator_B = discriminator(self.discriminator_filters)
        self.discriminator_B.create_variables(discriminator_input_dummy)
        self.discriminator_A_optimizer = tf.optimizers.Adam(self.learning_rate, 0.5)
        self.discriminator_B_optimizer = tf.optimizers.Adam(self.learning_rate, 0.5)
    def build_generators(self):
        self.generator_AB_optimizer = tf.optimizers.Adam(0.0002, 0.5)
        self.generator_BA_optimizer = tf.optimizers.Adam(0.0002, 0.5)
        generator_input_dummy = np.zeros((self.input_dim[0], self.input_dim[1], self.input_dim[2]))
        #负责将来自数据集A的图像转换成类似数据集B的图像
        self.generator_AB = generator(self.generator_filters)
        self.generator_AB.create_variables(generator_input_dummy)
        #负责将来自数据集B的图像转换成类似数据集A的图像
        self.generator_BA = generator(self.generator_filters)
        self.generator_BA.create_variables(generator_input_dummy)
    def train_discriminators(self, imgs_A, imgs_B, valid, fake):
        '''
        训练discriminator_A,用来识别来自数据集A的图像及generator_BA伪造的图像,
        训练discriminoatr_B,用来识别来自数据集B的图像及generator_AB伪造的图像
        训练的方法是将图像分成64等份,真实数据每一等份赋值1,伪造数据每一等份赋值0,
        discriminator接收真实数据后输出每一等份
        概率要尽可能接近1,接收伪造数据时输出每一等份的概率要接近0, valid和fake是
        规格为(64,64)的二维数组,元素分别为1和0
        '''
        #将来自数据集A的图像伪造成数据集B的图像
        fake_B = self.generator_AB(imgs_A, training = True)
        #将来自数据集B的图像伪造成数据集A的图像
        fake_A = self.generator_BA(imgs_B, training = True)
        loss_obj = tf.keras.losses.BinaryCrossentropy(from_logits=True)
        #训练discriminator_A用以识别真实图像
        with tf.GradientTape(watch_accessed_variables=False) as tape:
```

```
            tape.watch(self.discriminator_A.trainable_variables)
            d_A = self.discriminator_A(imgs_A, training = True)
            A_valid_loss = loss_obj(tf.ones_like(d_A), d_A)
            fake_d_A = self.discriminator_A(fake_A, training = True)
            A_fake_loss = loss_obj(tf.zeros_like(fake_d_A), fake_d_A)
            total_loss = (A_fake_loss + A_valid_loss) * 0.5
        grads = tape.gradient(total_loss, self.discriminator_A.trainable_
variables)
        self.discriminator_A_optimizer.apply_gradients(zip(grads, self.
discriminator_A.trainable_variables))
        #训练 discriminator_B，用以识别真实图像
        with tf.GradientTape(watch_accessed_variables=False) as tape:
            tape.watch(self.discriminator_B.trainable_variables)
            d_B = self.discriminator_B(imgs_B, training = True)
            B_valid_loss = loss_obj(tf.ones_like(d_B), d_B)
            fake_d_B = self.discriminator_B(fake_B, training = True)
            B_fake_loss = loss_obj(tf.zeros_like(fake_d_B), fake_d_B)
            total_loss = (B_valid_loss + B_fake_loss) * 0.5
        grads = tape.gradient(total_loss, self.discriminator_B.trainable_
variables)
        self.discriminator_B_optimizer.apply_gradients(zip(grads, self.
discriminator_B.trainable_variables))
    def train_generators(self, imgs_A, imgs_B, valid):
        '''
        generator 的训练要满足三个层次：第一，generator 生成的伪造图像要尽可能通过
discriminator 的识别；第二，先由 generator_A 将来自数据集 A 的图像伪造成数据集 B 的图
片，然后再将其输入 generator_B，所还原的图像要与来自数据集 A 的图像尽可能相似；第三，
将来自数据集 B 的图像输入 generator_AB 后所得结果要与数据集 B 的图像尽可能相同，将来自
数据集 A 的图像输入 generator_BA 后所得结果要尽可能与来自数据集 A 的数据相同
        '''
        loss_obj = tf.keras.losses.BinaryCrossentropy(from_logits=True)
        with tf.GradientTape(watch_accessed_variables=False) as tape_A,
tf.GradientTape(watch_accessed_variables=False) as tape_B:
            tape_A.watch(self.generator_AB.trainable_variables)
            tape_B.watch(self.generator_BA.trainable_variables)
            fake_B = self.generator_AB(imgs_A, training = True)
            d_B = self.discriminator_B(fake_B, training = True)
            fake_B_loss = loss_obj(tf.ones_like(d_B), d_B)
            fake_A = self.generator_BA(imgs_B, training = True)
            d_A = self.discriminator_A(fake_A, training = True)
            #这段对应如图 17-15 所示的运算流程
            fake_A_loss = loss_obj(tf.ones_like(d_A), d_A)
            reconstructB = self.generator_AB(fake_A, training = True)#B→A→B
            reconstruct_B_loss = tf.reduce_mean(tf.abs(reconstructB - imgs_B))
            reconstructA = self.generator_BA(fake_B, training = True)#A→B→A
            reconstruct_A_loss = tf.reduce_mean(tf.abs(reconstructA - imgs_A))
            cycle_loss_BAB = self.reconstruction_weight * reconstruct_B_loss
            cycle_loss_ABA = self.reconstruction_weight * reconstruct_A_loss
            #这里对应如图 17-16 所示的运算流程
            total_cycle_loss = cycle_loss_BAB + cycle_loss_ABA
            img_B_id = self.generator_AB(imgs_B, training = True) #B→B
            img_B_identity_loss = tf.reduce_mean(tf.abs(img_B_id - imgs_B))
            img_A_id = self.generator_BA(imgs_A, training = True) #A→A
```

```python
            #这段对应如图 17-17 所示的运算流程
            img_A_identity_loss = tf.reduce_mean(tf.abs(img_A_id - imgs_A))
            generator_AB_loss = self.validation_weight * fake_B_loss + total_cycle_loss + self.identification_weight * img_B_identity_loss
            gernator_BA_loss = self.validation_weight * fake_A_loss + total_cycle_loss + self.identification_weight * img_A_identity_loss
        grads_AB = tape_A.gradient(generator_AB_loss, self.generator_AB.trainable_variables)
        grads_BA = tape_B.gradient(gernator_BA_loss, self.generator_BA.trainable_variables)
        self.generator_AB_optimizer.apply_gradients(zip(grads_AB, self.generator_AB.trainable_variables))
        self.generator_BA_optimizer.apply_gradients(zip(grads_BA, self.generator_BA.trainable_variables))
    def train(self, data_loader, run_folder, epochs, test_A_file, test_B_file, batch_size = 1, sample_interval = 50):
        dummy = np.zeros((batch_size, self.patch, self.patch, 1))
        valid = tf.ones_like(dummy, dtype = tf.float32)
        fake = tf.zeros_like(dummy, dtype = tf.float32)
        for epoch in range(epochs):
            start = time.time()
            self.epoch = epoch
            for batch_i, (imgs_A, imgs_B) in enumerate(data_loader.load_batch()):
                self.train_discriminators(imgs_A, imgs_B, valid, fake)
                self.train_generators(imgs_A, imgs_B, valid)
                if batch_i % sample_interval == 0:
                    print("-", end= '')
                    self.save_model(run_folder)         #存储网络的内部参数
            display.clear_output(wait=True)
            info = "[Epoch {}/{}]".format(self.epoch, epochs)
            self.sample_images(data_loader, batch_i, run_folder, test_A_file, test_B_file, info)                          #显示训练效果
    def sample_images(self, data_loader, batch_i, run_folder, test_A_file, test_B_file, info):                         #将图像转换的效果绘制出来
        r, c = 2, 4
        for p in range(2):
            if p == 1:
                imgs_A = data_loader.load_data(domain="A", batch_size=1, is_testing=True)
                imgs_B = data_loader.load_data(domain="B", batch_size=1, is_testing=True)
            else:
                imgs_A = data_loader.load_img('/content/drive/My Drive/CycleGAN/data/%s/testA/%s' % (data_loader.dataset_name, test_A_file))
                imgs_B = data_loader.load_img('/content/drive/My Drive/CycleGAN/data/%s/testB/%s' % (data_loader.dataset_name, test_B_file))
            fake_B = self.generator_AB(imgs_A)
            fake_A = self.generator_BA(imgs_B)
            reconstr_A = self.generator_BA(fake_B)
            reconstr_B = self.generator_AB(fake_A)
```

```python
                id_A = self.generator_BA(imgs_A)
                id_B = self.generator_AB(imgs_B)
                gen_imgs = np.concatenate([imgs_A, fake_B, reconstr_A, id_A,
    imgs_B, fake_A, reconstr_B, id_B])
                gen_imgs = 0.5 * gen_imgs + 0.5
                gen_imgs = np.clip(gen_imgs, 0, 1)
                titles = ['Original' + info, 'Translated', 'Reconstructed', 'ID']
                fig, axs = plt.subplots(r, c, figsize=(25,12.5))
                cnt = 0
                for i in range(r):
                    for j in range(c):
                        axs[i,j].imshow(gen_imgs[cnt])
                        axs[i, j].set_title(titles[j])
                        axs[i,j].axis('off')
                        cnt += 1
                fig.savefig(os.path.join(run_folder ,"images/%d_%d_%d.png" %
    (p, self.epoch, batch_i)))
                plt.show()
                plt.close()
        def save_model(self, run_folder):
            self.discriminator_A.save_weights(os.path.join(run_folder,
    'discriminator_A.h5'))
            self.discriminator_B.save_weights(os.path.join(run_folder,
    'discriminator_B.h5'))
            self.generator_AB.save_weights(os.path.join(run_folder, "generator_
    AB.h5"))
            self.generator_BA.save_weights(os.path.join(run_folder, "generator_
    BA.h5"))
        def load_model(self, run_folder):
            self.discriminator_A.load_weights(os.path.join(run_folder,
    'discriminator_A.h5'))
            self.discriminator_B.load_weights(os.path.join(run_folder,
    'discriminator_B.h5'))
            self.generator_AB.load_weights(os.path.join(run_folder, "generator_
    AB.h5"))
            self.generator_BA.load_weights(os.path.join(run_folder, "generator_
    BA.h5"))
import os
from IPython import display
RUN_FOLDER = '/content/drive/My Drive/CycleGAN/'
PRINT_EVERY_N_BATCHES = 100
EPOCHS = 50
TEST_A_FILE = 'n07740461_14740.jpg'
TEST_B_FILE = 'n07749192_4241.jpg'
gan = CycleGAN(input_dim = (IMAGE_SIZE, IMAGE_SIZE, 3), learning_rate =
0.0002,
               validation_weight = 1, reconstruction_weight = 10,
identification_weight = 10,
               generator_filters = 32, discriminator_filters = 32)
gan.load_model(RUN_FOLDER)
gan.train(data_loader, RUN_FOLDER, EPOCHS, TEST_A_FILE, TEST_B_FILE)
```

这段代码的难点在于函数 train_generators。须注意代码中的注释，笔者注明了不同代码对应图 17-15、图 17-16、图 17-17 共 3 种不同的运算流程。在训练过程中，分别拿出了两幅指定图像，一幅是苹果图像，一幅是橘子图像，然后实现网络对给定的两幅图像实现物体转换。经过训练后，所得结果如图 17-21 所示。

图 17-21　网络训练结果

由于是黑白印刷，因此读者从书中可能看不出图像效果，但可以从配书资源附带的图像中查看图 17-21 的转换效果。由于网络训练需要较长时间，笔者把训练好的网络参数存储在配书资源的相应目录下，读者可以直接加载运行。

17.5　使用 CycleGAN 实现"无痛变性"

在抖音和 SnapChat 等流行社交应用上，有一种必用功能就是所谓的"滤镜"。应用滤镜能将人物进行三百六十度大变换，抖音滤镜的强大甚至能通过简单的点击就能让老大爷变成小鸟依人的小姑娘。本节将讲解如何使用 CycleGAN 实现类似功能。

17.5.1　TensorFlow 2.x 的数据集接口

在训练神经网络时，数据准备是不可或缺的环节。要想训练网络以识别图像，就得准备大量的图像，同时还要编写相应代码对图像进行加载和管理，这些工作增添了深度学习项目的难度和烦琐度。

前几节在训练网络前都得专门编写相应的数据加载代码，同时还得自己去下载用于训练的数据，而这些数据往往体量庞大，它们的下载和加载都会消耗开发者很多精力。幸运的是 TensorFlow 2.x 集成很多常用的数据集，这使得开发者调用几个简单接口就能实现数据的加载。

TensorFlow Datasets 接口就将常用的训练数据集中到服务器上，只要开发者调用相关接口就能实现数据的下载和加载。使用数据集接口前需要预先执行如下代码：

```
import tensorflow_datasets as tfds
```

然后就可以使用 tfds 导出的相关接口下载训练数据。TensorFlow 2.x 集成了常用的训练数据集。本节使用 CycleGAN 实现"男变女"和"女变男"效果，因此需要大量的人脸图像数据。

在前面章节中使用过的 CelebA 数据集就能满足本节要求，该数据集也被 TensorFlow Datasets 接口集成。调用如下代码即可实现数据下载：

```
celeba_train = tfds.load(name="celeb_a", data_dir = '/content/drive/My Drive/tfds_celeba',split="train")          #data_dir 指向数据存储路径
celeba_test = tfds.load(name="celeb_a", data_dir = '/content/drive/My Drive/tfds_celeba',split="test")
assert isinstance(celeba_train, tf.data.Dataset)
```

第一次执行上面的代码时会消耗一段时间（因为要下载数据），以后执行就会快速完成。load 函数中参数 name 指定要下载的数据集，对于可供下载的数据集，读者可以通过链接 https://www.tensorflow.org/datasets/catalog/overview 进行查看。

下载数据集后接口会返回类型为 TensorFlow.data.Dataset 的对象，可以通过相关接口来获取数据，例如通过它的 take 接口可以加载给定数量的数据。代码如下：

```
import matplotlib.pyplot as plt
for data in celeba_train.take(1):          #利用 take 接口获取数据
    print(data)                 #数据其实是 Dict 对象，它包含数据的所有相关属性
    print(data["attributes"]["Male"])
    plt.imshow(data['image'])
```

代码中使用 take 接口从数据集中获得一个数据实例形成的集合。代码中的 data 变量其实是一个 Dict 对象，它包含数据的所有相关属性。对于图像数据而言，它集成了图像的数据、规格，还有图像内容的相关说明，其数据结构如下：

```
FeaturesDict({
    'attributes': FeaturesDict({
        '5_o_Clock_Shadow': tf.bool,
        'Arched_Eyebrows': tf.bool,
        'Attractive': tf.bool,
        'Bags_Under_Eyes': tf.bool,
        'Bald': tf.bool,
        'Bangs': tf.bool,
        'Big_Lips': tf.bool,
        'Big_Nose': tf.bool,
        'Black_Hair': tf.bool,
        'Blond_Hair': tf.bool,
        'Blurry': tf.bool,
```

```
        'Brown_Hair': tf.bool,
        'Bushy_Eyebrows': tf.bool,
        'Chubby': tf.bool,
        'Double_Chin': tf.bool,
        'Eyeglasses': tf.bool,
        'Goatee': tf.bool,
        'Gray_Hair': tf.bool,
        'Heavy_Makeup': tf.bool,
        'High_Cheekbones': tf.bool,
        'Male': tf.bool,
        'Mouth_Slightly_Open': tf.bool,
        'Mustache': tf.bool,
        'Narrow_Eyes': tf.bool,
        'No_Beard': tf.bool,
        'Oval_Face': tf.bool,
        'Pale_Skin': tf.bool,
        'Pointy_Nose': tf.bool,
        'Receding_Hairline': tf.bool,
        'Rosy_Cheeks': tf.bool,
        'Sideburns': tf.bool,
        'Smiling': tf.bool,
        'Straight_Hair': tf.bool,
        'Wavy_Hair': tf.bool,
        'Wearing_Earrings': tf.bool,
        'Wearing_Hat': tf.bool,
        'Wearing_Lipstick': tf.bool,
        'Wearing_Necklace': tf.bool,
        'Wearing_Necktie': tf.bool,
        'Young': tf.bool,
    }),
    'image': Image(shape=(218, 178, 3), dtype=tf.uint8),
    'landmarks': FeaturesDict({
        'lefteye_x': tf.int64,
        'lefteye_y': tf.int64,
        'leftmouth_x': tf.int64,
        'leftmouth_y': tf.int64,
        'nose_x': tf.int64,
        'nose_y': tf.int64,
        'righteye_x': tf.int64,
        'righteye_y': tf.int64,
        'rightmouth_x': tf.int64,
        'rightmouth_y': tf.int64,
    }),
})
```

从上面的代码中可以看到，attributes 属性包含人物图像的多种特征，例如 Male 属性说明人脸对应的性别，No_Beard 表示人脸有没有胡子等，这些属性能让开发者轻松将图像进行归类，以便训练不同的网络。

其中，image 属性对应图像数据，在代码中要绘制人脸图像时需要通过该属性来获得图像规格和像素点。例如，在代码示例中，使用 data['image'] 来获得图像像素点对应的二维数组。由于人脸具有肖像权属性，因此本节不会将代码运行的图像结果显示出来，读者可以自行执行代码查看运行结果。

数据集对象提供了 filter 接口，可以让开发者非常方便地根据给定条件对数据进行过滤。例如，下面的代码获取给定数量的图像后，可以将其中的男性面孔图像分离出来：

```
ds = celeba_train.take(32)
#过滤出男性照片
ds_male = ds.filter(lambda x: x["attributes"]["Male"] == True)
```

数据集对象还提供 skip 接口，它帮助调用者越过数据集中给定数量的图像。例如，下面的代码就越过第一幅图像然后直接显示第二幅图像：

```
import matplotlib.pyplot as plt
print(len(list(ds_male)))              #间接获得数据集长度
from PIL import Image
IMAGE_SIZE = 128
ds_male = ds_male.skip(1)              #越过第一幅图像
for data in ds_male:
    img = Image.fromarray(data['image'].numpy())
    img = img.resize((IMAGE_SIZE,IMAGE_SIZE), Image.ANTIALIAS)
    plt.imshow(img)
    break
```

这里值得注意的是，数据集对象没有提供接口让读者直接查询数据的数量，因此只能通过间接办法获得。在代码中使用的方法是先用 list 函数将数据集对象转换成队列，然后再使用 len 函数获得队列长度，从而获得数据集包含的数据数量。

但是这种方法存在严重缺陷，那就是它会将数据集中的数据全部加载到内存后才转换成队列，如果全部加载图像这种很消耗内存的数据就很容易把内存撑爆。另一种获得数据数量的方法是遍历：

```
ds_male_train = celeba_train.filter(lambda x : x["attributes"]["Male"] == True)                    #将数据根据性别进行过滤
ds_female_train = celeba_train.filter(lambda x : x["attributes"]["Male"] == False)
ds_male_test = celeba_test.filter(lambda x : x["attributes"]["Male"] == True)
ds_female_test = celeba_test.filter(lambda x : x["attributes"]["Male"] == False)
male_train_count = 0                   #通过遍历来获取数据量的大小
for data in ds_male_train:
    male_train_count +=1
print(male_train_count)
female_train_count = 0
for data in ds_female_train:
    female_train_count += 1
print(female_train_count)
male_test_count = 0
for data in ds_male_test:
    male_test_count += 1
print(male_test_count)
female_test_count = 0
for data in ds_female_test:
    female_test_count += 1
print(female_test_count)
```

代码通过遍历计数的方式统计数据集中的数量，这么做的好处是不用将图像数据加载到内存中，代码运行后得到的结果在训练数据集中，男性照片数量为 68 261 张，女性照片为 94 509 张，在测试数据集中，男性照片为 7 715 张，女性照片为 12 247 张。

接下来对上面的系列接口进行封装，以便更好地加载数据和训练网络：

```
from PIL import Image
from glob import glob
import numpy as np
IMAGE_SIZE = 128
class DataLoader():
    def __init__(self, img_size = (256, 256)):
        self.img_size = img_size
        self.ds_male = None
        self.ds_female = None
        self.ds_male_train = ds_male_train
        self.ds_female_train = ds_female_train
        self.ds_male_test = ds_male_test
        self.ds_female_test = ds_female_test
        self.male_train_num = 68261
        self.female_train_num = 94509
        self.male_test_num = 7715
        self.female_test_num = 12247
        self.male_train_skip = -1
        self.female_train_skip = -1
        self.male_test_skip = -1
        self.female_test_skip = -1
    def choose_dataset(self, domain, batch_size, is_testing = False):
        skip_count = 0
        #每次加载数据时通过 skip 越过以前已经加载过的数据从而获得新数据
        if domain == "A":
            if is_testing:
                skip_count = (self.male_test_skip + batch_size) % self.male_test_num
                self.male_test_skip = skip_count
                self.ds_male = self.ds_male_test.skip(skip_count)
            else:
                skip_count = (self.male_train_skip + batch_size) % self.male_train_num
                self.male_train_skip = skip_count
                self.ds_male = self.ds_male_train.skip(skip_count)
        else:
            if is_testing:
                skip_count = (self.female_test_skip + batch_size) % self.female_test_num
                self.female_test_skip = skip_count
                self.ds_female = self.ds_female_test.skip(skip_count)
            else:
                skip_count = (self.female_train_skip + batch_size) % self.female_train_num
                self.female_train_skip = skip_count
                self.ds_female = self.ds_female_train.skip(skip_count)
    #图像数据分成两部分，也就是两个 domain，一部分对应苹果，一部分对应橘子
    def load_data(self, domain, batch_size = 1, is_testing = False):
```

```python
            self.choose_dataset(domain, batch_size, is_testing)
        if domain == "A":
            batch_imgs = self.ds_male.take(batch_size)
        else:
            batch_imgs = self.ds_female.take(batch_size)
        imgs = []
        for data in batch_imgs:
            img = self.open_img(data)                    #读入图像数据
            if not is_testing:
                #将图像进行左右翻转,以增强图像的随机性和多样性
                if np.random.random() > 0.5:
                    img = np.fliplr(img)
            imgs.append(img)
        imgs = np.array(imgs)                            #将像素点转换为[-1, 1]
        return imgs
    def open_img(self, data):
        img_data = data['image'].numpy()
        if len(np.shape(img_data)) == 3:
            img = self.process_img_data(img_data)
            return img
        else:
            imgs = []
            for data in img_data:
                imgs.append(self.process_img_data(data))
            return imgs
    def process_img_data(self, data):
        img = Image.fromarray(data)
        img = img.resize((IMAGE_SIZE,IMAGE_SIZE), Image.ANTIALIAS)
        img = np.array(img).astype(np.float32)
        img = img / 127.5 - 1.
        return img
    def load_img(self, data):                            #根据给定目录加载图像数据
        img = self.open_img(data)
        return img[np.newaxis, :, :, :]
    #加载指定数量的图像以形成一个批次
    def load_batch(self, batch_size=1, is_testing=False):
        if is_testing:
            batches_A = self.ds_male_test.batch(batch_size)
            batches_B = self.ds_female_test.batch(batch_size)
        else:
            batches_A = self.ds_male_train.batch(batch_size)
            batches_B = self.ds_female_train.batch(batch_size)
        for batch_A, batch_B in zip(batches_A, batches_B):
            batch_imgs_A = self.open_img(batch_A)
            batch_imgs_B = self.open_img(batch_B)
            imgs_A, imgs_B = [], []
            for img_A, img_B in zip(batch_imgs_A, batch_imgs_B):
                if not is_testing and np.random.random() > 0.5:
                    img_A = np.fliplr(img_A)
                    img_B = np.fliplr(img_B)
                imgs_A.append(img_A)
                imgs_B.append(img_B)
            imgs_A = np.array(imgs_A)
```

```
            imgs_B = np.array(imgs_B)
            yield imgs_A, imgs_B
```

在 DataLoader 对象的 load_data 接口用于加载指定数量的图像，由于数据集的 take 函数只返回从当前位置起给定数量的数据，如果想在下次调用 take 函数获得不同数据时就需要调用 skip 函数修改数据的起始位置。

load_data 接口通过 domain 参数确定要获取的性别图像，A 表示获取男性图像，B 表示获取女性图像，多次调用 load_data 能返回不同图像的数据。代码如下：

```
data_loader = DataLoader(img_size = (IMAGE_SIZE, IMAGE_SIZE))
imgs = data_loader.load_data(domain="A", batch_size = 32)
print(len(imgs))
print(np.shape(imgs))                    #Loader 会将图像进行剪裁
data_loader = DataLoader(img_size = (IMAGE_SIZE, IMAGE_SIZE))
imgs = data_loader.load_data(domain = "A", batch_size = 1)
plt.imshow((imgs[0, :,:, :] + 1) / 2)
#两次 load_data 加载的数据不同，绘制的图像也不同
imgs = data_loader.load_data(domain = "A", batch_size = 1)
plt.imshow((imgs[0, :,:, :] + 1) / 2)
```

执行上面的代码后，读者会看到两次绘制的图像不一样。当 load_data 调用后会修改数据集的内部指针，使其指向不同数据，因此通过 take 接口就能获得不同的图像。在 load_batch 接口中将数据集分成多个批次进行加载。

在 load_batch 实现中使用了数据集对象的 batch 接口，它将数据集根据给定数量分成多个批次，如此就能将数据成批地输入网络进行训练。下面的代码展示如何调用 load_batch 接口：

```
from IPython import display
import time
cnt = 0
for i, (imgs_A, imgs_B) in enumerate(data_loader.load_batch()):
    display.clear_output(wait=True)
    fig, axs = plt.subplots(1, 2, figsize=(12.5,12.5))
    axs[0].imshow((imgs_A[0, :,:, :] + 1) / 2)
    axs[1].imshow((imgs_B[0, :,:, :] + 1) / 2)
    plt.show()
    cnt += 1
    time.sleep(3)
    if cnt > 10:
      print(cnt)
      break
```

运行代码后，读者会看到图像不间断地变化，每次显示的图像都来自不同批次。接下来看看网络的架构和实现。

17.5.2 网络代码的实现

本小节要实现的网络与 17.4.2 小节的网络相差不大，但 generator 的结构改变比较大。

这里不再采用 UNet 结构，而是采用 ResNet 结构。生成者网络中有一种特殊网络层叫"残余网络层"，其结构如图 17-22 所示。

图 17-22 残余网络层

从图 17-22 中可以看出，残余网络层包含两个卷积网络，它的特点是输入数据经过两个卷积层运算后所得的输出结果会跟输入叠加在一起形成最终输出。这种做法的好处是能避免卷积网络运算时失去图像的空间信息，同时输入与输出叠加能确保不出现所谓的 Vanishing Gradient 问题。接下来看看两个网络的代码实现：

```
lass generator(tf.keras.Model):
    def __init__(self):
        super(generator, self).__init__()
        self.downsample_layers = []
        self.upsample_layers = []
        self.last_layers = []
        self.resnet_block_layers = []
        self.channels = 3
        self.resnet_block_count = 9
        self.build_self()
    def build_self(self):
        self.down_sample(filters = 64, kernel_size = 7, strides = 1)
        self.down_sample(filters = 128, kernel_size = 3)
        self.down_sample(filters = 256, kernel_size = 3)
        for i in range(self.resnet_block_count):
            self.resnet_block()
        #构造 U 形网络右边的网络层
        self.up_sample(filters = 128, kernel_size = 3)
        self.up_sample(filters = 64, kernel_size = 3)
        self.last_layers.append(tf.keras.layers.Conv2D(filters = self.channels, kernel_size = 7, strides = 1, padding = 'same', activation = 'tanh'))
        #构造 U 形网络左边的网络层
    def down_sample(self, filters, kernel_size = 4, strides = 2):
        down_sample_layers = []
        down_sample_layers.append(tf.keras.layers.Conv2D(filters = filters, kernel_size = kernel_size, strides = strides, padding = 'same'))
        down_sample_layers.append(tfa.layers.InstanceNormalization(axis = -1, center = False, scale = False))
        down_sample_layers.append(tf.keras.layers.ReLU())
        self.downsample_layers.append(down_sample_layers)
    def up_sample(self, filters, kernel_size = 4, strides = 2):
        up_sample_layers = []
        up_sample_layers.append(tf.keras.layers.Conv2DTranspose(filters = filters, kernel_size = kernel_size, strides = strides, padding = 'same'))
        up_sample_layers.append(tfa.layers.InstanceNormalization(axis = -1,
```

```python
            center = False, scale = False))
        up_sample_layers.append(tf.keras.layers.ReLU())
        self.upsample_layers.append(up_sample_layers)
    def resnet_block(self):
        renset_block_layers = []
        renset_block_layers.append(tf.keras.layers.Conv2D(filters = 256,
kernel_size = 3, strides = 1, padding = 'same'))
        renset_block_layers.append(tfa.layers.InstanceNormalization(axis
= -1, center = False, scale = False))
        renset_block_layers.append(tf.keras.layers.ReLU())
        renset_block_layers.append(tf.keras.layers.Conv2D(filters = 256,
kernel_size = 3, strides = 1, padding = 'same'))
        renset_block_layers.append(tfa.layers.InstanceNormalization(axis
= -1, center = False, scale = False))
        self.resnet_block_layers.append(renset_block_layers)
    def call(self, x):
        x = tf.convert_to_tensor(x, dtype = tf.float32)
        left_layer_results = []
        for layers in self.downsample_layers:
            for layer in layers:
                x = layer(x)
        last_layer = x
        for layers in self.resnet_block_layers:
            for layer in layers:
                x = layer(x)
            #实现残余网络层输入与输出叠加
            x = tf.keras.layers.add([last_layer, x])
            last_layer = x
        for layers in self.upsample_layers:
            for layer in layers:
                x = layer(x)
        for layer in self.last_layers:
            x = layer(x)
        return x
    def create_variables(self, x):                    #实例化网络层的参数
        x = np.expand_dims(x, axis = 0)
        self.call(x)
class discriminator(tf.keras.Model):
    def __init__(self):
        super(discriminator, self).__init__()
        self.discriminator_layers = []
        self.build_self()
    def build_self(self):
      self.conv4(filters = 64, norm = False)
      self.conv4(filters = 128)
      self.conv4(filters = 256)
      self.conv4(filters = 512, strides = 1)
      self.discriminator_layers.append(tf.keras.layers.Conv2D(1, kernel_
size = 4, strides = 1, padding = 'same'))
    def conv4(self, filters, strides = 2, norm = True):
        self.discriminator_layers.append(tf.keras.layers.Conv2D(filters,
kernel_size = 4, strides = strides, padding = 'same'))
        if norm:
```

```python
        self.discriminator_layers.append(tfa.layers.Instance
Normalization(axis = -1, center = False, scale = False))
        self.discriminator_layers.append(tf.keras.layers.LeakyReLU(0.2))
    def call(self, x):
        x = tf.convert_to_tensor(x, dtype = tf.float32)
        for layer in self.discriminator_layers:
            x = layer(x)
        return x
    def create_variables(self, x):
        x = np.expand_dims(x, axis = 0)
        self.call(x)
```

需要注意，generator 在 call 函数中使用 Add 接口实现残余网络层将输入和输出叠加的功能。discriminator 相比于前面章节变化不大，唯一的变动是改变了卷积层的 filter 数量。接下来看网络的训练流程：

```python
class CycleGAN:
    def __init__(self, input_dim, learning_rate, validation_weight,
reconstruction_weight,
                 identification_weight):
        self.learning_rate = learning_rate
        self.validation_weight = validation_weight
        self.reconstruction_weight = reconstruction_weight
        self.identification_weight = identification_weight
        self.patch = int(input_dim[0] / 8)
        self.input_dim = input_dim
        self.build_discriminators()
        self.build_generators()
        self.epoch = 0
    def build_discriminators(self):
        discriminator_input_dummy = np.zeros((self.input_dim[0], self.
input_dim[1], self.input_dim[2]))
        self.discriminator_A = discriminator() #用于识别输入图像是否属于集合A
        self.discriminator_A.create_variables(discriminator_input_dummy)
        self.discriminator_B = discriminator() #用于识别输入图像是否属于集合B
        self.discriminator_B.create_variables(discriminator_input_dummy)
        self.discriminator_A_optimizer = tf.optimizers.Adam(self.learning_
rate, 0.5)
        self.discriminator_B_optimizer = tf.optimizers.Adam(self.learning_
rate, 0.5)
    def build_generators(self):
        self.generator_AB_optimizer = tf.optimizers.Adam(0.0002, 0.5)
        self.generator_BA_optimizer = tf.optimizers.Adam(0.0002, 0.5)
        generator_input_dummy = np.zeros((self.input_dim[0], self.input_
dim[1], self.input_dim[2]))
        #负责将来自数据集A的图像转换成类似数据集B的图像
        self.generator_AB = generator()
        self.generator_AB.create_variables(generator_input_dummy)
        #负责将来自数据集B的图像转换成类似数据集A的图像
        self.generator_BA = generator()
        self.generator_BA.create_variables(generator_input_dummy)
```

```python
    def train_discriminators(self, imgs_A, imgs_B, valid, fake):
        '''
        训练discriminator_A以识别来自数据集A的图像及generator_BA伪造的图像，
        训练discriminator_B以识别来自数据集B的图像及generator_AB伪造的图像。训练的方法
        是将图像分成64等份，真实数据每一等份赋值1，伪造数据每一等份赋值0，discriminator
        接收真实数据后输出每一等份的概率要尽可能接近1，接收伪造数据时输出每一等份的概率要接近
        0，valid和fake是规格为(64,64)的二维数组，元素分别为1和0
        '''
        #将来自数据集A的图像伪造成数据集B的图像
        fake_B = self.generator_AB(imgs_A, training = True)
        #将来自数据集B的图像伪造成数据集A的图像
        fake_A = self.generator_BA(imgs_B, training = True)
        loss_obj = tf.keras.losses.MSE #这里使用最小平方和计算损失
        #训练discriminator_A识别真实图像
        with tf.GradientTape(watch_accessed_variables=False) as tape:
            tape.watch(self.discriminator_A.trainable_variables)
            d_A = self.discriminator_A(imgs_A, training = True)
            A_valid_loss = loss_obj(tf.ones_like(d_A), d_A)
            fake_d_A = self.discriminator_A(fake_A, training = True)
            A_fake_loss = loss_obj(tf.zeros_like(fake_d_A), fake_d_A)
            total_loss = (A_fake_loss + A_valid_loss) * 0.5
        grads = tape.gradient(total_loss, self.discriminator_A.trainable_variables)
        self.discriminator_A_optimizer.apply_gradients(zip(grads, self.discriminator_A.trainable_variables))
        #训练discriminator_B识别真实图像
        with tf.GradientTape(watch_accessed_variables=False) as tape:
            tape.watch(self.discriminator_B.trainable_variables)
            d_B = self.discriminator_B(imgs_B, training = True)
            B_valid_loss = loss_obj(tf.ones_like(d_B), d_B)
            fake_d_B = self.discriminator_B(fake_B, training = True)
            B_fake_loss = loss_obj(tf.zeros_like(fake_d_B), fake_d_B)
            total_loss = (B_valid_loss + B_fake_loss) * 0.5
        grads = tape.gradient(total_loss, self.discriminator_B.trainable_variables)
        self.discriminator_B_optimizer.apply_gradients(zip(grads, self.discriminator_B.trainable_variables))
    def train_generators(self, imgs_A, imgs_B, valid):
        '''
        generator的训练要满足3个层次：第一，generator生成的伪造图像要尽可能通过
        discriminator的识别；第二，先由generator_A将来自数据集A的图像伪造成数据集B的图
        片，然后再将其输入generator_B，所还原的图像要与来自数据集A的图像尽可能相似；第三，
        将来自数据集B的图像输入generator_AB后所得结果要与数据集B的图像尽可能相同，将来自
        数据集A的图像输入generator_BA后所得结果要尽可能与来自数据集A的数据相同
        '''
        loss_obj = tf.keras.losses.MSE
        with tf.GradientTape(watch_accessed_variables=False) as tape_A, tf.GradientTape(watch_accessed_variables=False) as tape_B:
            tape_A.watch(self.generator_AB.trainable_variables)
            tape_B.watch(self.generator_BA.trainable_variables)
```

```
            fake_B = self.generator_AB(imgs_A, training = True)
            d_B = self.discriminator_B(fake_B, training = True)
            fake_B_loss = loss_obj(tf.ones_like(d_B), d_B)
            fake_A = self.generator_BA(imgs_B, training = True)
            d_A = self.discriminator_A(fake_A, training = True)
            #这段代码对应如图 17-15 所示的运算流程
            fake_A_loss = loss_obj(tf.ones_like(d_A), d_A)
            reconstructB = self.generator_AB(fake_A, training = True)
#B->A->B
            reconstruct_B_loss = tf.reduce_mean(tf.abs(reconstructB - imgs_B))
            reconstructA = self.generator_BA(fake_B, training = True)
#A->B->A
            reconstruct_A_loss = tf.reduce_mean(tf.abs(reconstructA - imgs_A))
            cycle_loss_BAB = self.reconstruction_weight * reconstruct_B_loss
            cycle_loss_ABA = self.reconstruction_weight * reconstruct_A_loss
            #这段代码对应如图 17-16 所示的运算流程
            total_cycle_loss = cycle_loss_BAB + cycle_loss_ABA
            img_B_id = self.generator_AB(imgs_B, training = True) #B->B
            img_B_identity_loss = tf.reduce_mean(tf.abs(img_B_id - imgs_B))
            img_A_id = self.generator_BA(imgs_A, training = True) #A->A
            #这段代码对应如图 17-17 所示运算流程
            img_A_identity_loss = tf.reduce_mean(tf.abs(img_A_id - imgs_A))
            generator_AB_loss = self.validation_weight * fake_B_loss +
total_cycle_loss + self.identification_weight * img_B_identity_loss
            gernator_BA_loss = self.validation_weight * fake_A_loss +
total_cycle_loss + self.identification_weight * img_A_identity_loss
        grads_AB = tape_A.gradient(generator_AB_loss, self.generator_AB.
trainable_variables)
        grads_BA = tape_B.gradient(gernator_BA_loss, self.generator_BA.
trainable_variables)
        self.generator_AB_optimizer.apply_gradients(zip(grads_AB, self.
generator_AB.trainable_variables))
        self.generator_BA_optimizer.apply_gradients(zip(grads_BA, self.
generator_BA.trainable_variables))
    def train(self, data_loader, run_folder, epochs, test_A_file, test_B_
file, batch_size = 1, sample_interval = 100):
        dummy = np.zeros((batch_size, self.patch, self.patch, 1))
        valid = tf.ones_like(dummy, dtype = tf.float32)
        fake = tf.zeros_like(dummy, dtype = tf.float32)
        for epoch in range(epochs):
            start = time.time()
            self.epoch = epoch
            batch_count = 0
            for batch_i, (imgs_A, imgs_B) in enumerate(data_loader.load_
batch()):
                self.train_discriminators(imgs_A, imgs_B, valid, fake)
                self.train_generators(imgs_A, imgs_B, valid)
                if batch_i % sample_interval == 0:
                    self.save_model(run_folder)          #存储网络的内部参数
                    display.clear_output(wait=True)
```

```python
                        info = "[Epoch {}/{}/ batch {}]".format(self.epoch, epochs, batch_count)
                        batch_count += 1
                        self.sample_images(data_loader, batch_i, run_folder, test_A_file, test_B_file, info)                    #显示训练效果
    def sample_images(self, data_loader, batch_i, run_folder, test_A_file, test_B_file, info):
        r, c = 2, 4
        for p in range(2):
            if p == 1:
                imgs_A = data_loader.load_data(domain="A", batch_size=1, is_testing=True)
                imgs_B = data_loader.load_data(domain="B", batch_size=1, is_testing=True)
            else:
                imgs_A = test_A_file
                imgs_B = test_B_file
            fake_B = self.generator_AB(imgs_A)
            fake_A = self.generator_BA(imgs_B)
            reconstr_A =  self.generator_BA(fake_B)
            reconstr_B = self.generator_AB(fake_A)
            id_A = self.generator_BA(imgs_A)
            id_B = self.generator_AB(imgs_B)
            gen_imgs = np.concatenate([imgs_A, fake_B, reconstr_A, id_A, imgs_B, fake_A, reconstr_B, id_B])

            gen_imgs = 0.5 * gen_imgs + 0.5
            gen_imgs = np.clip(gen_imgs, 0, 1)

            titles = ['Original ' + info, 'Translated', 'Reconstructed', 'ID']
            fig, axs = plt.subplots(r, c, figsize=(25,12.5))
            cnt = 0
            for i in range(r):
                for j in range(c):
                    axs[i,j].imshow(gen_imgs[cnt])
                    axs[i, j].set_title(titles[j])
                    axs[i,j].axis('off')
                    cnt += 1
            #fig.savefig(os.path.join(run_folder ,"images/%d_%d_%d.png" % (p, self.epoch, batch_i)))
            plt.show()
            plt.close()
    def  save_model(self, run_folder):
        self.discriminator_A.save_weights(os.path.join(run_folder, 'discriminator_A.h5'))
        self.discriminator_B.save_weights(os.path.join(run_folder, 'discriminator_B.h5'))
        self.generator_AB.save_weights(os.path.join(run_folder, "generator_AB.h5"))
        self.generator_BA.save_weights(os.path.join(run_folder, "generator_
```

```
BA.h5"))
    def load_model(self, run_folder):
        self.discriminator_A.load_weights(os.path.join(run_folder, 'discriminator_A.h5'))
        self.discriminator_B.load_weights(os.path.join(run_folder, 'discriminator_B.h5'))
        self.generator_AB.load_weights(os.path.join(run_folder, "generator_AB.h5"))
        self.generator_BA.load_weights(os.path.join(run_folder, "generator_BA.h5"))
import os
from IPython import display
import matplotlib.pyplot as plt
RUN_FOLDER = '/content/drive/My Drive/CelebA_CycleGan/'
PRINT_EVERY_N_BATCHES = 100
EPOCHS = 200
#先加载测试图像
TEST_A_FILE = data_loader.load_data("A", batch_size = 1, is_testing = True)
TEST_B_FILE = data_loader.load_data("B", batch_size = 1, is_testing = True)
gan = CycleGAN(input_dim = (IMAGE_SIZE, IMAGE_SIZE, 3), learning_rate = 0.0002,
            validation_weight = 1, reconstruction_weight = 10, identification_weight = 10)
gan.load_model(RUN_FOLDER)
#输出结果为 4 排图像，第 1、第 3 排为男变女，第 2、第 4 排为女变男
gan.train(data_loader, RUN_FOLDER, EPOCHS, TEST_A_FILE, TEST_B_FILE)
```

代码实现的训练流程与 17.5.1 小节的变化不大。需要注意的是，在训练 generator 时，损失函数由原来的 BinaryCrossEntropy 转换为 MSE，也就是最小差方和，根据算法提出者的实验表明，使用后者作为损失函数效果更好。

由于本节使用的人脸图像有肖像权上的考虑，因此不能直接将运行结果展示出来，有兴趣的朋友可以运行代码查看结果。笔者将训练过的网络参数以配书资源的方式提供，读者在运行代码时记得修改 RUN_FOLDER 变量，让其指向网络参数文件所在地。

理论上网络需要经过 200 个 epoc 的训练流程，但由于时间和算力所限，笔者训练的时长达不到 200 个循环，因此网络的转换能力有所缺陷，但运行起来依然可以感觉到饶有兴趣的"变性"效果。

17.6 利用 Attention 机制实现自动谱曲

阅读本书的读者很多可能是"理工男"，他们或许没有足够的艺术细胞，因此也难以懂得所谓的古典音乐，更不会掌握艰深晦涩的乐理知识，因此可能不具备谱曲的能力。深度学习技术的发展会挽救他们缺乏艺术细胞的危机，他们可以在人工智能技术的支持下，将艺术转换为技术，或许他们不会谱曲，但可以让电脑学会如何谱曲。

17.6.1　乐理的基本知识

想要谱曲就必须要掌握乐理知识。在笔者看来，所谓乐理就是如何将一系列音符以特定的规则排列，以便将形成的序列转换成声音后能演奏出动听的音乐。因此乐理说到底其实是一种给定符号排序的规律。

在计算机上，曲谱或者五线谱以 midi 格式存储在后缀为.mid 的文件中。通过读取这种格式的文件就可以知道给定乐曲对应音符排列的字符串。下面加载一首巴赫创作的大提琴曲乐谱文件看看其内容：

```
from music21 import converter, chord, note #music21 是读取 mid 文件的专用库
file_path = '/content/drive/My Drive/MusicGAN/data/cs1-2all.mid'
#将文件内的曲谱转换为音符字符串
music_score = converter.parse(file_path).chordify()
notes = []
durations = []
for element in music_score.flat:
    if  isinstance(element, chord.Chord):#Chord 对应乐曲中某一种乐曲演奏的曲谱
        notes.append('.'.join(n.nameWithOctave for n in element.pitches))
        durations.append(element.duration.quarterLength)
    if  isinstance(element, note.Note):           #此处读到的是一个音符
        if  element.isRest:                       #Rest 表示暂停
            notes.append(str(element.name))
            durations.append(element.duration.quarterLength)
        else:
            #设置音符对应的字符串
            notes.append(str(element.nameWithOctave))
            durations.append(element.duration.quarterLength)
#pitch 对应音符，duration 对应音符发出声音的时长
print("\nduration", "pitch")
for n, d in zip(notes, durations):
   print(d, '\t', n)
```

代码使用 music21 库来读取 mid 文件，它能将曲谱以字符串的形式展现出来。上面的代码运行结果如图 17-23 所示。

从图 17-23 可以看出，曲谱可以用两个字符串表示，其中 pitch 对应的字符串由不同的音符组成，音符用于指定乐器发出某种特定声音，不同的声音同时发出或依次发出就形成一首曲子。曲谱字符串类似于一篇文章或一个句子，音符类似于单字或单词，字或词组成句子，而音符的组合就形成乐曲。

第二种字符串就是如图 17-23 所示的 duration，它用于表示一个音符对应声音的播放时间。通常情况下它是 0.25、0.128 或 1.0 这几种形式，如果把这几种数值也看成字或单词，那么 duration 对应的序列也可以看成字符串。

duration	pitch
0.25	B3
1.0	G2.D3.B3
0.25	B3
0.25	A3
0.25	G3
0.25	F#3
0.25	G3
0.25	D3
0.25	E3
0.25	F#3
0.25	G3
0.25	A3
0.25	B3
0.25	C4
0.25	D4
0.25	B3
0.25	G3
0.25	F#3
0.25	G3
0.25	E3
0.25	D3
0.25	C3
0.25	B2
0.25	C3
0.25	D3
0.25	E3
0.25	F#3
0.25	G3
0.25	A3

图 17-23　曲谱字符串

网络要想学会如何谱曲,它不需要学习任何乐理知识,只要识别这两个字符串中的"字符"排列规律即可。

17.6.2　网络训练的数据准备

将一系列曲谱对应的 mid 文件读取成如图 17-23 所示的字符串形式,然后输入网络进行训练。这里使用的是巴赫创作的一系列大提琴谱曲,这些文件读者可以从配书资源附带的数据中获取,使用下面代码将它们加载到内存:

```
intervals = range(1)
seq_len = 32                          #32 个元素为一个单元
import glob, os, pickle
from music21 import converter, chord, note
def get_midi_music_list(data_folder):  #读取给定目录下mid 文件的文件名
    file_list = glob.glob(data_folder)
    return file_list , converter
path = '/content/drive/My Drive/MusicGAN'
music_list, parser = get_midi_music_list(os.path.join(path, 'data/*.mid'))
notes = []
durations = []
for idx, music_file in enumerate(music_list):
    print(idx + 1, "Parsing %s " % music_file)
    music_score = parser.parse(music_file).chordify()
    for interval in intervals:
        score = music_score.transpose(interval)
        notes.extend(['START'] * seq_len)      #标明起始位置
        durations.extend([0] * seq_len)
        for element in music_score.flat:
            if isinstance(element, chord.Chord):
                notes.append('.'.join(n.nameWithOctave for n in element.pitches))
                durations.append(element.duration.quarterLength)
            if isinstance(element, note.Note):
                if element.isRest:
                    notes.append(str(element.name))
                    durations.append(element.duration.quarterLength)
                else:
                    notes.append(str(element.nameWithOctave))
                    durations.append(element.duration.quarterLength)
```

读者对代码的实现逻辑无须太关注,只要知道上面的代码读取给定目录下的 mid 文件,将其内容转换成如图 17-23 所示的字符串存储在内存中即可。有几个要点需要说明,为了让网络学会谱曲,算法的做法是将连续 32 个音符形成的字符串作为输入,将第 33 个音符作为对应标签。

也就是训练网络通过读取连续 32 个字符组成的字符串后知道如何确定第 33 个字符。前面章节做过网络识别数字图像的示例，这里 32 个字符组成的字符串相当于数字图像，第 33 个音符相当于图像的标签。

还有一点需要注意的是，代码在音符字符串的起始位置加入 START 字符串，在 duration 字符串的起始位置加入 0，它的目的是让网络识别字符串的开头，这一点在后面使用网络谱曲时会发挥重要作用。

接下来要做的是将音符进行编码，例如将 A2 编码为 1，将 A3 编码为 2，同时将 0.25 编码为 1，将 1.0 编码为 1，于是就能将两条字符串转换为数字组成的序列，如此才能输入给网络进行处理。字符转换数字的实现代码如下：

```
def  numberify(elements):                        #给每个字符串做唯一编码
    element_names = sorted(set(elements))
    n_elements = len(element_names)
    element_to_int = dict((element, number) for number, element in
enumerate(element_names))
    int_to_element = dict((number, element) for number, element in
enumerate(element_names))
    return element_names, n_elements, element_to_int, int_to_element
note_names, note_numbers, note_to_int, int_to_note = numberify(notes)
print(note_names)
print(note_numbers)
print(note_to_int)
print(int_to_note)
durations_names, duration_numbers, duration_to_int, int_to_duration =
numberify(durations)
print(durations_names)
print(duration_numbers)
print(duration_to_int)
print(int_to_duration)
```

运行代码后，输出结果如图 17-24 所示。

```
['A2', 'A2.A3', 'A2.B2', 'A2.C3', 'A2.C3.D3.E3', 'A2.D3', 'A2.E-3', 'A2.E3', 'A2.E3.A3', 'A2.E3.C#4', 'A2
461
{'A2': 0, 'A2.A3': 1, 'A2.B2': 2, 'A2.C3': 3, 'A2.C3.D3.E3': 4, 'A2.D3': 5, 'A2.E-3': 6, 'A2.E3': 7, 'A2.
{0: 'A2', 1: 'A2.A3', 2: 'A2.B2', 3: 'A2.C3', 4: 'A2.C3.D3.E3', 5: 'A2.D3', 6: 'A2.E-3', 7: 'A2.E3', 8: '
[0, Fraction(1, 12), Fraction(1, 6), 0.25, Fraction(1, 3), Fraction(5, 12), 0.5, Fraction(2, 3), 0.75, 1.
19
{0: 0, Fraction(1, 12): 1, Fraction(1, 6): 2, 0.25: 3, Fraction(1, 3): 4, Fraction(5, 12): 5, 0.5: 6, Fra
{0: 0, 1: Fraction(1, 12), 2: Fraction(1, 6), 3: 0.25, 4: Fraction(1, 3), 5: Fraction(5, 12), 6: 0.5, 7: 
```

图 17-24　代码运行结果

notes_names 对应从所有谱曲字符串中收集到的全部音符，note_numbers 对应每个音符的编号。可以看到，代码给音符 A2 编码为 0，A2.A3 编码为 1，以此类推。durations_names 对应收集到的所有音符时长，Fraction(1,12)表示十二分之一拍，duration_to_int 表示每个时长对应的编码，例如 Fraction(1,12)编码为 1，以此类推。同时 int_to_duration,int_to_note

用于将给定编码转换为相应的音符或时长。

接下来使用代码将读入的谱曲字符串全部转换为对应编码:

```python
import numpy as np
def prepare_training_sequence(notes, durations):
    notes_network_input = []                      #将连续32个音符作为输入
    notes_network_output = []                     #将第33个音符作为预测输出
    durations_network_input = []                  #将连续32个时间段作为输入
    durations_network_output = []                 #将第33个时间段作为输出
    for i in range(len(notes) - seq_len):
        notes_sequence_in = notes[i : i + seq_len]
        notes_sequence_out = notes[i + seq_len]
        notes_network_input.append([note_to_int[char] for char in notes_sequence_in])
        notes_network_output.append([note_to_int[notes_sequence_out]])
        durations_sequence_in = durations[i : i + seq_len]
        durations_sequence_out = durations[i + seq_len]
        durations_network_input.append([duration_to_int[char] for char in durations_sequence_in])
        durations_network_output.append(duration_to_int[durations_sequence_out])
    patterns = len(notes_network_input)
    note_network_input = np.reshape(notes_network_input, (patterns, seq_len))
                                                  #转换为二维数组
    durations_network_input = np.reshape(durations_network_input, (patterns, seq_len))
    network_input = [notes_network_input, durations_network_input]
    notes_network_output = tf.keras.utils.to_categorical(notes_network_output, num_classes = note_numbers)
    durations_network_output = tf.keras.utils.to_categorical(durations_network_output, num_classes = duration_numbers)
    network_output = [notes_network_output, durations_network_output]
    return (network_input, network_output)
network_input, network_output = prepare_training_sequence(notes, durations)
print("pitch input")
print(network_input[0][0])
print("duration input")
print(network_input[1][0])
print("pitch output")
print(network_output[0][0])
print("duration output")
print(network_output[1][0])
```

上面的代码运行后，输出结果如图17-25所示。

代码将转换成数字后的字符串进行拆解，把连续32个字符形成的字符串作为输入，将第33个字符作为输出，例如将谱曲字符串第0~31总共32个字符形成的字符串输入网络，让网络学会预测第32个字符，然后将1~32总共32个字符形成的字符串输入网络，让网络预测第33个字符，以此类推。

```
pitch input
[460, 460, 460, 460, 460, 460, 460, 460, 460, 460, 460, 460, 460, 460, 460, 460,
duration input
[0 0 0 0 0 0 0 0 0 0 0 0 0 0 0 0 0 0 0 0 0 0 0 0 0 0 0 0 0 0 0]
pitch output
[0. 0. 0. 0. 0. 0. 0. 0. 0. 0. 0. 0. 0. 0. 0. 0. 0. 0. 0. 0. 0.
 0. 0. 0. 0. 0. 0. 0. 0. 0. 0. 0. 0. 0. 0. 0. 0. 0. 0. 0. 0. 0.
 ...
 0. 0. 0. 0. 0.]
duration output
[0. 0. 0. 0. 0. 0. 1. 0. 0. 0. 0. 0. 0. 0. 0. 0.]
```

图 17-25　代码运行结果

在图 17-25 中，pitch input 对应输入字符串，460 对应 START，pitch output 对应含有 461 个元素的数组，461 是所有音符的总数。注意 pitch output 中很多是 0 但在中间有一个 1，它告诉网络在接收 pitch input 字符串后要学会预测元素 1 所在下标对应的音符。duration input 和 duration output 作用同理。

17.6.3　Attention 网络结构说明

在第 8 章中，使用 LSTM 网络来识别文本。由于曲谱本身就是一种文本，因此同样能使用 LSTM 网络来识别曲谱生成的字符串。根据第 8 章描述的原理，使用 LSTM 节点形成的网络识别输入字符串的基本流程如图 17-26 所示。

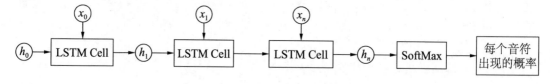

图 17-26　LSTM 网络识别流程

常规的 LSTM 网络识别字符串的最终输出结果在很大程度上受最后的节点输出状态 h_n 的影响。这种做法存在一个问题是，最后输出每个音符的概率其实会受到前面音符的影响。

举个例子，假设有句子 "(他/她)是我(哥/姐)"，最后的括号内的字是要预测的内容，显然该字受第一个括号内的字影响很大。如果第一个括号内的字是"他",那么第二个括号内的字应该是"哥";如果第一个括号内的字是"她",那么第二个括号内的字就是"姐"。

如果按照图 17-26 的识别方式,算法就不会认真考虑第一个括号内的字,于是就影响第二个括号内的字。为了增强字符串中前面字符对最终预测的影响力,这里采用 Attention 识别机制,于是网络的结构变成如图 17-27 所示。

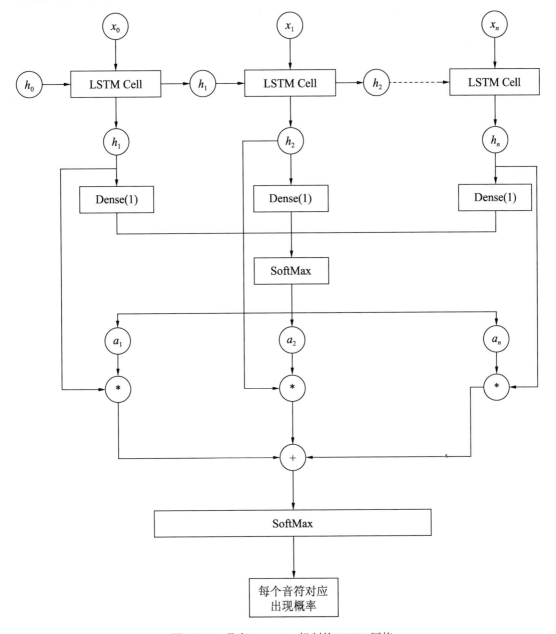

图 17-27　具有 Attention 机制的 LSTM 网络

如图 17-27 所示，为了增加前面的音符对最终预测的影响力，网络将前面的音符使用 LSTM 节点进行计算后，会产生状态对象 h，然后再将其传递给 Dense 网络节点进行预算，将所得结果通过 SoftMax 网络节点加工，最终得到数值 $a_1, a_2, \cdots, a_n$。这些值对应每个音符的影响系数，然后将每个音符经过 LSTM 节点产生的状态值与这些系数相乘后再加总，所得结果再经过 SoftMax 运算，最终结果就对应每个音符被预测的概率。这种做法能考虑到前面音符对最终预测的影响，从而提升最终预测结果的准确性。

17.6.4 用代码实现预测网络

下面将实现如图 17-27 所示的网络结构。代码如下：

```python
class AttentionLSTM(tf.keras.Model):
    #设置输入向量的维度
    def __init__(self, notes, durations, embed_size, rnn_units = 256):
        super(AttentionLSTM, self).__init__()
        self.notes = notes
        self.durations = durations
        self.embed_size = embed_size
        self.rnn_units = rnn_units
        self.build_self()
        self.optimizer = tf.optimizers.RMSprop(lr = 0.001)
    def build_self(self):
        self.notes_embedding = tf.keras.layers.Embedding(self.notes, self.embed_size)                          #输入音符
        self.duration_embeding = tf.keras.layers.Embedding(self.durations, self.embed_size)                          #输入时长
        self.concatenate_layer =tf.keras.layers.concatenate
        self.lstm_layer1 = tf.keras.layers.LSTM(self.rnn_units, return_sequences = True)
        self.lstm_layer2 = tf.keras.layers.LSTM(self.rnn_units, return_sequences = True)                          #输出[seq_length, rnn_units]的矩阵
        #设置 attention 机制
        self.lstm_dense = tf.keras.layers.Dense(1, activation = 'tanh')
        self.dense_reshape = tf.keras.layers.Reshape([-1])
        #输出包含 seq_length 个分量的向量
        self.softmax_layer = tf.keras.layers.Activation('softmax')
        '''
```

由于需要把 softmax 计算后的结果乘以 LSTM 层返回的向量，单个数值乘以向量的结果是将向量中每个分量与给定数值相乘，由于 LSTM 层返回的向量含有 rnn_units 个分量，经过 softmax 层计算后输出 seq_length 个数值，因此要把每个数值重复 rnn_units 次形成含有 rnn_units 个元素的向量，然后再与 LSTM 返回的向量做点乘，这样就能实现数值分别与向量分量相乘的结果。由于 LSTM 有 seq_length 个节点，每个节点输出包含分量为 rnn_units 的向量，因此最后 LSTM 层输出的结果为[seq_length,rnn_units]的矩阵 A，sfotmax 输出包含 seq_length 个分量的向量，将该向量重复 rnn_units 次得到规格为[rnn_units, seq_length]的矩阵 B，把后者做转置形成[rnn_units,seq_length]规格的矩阵 B'，将 B'中的每个分量与 A 中的每个分量相乘就得到把 seq_length 个数值分别乘以 seq_length 个包含 rnn_units 个分量的向量结果

```python
    '''
    #将softmax返回的包含seq_length个分量的向量复制rnn_units份得到规格为
        [rnn_units,seq_length]的矩阵
    self.repeat_layer = tf.keras.layers.RepeatVector(self.rnn_units)
    #将上面输入的[rnn_units,seq_length]矩阵转换为[seq_length, rnn_units]
    self.permute_layer = tf.keras.layers.Permute([2,1])
    #从这里输出到下一层输入需要将seq_length个维度为rnn_units的向量加总成一个
        维度为rnn_units的向量
    self.multiply_layer = tf.keras.layers.Multiply()
    self.notes_out_layer = tf.keras.layers.Dense(self.notes, activation = 
'softmax')                           #计算下一个音符出现的概率
    self.durations_out_layer = tf.keras.layers.Dense(self.durations, 
activation = 'softmax')
def call(self, notes_in, durations_in):
    notes_in = tf.convert_to_tensor(notes_in, dtype = tf.float32)
    durations_in = tf.convert_to_tensor(durations_in, dtype = tf.float32)
    x1 = self.notes_embedding(notes_in)
    x2 = self.duration_embedding(durations_in)
    x = self.concatenate_layer([x1, x2])
    #print("concatenate shape: ", np.shape(x)) #(2, 100)
    x = self.lstm_layer1(x)
    x = self.lstm_layer2(x)
    lstm_x = x
    #print("lstm output shape: ", np.shape(x)) #(seq_length, rnn_units)
    x = self.lstm_dense(x)
    #print("lstm dense shape: ", np.shape(x)) #(seq_length, 1)
    x = self.dense_reshape(x)
    #print("dense reshape shape: ", np.shape(x)) #(seq_length)
    x = self.softmax_layer(x)
    #print("softmax shape: ", np.shape(x)) #(seq_length)
    x = self.repeat_layer(x)
    #print("repeat shape: ", np.shape(x)) #(rnn_units, seq_length)
    x = self.permute_layer(x)
    #print("permute shape: ", np.shape(x)) #(seq_length, rnn_units)
    x = self.multiply_layer([lstm_x, x])
    #print("multiply shape: ", np.shape(x)) #(seq_length, rnn_units)
    x = tf.reduce_sum(x, 1)
    #print("add shape: ", np.shape(x)) #(rnn_units)
    notes_out = self.notes_out_layer(x)
#   print("notes out shape: ", np.shape(notes_out))
    durations_out = self.durations_out_layer(x)
#   print("durations out shape: ", np.shape(durations_out))
    return notes_out, durations_out
def create_variables(self):
    notes_dummpy = np.zeros((1, 32))
    durations_dummpy = np.zeros((1, 32))
    self.call(notes_dummpy, durations_dummpy)
```

代码中有几个要点需要解释。首先是 embedding 网络层，它的作用是以向量来替换音符。例如，代码读取了所有 mid 文件后发现不同音符的数量有 461 个，于是 tf.keras.Embedding(461,100) 就会构造规格为[461,100]的二维矩阵。

当把音符对应的编号（例如 2）输入该网络，它就会选取二维矩阵中第 2 行数据作为

输出，于是就得到一个含有 100 个分量的向量作为输出，这些分量都是可以修改的参数，当网络训练后，矩阵的每一行数值就称为音符的关键向量，它记录了音符的某种规律特征。

网络一次接收两个字符串序列：一个是音符字符串；一个是时长字符串。由于每个字符串都包含 32 个字符，因此它们分别经过 notes_embedding,duration_embedding 这两层网络后得到两个维度为(1,32,100)的矩阵。

接着 concatenate_layer 将这两个矩阵衔接在一起得到维度为(1,32,200)的矩阵。该矩阵经过两个 LSTM 网络层后输出结果为(1,32,256)，这是因为代码将 LSTM 节点的内部节点数设置为 256。由于字符串序列有 32 个字符，因此最终输出 32 个维度为 256 的一维向量。

这些一维向量如图 17-27 所示，经过含有 1 个参数的全连接网络后输出结果为 1 个数值，因此输入第一个 softmax 层的数据规格为(1,32,1)，代码中 Reshape 层用于把规格的最后一个维度去除，将其变成(1,32)。

经过第一个 softmax 层后输出的数据规格为(1,32)，该向量中每个元素对应图 17-27 中的 $a_1, a_2, \cdots, a_n$。接下来要实现的是将这些数值与 LSTM 节点产生的包含 256 个分量的向量相乘，常量与向量相乘的做法就是将常量与向量中的每个分量相乘。

为了实现该目的，将 softmax 输出的向量横向复制 256 份，这就是 repeat_layer 的作用。于是得到规格为(1,256,32)的矩阵，然后将它转置成(1,32,256)的向量，permute_layer 层的作用正在于此。

经过这次变换后所得结果与 LSTM 网络层输出的结果规格正好一样，于是将两个矩阵的元素分别进行点乘就能实现图 17-27 中 $a_1, a_2, \cdots, a_n$ 与 $h_1, h_2, \cdots, h_n$ 相乘的效果。乘法操作由 multiply_layer 来完成。

注意代码中注释掉了一系列 print 函数，它们的目的是打印出相应网络层计算后所得的数据规格，读者在调试时可以打开这些 print 函数，然后执行如下代码：

```
embed_size = 100
rnn_units =256
attention_model = AttentionLSTM(note_numbers, duration_numbers, embed_size, rnn_units)
attention_model.create_variables()
```

代码执行后所得结果如下：

```
concatenate shape: (1, 32, 200)
lstm output shape: (1, 32, 256)
lstm dense shape: (1, 32, 1)
dense reshape shape: (1, 32)
softmax shape: (1, 32)
repeat shape: (1, 256, 32)
permute shape: (1, 32, 256)
multiply shape: (1, 32, 256)
add shape: (1, 256)
notes out shape: (1, 461)
durations out shape: (1, 19)
```

从输出结果看，相应网络层输出数据的规格与前面的分析基本一致。接下来进入网络的训练过程，算法依次将 32 个音符和时长构成的字符串输入网络，训练它学会预测第 33 个音符和时长。代码如下：

```python
import sys
def attention_model_train_epoc(model, network_input, network_output,
weight_path,loss_value, batch_size = 32 ):
    #将训练数据分成多个批次，每个批次包含32条数据
    batches = int(len(network_input[0]) / batch_size) + 1
    notes_loss_obj = tf.keras.losses.CategoricalCrossentropy()
    durations_loss_obj = tf.keras.losses.CategoricalCrossentropy()
    for batch in range(0, batches):
        batch_begin = int(batch)
        batch_end = int(batch + batch_size)
        #将每32个音符合成的字符串作为输入
        notes_input_batch = network_input[0][batch_begin : batch_end][:]
        durations_input_batch = network_input[1][batch_begin : batch_end][:]
        #将第33个音符作为对应输出
        notes_output_batch = network_output[0][batch_begin : batch_end][:]
        durations_output_batch = network_output[1][batch_begin : batch_end][:]
        with tf.GradientTape(watch_accessed_variables=False) as tape:
            tape.watch(model.trainable_variables)
            notes_predict, durations_predict = model(notes_input_batch, durations_input_batch)
            notes_loss = notes_loss_obj(notes_output_batch, notes_predict)
            durations_loss = durations_loss_obj(durations_output_batch, durations_predict)
            total_loss = notes_loss + durations_loss
        grads = tape.gradient(total_loss, model.trainable_variables)
        model.optimizer.apply_gradients(zip(grads, model.trainable_variables))
        if total_loss < loss_value:#只有网络训练有改进，才存储当前网络参数
            print("total loss value: {}, current lost value: {}".format(total_loss, loss_value))
            print("save model!")
            loss_value = total_loss
            model.save_weights(weight_path)
    return loss_value
import sys
def train(model, epocs, network_input, network_output, weight_path):
    loss_value = sys.float_info.max
    for epoc in range(epocs):
        print("begin epoc : {}".format(epoc))
        loss_value = attention_model_train_epoc(model, network_input,
network_output, weight_path, loss_value)
embed_size = 100
rnn_units =256
attention_model = AttentionLSTM(note_numbers, duration_numbers, embed_size, rnn_units)
attention_model.create_variables()
```

```
weight_path = '/content/drive/My Drive/MusicGAN/attention_model.h5'
attention_model.load_weights(weight_path)
epochs = 200
train(attention_model, epochs, network_input, network_output, weight_path)
print("complete all {} epochs".format(epochs))
```

上面的代码运行后网络就启动训练流程，它每次读入 32 个音符和时长构成的字符串，然后学会预测第 33 个音符和时长，训练完成后要重新加载网络参数，因为存储的参数代表网络训练的最佳时刻。代码如下：

```
weight_path = '/content/drive/My Drive/MusicGAN/attention_model.h5'
attention_model = AttentionLSTM(note_numbers, duration_numbers, embed_size, rnn_units)
attention_model.create_variables()
attention_model.load_weights(weight_path)        #加载学习效果最好的网络参数
```

加载了训练好的网络参数后就可以使用它来自动生成曲谱了。做法是先构造含有 32 个 START 符号的字符串输入网络，让它生成第一个音符，然后将前 31 个 START 符号和生成的音符合在一起再输入网络得到第二个音符，以此类推。相关实现代码如下：

```
notes_temperature = 0.8                  #用于控制网络创造性的发挥力度
durations_temperature = 0.5
max_extra_notes = 150
max_seq_len = 32
seq_len = 32
notes = ['START']                        #开始命令
durations = [0]
notes = ['START'] * (seq_len - len(notes)) + notes
durations = [0] * (seq_len - len(durations)) + durations
sequence_length = len(notes)
def sample_with_temperature(preds, temperature):#根据音符对应的概率进行采样
    if temperature == 0:
        return np.argmax(preds)
    else:
        #改变每个音符的概率，使得采样带有一定随机性
        preds = np.log(preds) / temperature
        exp_preds = np.exp(preds)
        preds = exp_preds / np.sum(exp_preds)
        return np.random.choice(len(preds), p = preds)
from music21 import note, duration
prediction_output = []
notes_input_sequence = []
durations_input_sequence = []
overall_preds = []
for n, d in zip(notes, durations):        #准备数据以便网络生成音符
    note_int = note_to_int[n]             #将音符和时长转换为数字
    duration_int = duration_to_int[d]
    notes_input_sequence.append(note_int)
    durations_input_sequence.append(duration_int)
```

```
    prediction_output.append([n, d])
#将当前音符和时长序列输入网络让它预测下一个音符和时长
for note_index in range(max_extra_notes):
    notes_prediction, durations_prediction = attention_model([notes_input_
sequence], [durations_input_sequence])
    i1 = sample_with_temperature(notes_prediction[0], notes_temperature)
    i2 = sample_with_temperature(durations_prediction[0], durations_
temperature)
    note_result = int_to_note[i1]
    duration_result = int_to_duration[i2]
    prediction_output.append([note_result, duration_result])
    notes_input_sequence.append(i1)
    durations_input_sequence.append(i2)
    if len(notes_input_sequence) > max_seq_len:        #保持输入序列的长度为32
        notes_input_sequence = notes_input_sequence[1:]
        durations_input_sequence = durations_input_sequence[1:]
    if note_result == 'START':
        break
print("Generated sequence of {} notes".format(len(prediction_output)))
```

代码实现中有些要点需要解释。首先是参数 notes_temperature，由于网络最终输出每个音符对应的概率，如果该参数值设置得比较大，那么网络就会比较"大胆"，它会选取那些概率较小的音符作为输出，如果该值比较小，网络就会比较"保守"，它会选取概率较大的音符作为输出。

函数 sample_with_temperature 的作用是打乱每个网络生成的音符概率。如果 notes_temperature 值设置得比较大，打乱后原来概率比较小的音符其概率就会增加；如果 notes_temperature 值比较小，那么打乱后原来概率比较小的音符它的概率依然保持比较小。

最后把网络生成的音符字符串输出成 mid 文件就可以进行播放了。输出文件代码如下：

```
from music21 import stream, instrument, chord
output_folder = '/content/drive/My Drive/MusicGAN/'
midi_stream = stream.Stream()
for pattern in prediction_output:
    note_pattern, duration_pattern = pattern
    if ('.' in note_pattern):
        notes_in_chord = note_pattern.split('.')
        chord_notes = []
        for current_note in notes_in_chord:
            new_note = note.Note(current_note)
            new_note.duration = duration.Duration(duration_pattern)
            new_note.storedInstrument = instrument.Violoncello()
            chord_notes.append(new_note)
    elif note_pattern == 'rest':                        #表示暂停
        new_note = note.Rest()
        new_note.duration = duration.Duration(duration_pattern)
        new_note.storedInstrument = instrument.Violoncello()
        midi_stream.append(new_note)
```

```
        elif note_pattern != 'START':
            new_note = note.Note(note_pattern)
            new_note.duration = duration.Duration(duration_pattern)
            new_note.storedInstrument = instrument.Violoncello()
            midi_stream.append(new_note)
    midi_stream = midi_stream.chordify()
    midi_stream.write('midi', fp=os.path.join(output_folder, 'model_generated.
    mid'))
```

代码实现逻辑并不重要，读者只需要知道它能将网络生成的曲谱生成可以播放的 mid 文件即可。代码运行后在给定目录下会看到 model_generated.mid 文件，它可以用特定软件进行加载然后播放，在 Mac 系统上能读取 mid 文件的软件叫 Aria Maestosa。使用该软件打开生成的 mid 文件后界面如图 17-28 所示。

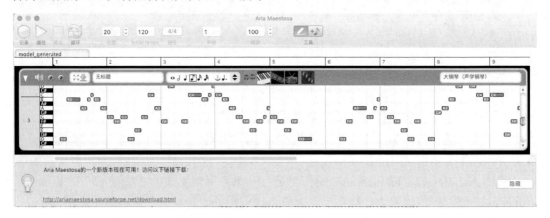

图 17-28　mid 文件的播放效果

单击"播放"按钮就可以欣赏网络谱曲的效果了。

17.7　使用 MuseGAN 生成多声道音乐

17.6 节使用具备 Attention 机制的网络实现自动谱曲，但它生成的是单声道音乐，本节研究如何创建多声道音乐。动听的音乐往往由多种声音组成，每一种声音抽出来就形成了单声道音乐，多种声音同时播放，而且不同声音之间能形成和谐交互，这就是多声道音乐的特色。

17.7.1　乐理的基本知识补充

在实现多声道音乐的自动创建之前，再补充一点乐理知识。音乐具有两种特性，它既像文章又像图画。如果将音符对比文字或单词，那么音乐中 bar 的概念就对应句子，也就是 bar 是由若干个音符组合成的单位，这是音乐像文章的一面。

对应给定一个 bar，它可以通过不同的方式演奏出不同的效果。不难想象，如果让毕加索、梵高和塞尚等画家来画同一朵向日葵，虽然画的是相同物体，但是不同画家画出的结果在色块、纹理、光线等诸多方面会不相同，于是能给人带来不同的感觉。

音乐中的 bar 就如同例子中的向日葵，它在演奏时可以对应不同的旋律（melody）和节奏（groov），因此对于同一个 bar，不同音乐家演奏出来的效果也不一样。同时，对于同一首交响乐，不同的指挥家指挥也会得到不同的演奏效果，因为指挥家会指导来自不同音轨的声音如何交互，把指挥家的指挥方式用 style 表示。

如此一首多声道的音乐可以由 bar、melody、style 和 groov 等元素组成，这些元素在乐理上都有准确的定义，这里只需要知道这些概念的存在即可，它们的具体内涵则无须关心。

17.7.2 曲谱与图像的共性

一个 RGB 像素点可以使用 3 个数值来表示。从 17.6.1 小节中可以看出，有些音符其实由 3 个音符构成，如 G2.D3.B3，它表示 3 个音符同时弹奏。如此可以将音符与像素点等同起来，如果音符只有一个数值，它等同于 RGB 像素点只有一个有数值而其他两个都是 0。如此就能将曲谱跟图像对等，在前面的章节中，网络识别图像时常常使用卷积层，于是同样可以使用卷积层去识别曲谱的特征，甚至可以使用代码将曲谱绘制出来。首先加载训练数据，代码如下：

```
def load_music(file_path, n_bars, n_steps_per_bar):#数据的读取方法无须关注
    with np.load(file_path, allow_pickle=True, encoding='bytes') as f:
        data = f['train']
    data_ints = []
    for x in data:
        counter = 0
        cont = True
        while cont:
            if not np.any(np.isnan(x[counter:(counter+4)])):
                cont = False
            else:
                counter += 4
        if n_bars * n_steps_per_bar < x.shape[0]:
            data_ints.append(x[counter:(counter + (n_bars * n_steps_per_bar)),:])
    data_ints = np.array(data_ints)
    n_songs = data_ints.shape[0]
    n_tracks = data_ints.shape[2]
    data_ints = data_ints.reshape([n_songs, n_bars, n_steps_per_bar, n_tracks])
    max_note = 83
    where_are_NaNs = np.isnan(data_ints)
    data_ints[where_are_NaNs] = max_note + 1
```

```
    max_note = max_note + 1
    data_ints = data_ints.astype(int)
    num_classes = max_note + 1
    data_binary = np.eye(num_classes)[data_ints]
    data_binary[data_binary==0] = -1
    data_binary = np.delete(data_binary, max_note,-1)
    data_binary = data_binary.transpose([0,1,2, 4,3])
    return data_binary, data_ints, data
import numpy as np
n_bars = 2
n_steps_per_bar = 16
n_pitches = 84
n_tracks = 4
path = '/content/drive/My Drive/MusicGAN/Jsb16thSe
parated.npz'
data_binary, data_ints, raw_data = load_music(path,
n_bars, n_steps_
per_bar)
print(np.shape(data_binary))
print(data_binary[0][0][0])
data_binary = np.squeeze(data_binary)
```

代码加载了包含巴赫创作的多声道古典乐曲,这些数据将在后面用于训练网络。接下来像绘制图像那样将乐曲绘制出来,代码如下:

```
import matplotlib.pyplot as plt
#按照绘制图像的方式绘制曲谱
def draw_score(data, score_num):
    fig, axes = plt.subplots(ncols=2, nrows=4,figsize=
(12,8), sharey = True,
sharex = True)
    fig.subplots_adjust(0,0,0.2,1.5,0,0)
    for bar in range(2):
        for track in range(4):
            axes[track, bar].imshow(data[score_num,
bar,:,:,track].transpose([1,0]), origin='lower', cmap =
'Greys', vmin=-1,
vmax=1)
draw_score(data_binary, 0)
```

代码运行结果如图 17-29 所示。

如图 17-29 所示,曲谱就像图像那样具有一定的空间结构特性,因此可以像识别图像那样,使用卷积网络去识别曲谱对应的结构特征,于是曲谱生成器的基本原理与前面章节描述的图像生成器基本相同。

本节代码所加载的数据读者可以在配书资源的"第 17 章 JSB-Chorales-dataset"中获取。

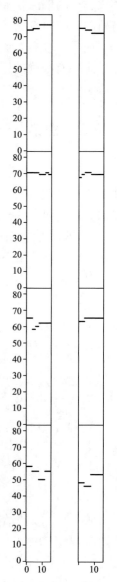

图 17-29 曲谱对应图形

17.7.3 MuseGAN 的基本原理

由于曲谱能够与图形对应,因此网络可以像前面章节识别和生成图像那样对曲谱进行识别和生成。MuseGAN 同样具有两部分:第一部分是 discriminator,一方面它要训练用于识别真实曲谱数据生成的图像,另一方面学会辨认伪造曲谱生成的图像;第二部分是 generator,它负责构造曲谱,其目的是将生成的曲谱所对应的图像能通过 discriminator 识别。由此可见,MuseGAN 与前面讨论的 GAN 区别不大,只不过 generator 在结构上稍微有所改变。

算法要构造的 generator 网络结构如图 17-30 所示。generator 网络结构稍显复杂,这里做进一步详解。从前面的章节可以看到,generator 总是接收一个随机生成的向量,以便决定最终生成图像的内容,这里的 chord noise 的任务就是用于决定最终生成的音符内容。

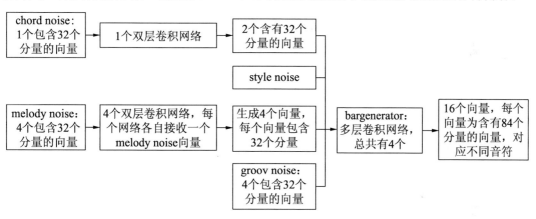

图 17-30　generator 结构示意

于是要生成 2 个 bar 的音符,由于音乐与文章类似,在文章中一段话前后两个句子往往存在逻辑关联,同理音乐中前后两个 bar 中的音符也存在逻辑关联,因此 chord noise 经过一个双层卷积网络后得到两个随机向量。这一步的目的是让双层卷积网络学习两个 bar 中音符的关联逻辑。

图 17-30 中的 style noise 相当于指挥家,用于指导多个声道的音符之间能够相互和谐搭配,melody noise 和 groov noise 用于决定音符演奏特性,由于算法要构造含有 4 声道的音乐,因此这两种随机噪音都包含 4 个向量。

网络的目的是构造两个 bar,每个 bar 含有 4 个声道,因此需要构建两个 bargenerator,该网络用于生成规格为(16,84)的输出数据,16 对应每个 bar 的音符数量,84 用于编码音符,也就是网络最终生成的曲谱,其音符的数量不超过 84 个。

由于每个 bar 包含 4 个声道,每个声道对应 16 个音符,如果网络要构造第一个 bar 的第一个声道,那么就从 chord noise 经过双层网络后所得的两个向量中选择第一个向量,接着从 melody noise 经过 4 个网络后生成的 4 个向量中选择第一个，最后再从 groov noise 中选择第一个向量，最终再结合 style 向量形成含有 4×32 个分量的向量。将该向量输入第一个 bargenerator，最终生成的数据对应第一个 bar 的第一声道的音符数据，其他声道的音符数据可同理生成。此处需要注意的是 style noise，由于它负责调和 4 个声道的音符，因此是一个全局向量，任何声道数据的生成都需要它。

17.7.4　MuseGAN 的代码实现

本小节实现 MuseGAN。首先实现 generator，代码如下：

```
def convolution_transpose(filters, kernel_size, strides,
                activation, padding, batch_normalization,
                weight_init = None):        #将一维向量转换为二维向量
    conv_layers = []
    conv_layers.append(tf.keras.layers.Conv2DTranspose(filters = filters, kernel_size = kernel_size, padding = padding, strides = strides, kernel_initializer = weight_init))
    if batch_normalization:
        conv_layers.append(tf.keras.layers.BatchNormalization(momentum = 0.9))
    conv_layers.append(tf.keras.layers.Activation(activation))
    return conv_layers
class generator(tf.keras.Model):
    #接收(4*32)随机向量，生成(16,84)规格的数据
    def __init__(self, bar_steps, z_dim, pitches):
        super(generator, self).__init__()
        self.bar_steps = bar_steps
        self.pitches = pitches
        self.z_dim = z_dim
        self.generator_layers = []
        self.weight_init = tf.keras.initializers.RandomNormal(mean=0.0, stddev=0.02)
        self.build_self()
    def build_self(self):
        self.generator_layers.append(tf.keras.layers.Dense(1024))
        self.generator_layers.append(tf.keras.layers.BatchNormalization(momentum = 0.9))
        self.generator_layers.append(tf.keras.layers.Activation('relu'))
        self.generator_layers.append(tf.keras.layers.Reshape([2, 1, 512]))
        #使用多层翻卷机网络将一维数据提升为二维数据
        conv_layers = convolution_transpose(filters = 512, kernel_size = (2,1), strides = (2, 1), activation = 'relu', padding = 'same', batch_normalization = True, weight_init = self.weight_init)
        self.generator_layers.extend(conv_layers)
        conv_layers = convolution_transpose(filters = 256, kernel_size = (2,1), strides = (2, 1), activation = 'relu', padding = 'same', batch_
```

```
            normalization = True, weight_init = self.weight_init)
        self.generator_layers.extend(conv_layers)
        conv_layers = convolution_transpose(filters = 256, kernel_size =
(2,1), strides = (2, 1), activation = 'relu', padding = 'same', batch_
normalization = True, weight_init = self.weight_init)
        self.generator_layers.extend(conv_layers)
        conv_layers = convolution_transpose(filters = 256, kernel_size =
(1,7), strides = (1, 7), activation = 'relu', padding = 'same', batch_
normalization = True, weight_init = self.weight_init)
        self.generator_layers.extend(conv_layers)
        conv_layers = convolution_transpose(filters = 1, kernel_size =
(1,12), strides = (1, 12), activation = 'tanh', padding = 'same', batch_
normalization = False,
                                            weight_init = self.weight_init)
        self.generator_layers.extend(conv_layers)
        #bar_step 为 16, pitches 为 84, 最终生成的数据为(1,16,84,1), 它类似于一幅
            宽 16 高 84 的图像
        self.generator_layers.append(tf.keras.layers.Reshape([1, self.bar_
steps, self.pitches, 1]))
    def call(self, x):
        x = tf.convert_to_tensor(x, dtype = tf.float32)
        for layer in self.generator_layers:
            x = layer(x)
        return x
    def create_variables(self):
        x = np.ones((1, 4 * self.z_dim))
        x = self.call(x)
```

generator 接收包含 32×4 个分量的向量，其中 4 对应生成音乐的声道数，因此它接收的数据其实由 4 个分量为 32 的一维向量结合而成，这 4 个向量的生成如图 17-30 所示，generator 对象正是图 17-30 中的 bargenerator。

接下来看 discriminator 的实现。该网络的结构与原理同前面章节展示的 discriminator 没有太大差别。代码如下：

```
class Descirminator(tf.keras.Model):
    def __init__(self, bars, bar_steps, pitches, tracks):
        super(Descirminator, self).__init__()
        self.discriminator_layers = []
        self.bars = bars
        self.bar_steps = bar_steps
        self.pitches = pitches
        self.tracks = tracks
        self.weight_init = tf.keras.initializers.RandomNormal(mean=0.0, stddev=0.02)
        self.build_self()
    def convlolution_3D(self, filters, kernel_size, strides, padding):
        '''
        相比于图像(width, height, channels), 音频多了一个维度就是 bar, 前后两个 bar
```

之间存在逻辑联系，

因此分析音频时需要把多个 bar 合在一起分析，所以音频数据的维度为(bars, bar_steps, pitches, tracks)，

因此使用卷积扫描音频数据时增加了一个维度，所以要使用 convlolution_3D

```
    '''
    conv_layers = []
    conv_layers.append(tf.keras.layers.Conv3D(filters = filters, kernel_size = kernel_size, strides = strides, padding = padding, kernel_initializer = self.weight_init))
    conv_layers.append(tf.keras.layers.LeakyReLU())
    return conv_layers
def build_self(self):                #使用多层卷积网络识别输入的曲谱图像
    conv_layers = self.convlolution_3D(filters = 128, kernel_size = (2, 1, 1), strides = (1, 1, 1), padding = "valid")
    self.discriminator_layers.extend(conv_layers)
    conv_layers = self.convlolution_3D(filters = 128, kernel_size = (self.bars - 1, 1, 1), strides = (1, 1, 1), padding = 'valid')
    self.discriminator_layers.extend(conv_layers)
    conv_layers = self.convlolution_3D(filters = 128, kernel_size = (1, 1, 12), strides = (1, 1, 12), padding = 'same')
    self.discriminator_layers.extend(conv_layers)
    conv_layers = self.convlolution_3D(filters = 128, kernel_size = (1, 1, 7), strides = (1, 1, 7), padding = 'same')
    self.discriminator_layers.extend(conv_layers)
    for i in range(2):
        conv_layers = self.convlolution_3D(filters = 128, kernel_size = (1, 2, 1), strides = (1, 2, 1), padding = 'same')
        self.discriminator_layers.extend(conv_layers)
    conv_layers = self.convlolution_3D(filters = 256, kernel_size = (1, 4, 1), strides = (1, 2, 1), padding = 'same')
    self.discriminator_layers.extend(conv_layers)
    conv_layers = self.convlolution_3D(filters = 512, kernel_size = (1, 3, 1), strides = (1, 2, 1), padding = 'same')
    self.discriminator_layers.extend(conv_layers)
    self.discriminator_layers.append(tf.keras.layers.Flatten())
    self.discriminator_layers.append(tf.keras.layers.Dense(1024))
    self.discriminator_layers.append(tf.keras.layers.LeakyReLU())
    #判断给定数据是否为真实的音频数据
    self.discriminator_layers.append(tf.keras.layers.Dense(1))
def call(self, x):
    x = tf.convert_to_tensor(x, dtype = tf.float32)
    for layer in self.discriminator_layers:
        x = layer(x)
    return x
def create_variables(self):
    x = np.zeros((1, self.bars, self.bar_steps, self.pitches, self.tracks))
    self.call(x)
```

discriminator 的实现在于它使用了 convlolution_3D 卷积网络，比以前的 convlolution_2D 多了一个维度，但它的原理与 2D 的情况并没有本质区别，读者可以把对二维卷积网络的理解平移到三维卷积网络上。

最后看两个网络所合成 GAN 的训练过程。代码如下：

```
from music21 import midi
from music21 import note, stream, duration, tempo
class MuseGAN():
    def __init__(self, discriminator_learning_rate, generator_learning_rate, grads_penalty_weight):
        self.discriminator_optimizer = tf.optimizers.Adam(discriminator_learning_rate)
        self.generator_optimizer = tf.optimizers.Adam(generator_learning_rate)
        self.tracks = 4                    #每个 bar 包含 4 声道
        self.bars = 2                      #生成两个 bar 的音符
        self.z_dim = 32
        self.bar_steps = 16                #每个声道包含 16 个音符
        #由于最多不超过 84 个音符，因此每个音符使用含有 84 个分量的 one-hot 向量表示
        self.pitches = 84
        #使用 WGAN_GP 算法训练网络
        self.grads_penalty_weight = grads_penalty_weight
        self.epoch = 0
        self.generator_network_variables = []
        self.create_all()
        self.get_generator_network_variables()
        self.create_midi_noise()
        self.generator_loss = 0
        self.discriminator_loss = 0
    #如图 17-30 所示，让 chord noise 经过一个双层卷积网络
    def create_chords_network(self):
        self.chords_network = TemperalNetwork(self.z_dim, self.bars)
        self.chords_network.create_variables()
    def create_melody_networks(self):
        self.melody_networks = []
        #每个 melody noise 都要经过双层卷积网络做预处理
        for track in range(self.tracks):
            network = TemperalNetwork(self.z_dim, self.bars)
            network.create_variables()
            self.melody_networks.append(network)
    def create_bar_generators(self):
        self.bar_generators = []
        for track in range(self.tracks):    #每个声道音符的生成对应 1 个 generator
            generator = generator(self.bar_steps, self.z_dim, self.pitches)
            generator.create_variables()
            self.bar_generators.append(generator)
    #如图 17-30 所示，将向量输入 generator 后生成音符
    def call_generators(self, chord, style, melodies, grooves):
```

```python
        chords_over_time = self.chords_network(chord, training = True)
        melody_over_time = []
        #先将每个声道的melody noise经过卷积网络进行预处理
        for track in range(self.tracks):
            melody_output = self.melody_networks[track](melodies[:,track,:], training = True)
            melody_over_time.append(melody_output)
        bars_output = []
        #总共要生成两个bar的音符,每个bar包含4声道,每声道对应16个音符
        for bar in range(self.bars):
            tracks_output = []
            chord = chords_over_time[:,bar,:]
            for track in range(self.tracks):
                melody = melody_over_time[track][:,bar,:]
                groov = grooves[:,track,:]
                #将4个分别包含32个音符的向量输入generator
                z_input = tf.concat([chord, style, melody, groov], axis = 1)
                generator = self.bar_generators[track]
                track_content = generator(z_input, training = True)
                tracks_output.append(track_content)
            bars_output.append(tf.concat(tracks_output, axis = -1))
        #将两个bar结合成规格为(batch_size, 2, bar_steps, pitches, track)
         的数组
        generator_output = tf.concat(bars_output, axis = 1)
        return generator_output
    def create_all(self):                        #根据图17-30,生成各个子网络
        self.create_chords_network()
        self.create_melody_networks()
        self.create_bar_generators()
        self.discriminator = Descirminator(self.bars, self.bar_steps, self.pitches, self.tracks)
        self.discriminator.create_variables()
    def create_noises(self, batch_size):         #构建如图17-30开头所示的随机向量
        chords_noise = np.random.normal(0, 1, (batch_size, self.z_dim))
        melody_noise = np.random.normal(0, 1, (batch_size, self.tracks, self.z_dim))
        style_noise = np.random.normal(0, 1, (batch_size, self.z_dim))
        groov_noise = np.random.normal(0, 1, (batch_size, self.tracks, self.z_dim))
        return chords_noise, style_noise, melody_noise, groov_noise
    def get_generator_network_variables(self):
        for generator in self.bar_generators:
            self.generator_network_variables.extend(generator.trainable_variables)
        for network in self.melody_networks:
            self.generator_network_variables.extend(network.trainable_variables)
        self.generator_network_variables.extend(self.chords_network.trainable_variables)
```

```python
#训练generator，所使用算法与WGAN_GP一样
    def train_generator(self, batch_size):
        chords_noise, style_noise, melody_noise, groov_noise = self.create_noises(batch_size)
        with tf.GradientTape(persistent=True,watch_accessed_variables=False) as tape:     #只能修改生成者网络的内部参数，而不能修改鉴别者网络的内部参数
            #训练生成者，使其生成的音乐尽可能通过鉴别者网络的检验
            tape.watch(self.generator_network_variables)
            generator_music = self.call_generators(chords_noise, style_noise, melody_noise, groov_noise)
            discriminator_results = self.discriminator(generator_music)
            g_loss = tf.multiply(-tf.ones_like(discriminator_results), discriminator_results)
            g_loss = tf.reduce_mean(g_loss)
        grads = tape.gradient(g_loss, self.generator_network_variables)
        self.generator_optimizer.apply_gradients(zip(grads, self.generator_network_variables))
        self.generator_loss = g_loss
    #使用WGAN_GP算法训练鉴别者网络
    def train_discriminator(self, x_train, batch_size):
        idx = np.random.randint(0, x_train.shape[0], batch_size)
        true_music = x_train[idx]                #获取真实的音乐数据
        with tf.GradientTape(persistent=True, watch_accessed_variables=False) as tape:                 #训练鉴别者网络识别真假音乐
            tape.watch(self.discriminator.trainable_variables)
            chord_noise, style_noise, melody_noise, groov_noise = self.create_noises(batch_size)
            fake_music = self.call_generators(chord_noise, style_noise, melody_noise, groov_noise)
            true_logits = self.discriminator(true_music, training = True)
            real_loss = tf.reduce_mean(tf.multiply(-tf.ones_like(true_logits), true_logits))
            fake_logits = self.discriminator(fake_music, training = True)
            fake_loss = tf.reduce_mean(tf.multiply(tf.ones_like(fake_logits), fake_logits))
            with tf.GradientTape(watch_accessed_variables=False) as iterploted_tape: #gradient penalty
                #生成[0,1]区间的随机数
                t = tf.random.uniform(shape = (batch_size, 1, 1, 1, 1))
                interploted_music = tf.add(tf.multiply(1 - t, true_music), tf.multiply(t, fake_music))
                iterploted_tape.watch(interploted_music)
                interploted_loss = self.discriminator(interploted_music)
            interploted_music_grads = iterploted_tape.gradient(interploted_loss, interploted_music)
            grad_norms = tf.norm(interploted_music_grads)
            penalty = self.grads_penalty_weight * tf.reduce_mean((grad_norms - 1) ** 2)
            total_loss = real_loss + fake_loss + penalty
```

```python
            grads = tape.gradient(total_loss , self.discriminator.trainable_variables)
            self.discriminator_optimizer.apply_gradients(zip(grads, self.discriminator.trainable_variables))              #改进鉴别者网络的内部参数
            self.discriminator_loss = total_loss
    def train(self, x_train, batch_size, epochs, run_folder):
        discriminator_loop = 5
        weights_save_epochs = 100
        for epoch in range(epochs):
            self.epoch = epoch
            for _ in range(discriminator_loop):
                self.train_discriminator(x_train, batch_size)
            self.train_generator(batch_size)
            if  epoch % weights_save_epochs == 0:
                print("finish training epoch {}".format(self.epoch))
                print("generator loss: ", self.generator_loss)
                print("discriminator loss: ", self.discriminator_loss)
                self.save_weights(run_folder)
                self.generate_midi(run_folder)
    def save_weights(self, run_folder):
        chord_network_path = os.path.join(run_folder, "chord_network.h5")
        self.chords_network.save_weights(chord_network_path)
        for track in range(self.tracks):
            melody_network_path = os.path.join(run_folder, "meolody_networks_{}.h5".format(track))
            self.melody_networks[track].save_weights(melody_network_path)
        for bar in range(self.bars):
            generator_path = os.path.join(run_folder, "bar_generator_{}.h5".format(bar))
            self.bar_generators[bar].save_weights(generator_path)
        discriminator_path = os.path.join(run_folder, "discriminator.h5")
        self.discriminator.save_weights(discriminator_path)
    def load_weights(self, run_folder):
        chord_network_path = os.path.join(run_folder, "chord_network.h5")
        self.chords_network.load_weights(chord_network_path)
        for track in range(self.tracks):
            melody_network_path = os.path.join(run_folder, "meolody_networks_{}.h5".format(track))
            self.melody_networks[track].load_weights(melody_network_path)
        for bar in range(self.bars):
            generator_path = os.path.join(run_folder, "bar_generator_{}.h5".format(bar))
            self.bar_generators[bar].load_weights(generator_path)
        discriminator_path = os.path.join(run_folder, "discriminator.h5")
        self.discriminator.load_weights(discriminator_path)
    def create_midi_noise(self):
        self.midi_chord_noise, self.midi_style_noise, self.midi_melody_noise, self.midi_groov_noise = self.create_noises(batch_size = 1)
    def generate_midi(self, run_folder):
```

```python
            generated_musics = self.call_generators(self.midi_chord_noise,
self.midi_style_noise, self.midi_melody_noise,
                                        self.midi_groov_noise)
        for music in range(len(generated_musics)):
            #获得音符对应的数值
            max_pitches = np.argmax(generated_musics, axis = 3)
            midi_note_score = max_pitches[music].reshape([self.bars * self.bar_steps, self.tracks])
            parts = stream.Score()
            parts.append(tempo.MetronomeMark(number = 66))
            for i in range(self.tracks):
                last_x = int(midi_note_score[:, i][0])
                s = stream.Part()
                dur = 0
                for idx, x in enumerate(midi_note_score[:, i]):
                    x = int(x)
                    if (x != last_x or idx % 4 == 0) and idx > 0:
                        n = note.Note(last_x)
                        n.duration = duration.Duration(dur)
                        s.append(n)
                        dur = 0
                    last_x = x
                    dur = dur + 0.25
                n = note.Note(last_x)
                n.duration = duration.Duration(dur)
                s.append(n)
                parts.append(s)
            parts.write('midi', fp = os.path.join(run_folder, "sample_{}_{}.midi".format(self.epoch, music)))
import os
BATCH_SIZE = 64
EPOCHS = 6000
run_folder = '/content/drive/My Drive/MusicGAN/'
gan = MuseGAN(discriminator_learning_rate = 0.001, generator_learning_rate = 0.001,
            grads_penalty_weight = 10)
#gan.load_weights(run_folder)
gan.train(data_binary, BATCH_SIZE, EPOCHS, run_folder)
```

  运行上面的代码可以看到，在网络训练过程中会生成多个 midi 文件，其对应包含 4 声道的两个 bar 的音符。一个非常明显的特点是，在网络训练的早期，生成的声道包含的音符很单一，因此音符文件演奏的音乐很单调。

  随着网络训练的不断加强，声道中包含越来越多的音符，最终对应的 4 声道音符所展示的音乐越来越复杂，这意味着网络谱曲的能力越来越强。读者可以加载配书资源"第 17 章 MuseGAN"下的网络参数以便节省训练时间，笔者也会将训练好的网络生成的音频文件存储在该目录下，读者可以使用相应的软件，感受网络谱曲的独特效果。

17.8 使用自关注机制提升网络人脸的生成能力

在 17.3 节中描述的 WGAN_GP 算法能生成人脸图像，但生成的人脸图像严重失真，主要表现在人脸的轮廓扭曲，某些位置的人脸轮廓与背景融合成凌乱的色块等，因此图像虽然能看出是人脸，但是因过度失真而导致图像质量严重下降。

17.8.1 Self-Attention 机制的算法原理

对抗性网络所生成的图像严重失真的问题是卷积操作内在的缺陷导致。卷积操作的特点是通过计算当前点周围的像素点来计算其颜色数值，这会让网络陷入"一叶障目，不见泰山"的困境。

如图 17-31 所示，卷积操作在生成最右边的节点 4 时，计算只考虑了左边矩阵 *I* 方框内的数值，也就是卷积操作具有强烈的"局部性"。事实上某个像素点未必只会受到它周围像素点的影响，它很可能还会受到更远处像素点的影响。

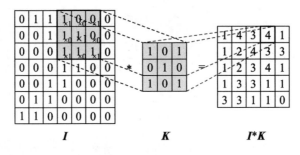

图 17-31 卷积操作

卷积运算的局部性使得对抗性网络生成的物体如果具有显著的轮廓，则会产生失真问题。例如在生成狗的图像时，狗的爪子往往会是一片模糊，其表现就像生成人脸时，某些图像的人脸轮廓变成模糊色块一样。

为了解决该问题，在生成像素点时就必须打破局部性并引入全局性。也就是在生成给定像素点时不能只考虑它周围像素点的影响，而必须考虑所有像素点对它的影响。在 17.6 节中引入的 Attention 机制就能实现全局考量的功能。

在 17.6 节中，网络在生成最新音符时会计算前面每个音符的影响率，从而确定前面多个音符对当前音符的影响力。同理也可以使用这个机制来考虑所有像素点对当前像素点可能产生的影响。Attention 机制的算法流程如图 17-32 所示。

第 17 章 使用 TensorFlow 2.x 实现生成型对抗性网络

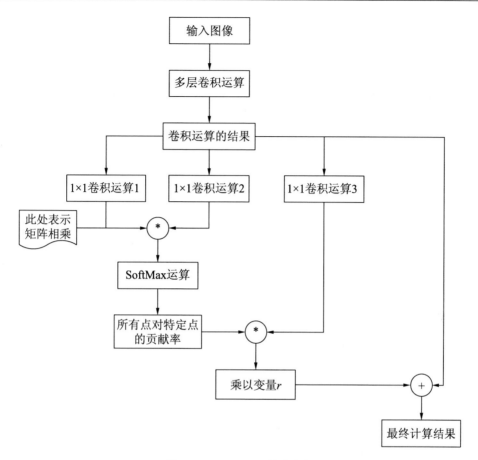

图 17-32 Attention 算法流程

如图 17-32 所示的流程主要针对鉴别者网络，生成者网络同样遵守一样的流程。首先将输入图像经过若干层卷积网络层的运算，这样能让网络对输入图像的特性有一定的识别，接下来就要计算不同像素点对给定像素点的影响力。

假设经过多次卷积运算后所得数值结果的规格为(64,16,16,32)，根据图 17-32 要对该结果分别进行 3 次 1×1 的卷积运算，其中卷积运算 1 和 2 使用 kernel_size，也就是卷积数组的规格为 1×1，但 filters 的数量是 32/8=4。

由此经过卷积运算 1 和 2 后所得结果的规格为(64,16,16,4)，但卷积运算 3 采用的 kernel_size 是 1，且 filters 的值与输入数组最后一个维度的数值一样，由于输入数组的最后维度是 4，因此卷积运算 3 对应的 filters 数值为 4，它运算后的结果规格为(64,16,16,4)，这与输入数组的规格一样。

接下来把卷积运算 1 和 2 所得结果的规格做一次变换，将它们的宽和高相乘以便减少一个维度，也就是将规格(64,16,16,4)转换为(64,256,4)，同时将卷积运算 2 的结果做一次转置后变成(64,4,256)，以便进行矩阵运算。

接下来对两个规格(64,256,4)和(64,4,256)做矩阵乘法，得到的结果规格为(64,256,256)。这里需要注意的是，算法把宽和高相乘，目的是将图像的二维转换为一维，然后对相乘结果进行 SoftMax 运算。

需要注意的是，SoftMax 运算会作用在矩阵的每一行上，由于矩阵规格为(64,256,256)，因此它有 256 行，每行含有 256 个元素，假设第 i 行的元素为 $s_{i,j}, j=1,2,\cdots,256$，那么经过运算后该行的元素值为 $\beta_{i,j} = \dfrac{\exp(s_{ij})}{\sum_{j=1}^{256}\exp(s_{ij})}$，其中数值 $\beta_{i,j}$ 表示在生成第 i 个像素点时，第 j 个像素点对它的影响率。

根据图 17-32，SoftMax 运算后的结果要乘以 1×1 卷积操作 3 所得的结果，这样就得到在生成像素点 i 时第 j 个像素点对它的影响值。最后算法还要使用变量 r 乘以影响值矩阵，其目的是让网络慢慢调整 Attention 机制对结果的影响，如果将 r 设置为 0，则意味着 Attention 机制不起作用。

最终将影响值矩阵乘以变量后的结果加上输入数据就会得到综合考虑所有像素点的影响力后所得的运算结果。算法更详细的逻辑步骤将会在代码实现时得以更生动的体现。

17.8.2　引入 spectral norm 以保证训练的稳定性

对抗性网络存在的一大问题就是训练的不稳定性。对抗性网络由两部分组成，一部分是生成者网络，另一部分是鉴别者网络，两者是欺骗与反欺骗的竞争关系。生成者网络竭尽所能让自己生成的数据通过鉴别者网络的审查，鉴别者网络千方百计识别生成者网络的伪装。

正是这种对抗关系导致整个网络在训练时很容易出现崩溃。这也是为何很多关于对抗性网络的理论和算法都集中在其训练稳定性方面。本节所要研究的 spectral norm 也属于该范畴。要想理解该概念，需要重新梳理一下推土距离和 K-Lipschitz 约束的概念及其逻辑。

1. 推土距离的进一步分析

17.2.1 小节介绍过推土距离的概念。推土距离用于衡量两种概率分布的差异性，假设随机变量 x 对应的概率分布为 P_x，随机变量 y 对应的概率分布为 P_y，两者的推土距离为：

$$W(P_x, P_y) = \inf_{\gamma \in \Pi(P_x, P_y)} E_{(x,y)\sim\gamma}[\|x - y\|] \qquad (17-8)$$

其中，$\Pi(P_x, P_y)$ 表示 x, y 两个随机变量所有可能的联合概率分布的集合，这意味着 γ 必须满足 $P_x = \sum_y \gamma(x,y), P_y = \sum_x \gamma(x,y)$，公式（17-8）要得到满足，就必须使 x, y 取值差异变大的时候它们对应的联合概率 $\gamma(x,y)$ 变小，当 $\gamma(x,y)$ 变大时，两个随机变量取值的

差异$\|x-y\|$要变小。

也就是说，当两个随机变量出现明显差异的概率越小，那么这两个随机变量所对应的概率分布就越相似。但是这个特性与对抗性网络生成图像有何关联呢？

先看一个容易理解的思想实验。假设有一个含有 10 万个元素的向量，如果希望找到一种方法，使得该向量只包含 0 和 1 两个元素，而且要求 0 和 1 的数量要尽可能相等，也就是 0 元素和 1 元素的数量相对总数量的占比要尽可能接近 0.5。

一种可行的办法就是找来一枚硬币，然后丢该硬币 10 万次，如果硬币出现正面对应的元素是 1，那么出现负面对应的元素就是 0，于是一次实验也就是丢了 10 万次硬币后，所得数组中元素 1 和 0 的数量占比就会尽可能接近 0.5。

假设找不到硬币，当前只有一个骰子，那如何实现相同的效果呢？做法是通过实验结果不断调整，例如先指定甩骰子后出现点 1 时就让元素取值 1，骰子出现其他值时让元素取值 0，如此丢 10 万次骰子后我们会发现 1 与 0 的数量比例是 1:5。

这个比例显然比 0.5 小，于是修改实验方法，让骰子出现点 1 和 2 时就使当前元素取值 1，其他情况取值 0，于是丢了 10 万次骰子后 1 和 0 的比率接近 2:4，显然该比率还是小于 0.5，于是再次改进实验方法，将骰子出现 1、2、3 时就让元素取值 1，其他情况取值 0，这次改进后丢 10 万次骰子所构造的向量元素中 1 和 0 的数量比例就非常接近 0.5。

该思想实验通俗地说明了推土距离。通过硬币投出的向量中 1 和 0 的比例对应随机变量 x，通过丢骰子所得的向量中 1 和 0 的比例对应随机变量 y，丢骰子时对应元素值 1 的情况出现的概率对应 P_y，丢硬币时对应元素 1 的情况出现的概率就是 P_x。

推土距离以量化的方式不断调整丢骰子的程序，使得它最终生成的向量中元素 1 和 0 的比率与丢硬币越来越相近。需要注意的是该实验有一个特性，那就是根本无须知道"标准向量"，也就是元素 1 和 0 比率接近 0.5 的向量是如何生成的。

只要拿到这样的向量，就可以通过不断调整丢骰子的方式，使得最终生成的向量具有给定性质。读者或许已经发现，丢骰子的过程类似于生成者网络。假设要训练网络生成人脸图像，正确的人脸图像对应思想实验中 0 和 1 数量比率为 0.5 的向量。

假设自然界存在一种类似于丢硬币的随机方法，该方法能以 99.99%的概率构造出一张人脸，就如同思想实验所展示的那样，不需要知道该方法的具体流程，而只需要拿到该方法所生成的人脸图像即可。

接下来发明一种随机方法，这就类似于丢骰子，然后根据该随机方法生成的结果与真实人脸图像计算推土距离，最后根据结果不断调整随机方法，直到随机方法生成的结果与自然界人脸生成的随机方法对应的推土距离足够小。

"发明的随机方法"其实就是生成者网络。在前面章节中讲过，生成者网络需要接收由正态分布生成的一维向量后才生成图像，这个一维向量对应思想实验中丢骰子所得结果，而生成者网络对所生成向量的计算对应思想实验中对丢骰子结果的解读。

正如在思想实验中，通过改变丢骰子结果的解读方式能生成 1 和 0 比率接近 1:1 的向量，通过调整生成者网络内部参数的方式就能实现生成者网络改进其输出，使得输出越来越接近人脸图像。

在思想实验中，改进依赖于结果向量中 0 和 1 的比值，而生成者网络改进其内部参数，使得它生成的数值对应的图像越来越像人脸则依赖于公式（17-8）。如果把生成者网络生成的图像当作 y，那么生成者网络对应的分布概率就是 P_y。

如果用 G 表示生成者网络，用 z 表示由正态分布随机采样获得的随机变量，那么 $y=G(z)$ 就是遵守概率 P_y 的随机变量。现在问题在于，不知道公式（17-8）中的联合概率分布 $\gamma(x, y)$，因此就无法直接通过公式（17-8）计算推土距离。下面讲解计算推土距离的算法。

2. 借助K-Lipschitz约束计算推土距离

如果找来 n 幅人脸图像，用来对应公式（17-8）中的 x，同时用生成者网络生成 n 幅图像，用来对应 y，虽然不知道联合概率分布 $\gamma(x, y)$，但可以知道 x 和 y，使得它能产生 n^2 个数值，也就是 $\gamma(x_1, y_1), \cdots, \gamma(x_1, y_n), \cdots, \gamma(x_n, y_1), \cdots, \gamma(x_n, y_n)$，使用 X 表示这些数值组成的向量。

同时公式（17-8）中的 $\|x-y\|$ 也对应 n^2 个数值，也就是 $\|x_1-y_1\|...\|x_n-y_n\|$，使用 C 来表示这些数值组成的向量，同时根据概率论对于联合概率分布 $\gamma(x, y)$，有 $\sum_y \gamma(x, y) = P_x(x)$，$\sum_y \gamma(x, y) = P_y(y)$。

如果把 $P_x(x_1)...P_x(x_n), P_y(y_1)...P_y(y_n)$ 总共 $2n$ 个数值当作向量 b，那么就有：

$$A \times X = b \tag{17-9}$$

其中，A 表示行数为 $2n$、列数为 n^2 的矩阵，它的元素如下所示：

$$A = \begin{bmatrix} 1,1\cdots 1 & 0,0\cdots 0 & \cdots & 0,0\cdots 0 \\ 0,0\cdots 0 & 1,1\cdots 1 & \cdots & 0,0\cdots 0 \\ \cdots & \cdots & \cdots & \cdots \\ 0,0\cdots 0 & 0,0\cdots 0 & \cdots & 1,1\cdots 1 \end{bmatrix} \tag{17-10}$$

其中，第一行的前 n 个元素全是 1，其余全是 0，第二行从第 $n+1$ 到 $2n$ 个元素全是 1，其他全是 0，以此类推。由此公式（17-8）就转换成一个线性规划系统：

$$\min(z = C^T \times X)$$
$$AX = b \tag{17-11}$$
$$X \geqslant 0$$

根据线性规划理论，公式（17-11）存在一个对应的等价形式：

$$\max(\bar{z} = b^T \times y)$$
$$A^T y \leqslant c \tag{17-12}$$

不难看出，如果能解出线性系统公式（17-11）中的最小值 z，那么该值就对应公式（17-8）中的推土距离。通常情况下系统公式（17-11）很难求解，但是系统公式（17-12）则容易求解，一旦解开系统公式（17-12），则它对应的 $\bar{z}$ 就是系统公式（17-11）的 z。

在公式（17-12）中，向量 y 含有 $2n$ 个元素，如果假设它的前 n 个元素由一个连续可导函数 $f(x)$ 在接收 $x_1, x_2, \cdots, x_n$ 后所得，也就是 y 的前 n 个值为 $f(x_1), f(x_2), \cdots, f(x_n)$，并且假设 y 的后 n 个值是一个连续可导函数接收 $y_1, y_2, \cdots, y_n$ 后所得，也就是 y 的后 n 个值为 $g(y_1), g(y_2), \cdots, g(y_n)$。

于是根据公式（17-12）的约束条件 $A^T y \leqslant c$，就有 $f(x_i) + g(y_j) \leqslant \|x_i - y_j\|$，如果 $x_i = y_j = x$，就有 $f(x) + g(x) \leqslant 0 \rightarrow g(x) \leqslant -f(x)$，则将公式（17-12）中的目标函数 $\overline{z} = b^T \times y$ 展开如下：

$$\sum_{i=1}^{n} P_x(x_i) \times f(x_i) + \sum_{i=1}^{n} P_y(y_i) \times g(y_i) = \sum_{i=1}^{n} P_x(x_i) \times f(x_i) + P_y(y_i) \times g(y_i) \quad (17\text{-}13)$$

由于 $P_x(x_i), P_y(y_j) \geqslant 0$，因此 $g(y_i)$ 取值越大，就能让目标 $\overline{z}$ 越大。于是在 $g(x) \leqslant -f(x)$ 的约束下，选取 $g(x) = -f(x)$ 就能让目标函数取得更大值。由于函数 $f(x)$ 和 $g(x)$ 是构造的函数，因此能在满足 $g(x) = -f(x)$ 的同时满足约束条件 $A^T y \leqslant c$。

于是有：

$$f(x_i) + g(y_j) \leqslant \|x_i - y_j\| \rightarrow f(x_i) - f(y_j) \leqslant \|x_i - y_j\| \quad (17\text{-}14)$$

根据概率分布 P_x 随机抽样得到的结果 x 可以是任何可能的图像，只不过图像是人脸的概率很高而已，因此 x 同样有概率取值为 y_j，同理生成者网络也有一定的概率使得它生成的结果 y 正好是 x_i，出现这种情况的概率就是 $\gamma(x = y_j, y = x_i)$。

此时必然要满足：

$$f(x = y_j) + g(y = x_i) \leqslant \|y_j - x_i\| \rightarrow f(y_j) - f(x_i) \leqslant \|y_j - x_i\| \quad (17\text{-}15)$$

由于有 $\|y_j - x_i\| = \|x_i - y_j\|$，代入公式（17-15）有：

$$f(y_j) - f(x_i) \leqslant \|x_i - y_j\| \rightarrow f(x_i) - f(y_j) \geqslant -\|x_i - y_j\| \quad (17\text{-}16)$$

结合公式（17-14）和公式（17-16）有：

$$\left| \frac{f(x_i) - f(x_j)}{\|x_i - y_j\|} \right| \leqslant 1 \quad (17\text{-}17)$$

公式（17-17）不正说明函数 $f(x)$ 必须是一个 1-Lipschitz 函数吗？由此公式（17-12）的目标函数就变成：

$$\max(\overline{z} = \sum_{i=1}^{n} P_x(x_i) f(x_i) - \sum_{j=1}^{n} P_y(y_j) \times f(y_j)) = \max(E_{x \sim P_x}[f(x)] - E_{y \sim P_y}[f(y)]) \quad (17\text{-}18)$$

如果使用鉴别者网络来模拟函数 $f(x)$，那么公式（17-18）就正好对应 17.2.2 小节中鉴别者网络对应的损失函数。这也是为何在 17.3.2 小节中使用 WGAN_GP 算法能让网络产生更好质量图像的原因，是因为推土距离公式（17-18）能算得更准确，于是生成者网络训练的效果就更好。

最后提一下 n 的取值，如果要生成的图像规格为 (128,128,3)，一个 RGB 像素点取值的所有可能情况是 256^3，所以对于规格为 (128,128,3) 的图像，总共可以展现的情况是 $256^{3 \times 128 \times 128}$

种，因此这里推导中的 n 就对应该值，并且 x_i, y_j 可以取值这么多种情况中的任何一种。

3. Spectral norm算法原理

从前面可以看出，如果要想精确计算推土距离，就必须要让鉴别者网络所模拟的函数 $f(x)$ 尽可能具备 1-Lipschitz 特性，Spectral norm 算法正是要做到这点。Spectral norm 针对矩阵而言，其定义如下：

$$\|A\| = \max_{x \neq 0}(\frac{\|Ax\|}{\|x\|}) \tag{17-19}$$

公式（17-19）中的 A 是一个矩阵，由于有 $\left\|\frac{x}{\|x\|}\right\| = \frac{\|x\|}{\|x\|} = 1$，因此公式（17-19）可以转换为：

$$\|A\| = \max_{x \neq 0}(\frac{\|Ax\|}{\|x\|}) \to \|A\| = \max_{\|x\|=1} \|Ax\| \tag{17-20}$$

因此 Spectral norm 也称为 matrix norm，它表示用一个模为 1 的向量与矩阵 A 相乘后所得结果向量的模最大取值。下面看看如何根据公式（17-19）计算矩阵模，因为有：

$$\frac{\|Ax\|^2}{\|x\|^2} = \frac{\langle (Ax)^T, AX \rangle}{\langle x^T, x \rangle} = \frac{x^T A^T A x}{x^T x} = \frac{x^T S x}{x^T x} \tag{17-21}$$

其中 $S = A^T A$ 是一个对称矩阵，根据线性代数中的奇异值分解定理，任何 $m \times n$ 的矩阵 A 都可以分成 3 个矩阵的乘积：

$$A = US'V^T \tag{17-22}$$

其中，U 是一个正交矩阵，它的每一列是矩阵 AA^T 的特征向量，同时矩阵 V 也是一个正交矩阵，它的每一列是矩阵 $A^T A$ 的特征向量，由于 AA^T 和 $A^T A$ 拥有相同的特征值 $\lambda_1, \lambda_2, \cdots, \lambda_t, t \leq \min(m,n)$，于是矩阵 S' 为：

$$S' = \begin{bmatrix} \sqrt{\lambda_1} & & & \\ & \sqrt{\lambda_2} & & \\ & & \ddots & \\ & & & 0 \end{bmatrix} \tag{17-23}$$

也就是说，S 是个对角矩阵，除了中心线上的元素为矩阵 A 的特征值的开方外，其他元素全都是 0，注意如果 A 是一个对称矩阵，那么 $AA^T = A^T A$，于是就有 $S=V$，统一用 Q 来表示这两个矩阵，对于任何矩阵 A，$A^T A$ 为对称矩阵，于是有：

$$A^T A = QS'Q^T \tag{17-24}$$

把公式（17-24）代入公式（17-21）有：

$$\frac{x^T S x}{x^T x} = \frac{x^T QS'Q^T x}{x^T x} \tag{17-25}$$

注意到 Q 是 $n×n$ 的正交矩阵，因此它包含 n 个线性无关的列向量，因此任意包含 n 个元素的向量都可以由这些列向量线性表示，也就是对任意含有 n 个元素的向量 x，可以找到包含 n 个元素不为 0 的向量 c，使得 $x=Qc$，由此使用 Qc 代入公式（17-25）有：

$$\frac{x^{\mathrm{T}}QS'Q^{\mathrm{T}}x}{x^{\mathrm{T}}x}=\frac{c^{\mathrm{T}}Q^{\mathrm{T}}QS'Q^{\mathrm{T}}Qc}{c^{\mathrm{T}}Q^{\mathrm{T}}Qc}=\frac{c^{\mathrm{T}}S'c}{c^{\mathrm{T}}c}=\frac{\lambda_1 c_1^2+\cdots+\lambda_n c_n^2}{c_1^2+\cdots+c_n^2}$$

$$=\sum_{i=1}^{n}\lambda_i\times\frac{c_i^2}{c_1^2+\cdots+c_n^2}\leqslant\max(\lambda_i)$$

（17-26）

公式（17-26）的推导得到了 Q 是正交矩阵，因此有 $Q^{\mathrm{T}}Q=1$。因为不是一般性让 $\lambda_1=\max(\lambda_i)$，于是有：

$$\max_{\|x\|>0}(\frac{\|Ax\|}{\|x\|})=\max_{\|x\|>0}(\sqrt{(\frac{\|Ax\|}{\|x\|})^2})=\sqrt{\lambda_1}$$

（17-27）

由于 λ_1 是 $A^{\mathrm{T}}A$ 的最大特征值，同时它也是 A 的最大特征值的平方，这意味着 A 的 Spectral norm 就是公式（17-27）中的 $\sqrt{\lambda_1}$。现在问题转换为要计算矩阵 A 的 Spectral norm，就得计算 $A^{\mathrm{T}}A$ 的最大特征值。根据特征值和特征向量的定义，如果向量 v_i 是矩阵 $A^{\mathrm{T}}A$ 的特征向量，同时 λ_i 是对应的特征值，因此有：

$$(A^{\mathrm{T}}A)v_i=\lambda_i v_i$$

（17-28）

同时又因为 n 个特征向量与线性无关，因此任何包含 n 个元素的向量 u 都可以转换成 n 个特征向量的线性组合，也就是有：

$$u_0=c_1\lambda_1+\cdots+c_n\lambda_n$$

（17-29）

由此做如下迭代：

$$u_{k+1}=(A^{\mathrm{T}}A)u_k$$
$$u_k=(A^{\mathrm{T}}A)^k u_0=c_1(A^{\mathrm{T}}A)^k v_1+\cdots+c_n(A^{\mathrm{T}}A)^k v_n=c_1\lambda_1^k v_1+\cdots+c_n\lambda_n^k v_n$$
$$=c_1\lambda_1^k[v_1+\frac{c_2}{c_1}(\frac{\lambda_2}{\lambda_1})^k+\cdots+\frac{c_n}{c_1}(\frac{\lambda_n}{\lambda_1})^k]$$

（17-30）

由于默认 $\lambda_1=\max(\lambda_i)$，因此 $\frac{\lambda_j}{\lambda_1}<1, j>1, (\frac{\lambda_j}{\lambda_1})^k\to 0, k\to\infty$，所以当公式（17-30）对应的迭代次数足够多时可以得到 $u_{k+1}=c_1\lambda_1^k v_1$，稍微做个变换就有 $b_{k+1}=\frac{u_{k+1}}{\|u_{k+1}\|}=\frac{v_1}{\|v_1\|}$，于是有 $\lambda_1=\langle b_{k+1}, Ab_{k+1}\rangle=b_{k+1}^{\mathrm{T}}(Ab_{k+1})=(\frac{v_1}{\|v_1\|})^{\mathrm{T}}\lambda_1(\frac{v_1}{\|v_1\|})=\lambda_1$，于是通过公式（17-30）所示的迭代法就可以快速地计算矩阵 A 对应的 Spectral norm。

Spectral norm 与 1-Lipschitz 约束具有紧密联系。如果 $f(x)=Ax$，那么对应的 1-Lipschitz 的约束就是 $\left|\frac{Ax_1-Ax_2}{\|x_1-x_2\|}\right|\leqslant 1\to\left|\frac{A(x_1-x_2)}{\|x_1-x_2\|}\right|\leqslant 1\to\max_{\|t\|\geqslant 0}(\frac{At}{\|t\|})\leqslant 1$，这意味着对于形如 $f(x)=Ax$

的函数，它要满足 1-Lipschitz 约束，只要矩阵 A 的 Spectral norm 不大于 1 即可。

在前面提到，使用鉴别者网络来模拟推土距离计算的函数 $f(x)$，神经网络由多层网络层组成，数据 x 经过一层网络时其运算流程就是使用一个矩阵 A 与 x 相乘，然后再对结果执行一次激活运算。

所以一次网络层运算可以表达为 $a(Ax)$，其中 a 表示对应的激活函数。而鉴别者网络由多个网络层组成，因此它的运行流程其实是多个网络层运算的间套，如果使用 $f(x,\theta)$ 表示神经网络对输入数据 x 的运算，那么就有：

$$f(x,\theta) = W^{L+1} a^L (W^L a^{L-1}(W^{L-1} \cdots (a^1(W^1 x)) \cdots)) \qquad (17\text{-}31)$$

W^L 表示第 L 层网络运算，a^L 表示第 L 层网络使用的激活运算。这里需要了解一下间套函数在满足 1-Lipschitz 约束时的性质。对于间套函数 $f(g(x))$，如果满足 1-Lipschitz 约束，那么就有：

$$\left| \frac{f(g(x_1)) - f(g(x_2))}{\|x_1 - x_2\|} \right| \leqslant 1 \rightarrow \left| \frac{f(g(x_1)) - f(g(x_2))}{\|g(x_1) - g(x_2)\|} \right| \times \left| \frac{g(x_1) - g(x_2)}{\|x_1 - x_2\|} \right| \leqslant 1 \qquad (17\text{-}32)$$

如果定义 $\|f(x)\|_L = \left| \dfrac{f(x_1) - f(x_x)}{\|x_1 - x_2\|} \right|$，那么函数 $f(x,\theta)$ 要满足 1-Lipschitz 约束就必须有：

$$\|W^{L+1} x\| \|a^L(x)\|_L \times \cdots \times \|a^1(x)\|_L \times \|W^1 x\|_L \qquad (17\text{-}33)$$

在神经网络中使用的激活函数都是 RELU 或 LeakyRELU，这些激活函数自动满足 1-Lipschitz 约束，也就是 $\|a^L(x)\|_L = 1$，因此 $f(x,\theta)$ 要满足 1-Lipschitz 就有：

$$\|W^{L+1} x\|_L \times \cdots \times \|W^1 x\|_L \leqslant 1 \qquad (17\text{-}34)$$

前面已经论证过 $\|W^{L+1} x\|_L$ 小于或等于矩阵 W^{L+1} 的 Spectral norm，也就是它的最大特征值的开方，如果用 σ^L 表示该值，那么做如下变换：

$$\left\| (\frac{W^{L+1}}{\sigma^{L+1}}) x \right\|_L \leqslant 1 \qquad (17\text{-}35)$$

因此要想让 $f(x,\theta)$ 满足 1-Lipschitz 约束，那么只要将每个 W^L 做公式（17-35）所示的运算即可。

17.8.3　用代码实现自关注网络

本小节将前面章节描述的算法原理用代码实现。首先完成 Self Attention 机制，代码如下：

```
def hw_flatten(x):                          #将图像的宽和高相乘变成一个维度
    x_shape = tf.shape(x)
    return tf.reshape(x, [x_shape[0], -1, x_shape[-1]]) #(batch_size, width*height, channels)
```

第17章 使用TensorFlow 2.x实现生成型对抗性网络

```python
class SelfAttention(tf.keras.Model):
    def __init__(self, number_of_filters, dtype=tf.float32):
        super(SelfAttention, self).__init__()
        self.f = tf.keras.layers.Conv2D(number_of_filters//8, 1, kernel_constraint = Spectral_Norm(),
                                        strides=1, padding='SAME', name="f_x",
                                        activation=None, dtype=dtype) #卷积运算1
        self.g = tf.keras.layers.Conv2D(number_of_filters//8, 1, kernel_constraint = Spectral_Norm(),
                                        strides=1, padding='SAME', name="g_x",
                                        activation=None, dtype=dtype) #卷积运算2
        self.h = tf.keras.layers.Conv2D(number_of_filters, 1, kernel_constraint = Spectral_Norm(),
                                        strides=1, padding='SAME', name="h_x",
                                        activation=None, dtype=dtype) #卷积运算3
        #变量r
        self.gamma = tf.Variable(0., dtype=dtype, trainable=True, name="gamma")
        self.flatten = tf.keras.layers.Flatten()
    def call(self, x):
        f = self.f(x)
        g = self.g(x)
        h = self.h(x)
        f_flatten = hw_flatten(f)
        g_flatten = hw_flatten(g)
        h_flatten = hw_flatten(h)
        s = tf.matmul(g_flatten, f_flatten, transpose_b=True) # [B,N,C] * [B,N,C] = [B, N, N]
        b = tf.nn.softmax(s, axis=-1)
        o = tf.matmul(b, h_flatten)                            #获取每个像素点的贡献率
        y = self.gamma * tf.reshape(o, tf.shape(x)) + x
        return y
```

接下来介绍实现Spectral norm的算法原理:

```python
from tensorflow.keras import initializers
import tensorflow.keras.backend as K
from tensorflow.keras.constraints import Constraint
def l2_normalize(x, eps=1e-12):
    return x / tf.linalg.norm(x + eps)
POWER_ITERATIONS = 1
class Spectral_Norm(Constraint):
    def __init__(self, power_iters=POWER_ITERATIONS):
        self.n_iters = power_iters
        self.build = False
    def __call__(self, w):
        flattened_w = tf.reshape(w, [w.shape[0], -1]) #将高维矩阵转为二维矩阵
        if self.build == False:
            self.u = tf.random.normal([flattened_w.shape[0]])
            self.v = tf.random.normal([flattened_w.shape[1]])
            self.build = True
        for i in range(self.n_iters):                           #一次循环相当于$A^2 * u$
            self.v = tf.linalg.matvec(tf.transpose(flattened_w), self.u) #A_T * u
            self.v = l2_normalize(self.v)
            self.u = tf.linalg.matvec(flattened_w, self.v)   #A*A_T*u
            self.u = l2_normalize(self.u)
```

```
            sigma = tf.tensordot(self.u, tf.linalg.matvec(flattened_w, self.v),
axes=1)
            return w / tf.sqrt(sigma)
        def get_config(self):
            return {'n_iters': self.n_iters}
```

值得注意的是，Spectral norm 算法要作用到网络层运算对应的矩阵上。回顾前面的 Self Attention 代码的实现可以发现，在调用卷积运算 Conv2D 时输入一个特定参数 kernel_constraint = Spectral_Norm()。

当卷积运算开始时，接口会将其运算矩阵传入代码实现的 Spectral_Norm 类并调用其 __call__ 接口，这样就能对网络层运算所对应的矩阵实现 Spectral norm 算法。接下来要做的是对训练数据进行预处理：

```
import torch
import torchvision.datasets as dsets
from torchvision import transforms
class Data_Loader():                          #加载训练数据并做预处理
    def __init__(self, image_path, image_size, batch_size, shuf=True):
        self.path = image_path
        self.imsize = image_size
        self.batch = batch_size
        self.shuf = shuf
    def transform(self, resize, totensor, normalize, centercrop):
        options = []
        if centercrop:
            options.append(transforms.CenterCrop(160))
        if resize:
            options.append(transforms.Resize((self.imsize,self.imsize)))
        if totensor:
            options.append(transforms.ToTensor())
        if normalize:
            options.append(transforms.Normalize((0.5, 0.5, 0.5), (0.5, 0.5, 0.5)))
        transform = transforms.Compose(options)
        return transform
    def load_celeb(self):
        transforms = self.transform(True, True, True, True)
        dataset = dsets.ImageFolder(self.path, transform=transforms)
        return dataset


    def loader(self):
        dataset = self.load_celeb()
        loader = torch.utils.data.DataLoader(dataset=dataset,
                                             batch_size=self.batch,
                                             shuffle=self.shuf,
                                             num_workers=2,
                                             drop_last=True)
        return loader
import matplotlib.pyplot as plt
```

```
data_loader = Data_Loader("/content/sample_data/", 64,
                          64, shuf= True)          #加载数据并做图像预处理
loader = data_loader.loader()
data_iter = iter(loader)
images , _ = next(data_iter)
image_batch = images.detach().numpy()
image_batch = np.reshape(image_batch,(-1, 64, 64, 3))
#预处理的目的是将人脸形状更鲜明地勾勒出来
plt.imshow((image_batch[0] + 1.) / 2.)
plt.show()
```

用代码实现处理加载训练数据外还会对数据做预处理,其目的是将图像中的形状鲜明地勾勒出来以便网络更好地识别图像特征。代码运行结果如图 17-33 所示。

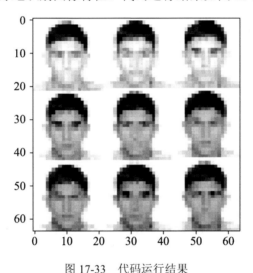

图 17-33　代码运行结果

接下来使用代码构建生成者网络和鉴别者网络并启动训练流程:

```
import glob
import imageio
import matplotlib.pyplot as plt
import numpy as np
import os
import PIL
from tensorflow.keras import layers
import time
from IPython import display
from torchvision.utils import save_image
import cv2
BUFFER_SIZE = 6000
BATCH_SIZE = 256
EPOCHS = 10000
class Model():
    def __init__(self):
```

```python
        self.model = tf.keras.Sequential()
        self.trainable_variables = None
    def __call__(self, x, training = True):
        return self.model(x, training)
    def save_weights(self, path):
        self.model.save_weights(path)
    def load_weights(self, path):
        self.model.load_weights(path)
class generator(Model):
    def __init__(self, image_size=64, z_dim=128, filters=64, kernel_size=4):
        super(generator, self).__init__()
        self.model.add(tf.keras.layers.Reshape((1, 1, z_dim)))
        repeat_num = int(np.log2(image_size)) - 1
        mult = 2 ** (repeat_num - 1)
        curr_filters = filters * mult
        for i in range(3):
            curr_filters = curr_filters // 2
            strides = 4 if i == 0 else 2
            self.model.add(tf.keras.layers.Conv2DTranspose(filters=curr_
filters,
                           kernel_size=kernel_size,
                           strides=strides,
                           padding='same',
                           kernel_constraint = Spectral_Norm(),
                           ))
            self.model.add(tf.keras.layers.BatchNormalization())
            self.model.add(tf.keras.layers.ReLU())
        self.model.add(SelfAttention(128))
        for i in range(repeat_num - 4):
            curr_filters = curr_filters // 2
            self.model.add(tf.keras.layers.Conv2DTranspose(filters=curr_
filters,
                           kernel_size=kernel_size,
                           strides=2,
                           padding='same'
                           ,kernel_constraint = Spectral_Norm()))
            self.model.add(tf.keras.layers.BatchNormalization())
            self.model.add(tf.keras.layers.ReLU())
        self.model.add(tf.keras.layers.Conv2DTranspose(filters=3,
                       kernel_size=kernel_size,
                       strides=2,
                       padding='same'
                       ,kernel_constraint = Spectral_Norm()
                       ))
        self.model.add(tf.keras.layers.Activation('tanh'))
    def create_variables(self, z_dim):
        x = np.random.normal(0, 1, (1, z_dim))
        x = self.model(x)
        self.trainable_variables = self.model.trainable_variables
```

```python
class discriminator(Model):
    #鉴别者网络的卷积层规格为(32, 64,128, 128)
    def __init__(self, image_size=64, filters=64, kernel_size=4):
        super(discriminator, self).__init__()
        curr_filters = filters
        for i in range(3):
            curr_filters = curr_filters * 2
            self.model.add(tf.keras.layers.Conv2D(filters=curr_filters,
                        kernel_size=kernel_size,
                        strides=2,
                        padding='same'
                        ,kernel_constraint = Spectral_Norm()))
            self.model.add(tf.keras.layers.LeakyReLU(alpha=0.1))
        self.model.add(SelfAttention(512))
        for i in range(int(np.log2(image_size)) - 5):
            curr_filters = curr_filters * 2
            self.model.add(tf.keras.layers.Conv2D(filters=curr_filters,
                        kernel_size=kernel_size,
                        strides=2,
                        padding='same'
                        ,kernel_constraint = Spectral_Norm()))
            self.model.add(tf.keras.layers.LeakyReLU(alpha=0.1))
        self.model.add(tf.keras.layers.Conv2D(filters=1, kernel_size=4
                        ,kernel_constraint = Spectral_Norm()))
        self.model.add(tf.keras.layers.Flatten())
    def create_variables(self):           #必须要调用一次call网络才会实例化
        dummy = np.random.normal(0, 1, (64, 64, 3))
        x = np.expand_dims(x_train[0][0][0], axis = 0)
        self.model(x)
        self.trainable_variables = self.model.trainable_variables
class GAN():
#接下来看网络训练流程的实现
    def __init__(self, z_dim):
        self.epoch = 0
        self.z_dim = z_dim                  #关键向量的维度
        #设置生成者网络和鉴别者网络的优化函数
        self.discriminator_optimizer = tf.optimizers.Adam(learning_rate=
0.0004,
                                            beta_1=0, beta_2=0.9)
        self.generator_optimizer = tf.optimizers.Adam(learning_rate=
0.0001,
                                            beta_1=0, beta_2=0.9)
        self.generator = generator()
        self.generator.create_variables(z_dim)
        self.discriminator = discriminator()
        self.discriminator.create_variables()
        self.seed = tf.random.normal([16, z_dim])
        self.discriminator_grad_norm = 0
        self.data_iter = iter(loader)
```

```python
    def generator_hinge_loss(self, fake_output):
        return -1 * tf.reduce_mean(fake_output)
    def discriminator_hinge_loss(self, real_output, fake_output):
        loss = tf.reduce_mean(tf.nn.relu(1. - real_output))
        loss += tf.reduce_mean(tf.nn.relu(1. + fake_output))
        return loss
    def train_discriminator(self, image_batch):
        '''
        训练鉴别者网络分为两步：首先输入正确的图像，让网络有识别正确图像的能力；然后使
用生成者网络构造图像，并告知鉴别者网络图像为假，让网络具有识别生成者网络伪造图像的能力
        '''
        with tf.GradientTape(persistent=True, watch_accessed_variables=False) as tape:      #只修改鉴别者网络的内部参数
            tape.watch(self.discriminator.trainable_variables)
            noise = tf.random.normal([len(image_batch), self.z_dim])
            true_logits = self.discriminator(image_batch, training = True)
            #让生成者网络根据关键向量生成图像
            gen_imgs = self.generator(noise, training = True)
            fake_logits = self.discriminator(gen_imgs, training = True)
            discriminator_loss = self.discriminator_hinge_loss(true_logits, fake_logits)
            with tf.GradientTape(watch_accessed_variables=False) as iterploted_tape:            #注意此处是与WGAN的主要差异
                #生成[0,1]区间的随机数
                t = tf.random.uniform(shape = (len(image_batch), 1, 1, 1))
                interploted_imgs = tf.add(tf.multiply(1 - t, image_batch), tf.multiply(t, gen_imgs))        #获得真实图像与虚假图像中间的差值
                iterploted_tape.watch(interploted_imgs)
                interploted_loss = self.discriminator(interploted_imgs)
            interploted_imgs_grads = iterploted_tape.gradient(interploted_loss, interploted_imgs)       #针对差值求导
            grad_norms = tf.norm(interploted_imgs_grads)
            self.discriminator_grad_norm = grad_norms
            #确保差值求导所得的模不超过1
            penalty = 10 * tf.reduce_mean((grad_norms - 1) ** 2)
            #penalty 对应 WGAN_GP 中的 GP
            d_loss = discriminator_loss #+ penalty
        grads = tape.gradient(d_loss , self.discriminator.trainable_variables)
        self.discriminator_optimizer.apply_gradients(zip(grads, self.discriminator.trainable_variables))            #改进鉴别者网络的内部参数
    def train_generator(self, batch_size):          #训练生成者网络
        '''
        训练生成者网络的目的是让它生成的图像尽可能通过鉴别者网络的审查
        '''
        with tf.GradientTape(persistent=True,watch_accessed_variables=False) as tape:      #只能修改生成者网络的内部参数，而不能修改鉴别者网络的内部参数
            tape.watch(self.generator.trainable_variables)
```

```
            noise = tf.random.normal([batch_size, self.z_dim])
            #生成伪造的图像
            gen_imgs = self.generator(noise, training = True)
            d_logits = self.discriminator(gen_imgs,training = True)
            g_loss = self.generator_hinge_loss(d_logits)#-tf.multiply
(tf.ones_like(d_logits), d_logits)          #将标签设置为-1
            #调整生成者网络的内部参数，使得它生成的图像尽可能通过鉴别者网络的识别
            grads = tape.gradient(g_loss, self.generator.trainable_variables)
            self.generator_optimizer.apply_gradients(zip(grads, self.generator.
trainable_variables))
        def train_step(self):
            try:
                images , _ = next(self.data_iter)
            except StopIteration:
                self.data_iter = iter(loader)
                images, _ = next(self.data_iter)
            image_batch = images.detach().numpy()
            image_batch = np.reshape(image_batch,(-1, 64, 64, 3))
            self.train_discriminator((image_batch + 1.) / 2. )
            self.train_generator(len(image_batch))
        def train(self, epochs, run_folder):            #启动训练流程
          for epoch in range(EPOCHS):
                start = time.time()
                self.epoch = epoch
                self.train_step()
                if self.epoch % 10 == 0:
                    display.clear_output(wait=True)
                    self.sample_images(run_folder)    #将生成者构造的图像绘制出来
                    self.save_model(run_folder)       #存储两个网络的内部参数
                    print("time for epoc:{} is {} seconds, with discrinimator
grad norm: {}".format(epoch, time.time() - start,
self.discriminator_grad_norm))
        def sample_images(self, run_folder):          #绘制生成者网络构建的图像
            predictions = self.generator(self.seed)
            samples = (predictions + 1.) / 2.
            plt.imshow(((predictions[0] + 1.) / 2.))
            if self.epoch % 1000 == 0:
                save_image(torch.from_numpy(np.reshape(samples, (-1, 3, 64,
64))),
                    '/content/sample_data/samples/fake_{}.png'.format
(self.epoch))
          plt.show()
        def save_model(self, run_folder):             #保持网络的内部参数
            self.discriminator.save_weights(os.path.join(run_folder,
'discriminator_attn_spectral_norm.h5'))
            self.generator.save_weights(os.path.join(run_folder, 'generator_
attn_celeba_spectral_norm.h5'))
        def load_model(self, run_folder):
            self.discriminator.load_weights(os.path.join(run_folder,
```

```
'discriminator_attn_celeba_spectral_norm.h5'))
        self.generator.load_weights(os.path.join(run_folder, 'generator_
attn_celeba_spectral_norm.h5'))
gan = GAN(z_dim = 128)
#gan.load_model('/content/drive/My Drive/WGAN-SN/checkpoints')
gan.train(epochs = EPOCHS, run_folder = '/content/drive/My Drive/WGAN-SN/
checkpoints')
```

执行代码训练网络后,在给定的文件夹内会存储生成者网络构建的人脸图像。笔者运行代码所得结果,如图 17-34 所示。

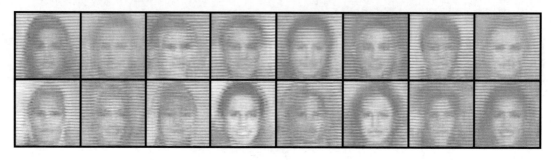

图 17-34　网络训练输出结果

从图 17-34 可以看出,网络经过训练后能比较好地抓住人脸的结构特征,在人脸形状和面部特征的把握上有不错的表现。完整代码请参看配书资源中的"第 17 章 SelfAttention-SpectralNorm.ipynb"。

17.9　实现黑白图像自动上色

不久前一项人工智能技术在网络上引起了一阵喧嚣。有人使用 AI 自动上色技术为百年前拍摄的黑白影片实现自动上色,这使得百年前的生活场景再次活灵活现地展现在现代人的眼前。AI 技术让现代人有机会领略到前人的生活风貌。本节就黑白图像自动上色技术的原理进行详细探讨。

17.9.1　算法的基本原理

图像上色是 AI 算法领域的一大难题,难就难在它没有"标准答案"。因为一个物体的颜色存在多种合理的可能,例如一条裙子可以将其绘制成红色,也可以绘制成蓝色,正是因为这种多样性的存在,使得算法的设计要思考的因素过多,难度较大。

很多自动上色技术需要人的干预。特别是算法无法确定某个具体颜色时,它需要人帮助它选择,因此以往的算法很难做到全面自动化,也就是不能完全排除人的干预。本节要介绍的算法其特性就在于能完全避免人的干预,从而实现自动化上色,并且上色质量能得以保证。

先看算法的逻辑框架,如图 17-35 所示。

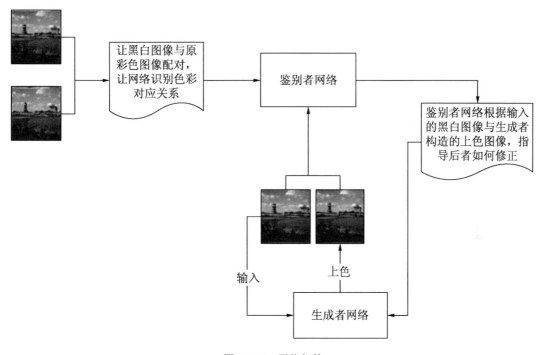

图 17-35　网络架构

从图 17-35 可以看到,这次要构造的网络与以往有所区别。鉴别者网络需要同时输入两幅图像,一幅是黑白图像,一幅是原来的彩色图像,这种网络也叫条件网络,黑白图像也叫前置条件。鉴别者网络在识别彩色图像时要基于黑白图像所提供的信息。

算法的基本思路是,先将彩色图像与它对应的黑白图像配对,输入鉴别者网络,让网络识别图像中物体在真实情况下的色彩规律,然后将黑白图像输入生成者网络,让它产生图像对应的彩色模式。

将黑白图像和生成者网络产生的彩色图像同时输入鉴别者网络。由于后者已经训练得能识别各种物体对应的颜色规律,于是它能识别出生成者网络给物体上色时产生的错误,算法将错误信息返回给生成者网络并进行修改和纠正,于是在不断的循环中,生成者网络上色技巧越来越好,直到鉴别者网络很难识别为止。

17.9.2　网络内部结构设计

生成者网络内部结构采用前面用到的 U-net 模型,它的结构如图 17-36 所示。

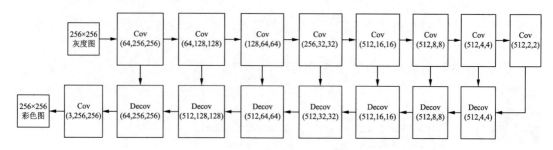

图 17-36 生成者网络结构

从图 17-36 可以看出，生成者网络接收 256×256 的灰度图作为输入，然后使用 8 个卷积网络去识别输入图像中的物体规律，然后使用 8 个反卷积网络，根据识别的信息对图像进行复原，在复原过程中会设置每个像素对应的色彩，从而实现图像上色。

此过程要用到前面描述过的 U-net 架构，也就是对应的卷积网络将它识别的信息直接传递给其对应的反卷积网络，这样后者就能拿到卷积网络识别时的图像信息并掌握图像中对应物体的形状特性，从而提升像素点颜色赋值的准确性。

接下来看鉴别者网络的结构，如图 17-37 所示。

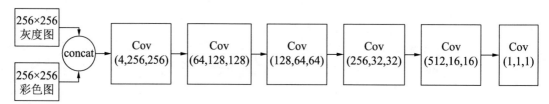

图 17-37 鉴别者网络的结构

从图 17-37 可以看出，在训练鉴别者网络时，算法先将图像对应的灰度图和原来的彩色图结合成一个二维数组，然后鉴别者网络使用多层卷积网络识别结合后的数组，由此识别出图像中物体与其原有颜色存在的逻辑联系。

最后输出一个结果，如果彩色图是灰度图的正确着色，它返回的值就尽可能大，如果灰度图与着色的彩色图不匹配，它返回的值要尽可能小。于是算法训练鉴别者网络在接收灰度图与正确的彩色图配对时返回的值要尽可能大；当灰度图与生成者网络构造的彩色图配对时，其返回数值要尽可能小。

在训练生成者网络时，要让其生成的彩色图与对应的灰度图结合后输入鉴别者网络，后者输出的值尽可能大。当生成者网络构造的彩色图像输入鉴别者网络所得结果越大，则说明生成者网络上色的图像对应的质量就越好。

17.9.3 代码实现

本节使用代码实现前面两节描述的算法原理及网络结构，同时驱动训练流程，使得生成者网络具备对给定灰度图正确上色的能力。首先使用代码构造生成者和鉴别者网络：

```python
class generator(tf.keras.Model):
    def __init__(self, encoder_kernel, decoder_kernel):
        super(generator, self).__init__()
        self.encoder_kernels = encoder_kernel          #对应卷积层的参数
        self.decoder_kernels = decoder_kernel          #对应反卷积层的参数
        self.kernel_size = 4
        self.output_channels = 3                        #最终输出RGB颜色的图像
        self.left_size_layers = []
        self.right_size_layers = []
        self.last_layers = []
        self.create_network()
    def create_network(self):                           #构建生成者网络
        #设立卷积层，识别输入图像规律
        for index, kernel in enumerate(self.encoder_kernels):
            down_sample_layers = []
            down_sample_layers.append(tf.keras.layers.Conv2D(
                kernel_size = self.kernel_size,
                filters = kernel[0],
                strides = kernel[1],
                padding = 'same'
            ))
            down_sample_layers.append(tf.keras.layers.BatchNormalization())
            down_sample_layers.append(tf.keras.layers.LeakyReLU())
            self.left_size_layers.append(down_sample_layers)
        #设立反卷积层，实现像素点颜色赋值
        for index, kernel in enumerate(self.decoder_kernels):
            up_sample_layers = []
            up_sample_layers.append(tf.keras.layers.Conv2DTranspose(
                kernel_size = self.kernel_size,
                filters = kernel[0],
                strides = kernel[1],
                padding = 'same'
            ))
            up_sample_layers.append(tf.keras.layers.BatchNormalization())
            up_sample_layers.append(tf.keras.layers.ReLU())
            self.right_size_layers.append(up_sample_layers)

        self.last_layers.append(tf.keras.layers.Conv2D(
            kernel_size = 1,
            filters = self.output_channels,
            strides = 1,
            padding = 'same',
            activation = 'tanh'
        ))                                              #生成彩色图像
    def call(self, x):
        x = tf.convert_to_tensor(x, dtype = tf.float32)
        left_layer_results = []
        for layers in self.left_size_layers:
            for layer in layers:
                x = layer(x)
            left_layer_results.append(x)
        left_layer_results.reverse()
```

```python
            idx = 0
            x = left_layer_results[idx]
            for layers in self.right_size_layers:
                #将对应的卷积层输出直接提交给对应的反卷积层
                conresponding_left = left_layer_results[idx + 1]
                idx += 1
                for layer in layers:
                    x = layer(x)
                x = tf.keras.layers.concatenate([x, conresponding_left])
            for layers in self.last_layers:
                x = layers(x)
            return x
        def create_variables(self):                        #构造网络参数
            dummy1 = np.zeros((1, 256, 256, 1))
            self.call(dummy1)
    class discriminator(tf.keras.Model):
        def __init__(self, encoder_kernel):
            super(discriminator, self).__init__()
            self.kernels = encoder_kernel                  #鉴别者网络的卷积层参数
            self.discriminator_layers = []
            self.kernel_size = 4
            self.create_network()
        def create_network(self):
            #构造卷积层,识别输入图像规律
            for index, kernel in enumerate(self.kernels):
                self.discriminator_layers.append(tf.keras.layers.Conv2D(
                    kernel_size = self.kernel_size,
                    filters = kernel[0],
                    strides = kernel[1],
                    padding = 'same'
                ))
                self.discriminator_layers.append(tf.keras.layers.BatchNormalization())
                self.discriminator_layers.append(tf.keras.layers.LeakyReLU())
            self.discriminator_layers.append(tf.keras.layers.Conv2D(
                kernel_size = 4,
                filters = 1,
                strides = 1,
                padding = 'same'
            ))                                             #输出表明着色正确性的数值
        def call(self, x):
            x = tf.convert_to_tensor(x, dtype = tf.float32)
            for layer in self.discriminator_layers:
                x = layer(x)
            return x
        def create_variables(self):                        #生成鉴别者网络的内部参数
            dummy1 = np.zeros((1, 256, 256, 1))
            dummy2 = np.zeros((1, 256, 256, 3))
            x = np.concatenate((dummy1, dummy2), axis = 3)
            self.call(x)
```

接下来需要完成数据预处理代码,包括图像的加载、彩色图像转换为黑白图像、LAB 和 RGB 图像格式互换等。为了提升着色效果,算法让生成者网络构造的图像遵循 LAB 格式，这是因为图像效果好坏非常依赖于色彩的亮度。

RGB 图像格式无法表达色彩亮度，而 LAB 可以，因此训练生成者网络生成 LAB 格式图像就能让网络把握图像中的色彩亮度，这样能有效提升着色效果。当有了 LAB 格式图像后，在进行展示时，代码再将其转换为 RGB 格式。下面给出相关的实现代码：

```
import os
import sys
import time
import random
import pickle
import numpy as np
from PIL import Image
import matplotlib.pyplot as plt
#将灰度图、对应的彩色图以及生成者网络上色后的结果"缝合"在一起
def stitch_images(grayscale, original, pred):
    gap = 5
    width, height = original[0][:, :, 0].shape
    img_per_row = 2 if width > 200 else 4
    img = Image.new('RGB', (width * img_per_row * 3 + gap * (img_per_row - 1), height * int(len(original) / img_per_row)))
    grayscale = np.array(grayscale).squeeze()
    original = np.array(original)
    pred = np.array(pred)
    for ix in range(len(original)):
        xoffset = int(ix % img_per_row) * width * 3 + int(ix % img_per_row) * gap
        yoffset = int(ix / img_per_row) * height
        im1 = Image.fromarray(grayscale[ix])
        im2 = Image.fromarray(original[ix])
        im3 = Image.fromarray((pred[ix] * 255).astype(np.uint8))
        img.paste(im1, (xoffset, yoffset))
        img.paste(im2, (xoffset + width, yoffset))
        img.paste(im3, (xoffset + width + width, yoffset))
    return img
def imshow(img, title=''):                          #展示图像
    fig = plt.gcf()
    fig.canvas.set_window_title(title)
    plt.axis('off')
    plt.imshow(img, interpolation='none')
    plt.show()
import numpy as np
import tensorflow as tf
COLORSPACE_RGB = 'RGB'
COLORSPACE_LAB = 'LAB'                              #RGB 与 LAB 格式互换
def preprocess(img, colorspace_in, colorspace_out):
    if colorspace_out.upper() == COLORSPACE_RGB:
        if colorspace_in == COLORSPACE_LAB:
            img = lab_to_rgb(img)

        # [0, 1] => [-1, 1]
        img = (img / 255.0) * 2 - 1

    elif colorspace_out.upper() == COLORSPACE_LAB:
```

```python
        if colorspace_in == COLORSPACE_RGB:
            img = rgb_to_lab(img / 255.0)
        L_chan, a_chan, b_chan = tf.unstack(img, axis=3)

        # L: [0, 100] => [-1, 1]
        # A, B: [-110, 110] => [-1, 1]
        img = tf.stack([L_chan / 50 - 1, a_chan / 110, b_chan / 110], axis=3)
    return img
def postprocess(img, colorspace_in, colorspace_out):
    if colorspace_in.upper() == COLORSPACE_RGB:
        # [-1, 1] => [0, 1]
        img = (img + 1) / 2

        if colorspace_out == COLORSPACE_LAB:
            img = rgb_to_lab(img)
    elif colorspace_in.upper() == COLORSPACE_LAB:
        L_chan, a_chan, b_chan = tf.unstack(img, axis=3)
        # L: [-1, 1] => [0, 100]
        # A, B: [-1, 1] => [-110, 110]
        img = tf.stack([(L_chan + 1) / 2 * 100, a_chan * 110, b_chan * 110], axis=3)

        if colorspace_out == COLORSPACE_RGB:
            img = lab_to_rgb(img)
    return img
def rgb_to_lab(srgb):
    # based on https://github.com/torch/image/blob/9f65c30167b2048ecbe8b7befdc6b2d6d12baee9/generic/image.c
    with tf.name_scope("rgb_to_lab"):
        srgb_pixels = tf.reshape(srgb, [-1, 3])
        srgb_pixels = tf.cast(srgb_pixels, tf.float32)
        with tf.name_scope("srgb_to_xyz"):
            linear_mask = tf.cast(srgb_pixels <= 0.04045, dtype=tf.float32)
            exponential_mask = tf.cast(srgb_pixels > 0.04045, dtype=tf.float32)
            rgb_pixels = (srgb_pixels / 12.92 * linear_mask) + (((srgb_pixels + 0.055) / 1.055) ** 2.4) * exponential_mask
            rgb_to_xyz = tf.constant([
                #    X        Y          Z
                [0.412453, 0.212671, 0.019334], # R
                [0.357580, 0.715160, 0.119193], # G
                [0.180423, 0.072169, 0.950227], # B
            ])
            xyz_pixels = tf.matmul(rgb_pixels, rgb_to_xyz)

        # https://en.wikipedia.org/wiki/Lab_color_space#CIELAB-CIEXYZ_conversions
        with tf.name_scope("xyz_to_cielab"):

            # normalize for D65 white point
            xyz_normalized_pixels = tf.multiply(xyz_pixels, [1 / 0.950456, 1.0, 1 / 1.088754])

            epsilon = 6 / 29
            linear_mask = tf.cast(xyz_normalized_pixels <= (epsilon**3), dtype=tf.float32)
```

```python
            exponential_mask = tf.cast(xyz_normalized_pixels > (epsilon**3), dtype=tf.float32)
            fxfyfz_pixels = (xyz_normalized_pixels / (3 * epsilon**2) + 4 / 29) * linear_mask + (xyz_normalized_pixels ** (1 / 3)) * exponential_mask

            # convert to lab
            fxfyfz_to_lab = tf.constant([
                #  l          a          b
                [0.0,  500.0,    0.0], # fx
                [116.0, -500.0,  200.0], # fy
                [0.0,    0.0, -200.0], # fz
            ])
            lab_pixels = tf.matmul(fxfyfz_pixels, fxfyfz_to_lab) + tf.constant([-16.0, 0.0, 0.0])

        return tf.reshape(lab_pixels, tf.shape(srgb))
def lab_to_rgb(lab):
    with tf.name_scope("lab_to_rgb"):
        lab_pixels = tf.reshape(lab, [-1, 3])
        lab_pixels = tf.cast(lab_pixels, tf.float32)
        # https://en.wikipedia.org/wiki/Lab_color_space#CIELAB-CIEXYZ_conversions
        with tf.name_scope("cielab_to_xyz"):
            # convert to fxfyfz
            lab_to_fxfyfz = tf.constant([
                #   fx       fy        fz
                [1 / 116.0, 1 / 116.0, 1 / 116.0], # l
                [1 / 500.0, 0.0,  0.0], # a
                [0.0, 0.0, -1 / 200.0], # b
            ])
            fxfyfz_pixels = tf.matmul(lab_pixels + tf.constant([16.0, 0.0, 0.0]), lab_to_fxfyfz)

            # convert to xyz
            epsilon = 6 / 29
            linear_mask = tf.cast(fxfyfz_pixels <= epsilon, dtype=tf.float32)
            exponential_mask = tf.cast(fxfyfz_pixels > epsilon, dtype=tf.float32)
            xyz_pixels = (3 * epsilon**2 * (fxfyfz_pixels - 4 / 29)) * linear_mask + (fxfyfz_pixels ** 3) * exponential_mask

            # denormalize for D65 white point
            xyz_pixels = tf.multiply(xyz_pixels, [0.950456, 1.0, 1.088754])
        with tf.name_scope("xyz_to_srgb"):
            xyz_to_rgb = tf.constant([
                #     r           g          b
                [ 3.2404542, -0.9692660,  0.0556434], # x
                [-1.5371385,  1.8760108, -0.2040259], # y
                [-0.4985314,  0.0415560,  1.0572252], # z
            ])
            rgb_pixels = tf.matmul(xyz_pixels, xyz_to_rgb)
            # avoid a slightly negative number messing up the conversion
            rgb_pixels = tf.clip_by_value(rgb_pixels, 0.0, 1.0)
            linear_mask = tf.cast(rgb_pixels <= 0.0031308, dtype=tf.float32)
            exponential_mask = tf.cast(rgb_pixels > 0.0031308, dtype=tf.float32)
```

```
            srgb_pixels = (rgb_pixels * 12.92 * linear_mask) + ((rgb_pixels
** (1 / 2.4) * 1.055) - 0.055) * exponential_mask
            return tf.reshape(srgb_pixels, tf.shape(lab))
```

这些代码较长，实现了 RGB 与 LAB 格式互换等相关辅助功能。由于这些代码实现逻辑与算法主逻辑并无直接关联，因此读者对其有大概了解即可，无须投入过多精力精研。接下来实现数据集的加载，此次网络训练使用的数据集是 place365，在配书资源中附带了相应数据集的压缩文件。使用下面代码实现数据的解压和加载：

```
!tar -xvf '/content/drive/Shared drives/chenyi19820904.edu.us/place365_dataset/test-256.tar'            #解压数据集
```

使用如上命令将数据集解压到硬盘上，然后使用如下代码进行数据加载：

```
import os
import glob
import numpy as np
import tensorflow as tf
from scipy.misc import imread
from abc import abstractmethod
PLACES365_DATASET = 'places365'
class BaseDataset():                                #将图像数据依次读入内存中，以便用于网络训练
    def __init__(self, name, path, training=True, augment=True):
        self.name = name
        self.augment = augment and training
        self.training = training
        self.path = path
        self._data = []
    def __len__(self):
        return len(self.data)
    def __iter__(self):
        total = len(self)
        start = 0
        while start < total:
            item = self[start]
            start += 1
            yield item
        raise StopIteration
    def __getitem__(self, index):
        val = self.data[index]
        try:
            img = imread(val) if isinstance(val, str) else val

            # grayscale images
            if np.sum(img[:,:,0] - img[:,:,1]) == 0 and np.sum(img[:,:,0] - img[:,:,2]) == 0:
                return None

            if self.augment and np.random.binomial(1, 0.5) == 1:
                img = img[:, ::-1, :]
        except:
            img = None
        return img
    def generator(self, batch_size, recusrive=False):
        start = 0
```

```
            total = len(self)
        while True:
            while start < total:
                end = np.min([start + batch_size, total])
                items = []
                for ix in range(start, end):
                    item = self[ix]
                    if item is not None:
                        items.append(item)
                start = end
                yield items
            if recusrive:
                start = 0
            else:
                raise StopIteration
    @property
    def data(self):
        if len(self._data) == 0:
            self._data = self.load()
            np.random.shuffle(self._data)
        return self._data
    @abstractmethod
    def load(self):
        return []
class Places365Dataset(BaseDataset):
    def __init__(self, path, training=True, augment=True):
        super(Places365Dataset, self).__init__(PLACES365_DATASET, path, training, augment)
    def load(self):                              #加载图像数据
        data = glob.glob(self.path + '/*.jpg', recursive=True)
        return data
```

准备好了数据和网络之后,使用如下代码进行训练:

```
class generator(tf.keras.Model):
    def __init__(self, encoder_kernel, decoder_kernel):
        super(generator, self).__init__()
        self.encoder_kernels = encoder_kernel        #对应卷积层的参数
        self.decoder_kernels = decoder_kernel        #对应反卷积层的参数
        self.kernel_size = 4
        self.output_channels = 3                     #最终输出RGB颜色图像的图像
        self.left_size_layers = []
        self.right_size_layers = []
        self.last_layers = []
        self.create_network()
    def create_network(self):                        #构建生成者网络
        #设立卷积层,以识别输入图像规律
        for index, kernel in enumerate(self.encoder_kernels):
            down_sample_layers = []
            down_sample_layers.append(tf.keras.layers.Conv2D(
                kernel_size = self.kernel_size,
                filters = kernel[0],
                strides = kernel[1],
```

```python
                padding = 'same'
            ))
            down_sample_layers.append(tf.keras.layers.BatchNormalization())
            down_sample_layers.append(tf.keras.layers.LeakyReLU())
            self.left_size_layers.append(down_sample_layers)
        #设立反卷积层，以实现像素点颜色赋值
        for index, kernel in enumerate(self.decoder_kernels):
            up_sample_layers = []
            up_sample_layers.append(tf.keras.layers.Conv2DTranspose(
                kernel_size = self.kernel_size,
                filters = kernel[0],
                strides = kernel[1],
                padding = 'same'
            ))
            up_sample_layers.append(tf.keras.layers.BatchNormalization())
            up_sample_layers.append(tf.keras.layers.ReLU())
            self.right_size_layers.append(up_sample_layers)

        self.last_layers.append(tf.keras.layers.Conv2D(
            kernel_size = 1,
            filters = self.output_channels,
            strides = 1,
            padding = 'same',
            activation = 'tanh'
        ))                                          #生成彩色图像
    def call(self, x):
        x = tf.convert_to_tensor(x, dtype = tf.float32)
        left_layer_results = []
        for layers in self.left_size_layers:
            for layer in layers:
                x = layer(x)
            left_layer_results.append(x)
        left_layer_results.reverse()
        idx = 0
        x = left_layer_results[idx]
        for layers in self.right_size_layers:
            #将对应的卷积层输出直接提交给对应的反卷积层
            conrresponding_left = left_layer_results[idx + 1]
            idx += 1
            for layer in layers:
                x = layer(x)
            x = tf.keras.layers.concatenate([x, conrresponding_left])
        for layers in self.last_layers:
            x = layers(x)
        return x
    def create_variables(self):                    #构造网络参数
        dummy1 = np.zeros((1, 256, 256, 1))
        self.call(dummy1)
class discriminator(tf.keras.Model):
    def __init__(self, encoder_kernel):
        super(discriminator, self).__init__()
        self.kernels = encoder_kernel          #鉴别者网络的卷积层参数
        self.discriminator_layers = []
        self.kernel_size = 4
```

```python
        self.create_network()
    def create_network(self):
        #构造卷积层,以识别输入图像规律
        for index, kernel in enumerate(self.kernels):
            self.discriminator_layers.append(tf.keras.layers.Conv2D(
                kernel_size = self.kernel_size,
                filters = kernel[0],
                strides = kernel[1],
                padding = 'same'
            ))
            self.discriminator_layers.append(tf.keras.layers.BatchNormalization())
            self.discriminator_layers.append(tf.keras.layers.LeakyReLU())
        self.discriminator_layers.append(tf.keras.layers.Conv2D(
            kernel_size = 4,
            filters = 1,
            strides = 1,
            padding = 'same'
        ))                             #输出表明着色正确性的数值
    def call(self, x):
        x = tf.convert_to_tensor(x, dtype = tf.float32)
        for layer in self.discriminator_layers:
            x = layer(x)
        return x
    def create_variables(self):        #生成鉴别者网络的内部参数
        dummy1 = np.zeros((1, 256, 256, 1))
        dummy2 = np.zeros((1, 256, 256, 3))
        x = np.concatenate((dummy1, dummy2), axis = 3)
        self.call(x)
class ColorGAN:
    def __init__(self):
        self.generator = None
        self.discriminator = None
        self.global_step = tf.Variable(0, dtype = tf.float32, trainable= False)
        self.create_generator_discriminator()
        self.data_generator = self.create_dataset(True) #加载训练数据集
        self.dataset_val = self.create_dataset(False)
        self.sample_generator = self.dataset_val.generator(8, True)
        self.learning_rate = tf.compat.v1.train.exponential_decay(
            learning_rate = 3e-4, global_step = self.global_step,
            decay_steps = 1e-5, decay_rate = 0.1
        )                    #生成者网络训练时需要学习率不断变化
        self.generator_optimizer = tf.optimizers.Adam(self.learning_rate, beta_1 = 0)
        self.discriminator_optimizer = tf.optimizers.Adam(3e-5, beta_1 = 0)
        self.batch_size = 16
        self.epochs = 5
        self.epoch = 0
        self.step = 0
        self.run_folder = "/content/drive/My Drive/ColorGAN/models/"
        #self.load_model()             #反注释该语句可实现网络参数的直接加载
    def create_generator_discriminator(self): #构造生成者网络和鉴别者网络
```

```python
    #第一个数值对应filter,第二个参数对应stride,kernel大小始终保持4
    generator_encoder = [
        (64, 1),
        (64, 2),
        (128, 2),
        (256, 2),
        (512, 2),
        (512, 2),
        (512, 2),
        (512, 2)
    ]                                               #生成者网络的卷积层参数
    generator_decoder = [
        (512, 2),
        (512, 2),
        (512, 2),
        (256, 2),
        (128, 2),
        (64, 2),
        (64, 2)
    ]                                               #生成者网络的反卷积层参数
    self.generator = generator(generator_encoder, generator_decoder)
    self.generator.create_variables()
    discriminator_decoder = [
        (64, 2),
        (128, 2),
        (256, 2),
        (512, 1)
    ]                                               #鉴别者网络的卷积层参数
    self.discriminator = discriminator(discriminator_decoder)
    self.discriminator.create_variables()
def train(self):
    #加载训练数据,训练生成者网络和鉴别者网络
    for epoch in range(self.epochs):
        data_gen = self.data_generator.generator(16)
        for img in data_gen:
            img = np.array(img)
            self.train_discriminator(img)
            self.train_generator(img)
            self.train_generator(img)
            self.step += 1
            if self.step % 100 == 0:                #显示训练效果
                display.clear_output(wait = True)
                self.sample()
                self.save_model()
def train_discriminator(self, img_color):
    #将图像转换为灰度图
    img_gray = tf.image.rgb_to_grayscale(img_color)
    img_gray = tf.cast(img_gray, tf.float32)
    lab_color_img = preprocess(img_color, colorspace_in = COLORSPACE_RGB,
                                                        #将图像转换为LAB格式
                               colorspace_out = COLORSPACE_LAB)
    gen_img = self.generator(img_gray)
    real_img = tf.concat([img_gray, lab_color_img], 3)
```

```python
            fake_img = tf.concat([img_gray, gen_img], 3)
        with tf.GradientTape(watch_accessed_variables=False) as tape:
            #如果输入数据是灰度图和原色彩图，则让输出数值尽可能大，如果是生成者网络构
             造的色彩图，则输出尽可能小
            tape.watch(self.discriminator.trainable_variables)
            discrinimator_real = self.discriminator(real_img, training = True)
            discriminator_fake = self.discriminator(fake_img, training = True)
            loss_real = tf.nn.sigmoid_cross_entropy_with_logits(logits = discrinimator_real, labels = tf.ones_like(discrinimator_real))
            loss_fake = tf.nn.sigmoid_cross_entropy_with_logits(logits = discriminator_fake, labels = tf.zeros_like(discriminator_fake))
            discriminator_loss = tf.reduce_mean(tf.reduce_mean(loss_real) + tf.reduce_mean(loss_fake))
        grads = tape.gradient(discriminator_loss, self.discriminator.trainable_variables)
        self.discriminator_optimizer.apply_gradients(zip(grads, self.discriminator.trainable_variables))
    def train_generator(self, img_color):
        img_gray = tf.image.rgb_to_grayscale(img_color)
        img_gray = tf.cast(img_gray, tf.float32)
        lab_color_img = preprocess(img_color, colorspace_in = COLORSPACE_RGB,
                                    #将图像转换为 LAB 格式
                                    colorspace_out = COLORSPACE_LAB)
        with tf.GradientTape(watch_accessed_variables=False) as tape:
            #让生成的彩色图和灰度图输入鉴别者网络后所得结果尽可能大
            tape.watch(self.generator.trainable_variables)
            gen_img = self.generator(tf.cast(img_gray, tf.float32), training = True)
            fake_img = tf.concat([img_gray, gen_img], 3)
            tape.watch(self.generator.trainable_variables)
            discriminator_fake = self.discriminator(fake_img, training = True)
                #尽可能通过鉴别者网络的审查
            loss_fake = tf.nn.sigmoid_cross_entropy_with_logits(logits = discriminator_fake, labels = tf.ones_like(discriminator_fake) )
            generator_discriminator_loss = tf.reduce_mean(loss_fake)
            generator_content_loss = tf.reduce_mean(tf.abs(lab_color_img - gen_img)) * 100.0      #保证生成的图像物体与输入的图像物体尽可能在形状上相同
            generator_loss = generator_discriminator_loss + generator_content_loss
        grads = tape.gradient(generator_loss, self.generator.trainable_variables)
        self.generator_optimizer.apply_gradients(zip(grads, self.generator.trainable_variables))
    def sample(self):    #检验 genertor 的上色效果
        input_imgs = next(self.sample_generator)
        gray_imgs = tf.image.rgb_to_grayscale(input_imgs)
        gray_imgs = tf.cast(gray_imgs, tf.float32)
```

```
            fake_imgs = self.generator(gray_imgs, training = True)
            fake_imgs = postprocess(tf.convert_to_tensor(fake_imgs), colorspace_
in = COLORSPACE_LAB,
                               colorspace_out = COLORSPACE_RGB)
            #将三幅图像贴在一起
            img_show = stitch_images(gray_imgs, input_imgs, fake_imgs.numpy())
            imshow(np.array(img_show), "color_gan")
    def save_model(self):                              #保存当前网络参数
        self.discriminator.save_weights(self.run_folder + "discriminator.h5")
        self.generator.save_weights(self.run_folder + "generator.h5")
    def load_model(self):                              #加载网络参数
        self.discriminator.load_weights(self.run_folder + "discriminator.h5")
        self.generator.load_weights(self.run_folder + "generator.h5")
    def create_dataset(self, training):                #创建训练数据集
        return Places365Dataset(
            path= '/content/test_256/',
            training=training,
            augment= True)
import os
from IPython import display
gan = ColorGAN()
gan.train()                                            #启动训练流程
```

运行代码后就能启动网络训练流程。该训练流程较为耗时，读者可以从配书资源中加载笔者已经训练好的网络，以便直接查看训练结果。经过长时间的训练后，笔者在体验上色效果时发现一个有趣的现象，那就是有时上色后的图像比原来的彩色图像具有更好的美感或艺术效果。以下是训练后网络实现的上色效果，如图 17-38 所示。

图 17-38　网络上色效果

由于黑白色印刷的原因，读者可能看不出如图 17-38 所展示的上色效果。图 17-38 的布局是将灰度图、原始彩色图和网络上色效果图结合在一起进行对比展示。读者可以从配书资源中获得该图，体验网络上色的效果。